装备科技译著出版基金

机器人和自主系统的故障诊断与容错控制

Fault Diagnosis and Fault – Tolerant Control of Robotic and Autonomous Systems

[意] 安德里亚·蒙特里 (Andrea Monteriù)
[意] 索罗·隆吉 (Sauro Longhi) 编著
[意] 亚历山德罗·弗雷迪 (Alessandro Freddi)
韩 玮 冯伟强 陈 卓 等 译

国防工業出版社
·北京·

著作权合同登记　图字：01—2024—4837 号

内容简介

本书系统性介绍了机器人系统中故障诊断与容错控制技术原理与典型案例。其中，第 1 ~4 章完整概述了以无人机为例的故障诊断原理和方法，包括如何处理四旋翼损坏的控制技术，介绍了倾转轴卡死故障下的控制设计；第 5 ~8 章详细论述了执行器容错、服务型机器人以及分布式故障检测与优化；第 9 章介绍了飞行系统的故障诊断与容错控制；第 10 ~12 章探索了轮毂电机、飞行器输入重构和工业机器人系统的容错控制。

本书读者对象为机器人、自主系统、无人装备设计、故障诊断和容错控制领域的学者、工程师和研究人员。

Fault Diagnosis and Fault - Tolerant Control of Robotic and Autonomous Systems by Andrea Monteriù, Sauro Longhi, Alessandro Freddi; ISBN: 9781785618307

图书在版编目（CIP）数据

机器人和自主系统的故障诊断与容错控制 /（意）安德里亚·蒙特里，（意）索罗·隆吉，（意）亚历山德罗·弗雷迪编著；韩玮等译. -- 北京：国防工业出版社，2025. 8. -- ISBN 978 -7 -118 -13528 -2

Ⅰ. TP242. 2

中国国家版本馆 CIP 数据核字第 2025DT7601 号

※

国防工業出版社 出版发行

（北京市海淀区紫竹院南路 23 号　邮政编码 100048）

雅迪云印（天津）科技有限公司印刷

新华书店经售

*

开本 710 ×1000　1/16　印张 19　字数 321 千字

2025 年 8 月第 1 版第 1 次印刷　印数 1—2000 册　定价 168. 00 元

国防书店：（010）88540777　书店传真：（010）88540776

发行业务：（010）88540717　发行传真：（010）88540762

译者委员会

主 任 委 员：韩　玮

副主任委员：冯伟强　陈　卓

委　　　员：宋胜男　谢杨柳　马向峰　刘鹏鹏

王千一　郭晓晔　梁　旭　王　伟

董　钉　曾江峰

序 1

故障诊断与容错控制技术自 20 世纪 80 年代以来，在工业领域取得了非常好的效果。随着智能技术的发展，机器人已日渐成为社会生活中的一种重要设备，我国的机器人产业也随之快速发展，现已是全球最大的工业机器人消费国。由于产业的跨越式发展，我国现有的机器人设备设计和机型的研制开发周期短，在可靠性、安全性等方面还有很多的问题亟待解决，如何在新的领域进一步发展和应用故障诊断与容错控制技术无疑是一种值得探索的途径。

本书是机器人和自主系统中故障诊断与容错控制技术领域的最新著作，它系统介绍了故障诊断与容错控制技术及其在不同无人系统中的应用，不仅包含基础理论、模型算法、实际应用，还详细介绍了机器人和自主系统中的故障诊断与容错控制技术发展现状及研究热点，可以说是一部优秀著作。本书技术理论涵盖全面，同时结合在无人机、机器人、无人船、无人车等不同领域的应用，让读者对故障诊断与容错控制技术有了更加清晰全面的认识，具有很强的可读性。

本书原著于 2020 年 4 月出版，技术进展具有先进性和代表性，本书的翻译对我国无人系统故障诊断与容错控制相关研究工作具有参考价值。特别是本书翻译团队也是无人系统和智能技术的探索者与实践者，经验丰富，技术扎实，是本领域开拓发展的生力军，相信他们的工作将为我们带来新的惊喜。

邱志明

2024 年 12 月 10 日

序 2

随着人工智能、工业制造技术的快速发展，机器人和自主系统在社会与国防等领域发挥的作用越来越重要，其安全与可靠问题也变得尤为突出。当前，世界大国纷纷围绕人工智能和无人系统等作为战略技术进行持续投入，占领技术制高点，在日趋激烈的博弈中打造基础优势、抢占竞争先机。

故障诊断与容错控制技术是一种旨在提高控制系统可靠性的技术，在国际自动控制领域一直受到高度重视，发挥了重要作用。针对人工智能技术快速发展，机器人等智能自主系统的可靠性和安全性面临着新的挑战，包括设计阶段和操作阶段。在设计阶段，需要从可靠性、可用性、可维护性和安全性 4 个方面对系统进行研究。在运行阶段，一个或多个故障的发生是通过故障诊断与容错控制来解决的。这里面包括了各种典型的方法，如基于模型的方法、基于信号的方法和数据驱动的方法。在全新的应用条件下对容错控制等可靠安全技术的研究具有迫切的需求和现实的意义。

本书是作者结合近年来技术发展情况，对该领域的详细阐述。本书不仅系统介绍了故障诊断与容错控制技术的原理，还对应用情况进行了梳理与总结。本书内容详实，技术方法先进，可以作为无人系统和智能技术从业人员的参考读本，为我国无人系统技术发展和能力建设的提升提供参考与借鉴。

李炜

2024 年 10 月 11 日

译者序

近年来国内有许多专家对机器人故障诊断与容错控制贡献了大量的作品，所涵盖的内容非常广泛。但翻遍所有已出版的图书，心中难免有些遗憾，总感觉少了那么一本书——它在宽度上，能够概述机器人故障诊断相关技术；在深度上，又能挖掘机器人容错控制的底层原理。为了弥补此缺陷，中国船舶集团有限公司系统工程研究院联手国防工业出版社，为传播最新的机器人和自主系统的相关技术以及方便国内读者学习，出版了本书。

2020 年，Andrea Monteriu 教授等出版了《机器人和自主系统的故障诊断与容错控制》，我们发现此书不同于以往图书只是注重故障诊断的模型推理，它对机器人底层控制原理做了深入的解释，对一些机器人学基础也做了必要的介绍，这对机器人入门学习是非常有帮助的，因此决定翻译引进。

关于机器人容错控制技术的重要性此处不再赘述，下面补充介绍此书不同于已有图书的特点。我们认为，它是迄今为止已出版的机器人故障诊断与容错控制系列图书中涉及领域最为系统全面的一本，除了系统讲解机器人底层工作原理，还着重介绍了四旋翼、双体船、服务机器人等典型机器人系统的基本原理，以及系统集成、高级控制等方面的应用，能够让读者充分了解机器人控制原理以及容错控制在机器人系统中的应用。

第 1 章至第 3 章由韩玮翻译，主要介绍无人机故障诊断与容错控制、处理四旋翼损坏的控制技术和倾转轴卡死故障下四轴倾转旋翼无人机基于观测器的 LPV 控制设计，校对人员为吴建瑜。第 4 章和第 5 章由冯伟强翻译，主要介绍基于未知输入观测器的过驱动无人机故障和结冰检测及调节框架和带有方位角推进器的 WAM – V 双体船的执行器容错，校对人员为吕昊泽。第 6 章和第 7 章由陈卓翻译，主要介绍服务机器人的容错控制和协同移动机械手的分布式故障检测与隔离策略，校对人员为白高颐。第 8 章由谢杨柳和马向峰翻译，主要介绍空中机器人机械手的非线性优化控制，校对人员为苏科伟。第 9 章由宋胜男和董钉翻译，主要介绍飞机系统的故障诊断与容错控制技术，校对人员为金哲毅。第 10 章由刘鹏鹏和曾江峰翻译，主要介绍具有节能转向和扭矩分配的轮毂电机容错轨迹跟踪控制，校对人员为吴建瑜。第 11 章由王千一和梁旭翻译，主要介绍用于过驱动飞行器的基于零空间的输入重构架构，校对人员为吕昊泽。第12章由郭晓晔和王伟翻译，主要介绍工业机器人系统容错控制的数据驱动方法，校对人员为白高颐。

最后感谢中国船舶集团有限公司系统工程研究院和国防工业出版社的领导及编辑对本书的大力支持。感谢邱志明和李炜审阅此书并提出宝贵的修改意见。

译者

2024年12月30日

原书前言

自20世纪60年代初机器人首次在工业中应用以来，机器人系统的研究和开发一直吸引着学术界和专业界的兴趣。从那时起，它们经历了指数级的增长，这导致了现代机器人和自主系统的出现，从工业到医疗，从探索到服务应用。由于不同类型（如固定式、腿式、轮式、飞行式、游泳式）和尺寸（宏观、微观和纳米）的机器人的发展，以及传感器技术和计算机学习的进步，使得这种难以置信的对不同应用领域的适应性成为可能。尽管类型、大小和应用领域不同，但现代机器人和自主系统仍需要更高水平的可靠性和安全性，即它们必须能够执行任务，即使在出现故障和失效的情况下也不会造成伤害。例如，遇到故障的自动驾驶飞行器应至少能够着陆以避免碰撞，或者出现故障的工业机器人应至少能够在对人类操作员造成伤害之前停止操作。

提高此类系统可靠性和安全性的挑战通常在设计和运行阶段得到解决。在设计阶段，从可靠性、可用性、可维护性、安全性和可依赖性等方面对系统进行研究。在运行阶段，通过故障检测和诊断（FDD）解决一个或多个故障的发生，以实现基于模型、信号或数据驱动的容错控制（FTC）和基于状态的维护。设计和诊断能力知识的增长正在演变为故障预测的未来趋势。

本书的目的是收集学术界和专业界的贡献，以应对提高机器人和自主系统可靠性和安全性的挑战。除了调研方面，本书还旨在展示相关的理论发现以及在各个领域具有挑战性的应用。本书共13章，其结构如下。

第1~5章涵盖了故障诊断与容错控制应用于无人机的主题，主要关注航空和海上应用，从诊断和控制的角度来看，这是最具挑战性的应用。具体而言，Ban Wang和Youmin Zhang的第1章“无人机故障诊断与容错控制”，旨在为无人机（UAV）设计和开发主动容错控制方案，以确保其安全性和可靠性。本章首先详细介绍了FDD和FTC的主要概念，并为这些研究领域之外的学者和实践者提供参考。其次，本章针对多旋翼无人机的具体领域，提出了一种基于递归神经网络的故障估计方法，其中自适应滑模控制在模型存在不确定性的情况下保证了系统的跟踪性能。通过这种方式，空中系统具有在不危及自身及其周围环境的情况下容忍某些故障的能力，为旨在提高无人机可靠性和生存能力的自修复“智能”飞行控制系统奠定了基础。

第2章“处理四旋翼损坏的控制技术”由 Fabio Ruggiero、Diana Serra、Vincenzo Lippiello 和 Bruno Siciliano 编写，可作为指导读者实施主动 FTC 系统(AFCTS) 处理无人机螺旋桨损坏的教程。特别是，带有固定螺旋桨的四旋翼是需要考虑的空中设备，与第1章不同，本章重点讨论了在螺旋桨完全失效的情况下防止无人机坠毁的问题。所采用的解决方案是完全关闭损坏的电机，这需要依次关闭与损坏电机相同的四转子轴对齐的电机，从而形成双转子配置。控制设计基于 PID 和反推方法。

第3章“倾转轴卡死故障下四轴倾转旋翼无人机基于观测器的 LPV 控制设计”，由 Zhong Liu、Didier Theilliol、Liying Yang、Yuqing He 和 Jianda Han 介绍一类非常有前途的无人机，即倾转旋翼无人机（TRUAV)。TRUAV 是一种可变型飞机，具有多旋翼和固定翼飞行器的优点，因为它们能够悬停和高速巡航，因此在不久的将来有希望成为建造空中机器人平台的一个候选者。具体来说，通过线性参数变化（LPV）方法对四轴倾转旋翼无人机进行过渡控制，并进一步考虑转子倾转轴卡死故障下的 FTC 策略。

由于第1~3章主要关注如何处理电气和机械性质的故障，第4章“基于未知输入观测器的过驱动无人机故障和结冰检测及调节框架”，由 Andrea Cristofaro、Damiano Rotondo 和 Tor Arne Johansen 撰写，主要关注由环境因素引起的故障问题。事实上，使用无人机支持偏远地区和恶劣环境的行动，如北极的海上行动，变得越来越重要。预计这些系统将在非常严峻的天气条件下运行，因此它们会受到结冰的影响。机翼上冰层的形成不但降低了升力，同时也增加了阻力和飞行器的质量，因此结冰可视为结构故障。本章采用了控制分配框架中的工具，并提出了一种未知输入观测器（UIO）方法，用于配备冗余效应器和执行器套件的无人机故障和结冰诊断及调节。

在无人运载器中，无人机最能受益于故障诊断与容错技术，因为它们本身就不稳定，碰撞可能会导致经济和安全问题。然而，另一类需要高度自主性和可靠性的无人驾驶运载器是无人地面车辆（USV)，这是一种在科学、工业和军事行动中有许多应用的海上设备。第5章由 Alessandro Baldini、Riccardo Felicetti、Alessandro Freddi、Kazuhiko Hasegawa、Andrea Monteriù 和 Jyotsna Pandey 撰写的“带有方位推进器的 WAM-V 双体船的执行器容错”介绍了一种用于过驱动 USV 的 FTC 方案，即配备两个方位推进器的波浪自适应模块化双体船。该方案解决了最常见的执行器故障，即推进器效率损失和方位角锁定。该方案基于三层架构：一是基于启发式的控制策略，用于正确生成参考；二是用于车辆动力学的控制律，用于实现生成参考的速度跟踪；三是控制分配层，在执行器故障和失效的情况下，在推力器之间最佳地重新分配控制力。控制分配和控制策略层允许在不改变控制律的情况下执行容错/失效。

第 6 ~ 8 章将注意力从无人驾驶车辆转移到具有操纵能力的成熟移动机器人。具体而言，Alberto San Miguel、VicentçPuig 和 Guillem Alenyá 在第 6 章“服务机器人的容错控制”中提出了一个 FTC 方案，该方案应用于名为 TIAGo（PAL robotics）的移动服务机器人，该机器人旨在成功地在高动态和不可预测的人类环境中执行任务。首先，对服务机器人进行了简要介绍，并描述处理多个故障（从低级执行器和传感器到高级决策层）的 FDD 算法。其次，提出一种基于鲁棒 UIO（RUIO）的容错解决方案，该方案可以估计故障和机器人状态。这些估计集成在基于观测器的状态反馈控制的算法中。故障发生后，根据故障估计，将前馈控制动作添加到反馈控制动作中，以补偿故障影响。为了应对机器人的非线性，将其非线性模型转化为 Takagi – Sugeno 模型。考虑增益调度方案，状态反馈和 RUIO 采用线性矩阵不等式方法设计。

第 7 章由 Giuseppe Gillini、Martina Lippi、Filippo Arrichiello、Alessandro Marino 和 Francesco Pierri 撰写的“协同移动机械手的分布式故障检测和隔离策略”将故障检测和隔离（FDI）问题扩展到了合作机器人团队。当必须以高性能的方式完成复杂和/或繁重的任务时，机器人团队的结果尤其有用，如探索、导航和监视或协作操作和装载运输任务。采用多个协作机器人提高了整个系统的效率和对故障的鲁棒性；然而，在分布式控制体系结构的情况下，FDI 策略更具挑战性。本章研究了多移动机械手系统的通用分布式框架，该框架允许每个机器人检测并隔离团队中任何其他机器人的可能故障，而无须与其直接通信。通过使用观测器 – 控制器方案，每个机器人通过一个局部观测器来估计整个系统状态，然后利用该估计来计算局部控制输入，以实现所需的协作任务。基于相同的局部观测器，本章还定义了残差信号，使人们能够检测和识别网络中可能的故障。

第 8 章由 Gerasimos Rigatos、Masoud Abbaszadeh 和 Patrice Wira 撰写的“空中机器人机械手的非线性优化控制”面临着控制航空机械手的关键问题，即配备柔性关节机械臂的四旋翼。空中操纵器的状态空间模型围绕一个临时工作点进行线性化。通过迭代求解代数 Riccati 方程来选择 H – ∞ 控制器的反馈增益。所提出的方法可以处理模型不确定性和外部扰动，包括故障，并且可以扩展，从而不需要完全测量状态向量。

正如这些章节所强调的，现代机器人需要越来越高水平的自主性和与人类互动的能力。随着自动化和智能化在交通系统中越来越普遍，此类系统的安全性和自主性也变得越来越重要。因此，现代交通系统正慢慢演变为自主智能机器，类似于需要故障诊断控制和 FTC 技术的机器人系统。第 9 章和第 10 章描述了 FDI 和 FTC 如何应对现代交通系统的安全性和自主性的两个典型场景，从而给出了自主交通系统的未来构想。Paolo Castaldi、Nicola Mimmo 和 Silvio Simani 在第 9 章“飞机系统的故障诊断与容错控制技术”中详细分析和讨论了航空电子应用的 AFCT。该方法适用于存在影响系统执行器的故障时的飞机纵向自动驾驶仪。所开发的 FTC 方案的关键在于其主动功能，因为故障诊断模块提供了对故障信号的稳健可靠估计，从而对其进行补偿。设计技术依赖于非线性几何方法。

至于自动驾驶汽车，目前的研究重点主要是电动汽车，而轮内电机解决方案是研究最多的。第 10 章由 Péter Gáspár、András Mihály 和 Hakan Basargan 撰写的“具有节能转向和扭矩分配的轮毂电机容错轨迹跟踪控制”旨在为自主四轮独立驱动电动车辆设计一种新的容错和节能扭矩分配方法。在正常工况下，所提出的高级可重构控制器和低级车轮扭矩优化方法具有更好的能效。在执行器故障或性能下降的情况下，高级控制器根据车辆的实际状态和相应的安全优先级进行重新配置，以施加更多转向和更多偏航扭矩。该设计的主要目标是最大限度地提高电池的充电状态，以增强自动电动汽车的续航能力，同时在发生故障事件时保持安全行驶。

尽管现代机器人的类型、大小和应用领域不同，但一些 FDD 和 FTC 方案是“通用的”，即它们可以适应不同类型的系统。第 11 章和第 12 章提出了现代机器人和自主系统中故障诊断与容错的两种常见方法。第 11 章由 Tamás Péni、Bálint Vanek、György Lipták、Zoltán Szabó 和 József Bokor 提出的“用于过驱动飞行器的基于零空间的输入重构架构”，它希望通过控制输入再分配来解决执行器故障问题，其目的是通过重新配置剩余的控制输入来补偿制动器故障，从而使故障引起的性能退化尽可能小。解决这个问题的可能方法是基于零空间（或内核）。这种算法只有在系统中存在控制输入冗余时才能应用，其优点是用于设计控制器的综合方法没有限制。以飞机模型为例，对该方法进行了应用。第 12 章“工业机器人系统容错控制的数据驱动方法”由 Yuchen Jiang 和 Shen Yin 撰写，从不同的角度（即数据驱动方法）讨论了 FTC 的问题。本章提出在 Youla 参数化框架下设计智能学习辅助控制器，目标是设计具有容错能力和增强鲁棒性的最优控制器。它可以以模块化和即插即用的方式实现，其中强化学习充当监督模块，在设计阶段计算优化矩阵设计参数。该方法以轮式机器人为例进行了应用。

第 13 章由 Andrea Monteriù、Alessandro Freddi 和 Sauro Longhi 撰写的“总结”描述了每章的主要结果，以及编辑们的最终想法。

意大利安科纳
2020 年 4 月

安德里亚·蒙特里
索罗·隆吉
亚历山德罗·弗雷迪

目 录

第1章 无人机故障诊断与容错控制

随着无人机（Unmanned Aerial Vehicle，UAV）在军事与民用领域的应用需求不断增加，需要特别地考虑安全性问题，以使无人机得到更好、更广泛的使用。无人机通常在危险复杂的环境下工作，这可能会严重威胁其安全性与可靠性。因此，无人机的安全性与可靠性成为开发先进智能控制系统的当务之急。当前面临的关键挑战是，在面对不同操作条件和复杂环境时缺乏完全自主且可靠的控制技术。无人机控制系统的进一步发展要求其在系统部件故障条件下仍然能保证安全可靠运行，并对模型不确定性和外部环境干扰不敏感。

本章旨在为无人机设计和开发一种主动容错控制（Fault - Tolerant Control，FTC）方案，以确保其安全性与可靠性。首先，提出一种具有并行循环神经网络（Recurrent Neural Network，RNN）的高性价比故障估计方案，以准确估计执行机构的故障幅度。其次，提出一种自适应滑模控制（Sliding Mode Control，SMC）方法，保证在模型不确定性情况下的系统跟踪性能，并避免激发抖振。最后，将提出的故障估计方法与自适应滑模控制相结合，为闭环无人四旋翼无人机系统建立可重构的FTC框架。

1.1 引言

1.1.1 无人机

在过去几十年中，无人机已广泛应用于商业界、研究机构、军事部门等，用于有效载荷运输[1-2]、森林火险[3]、监控[4-5]、环境监测[6]、遥感[7]和航空测绘[8]等任务。近年来，随着自动化技术发展，越来越多的小型无人机问世，这进一步扩大了无人机的应用范围。为了完成任务，新一代无人机的设计不仅需要提高效率，还需要注重安全保障。未来的无人机将能够监测航空器健康状态，并在必要时采取适当的行动以确保无人机安全可靠运行[9]。

在许多应用中，为了完成特定的任务，需要将不同的传感器和仪表系统集成到指定的无人机中，以使其功能齐全。从这个意义上说，无人机可视为一种航空传感器或有效载荷载体，通常这些机载仪表的成本很容易超过无人机本身，尤其是小型无人机。此外，无人机通常工作于复杂和危险的环境，如城市监控、消防和特别军事行动。这些情况可能严重威胁无人机及昂贵的机载仪器/有效载荷的安全性和可靠性。特别是对于城市地区的应用场景，飞行中发生的故障除了造成无人机自身的损失，还可能危及人的生命和财产安全。因此，无人机的可靠性和生存能力已成为需要特别加以考虑的重要安全性问题。如文献［10－12］所述，随着控制理论和计算机技术的发展，对安全性、可靠性和高系统性能的需求不断增加，刺激了容错控制领域的研究。容错能力是安全关键系统[10]的重要特性，如飞机[13－14]和航天器[15－16]。事实证明，拥有一个能够容忍某些故障而不危及自身与周围环境的无人机系统是有益的。从控制的角度来看，就是设计一种自我修复的“智能”飞行控制系统，以提高无人机可靠性和生存能力。这也是美国国防部2005年发布的《无人机系统路线图》中对下一代飞行控制系统的要求。

1.1.2 故障检测和诊断

故障检测和诊断（Fault Detection and Diagnosis，FDD）用于检测故障并诊断其在系统中的位置和大小，包括故障检测、故障隔离和故障识别[17]。故障检测指示系统中出现问题，如故障的发生和故障发生的时间。故障隔离决定了故障的位置和类型。故障识别确定故障的大小。FDD解决了实时监控系统发生的挑战，由于实时性要求和机械系统的动态特性，通常只有非常有限的时间来执行故障后模型构建和控制重构等操作。

故障诊断算法通常分为两种类型，即基于模型的方法和基于数据驱动的方法。基于模型的方法大多基于解析冗余，需要建立系统的解析数学模型，并通过残差来判断是否有故障发生。残差可以通过多种方式产生，如奇偶方程、基于状态估计的方法和基于参数估计的方法等。基于模型的方法很大程度上性能取决于所构造模型的有用性[18]。构建的模型必须包含所研究系统的所有情形，能够处理操作点的变化。如果构建的模型失效，整个诊断系统也将失效。然而，在实践中，由于不可避免的未建模动力学、不确定性、模型不匹配、噪声、干扰和固有非线性特性[19]，满足基于模型方法的所有要求是相当困难且富有挑战的。对建模误差的敏感性已成为基于模型方法应用中的关键问题。相比之下，基于数据驱动的诊断方法，如基于神经网络的智能方法，大多依赖于传感器获得的历史数据和当前数据，不需要具体的系统数学模型，但需要有代表性的训练数据。其思想是根据测量数据对系统的操作进行分类。在形式上，这是从量测空间到决策空间的映射[18]。因此，在这种方法中，数据起着非常重要的作用。在无人机的应用中，与传统的飞机物理建模相比，基于无模型神经网络的方法由于成本限制和开发周期短而备受青睐。神经网络的函数逼近、分类能力以及对不确定性和参数变化的处理能力，使其成为解决故障诊断问题的可选方案[20]。

1.1.3　容错控制

随着现代技术系统的复杂化，其相应的控制系统设计也越来越复杂，迫切需要提高系统的可靠性，这促进了可重构控制系统的研究。大多数可重构控制系统的研究工作集中在 FDD 上，其可以通过检测、定位和识别系统中的故障来监测系统运行状态。FDD 是一个非常重要的程序，但它并不足以保证系统的安全运行。对于一些安全关键系统，如飞机和航天器，持续运行是一个关键特性，闭环系统应该能够在存在故障的情况下，在质量、安全性和稳定性方面保持预定的性能，因而出现了容错控制系统（Fault Tolerant Control System，FTCS)[10]。更确切地说，FTCS 是一种能够容忍系统组件故障的控制系统，在无故障和有故障条件下都能够维持系统的稳定性和性能[21]。一般来说，FTCS 可以分为两类，即被动 FTCS（Passive Fault - Tolerant Control System，PFTCS）和主动 FTCS（Active Fault - Tolerant Control System，AFTCS)[10]。PFTCS 设计为对一类假定故障具有鲁棒性，无须在线检测故障[22-23]，而 AFTCS 基于控制器重构或在 FDD 单元的帮助下选择预先设计的控制器工作[24-25]。Jiang 和 Yu 在文献［26］中对 AFTCS 和 PFTCS 进行了比较研究。从性能角度来看，PFTCS 更关注控制系统的鲁棒性，以适应多种系统故障，而不追求任何特定故障条件下的最优性能。由于稳定性是被动方法中优先考虑的因素，因此从性能角度看，控制器设计更加保守。AFTCS 通常由 FDD 单元、可重构控制器和控制器重构机制组成。为了成功地完成控制任务，这三个单元必须协调工作，并且可以找到某些具有预设性能标准的最佳解决方案。然而，还有其他问题可能会阻碍 AFTCS 完成任务。通常，系统组件故障会导致系统不稳定，因此 AFTCS 对故障做出反应并采取纠正控制措施的时间有限[10]。

一般来说，故障是指系统至少有一个特征指标偏离标准范围，而失效是指系统在指定操作条件下执行所需功能能力的永久中断[27]。根据这一定义，故障的影响可能是效率的轻微降低，造成系统整体功能的退化。由一个或多个故障引起的失效是终止系统中单元功能的事件。故障可能发生在控制系统的不同地方，根据其发生的位置，故障可以分为执行机构故障、传感器故障和其他系统部件故障[10,28]。执行机构是连接控制信号与系统物理运动的桥梁，在完成控制目标方面起着重要作用，故本章将重点讨论执行机构故障。实际上，传感器故障（失效）不会直接影响航空器的飞行性能。可以通过使用冗余传感器（如果可用）或利用系统信息和其余传感器提供的测量数据重构丢失的测量数据[29]。然而，一旦执行机构出现故障，航空器的飞行性能将不可避免地下降，必须立即采取措施以保持其原有性能。执行机构失去部分控制效能是飞机系统中常见的故障，可能由液压或气动泄漏、电阻增加或电源电压下降引起[30]。此外，与系统中的传感器相比，采取备份冗余实现更高的容错能力往往并不可行，因为相比于传感器，它们的价格高、体积和质量大。

从控制的角度来看，SMC 是一种设计鲁棒控制系统的方法，用于处理具有不连续控制策略的大的不确定性，它在降阶滑动表面上对匹配不确定性具有不变性[31-32]。SMC 在可变结构系统的背景下首次引入[33]，它是由 Utkin 为控制电力驱动而开发的[34]。近 30 年来，它已经被证明是一种在鲁棒控制领域非常有效的方法。更准确地说，SMC 利用高速开关控制律来实现两个目标。首先，它将非线性系统的状态轨迹转移到状态空间中的指定曲面上，即滑模面。其次，在随后的所有时间内保持系统状态一直在滑模面上。在此过程中，控制系统的结构各不相同，因此称为 SMC[35]。从直观来看，SMC 方法通过高增益迫使系统轨迹沿滑模面子空间滑动，显著提高了控制性能。与其他非线性控制方法相比，SMC 的主要优势是其对外部扰动、模型不确定性和系统参数变化具有良好的鲁棒性。在不连续控制部分合成一个设计参数，控制可以简单地实现两种状态之间的切换。因此，它不需要很精确，也不会对进入控制通道的参数变化敏感[36]。对参数不确定性和外部干扰不敏感性使 SMC 成为最有前景的控制方法。

1.2 四旋翼无人机建模

本章侧重于无人机的研究。作为无人机的一个实例，四旋翼无人机是一种相对简单、易于飞行的系统[13,37]。如图 1.1 所示，四旋翼无人机是一种小型无人机，4 个螺旋桨分布在主体周围。主体包含电源、传感器和控制硬件。飞行器由 4 个螺旋桨控制，它们的转速是相互独立的，这使得可以控制飞行器的横滚、俯仰和偏航角。此外，它的位移由 4 个螺旋桨的总推力产生。

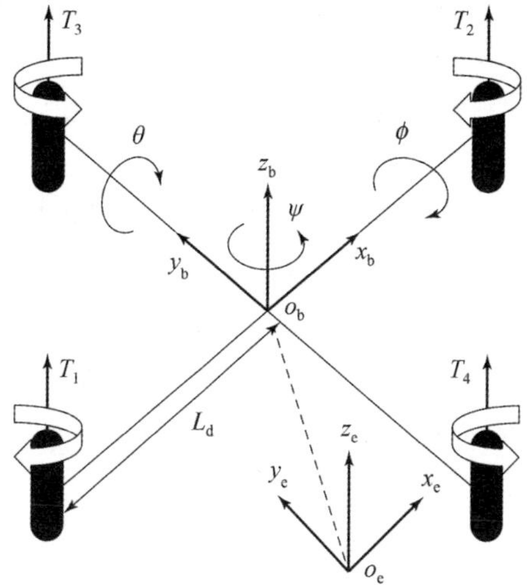

图 1.1　四旋翼无人机配置示意图

1.2.1　运动学方程

为了建立四旋翼无人机的运动学模型，本节首先讨论所使用的坐标系，即局部导航坐标系和体坐标系。体坐标系的坐标轴记为(o_b, x_b, y_b, z_b)，局部导航坐标系的坐标轴记为(o_e, x_e, y_e, z_e)。四旋翼无人机的位置 $X^I = [x_e, y_e, z_e]^T$ 和姿态 $\Theta^I = [\phi, \theta, \Psi]^T$ 定义于局部导航坐标系，该坐标系视为惯性参考坐标系。平移速度 $V^B = [u, v, w]^T$ 和旋转角速度 $\omega^B = [p, q, r]^T$ 定义于体坐标系中。

为了推导运动学方程，本章采用牛顿－欧拉公式。然而，牛顿运动方程通常是相对于固定的惯性参考系推导出来的，而物体的运动在体坐标系中描述是最方便的，且机载传感器收集的数据也是相对于体坐标系的。因此，为了建立四旋翼无人机的运动学模型，需要一个从体坐标系到惯性坐标系的变换矩阵。在本章中，变换矩阵通过三个基本旋转矩阵以“横滚－俯仰－偏航”的顺序（x 轴、y 轴和 z 轴的顺序）相乘得到。

$$
\begin{aligned}
R_B^I &= R(\psi, z)R(\theta, y)R(\phi, x) \\
&= \begin{bmatrix} \cos\psi & -\sin\theta & 0 \\ \sin\theta & \cos\theta & 0 \\ 0 & 0 & 1 \end{bmatrix} \begin{bmatrix} \cos\theta & 0 & \sin\theta \\ 0 & 1 & 0 \\ -\sin\theta & 0 & \cos\theta \end{bmatrix} \begin{bmatrix} 1 & 0 & 0 \\ 0 & \cos\phi & -\sin\phi \\ 0 & \sin\phi & \cos\phi \end{bmatrix} \\
&= \begin{bmatrix} \cos\theta\cos\psi & \sin\phi\sin\theta\cos\psi - \cos\phi\sin\psi & \cos\phi\sin\theta\cos\psi + \sin\phi\sin\psi \\ \cos\theta\sin\psi & \sin\psi\sin\theta\sin\psi + \cos\phi\cos\psi & \cos\phi\sin\theta\sin\psi - \sin\phi\cos\psi \\ -\sin\theta & \sin\phi\cos\theta & \cos\phi\cos\theta \end{bmatrix}
\end{aligned} \tag{1.1}
$$

然后，将欧拉角速度分解为体坐标系中的旋转角速度，确定另一个变换矩阵$\boldsymbol{T}_{\mathrm{B}}^{\mathrm{I}}$。

$$\begin{bmatrix} p \\ q \\ r \end{bmatrix} = \begin{bmatrix} \dot{\phi} \\ 0 \\ 0 \end{bmatrix} + R(\phi,x)\begin{bmatrix} 0 \\ \dot{\theta} \\ 0 \end{bmatrix} + R(\phi,x)R(\theta,y)\begin{bmatrix} 0 \\ 0 \\ \dot{\psi} \end{bmatrix} = (\boldsymbol{T}_{\mathrm{B}}^{\mathrm{I}})^{-1}\begin{bmatrix} \dot{\phi} \\ \dot{\theta} \\ \dot{\psi} \end{bmatrix} \tag{1.2}$$

$$\boldsymbol{T}_{\mathrm{B}}^{\mathrm{I}} = \begin{bmatrix} 1 & \sin\phi\tan\theta & \cos\phi\tan\theta \\ 0 & \cos\phi & -\sin\phi \\ 0 & \sin\phi\sec\theta & \cos\phi\sec\theta \end{bmatrix} \tag{1.3}$$

根据上述变换矩阵，运动学方程可以用矩阵形式描述为

$$\dot{\boldsymbol{\xi}}^{\mathrm{I}} = \begin{bmatrix} \dot{\boldsymbol{X}}^{\mathrm{I}} \\ \dot{\boldsymbol{\Theta}}^{\mathrm{I}} \end{bmatrix} = \begin{bmatrix} \boldsymbol{R}_{\mathrm{B}}^{\mathrm{I}} & 0_{3\times3} \\ 0_{3\times3} & \boldsymbol{T}_{\mathrm{B}}^{\mathrm{I}} \end{bmatrix}\begin{bmatrix} \boldsymbol{V}^{\mathrm{B}} \\ \boldsymbol{\omega}^{\mathrm{B}} \end{bmatrix} = \boldsymbol{J}_{\mathrm{B}}^{\mathrm{I}}\boldsymbol{v}^{\mathrm{B}} \tag{1.4}$$

1.2.2 动力学方程

为了推导四旋翼无人机的动力学方程，首先做出两个假设[38]：

(1) 体坐标系原点与四旋翼无人机的质心重合。

(2) 体坐标系的坐标轴与四旋翼无人机的惯量主轴一致。

在上述假设下，惯性矩阵变为对角矩阵，并且推导动力学方程时无须再考虑四旋翼无人机的质心。

采用牛顿－欧拉公式，力和力矩方程可表示如下[37]：

$$\begin{bmatrix} \boldsymbol{F}^{\mathrm{I}} \\ \boldsymbol{\tau}^{\mathrm{B}} \end{bmatrix} = \begin{bmatrix} m & 0_{3\times3} \\ 0_{3\times3} & \boldsymbol{I} \end{bmatrix}\begin{bmatrix} \ddot{\boldsymbol{X}}^{\mathrm{I}} \\ \dot{\boldsymbol{\omega}}^{\mathrm{B}} \end{bmatrix} + \begin{bmatrix} 0 \\ \boldsymbol{\omega}^{\mathrm{B}} \times \boldsymbol{I}\boldsymbol{\omega}^{\mathrm{B}} \end{bmatrix} \tag{1.5}$$

式中：$\boldsymbol{F}^{\mathrm{I}} = [F_x, F_y, F_z]^{\mathrm{T}}$ 和 $\boldsymbol{\tau}^{\mathrm{B}} = [\tau_x, \tau_y, \tau_z]^{\mathrm{T}}$ 分别为相对于惯性系和体坐标系的力和力矩矢量；m 为四旋翼无人机总质量；$\boldsymbol{I}$ 为对角惯性矩阵，定义如下：

$$\boldsymbol{I} = \begin{bmatrix} I_{xx} & 0 & 0 \\ 0 & I_{yy} & 0 \\ 0 & 0 & I_{zz} \end{bmatrix} \tag{1.6}$$

四旋翼无人机上的力由重力（$\boldsymbol{G}$）、推力（$\boldsymbol{T}$）和平移运动产生的阻力（$\boldsymbol{D}$）三部分组成：

$$\begin{aligned} \boldsymbol{F}' &= \boldsymbol{G} + \boldsymbol{R}_{\mathrm{B}}^{\mathrm{l}}T + \boldsymbol{D} \\ &= \begin{bmatrix} 0 \\ 0 \\ -mg \end{bmatrix} + \boldsymbol{R}_{\mathrm{B}}^{\mathrm{l}}\begin{bmatrix} 0 \\ 0 \\ U_z \end{bmatrix} + \begin{bmatrix} -K_1\dot{x}_{\mathrm{e}} \\ -K_2\dot{y}_{\mathrm{e}} \\ -K_3\dot{z}_{\mathrm{e}} \end{bmatrix} \end{aligned} \tag{1.7}$$

式中，K_1、K_2 和 K_3 为阻力系数；g 为重力加速度；U_z 为 4 个螺旋桨的总推力。

将式（1.7）代入式（1.5），有

$$\begin{bmatrix}\ddot{x}_e\\ \ddot{y}_e\\ \ddot{z}_e\end{bmatrix}=\begin{bmatrix}0\\0\\-g\end{bmatrix}+\frac{1}{m}\begin{bmatrix}(\cos\phi\sin\theta\cos\psi+\sin\phi\sin\psi)U_z-K_1\dot{x}_e\\(\cos\phi\sin\theta\sin\psi-\sin\phi\cos\psi)U_z-K_2\dot{y}_e\\(\cos\phi\cos\theta)U_z-K_3\dot{z}_e\end{bmatrix}\tag{1.8}$$

类似地，四旋翼无人机上的力矩由陀螺扭矩（M_g）、螺旋桨产生的扭矩（M_T）和旋转运动引起的力扭矩（M_f）组成，描述如下：

$$\begin{aligned}\boldsymbol{\tau}^{\mathrm{B}}&=\boldsymbol{M}_g+\boldsymbol{M}_T+\boldsymbol{M}_f\\&=-\sum_{i=1}^{4}\boldsymbol{I}_{\mathrm{r}}\left(\boldsymbol{\omega}^{\mathrm{B}}\times\begin{bmatrix}0\\0\\1\end{bmatrix}\right)(-1)^{i+1}\Omega_i+\begin{bmatrix}\boldsymbol{U}_\phi\\\boldsymbol{U}_\theta\\\boldsymbol{U}_\psi\end{bmatrix}+\begin{bmatrix}-K_4L_d\dot{\phi}\\-K_5L_d\dot{\theta}\\-K_6\dot{\psi}\end{bmatrix}\end{aligned}\tag{1.9}$$

式中：$\boldsymbol{I}_{\mathrm{r}}$ 为螺旋桨的惯性矩阵；Ω_i 为第 i 个螺旋桨的转速；K_4、K_5 和 K_6 为阻力系数；L_d 为各电机与四旋翼无人机质心之间的距离；$\boldsymbol{U}_\phi$、$\boldsymbol{U}_\theta$ 和 $\boldsymbol{U}_\psi$ 为相对于体坐标系的陀螺扭矩。

将式（1.9）代入式（1.5），有

$$\begin{aligned}\begin{bmatrix}\dot{p}\\\dot{q}\\\dot{r}\end{bmatrix}=\boldsymbol{I}^{-1}\Bigg(&-\begin{bmatrix}0&I_{zz}r&-I_{yy}q\\-I_{zz}r&0&I_{xx}p\\I_{yy}q&-I_{xx}p&0\end{bmatrix}\begin{bmatrix}p\\q\\r\end{bmatrix}+\boldsymbol{I}_{\mathrm{r}}\begin{bmatrix}-q\\p\\0\end{bmatrix}\Omega\\&+\begin{bmatrix}\boldsymbol{U}_\phi\\\boldsymbol{U}_\theta\\\boldsymbol{U}_\psi\end{bmatrix}+\begin{bmatrix}-K_4L_d\dot{\phi}\\-K_5L_d\dot{\theta}\\-K_6\dot{\psi}\end{bmatrix}\Bigg)\end{aligned}\tag{1.10}$$

式中：Ω 为整个螺旋桨速度的残差，$\Omega=\Omega_1+\Omega_2-\Omega_3-\Omega_4$。

1.2.3　耦合控制

由于四旋翼无人机的构型特点，姿态（φ，θ）与位置（x_e，y_e）相耦合。为了使四旋翼无人机沿 x_e 或 y_e 方向移动，需要控制四旋翼无人机的俯仰角或横滚角。如式（1.8）和式（1.10）所示，由 4 个独立电机产生的推力映射为虚拟控制输入（U_z，U_φ，U_θ，U_ψ），用于驱动和稳定四旋翼无人机的运动。电机输入与中间虚拟控制输入之间的关系可以用矩阵形式给出：

$$\begin{bmatrix} \boldsymbol{U}_z \\ \boldsymbol{U}_\phi \\ \boldsymbol{U}_\theta \\ \boldsymbol{U}_\psi \end{bmatrix} = \begin{bmatrix} K_u & K_u & K_u & K_u \\ 0 & 0 & K_u L_d & -K_u L_d \\ K_u L_d & -K_u L_d & 0 & 0 \\ K_y & K_y & -K_y & -K_y \end{bmatrix} \cdot \begin{bmatrix} u_1 \\ u_2 \\ u_3 \\ u_4 \end{bmatrix} \tag{1.11}$$

式中：K_u为与螺旋桨产生的推力相关的正增益；K_y为与螺旋桨产生的扭矩相关的正增益；$u_i(i=1,2,3,4)$为第 i 个电机的脉冲宽度调制（Pulse - Width Modulation，PWM）输入。

为了方便控制器设计，假设横滚角和俯仰角的变化很小，这样式（1.3）所示的变换矩阵$\boldsymbol{T}_{\mathrm{B}}^{\mathrm{I}}$非常接近单位矩阵。因此，旋转角速度可以近似由欧拉角速率代替。四旋翼无人机的非线性动力学方程可以表示为

$$\begin{cases} \ddot{x}_{\mathrm{e}} = \dfrac{(\cos\phi\sin\theta\cos\psi + \sin\phi\sin\psi)(u_1+u_2+u_3+u_4)K_u}{m} - \dfrac{K_1\dot{x}_{\mathrm{e}}}{m} \\ \ddot{y}_{\mathrm{e}} = \dfrac{(\cos\phi\sin\theta\sin\psi - \sin\phi\cos\psi)(u_1+u_2+u_3+u_4)K_u}{m} - \dfrac{K_2\dot{y}_{\mathrm{e}}}{m} \\ \ddot{z}_{\mathrm{e}} = \dfrac{(\cos\phi\cos\theta)(u_1+u_2+u_3+u_4)K_u}{m} - \dfrac{K_3\dot{z}_e}{m} - g \\ \ddot{\phi} = \dfrac{(I_{yy}-I_{zz})\dot{\theta}\dot{\psi}}{I_{xx}} + \dfrac{K_u L_d(u_3-u_4)}{I_{xx}} - \dfrac{I_{\mathrm{r}}\Omega\dot{\theta}}{I_{xx}} - \dfrac{K_4 L_d\dot{\phi}}{I_{xx}} \\ \ddot{\theta} = \dfrac{(I_{zz}-I_{xx})\dot{\phi}\dot{\psi}}{I_{yy}} + \dfrac{K_u L_d(u_1-u_2)}{I_{yy}} + \dfrac{I_{\mathrm{r}}\Omega\dot{\phi}}{I_{yy}} - \dfrac{K_5 L_d\dot{\theta}}{I_{yy}} \\ \ddot{\psi} = \dfrac{(I_{xx}-I_{yy})\dot{\phi}\dot{\theta}}{I_{zz}} + \dfrac{K_y(u_1+u_2-u_3-u_4)}{I_{zz}} - \dfrac{K_6\dot{\psi}}{I_{zz}} \end{cases} \tag{1.12}$$

1.2.4 执行机构故障表示

执行机构故障意味着系统中执行机构不能正常工作，可能是由液压泄漏、电线断裂或飞机控制卡住造成的。这样的故障可以建模为

$$\boldsymbol{u}_f(t) = (\boldsymbol{I}_m - L_f(t)u(t) \tag{1.13}$$

式中：$\boldsymbol{u}_f(t) = [u_{f1}(t), u_{f2}(t), \cdots, u_{fm}(t)]^{\mathrm{T}}$ 为故障控制输入向量；$\boldsymbol{I}_m \in \mathbb{R}^{m\times m}$ 为单位矩阵；$L_f(t) = \mathrm{diag}([l_{f1}(t), l_{f2}(t), \cdots, l_{fm}(t)])$为执行机构的控制有效性损失水平，其中，$l_{fi}(t)(i=1,2,\cdots,m)$是满足$0 \leqslant l_{fi}(t) \leqslant 1$ 的标量。当 $l_{fi}(t)=0$ 时，表示第 i 个执行机构工作正常；否则，第 i 个执行机构会出现一定程度的故障。作为特殊情况，$l_{fi}(t)=1$ 表示第 i 个执行机构完全失效。

需要注意的是，虽然这种执行机构的乘性故障并不直接影响被控系统本身

的动力学特性，但它们可以显著影响闭环系统的动力学特性，甚至可能影响系统的可控性[28]。

1.3　主动容错控制

本节提出了一种基于自适应滑模控制（SMC）和循环神经网络（RNN）的主动容错控制（FTC）策略，用以处理四旋翼无人机模型的不确定性和执行机构故障。控制策略结构示意图如图 1.2 所示。以下有两个问题需要解决。首先，利用所提出的自适应 SMC，可以在模型存在不确定性和干扰的情况下保证系统的跟踪性能，并避免引起抖振。其次，由于基于模型的故障估计方法难以处理模型存在不确定性的情况，为了能够正确估计故障程度，提出了一种基于并行 RNN 的故障估计方法。在构建 RNN 时，采用了两个隐藏层，并将第一个隐藏层的输出反馈至连接层以捕捉更多的信息，获得更好的学习能力。RNN 的权重参数通过基于时间反向传播的扩展卡尔曼滤波器来更新。利用训练的神经网络，可以准确可靠地估计执行机构故障的严重程度。最后，将提出的自适应 SMC 和故障估计方法相结合，建立了主动 FTC 机制。大量数值仿真结果验证了本节提出的控制策略的有效性和优越性。

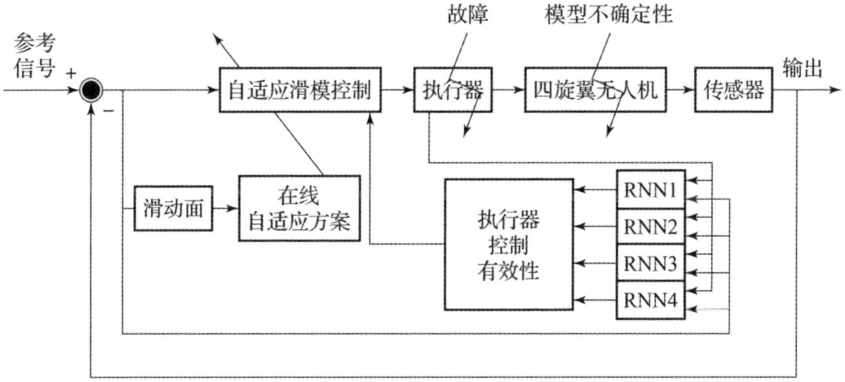

图 1.2　主动 FTC 策略结构示意图

1.3.1　问题描述

考虑具有模型不确定性和执行机构故障扰动的积分链非线性仿射系统如下：

$$\begin{cases}\dot{\boldsymbol{x}}_1(t)=\boldsymbol{x}_2(t)\\ \dot{\boldsymbol{x}}_2(t)=\boldsymbol{F}(x(t))+\boldsymbol{G}_{\mathrm{B}}\boldsymbol{B}_u\boldsymbol{L}_c(t)\boldsymbol{u}(t)+d(t)\\ \boldsymbol{y}(t)=\boldsymbol{C}x(t)+w(t)\end{cases}\tag{1.14}$$

式中：$\boldsymbol{x}(t)=[x_1(t),x_2(t)]\in\mathbb{R}^n$为状态向量；$\boldsymbol{y}(t)\in\mathbb{R}^q$为系统输出向量；$\boldsymbol{u}(t)\in\mathbb{R}^m$为控制输入向量；$\boldsymbol{B}_u\in\mathbb{R}^{p\times m}$为控制矩阵；$\boldsymbol{C}\in\mathbb{R}^{q\times n}$，$\boldsymbol{G}_B\in\mathbb{R}^{p\times p}$；向量$\boldsymbol{F}(x(t))\in\mathbb{R}^p$为一个包含模型不确定性的非线性函数，这些不确定性的界限未知；$d(x)\in\mathbb{R}^p$为未知但有界的扰动和噪声，即$\|d(t)\|\leqslant D_d$；$w(t)\in\mathbb{R}^q$表示传感器模型的不确定性和噪声；$\boldsymbol{L}_c(t)=\boldsymbol{I}_m-\boldsymbol{L}_f(t)$为执行机构的剩余有效程度。

为了简化表达，以下部分省略了符号t，如$x(t)$表示为x。

1.3.2 自适应滑模控制

为了便于状态反馈控制设计，将系统状态定义为$\boldsymbol{x}=[\phi,\dot{\phi},\theta,\dot{\theta},\psi,\dot{\psi}]^{\mathrm{T}}$。然后，式（1.14）中描述的非线性系统可以改写为

$$\begin{cases}\dot{\boldsymbol{x}}_{2i-1}=\boldsymbol{x}_{2i}\\ \dot{\boldsymbol{x}}_{2i}=h_{1i}\boldsymbol{f}_{1i}(\boldsymbol{x})+h_{2i}\boldsymbol{x}_{2i-1}+g_i\,\boldsymbol{v}_i+\boldsymbol{d}_i\\ \boldsymbol{v}_i=\boldsymbol{B}_{ui}\boldsymbol{L}_c\boldsymbol{u}\end{cases}\tag{1.15}$$

式中：$i=1,2,3$为每个子系统；$\boldsymbol{x}_{2i-1}=[\phi,\theta,\psi]^{\mathrm{T}}$，$\boldsymbol{x}_{2i}=[\dot{\phi},\dot{\theta},\dot{\psi}]^{\mathrm{T}}$。

将期望轨迹记作$\boldsymbol{x}_{2i-1}^d$，则跟踪误差向量定义为

$$\tilde{\boldsymbol{x}}_{2i-1}=\boldsymbol{x}_{2i-1}-\boldsymbol{x}_{2i-1}^d=\begin{bmatrix}\phi-\phi_d\\ \theta-\theta_d\\ \psi-\psi_d\end{bmatrix}\tag{1.16}$$

利用该跟踪误差向量，系统的积分滑模面设计为

$$\begin{aligned}\sigma_i=&\ \dot{\tilde{\boldsymbol{x}}}_{2i-1}+k_{c2i}\tilde{\boldsymbol{x}}_{2i-1}+k_{c|i}\int_{t_0}^{t}\tilde{\boldsymbol{x}}_{2i-1}(\tau)\mathrm{d}\tau\\ &-k_{c2i}\tilde{\boldsymbol{x}}_{2i-1}(t_0)-\dot{\tilde{\boldsymbol{x}}}_{2i-1}(t_0)\end{aligned}\tag{1.17}$$

式中：t_0为初始时刻；k_{c1i}和k_{c2i}为设计参数。

在设计滑模面之后，下一步是设计一个合适的控制律来驱动滑动变量到达设计的滑模面，并使其保持在滑模面的微小邻域内。在此过程中，没有考虑模型的不确定性和执行机构的故障。相应的控制律设计形式如下：

$$\boldsymbol{v}_i=\boldsymbol{v}_{i0}+\boldsymbol{v}_{i1}\tag{1.18}$$

式中：$\boldsymbol{v}_{i0}$为连续控制项，用于不含不确定性和干扰的理想系统的稳定控制；

$\boldsymbol{v}_{i1}$ 为不连续控制项，用于补偿扰动和干扰，以保证系统状态按照期望滑动。

控制项 $\boldsymbol{v}_{i0}$ 可通过使 $\dot{\sigma}_i=0$ 进行设计，在这种情况下忽略了扰动 d_i，即

$$\boldsymbol{v}_{i0}=g_i^{-1}(\ddot{\boldsymbol{x}}_{2i-1}^d-k_{c2}\dot{\tilde{\boldsymbol{x}}}_{2i-1}-k_{c1i}\tilde{\boldsymbol{x}}_{2i-1}-h_{1j}\boldsymbol{f}_{1i}(\boldsymbol{x})-h_{2i}\boldsymbol{x}_{2i-1}) \tag{1.19}$$

为了抑制干扰 d_i，不连续控制项设计为

$$\boldsymbol{v}_{i1}=-k_{c3i}\mathrm{sat}(\sigma_i) \tag{1.20}$$

式中：k_{c3i} 为使滑模面具有吸引性的正高增益，sat 函数定义为[39]

$$\mathrm{sat}(\sigma_i)=\begin{cases}\mathrm{sign}(\sigma_i), & |\sigma_i|>\Phi_i\\ \sigma_i/\Phi_i, & |\sigma_i|\leqslant\Phi_i\end{cases} \tag{1.21}$$

式中：Φ_i 为边界层厚度。

这样，在不考虑执行机构故障和模型不确定性的情况下，控制律可以设计为

$$\begin{aligned}u=&\boldsymbol{B}+{}_{ui}g_i^{-1}(\ddot{\boldsymbol{x}}_{2i-1}^d-k_{c2i}\dot{\tilde{\boldsymbol{x}}}_{2i-1}-k_{c1i}\tilde{\boldsymbol{x}}_{2i-1}-h_{1i}f_{1i}(x)-h_{2i}\boldsymbol{x}_{2i-1})\\&-\boldsymbol{B}_{ui}^{+}k_{c3i}\mathrm{sat}(\sigma_i)\end{aligned} \tag{1.22}$$

式中：$\boldsymbol{B}_{ui}^{+}=\boldsymbol{B}_{ui}^{\mathrm{T}}(\boldsymbol{B}_{ui}\boldsymbol{B}_{ui}^{\mathrm{T}})^{-1}$。

考虑模型的不确定性，需要利用估计参数 $\hat{h}_{1i}$、$\hat{h}_{2i}$、$\hat{g}_i$ 推导相应的控制律。为了充分利用 SMC 的不连续控制策略，不再自适应地改变 k_{c3i} 的值，而是将估计的参数 $\hat{g}_i$ 与 k_{c3i} 综合在一起，以改变不连续控制增益。记 $\hat{\Gamma}_{1i}=\hat{g}_i^{-1}\hat{h}_{1i}$，$\hat{\Gamma}_{2i}=\hat{g}_i^{-1}\hat{h}_{2i}$，$\hat{\Psi}_i=\hat{g}_i^{-1}$。式（1.22）所示的控制律改写为

$$\begin{aligned}u=&\boldsymbol{B}_{ui}^{+}\hat{\Psi}_i(\ddot{\boldsymbol{x}}_{2i-1}^d-k_{c2i}\dot{\tilde{\boldsymbol{x}}}_{2i-1}-k_{c1i}\tilde{\boldsymbol{x}}_{2i-1}-k_{c3i}\mathrm{sat}(\sigma_i))\\&-\hat{\Gamma}_{1i}f_{1i}(x)-\hat{\Gamma}_{2i}\boldsymbol{x}_{2i-1}\end{aligned} \tag{1.23}$$

相应地，估计不确定参数的在线自适应策略为

$$\begin{cases}\dot{\hat{\Gamma}}_{1i}=f_{1i}(x)\sigma_{\Delta i}\\ \dot{\hat{\Gamma}}_{2i}=\boldsymbol{x}_{2i-1}\sigma_{\Delta i}\\ \dot{\hat{\Psi}}_i=(-\ddot{\boldsymbol{x}}_{2i-1}^d+k_{c2i}\dot{\tilde{\boldsymbol{x}}}_{2i-1}+k_{c1i}\tilde{\boldsymbol{x}}_{2i-1}+k_{c3i}\mathrm{sat}(\sigma_i))\sigma_{\Delta i}\end{cases} \tag{1.24}$$

式中：$\sigma_{\Delta i}$ 为当前滑动变量与边界层之间的代数距离的度量，其定义如下：

$$\sigma_{\Delta i}=\sigma_i-\Phi_i\mathrm{sat}(\sigma_i) \tag{1.25}$$

当滑模量在边界层以外时，式（1.25）满足 $\dot{\sigma}_{\Delta i}=\dot{\sigma}_i$，当滑模量在边界层以内时，式（1.25）满足 $\sigma_{\Delta i}=0$。

1.3.3　构建可重构机制

在控制器设计中考虑模型的不确定性后，接下来的问题是执行机构故障估

计和可重构机制的构建。本节介绍了四旋翼无人机主动 FTC 设计的详细过程。为了有效地估计每个执行机构的故障严重程度，采用并行 RNN 作为故障辨识器，对应于不同但数量有限的故障模式，这些故障模式一般选择最有可能出现的典型故障。由于所研究的四旋翼无人机有 4 个执行机构，为每个单独的执行机构分别设计了 RNN 网络，以便通过提取特征捕获故障症状。因此，故障严重性评估和故障隔离任务可以同时进行。与基于单一神经网络的方法相比，由于在不同的执行机构中出现多个故障，基于单一神经网络方法可能无法保持有效，而本节提出的方案能够使故障严重性评估过程更加可靠，并有了显著的改进。

对于闭环四旋翼无人机，故障发生后，机载控制系统会引入执行机构的相应控制输入，系统跟踪误差也会随之改变。因此，在本节中，参考指令输入和四旋翼无人机输出之间的跟踪误差，以及执行机构的控制输入都可以作为合适的特征，充当 RNN 网络的输入。每个神经网络的输出是对相应执行机构故障严重程度的估计，由执行机构的控制有效性水平表示。

本节所采用的循环网络有两个隐藏层，第一个隐藏层的输出反馈形成连接层。然后，RNN 响应输入向量 $\boldsymbol{U}(k)=[u_{n1}(k),u_{n2}(k),\cdots,u_{nr}(k)]^{\mathrm{T}}$ 的动力学行为可以描述为

$$\begin{cases}\boldsymbol{X}_{h1}(k+1)=\varphi_{h1}([\boldsymbol{X}_{h1}(k),\boldsymbol{U}(k)]^{\mathrm{T}},\boldsymbol{W}_{h1}(k))\\ \boldsymbol{X}_{h2}(k+1)=\varphi_{h2}(\boldsymbol{X}_{h1}(k+1),\boldsymbol{W}_{h2}(k))\\ \boldsymbol{Y}(k+1)=\boldsymbol{W}_{O}\boldsymbol{X}_{h2}(k+1)\end{cases}\tag{1.26}$$

式中：$\boldsymbol{U}(k)\in\mathbb{R}^{r}$ 为 RNN 的输入向量；$\boldsymbol{X}_{h1}(k+1)\in\mathbb{R}^{N1}$ 为第一个隐藏层在 $k+1$ 时刻的输出向量；$X_{h2}(k+1)\in\mathbb{R}^{N2}$ 为第二个隐藏层的输出向量；$\boldsymbol{Y}(k+1)\in\mathbb{R}^{q}$ 为 RNN 网络的输出向量；$\boldsymbol{W}_{h1}(k)\in\mathbb{R}^{N1\times(r+N1)}$、$\boldsymbol{W}_{h2}(k)\in\mathbb{R}^{N2\times N1}$、$\boldsymbol{W}_{O}(k)\in\mathbb{R}^{q\times N2}$ 分别为输入层与第一隐藏层之间、第一隐藏层与第二层隐藏层之间、第二层隐藏层与输出层之间的权重矩阵；$\boldsymbol{\phi}_{h1}$ 和 $\boldsymbol{\phi}_{h2}$ 分别为第一隐藏层和第二隐藏层的激活函数。

然后，采用基于时间反向传播的扩展卡尔曼滤波器来训练设计的网络。设式（1.26）中的 RNN 具有 s 个神经元权重和 q 个输出节点。在 RNN 的监督训练中，将时刻记为 k，在时刻 k 处计算的 RNN 整个神经元权重集合用向量 $\boldsymbol{W}_k$ 表示。它由与第一隐藏层中第一个神经元相关的权重依次堆叠而成，执行相同的步骤直至第一隐藏层所有神经元都计算在内。再对第二隐含层和输出层依次执行相同的步骤，以相同的顺序将权重堆叠到 $\boldsymbol{W}_k$ 中。因此，将 $\boldsymbol{W}_k$ 选作 RNN 网络的状态，训练时网络状态空间模型定义为

$$\begin{cases} \boldsymbol{W}_{k+1} = \boldsymbol{W}_k + \boldsymbol{\omega}_k \\ \boldsymbol{D}_k = f(\boldsymbol{W}_k, \boldsymbol{V}_k, \boldsymbol{U}_k) + \boldsymbol{v}_k \end{cases} \tag{1.27}$$

式中：$\boldsymbol{U}_k$为应用于网络的输入信号向量；$\boldsymbol{V}_k$为网络内部状态，表示网络活动；系统噪声$\boldsymbol{\omega}_k$和测量噪声$\boldsymbol{v}_k$都是非相关高斯噪声，分别具有零均值和协方差矩阵 $\boldsymbol{Q}_{\omega,k}(k) \in \mathbb{R}^{s\times s}$和$\boldsymbol{Q}_{v,k}(k) \in \mathbb{R}^{q\times q}$；$f$ 为 RNN 整体非线性的函数；$\boldsymbol{D}_k \in \mathbb{R}^q$ 为期望响应。

下一个问题是使用序列状态估计器进行监督训练。基于所设计的 RNN 网络，考虑式（1.27）中描述的非线性测量模型，采用基于时间反向传播的扩展卡尔曼滤波器作为训练算法。

为了实现扩展卡尔曼滤波训练算法，测量模型需要线性化。利用泰勒级数展开，式（1.27）可近似为

$$\begin{cases} \boldsymbol{W}_{k+1} = \boldsymbol{W}_k + \boldsymbol{\omega}_k \\ \hat{\boldsymbol{D}}_k = \boldsymbol{F}_k \boldsymbol{W}_k + \boldsymbol{v}_k \end{cases} \tag{1.28}$$

式中：$\boldsymbol{F}_k \in \mathbb{R}^{q\times s}$为线性化模型的测量矩阵，可以表示为

$$\boldsymbol{F}_k = \begin{bmatrix} \dfrac{\partial y_1}{\partial w_1} & \dfrac{\partial y_1}{\partial w_2} & \cdots & \dfrac{\partial y_1}{\partial w_s} \\ \dfrac{\partial y_2}{\partial w_1} & \dfrac{\partial y_2}{\partial w_2} & \cdots & \dfrac{\partial y_2}{\partial w_s} \\ \vdots & \vdots & & \vdots \\ \dfrac{\partial y_q}{\partial w_1} & \dfrac{\partial y_q}{\partial w_2} & \cdots & \dfrac{\partial y_q}{\partial w_s} \end{bmatrix} \tag{1.29}$$

式中：q 和 s 分别为输出神经元和神经元权重的数量；$y_i(i=1,2,\cdots,q)$为第 i 个输出神经元。

给定训练样本 $\Gamma = \{\boldsymbol{U}_k, \boldsymbol{D}_k\}_{k=1}^{N}$，$k=1,2,\cdots,N$，RNN 权重参数更新为

$$\begin{cases} \boldsymbol{G}_k = \boldsymbol{P}_{k|k-1}\boldsymbol{F}_k^{\mathrm{T}}[\boldsymbol{F}_k\boldsymbol{P}_{k|k-1}\boldsymbol{F}_k^{\mathrm{T}} + \boldsymbol{Q}_{\nu,k}] \\ \alpha_k = d_k - \boldsymbol{Y}_k(\hat{\boldsymbol{W}}_{k|k-1}, \boldsymbol{V}_k, \boldsymbol{U}_k) \\ \hat{\boldsymbol{W}}_{k|k} = \hat{\boldsymbol{W}}_{k|k-1} + \eta_k \boldsymbol{G}_k \alpha_k \\ \hat{\boldsymbol{W}}_{k+1|k} = \hat{\boldsymbol{W}}_{k|k} \\ \boldsymbol{P}_{k|k} = \boldsymbol{P}_{k|k-1} - \boldsymbol{G}_k\boldsymbol{F}_k\boldsymbol{P}_{k|k-1} \\ \boldsymbol{P}_{k+1|k} = \boldsymbol{P}_{k|k} + \boldsymbol{Q}_{\omega,k} \end{cases} \tag{1.30}$$

其初始化为

$$\begin{cases}\hat{\boldsymbol{W}}_{1|0}=\mathbb{E}(\boldsymbol{W}_1)\\ \boldsymbol{P}_{1|0}=\delta^{-1}\boldsymbol{I}\end{cases} \tag{1.31}$$

式中：$\hat{\boldsymbol{W}}_{k|k-1}$为权重向量$\boldsymbol{W}_k$的预估计；$\hat{\boldsymbol{W}}_{k|k}$为权值向量$\boldsymbol{W}_k$的滤波估计；$\boldsymbol{G}_k\in\mathbb{R}^{s\times q}$为卡尔曼增益矩阵；$\boldsymbol{P}_{k|k-1}\in\mathbb{R}^{s\times s}$为预测误差协方差矩阵；$\boldsymbol{P}_{k|k}\in\mathbb{R}^{s\times s}$为滤波误差协方差矩阵；$\eta_k$为学习率；$\delta$为正的小值常量；$\boldsymbol{I}\in\mathbb{R}^{s\times s}$为单位矩阵。

利用其余执行机构可用程度的估计值$\hat{L}_c$，最终控制律设计为

$$\begin{aligned}u=&\hat{L}_c^{-1}B_{ui}^{+}\hat{\Psi}_i(\ddot{\boldsymbol{x}}_{2i-1}^{d}-k_{c2i}\dot{\tilde{\boldsymbol{x}}}_{2i-1}-k_{c1i}\tilde{\boldsymbol{x}}_{2i-1}-k_{c3i}\mathrm{sat}(\boldsymbol{\sigma}_i))\\&-\hat{\Gamma}_{1i}f_{1i}(x)-\hat{\Gamma}_{2i}\boldsymbol{x}_{2i-1}\end{aligned} \tag{1.32}$$

考虑执行机构故障估计误差，记为$\tilde{L}_c^{-1}=L_c^{-1}-\hat{L}_c^{-1}$，实际生成的虚拟控制输入可表示为

$$\boldsymbol{v}_i=\boldsymbol{v}_{id}-\boldsymbol{B}_{ui}L_c\tilde{L}_c^{-1}\boldsymbol{B}_{ui}^{+}\boldsymbol{v}_{id} \tag{1.33}$$

式中：$\boldsymbol{v}_{id}$为所设计的自适应 SMC 的指令虚拟控制输入。

接下来，记$\tilde{\boldsymbol{v}}_i=-\boldsymbol{B}_{ui}L_c\tilde{L}_c^{-1}\boldsymbol{B}_{ui}^{+}\boldsymbol{v}_{id}$，将式（1.32）代入式（1.15），得

$$\begin{aligned}\ddot{\boldsymbol{x}}_{2i-1}&=h_{1i}f_{1i}(\boldsymbol{x})+h_{2i}\boldsymbol{x}_{2i-1}+g_i\boldsymbol{v}_{id}+g_i\tilde{\boldsymbol{v}}_i+\boldsymbol{d}_i\\&=h_{1i}f_{1i}(\boldsymbol{x})+h_{2i}\boldsymbol{x}_{2i-1}+(g_i+\tilde{g}_i)\boldsymbol{v}_{id}+\boldsymbol{d}_i\\&=h_{1i}f_{1i}(\boldsymbol{x})+h_{2i}\boldsymbol{x}_{2i-1}+\hat{g}_i\boldsymbol{v}_{id}+\boldsymbol{d}_i\end{aligned} \tag{1.34}$$

通过式（1.24）所设计的自适应控制方案，可以在不影响系统跟踪性能的情况下，通过改变与控制输入相关的参数来补偿故障估计误差。

定理 1.1 考虑式（1.15）中具有执行机构故障、模型不确定性和有界干扰的非线性仿射系统，给定设计的积分滑模面式（1.17），采用故障严重程度估计策略如式（1.28）和如式（1.24）更新的状态反馈控制律式（1.32），期望的跟踪性能可以通过选取不连续增益$k_{c3i}\geqslant\eta_i+D_d$得到保证。

定理 1.1 的证明：考虑下面的李雅普诺夫候选函数

$$\begin{aligned}V=&\sum_{i=1}^{n}\frac{1}{2}[\sigma_{\Delta i}^2+\Psi_i^{-1}(\hat{\Gamma}_{1i}-\Gamma_{1i})^2+\Psi_i^{-1}(\hat{\Gamma}_{2i}-\Gamma_{2i})^2\\&+\Psi_i^{-1}(\hat{\Psi}_i-\Psi_i)^2]\end{aligned} \tag{1.35}$$

其导数可计算为

$$\begin{aligned}\dot{\boldsymbol{v}}=&\sum_{i=1}^{n}[\sigma_{\Delta i}\dot{\sigma}_{\Delta i}+\Psi_i^{-1}(\hat{\Gamma}_{1i}-\Gamma_{1i})\dot{\hat{\Gamma}}_{1i}+\Psi_i^{-1}(\hat{\Gamma}_{2i}-\Gamma_{2i})\dot{\hat{\Gamma}}_{2i}\\&+\Psi_i^{-1}(\hat{\Psi}_i-\Psi_i)\dot{\hat{\Psi}}_i]\end{aligned}$$

$$
\begin{aligned}
= & \sum_{i=1}^{n}\left[\sigma_{\Delta i}\left(\Psi_i^{-1}\Gamma_{1i}f_1(x_2)+\Psi_i^{-1}\Gamma_{2i}f_2(x_2)+\Psi_i^{-1}\hat{\Psi}_i\left(\ddot{x}_{2i-1}^{d}\right.\right.\right. \\
& -k_{c2i}\dot{\tilde{x}}_{2i-1}-k_{c1i}\tilde{x}_{2i-1}-k_{c3i}\operatorname{sat}(\sigma_i)\left.\right)-\Psi_i^{-1}\hat{\Gamma}_{1i}f_1(x_2) \\
& -\Psi_i^{-1}\hat{\Gamma}_{2i}f_2(x_2)+d_i-\ddot{x}_{2i-1}^{d}+k_{c2}\dot{\tilde{x}}_{2i-1}+k_{c1i}\tilde{x}_{2i-1}\left.\right) \\
& \left.+\Psi_i^{-1}(\hat{\Gamma}_{1i}-\Gamma_{1i})\dot{\hat{\Gamma}}_{1i}+\Psi_i^{-1}(\hat{\Gamma}_{2i}-\Gamma_{2i})\dot{\hat{\Gamma}}_{2i}+\Psi_i^{-1}(\hat{\Psi}_i-\Psi_i)\dot{\hat{\Psi}}_i\right] \\
= & \sum_{i=1}^{n}\left[\Psi_i^{-1}(\hat{\Gamma}_{1i}-\Gamma_{1i})\left(\dot{\hat{\Gamma}}_{1i}-f_1(x_2)\sigma_{\Delta i}\right)+\Psi_i^{-1}(\hat{\Gamma}_{2i}-\Gamma_{2i})\left(\dot{\hat{\Gamma}}_{2i}\right.\right. \\
& \left.-f_2(x_2)\sigma_{\Delta i}\right)+(\Psi_i^{-1}\hat{\Psi}_i-1)\dot{\hat{\Psi}}_i+(\Psi_i^{-1}\hat{\Psi}_i-1)\left(\ddot{x}_{2i-1}^{d}\right. \\
& \left.\left.-k_{c2i}\dot{\tilde{x}}_{2i-1}-k_{c1i}\tilde{x}_{2i-1}\right)\sigma_{\Delta i}+\left(d_i-\Psi_i^{-1}\hat{\Psi}_i k_{c3i}\operatorname{sat}(\sigma_i)\right)\sigma_{\Delta i}\right] \\
= & \sum_{i=1}^{n}\left[\Psi_i^{-1}(\hat{\Gamma}_{1i}-\Gamma_{1i})\left(\dot{\hat{\Gamma}}_{1i}-f_1(x_2)\sigma_{\Delta i}\right)+\Psi_i^{-1}(\hat{\Gamma}_{2i}-\Gamma_{2i})\left(\dot{\hat{\Gamma}}_{2i}\right.\right. \\
& \left.-f_2(x_2)\sigma_{\Delta i}\right)+(\Psi_i^{-1}\hat{\Psi}_i-1)\left(\dot{\hat{\Psi}}_i+\left(\ddot{x}_{2i-1}^{d}-k_{c2i}\dot{\tilde{x}}_{2i-1}\right.\right. \\
& \left.\left.\left.-k_{c1i}\tilde{x}_{2i-1}-k_{c3i}\operatorname{sat}(\sigma_i)\right)\sigma_{\Delta i}\right)+d_i\sigma_{\Delta i}-k_{c3i}\operatorname{sat}(\sigma_i)\sigma_{\Delta i}\right]
\end{aligned} \tag{1.36}
$$

将式（1.24）代入式（1.36），得

$$
\begin{aligned}
\dot{V} = & \sum_{i=1}^{n}\left[-k_{c3i}\operatorname{sat}(\sigma_i)\sigma_{\Delta i}+d_i\sigma_{\Delta i}\right] \\
\leqslant & \sum_{i=1}^{n}\left[-(\eta_i+D_d)\operatorname{sat}(\sigma_i)\sigma_{\Delta i}+d_i\sigma_{\Delta i}\right] \\
\leqslant & \sum_{i=1}^{n}\left[-\eta_i\left|\sigma_{\Delta i}\right|\right]
\end{aligned} \tag{1.37}
$$

因此，该系统满足标准的 η - 可达性条件，在执行机构故障、模型不确定性和有界干扰的情况下，采用提出的主动 FTC 方案，系统的跟踪性能可以得到保证。

1.4　仿真结果

为了验证所提出的主动 FTC 方案的性能和能力，本节将针对不同的场景进行仿真。

记故障发生时间为 t_f，对角矩阵 $\boldsymbol{L}_f(t)$ 中的元素 $l_{fi}(t)$ 设置如下[40]

$$
l_{fi}(t)=\begin{cases}0, & t<t_f\\ 1-\mathrm{e}-\alpha_i(t-t_f), & t\geqslant t_f\end{cases} \tag{1.38}
$$

式中：$\alpha_i>0$ 为未知故障演变速率的标量。

较大的 α_i 值表示故障发展较快，也称为突发故障。由于系统故障发展迅速，正确检测这些突发故障的能力是大多数故障诊断算法的挑战[41]。较小的 α_i 值代表故障发展缓慢，称为缓变故障。在闭环系统中，早期故障处理的难点在于此时故障对系统性能的影响较小，征兆表现不明显，机载控制系统可以消除这一轻微影响。

为了使所提出的故障诊断策略更具普适性和实用性，本节考虑了上述两种故障模式，即突发故障和缓变故障。图 1.3 是加入突发故障和缓变故障的一个例子。除了这些故障，执行机构中还添加了噪声，使故障诊断过程更具挑战性，更接近实际情况。此外，将四旋翼无人机的转动惯量相关的模型不确定性设置为标称值的 20%，$\boldsymbol{I}_{um}=0.2\boldsymbol{I}_n$。其中，$\boldsymbol{I}_n=[I_{xx},I_{yy},I_{zz}]^{\mathrm{T}}=[0.03,0.03,0.04]^{\mathrm{T}}$。因此，用于设计主动 FTC 策略的转动惯量选为$\boldsymbol{I}=[0.024,0.024,0.032]^{\mathrm{T}}$。

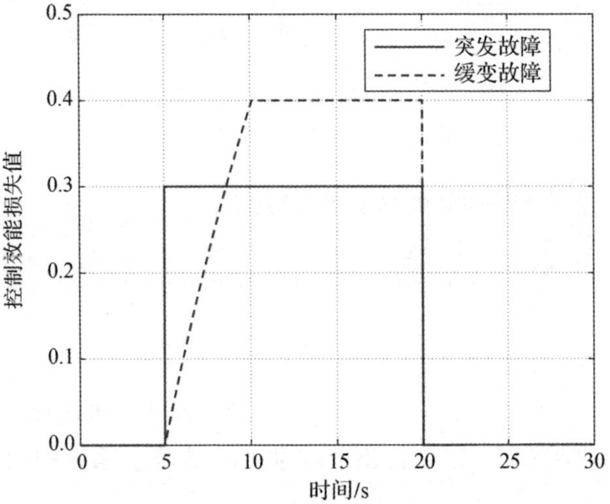

图 1.3　执行机构故障的两种类型

阻力系数取$[K_4,K_5,K_6]^{\mathrm{T}}=[0.01,0.01,0.01]^{\mathrm{T}}$。第 i 个执行机构产生突发故障和缓变故障的 α_i 值分别为 10 和 0.05。针对执行机构的故障模式，考虑了两种不同的故障场景，如表 1.1 所示。

表 1.1　主动容错控制的仿真故障场景设置

故障场景	类型和量级	位置	时间段/s
1	突发故障	执行机构 1	5 ~ 20
2	缓变故障	执行机构 1	5 ~ 20

由图 1.2 可以看出，采用 4 个 RNN 网络对闭环四旋翼无人机系统执行机构故障进行诊断。每个网络有 4 层，其中输入层有 2 个神经元，隐藏层每层有 10 个具有 S 形激活函数的神经元，输出层有 1 个具有线性函数的神经元。网络权重用小的随机值初始化，以防止隐藏层神经元的过早饱和。4 个网络的输入分别为$[u_1,\tilde{\theta}]^{\mathrm{T}}$、$[u_2、\tilde{\theta}]^{\mathrm{T}}$、$[u_3,\tilde{\theta}]^{\mathrm{T}}$和$[u_4,\tilde{\theta}]^{\mathrm{T}}$，$u_i(i=1,2,3,4)$为四旋翼无人机第 i 个电机的脉冲宽度调制（PWM）输入，充当系统的控制输入。$\tilde{\theta}$ 和 $\tilde{\phi}$ 分别表示俯仰角跟踪误差和横滚角跟踪误差。每个网络的输出是对应的执行机构剩余的有效程度，控制系统可以直接使用它来重构控制器以处理执行机构故障。

为了训练所设计的神经网络，在训练数据中考虑并包含多种不同类型和大小的故障。由于四旋翼无人机需要避免失控，在本节中不考虑执行机构完全失效的情况。因此，在生成训练样本时，控制效能损失幅度设置为 0 ~ 0.8。每个神经网络各自使用 8000 个数据点训练 200 次。学习率的变化范围设为 $1 \sim 1\times10^{-5}$，系统噪声的协方差矩阵变化范围设为 $1\times10^{-2} \sim 1\times10^{-6}$ 量级，随着训练时间的变化，测量噪声的协方差矩阵从 100 变为 5。

1.4.1　故障容错控制结果

故障场景 1：执行机构 1 在第 5 ~ 20s 出现控制效能损失 25% 的突发故障。在这种情况下，控制输入 u_1 和俯仰角跟踪误差 $\tilde{\theta}$ 将增加。利用这两个量作为故障估计算法的输入，故障估计性能如图 1.4 所示。在故障发生 5s 后，可以通过提出的故障估计策略进行精确的估计。在第 20s 时，执行机构故障恢复，该故障估计策略也能给出正确的结果。利用对故障大小的估计，原系统跟踪误差能够得以维持，如图 1.5 所示。

故障场景 2：执行机构 1 在第 5 ~ 20s 出现控制效能损失 25% 的缓变故障。闭环系统中估计这类故障的困难在于其发展缓慢使得反馈控制系统能够维持系统跟踪性能。本节提出的 AFTC 故障严重程度评估性能和相应的系统跟踪性能如图 1.6 和图 1.7 所示。同故障场景 1 类似，该故障估计方案确保故障严重性评估和系统跟踪准确。

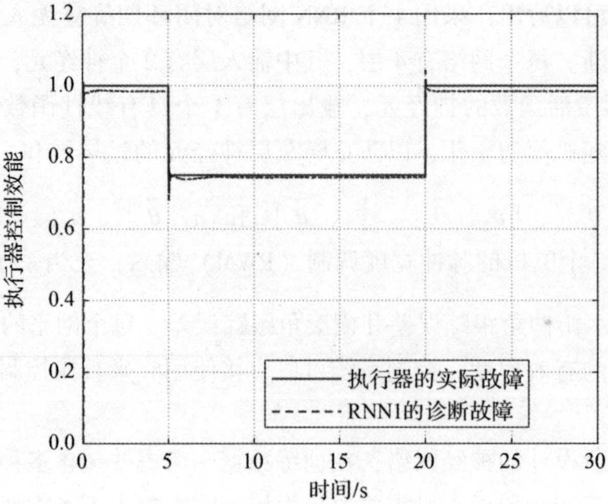

图 1.4 RNN1 对执行机构 1 突发故障的估计性能

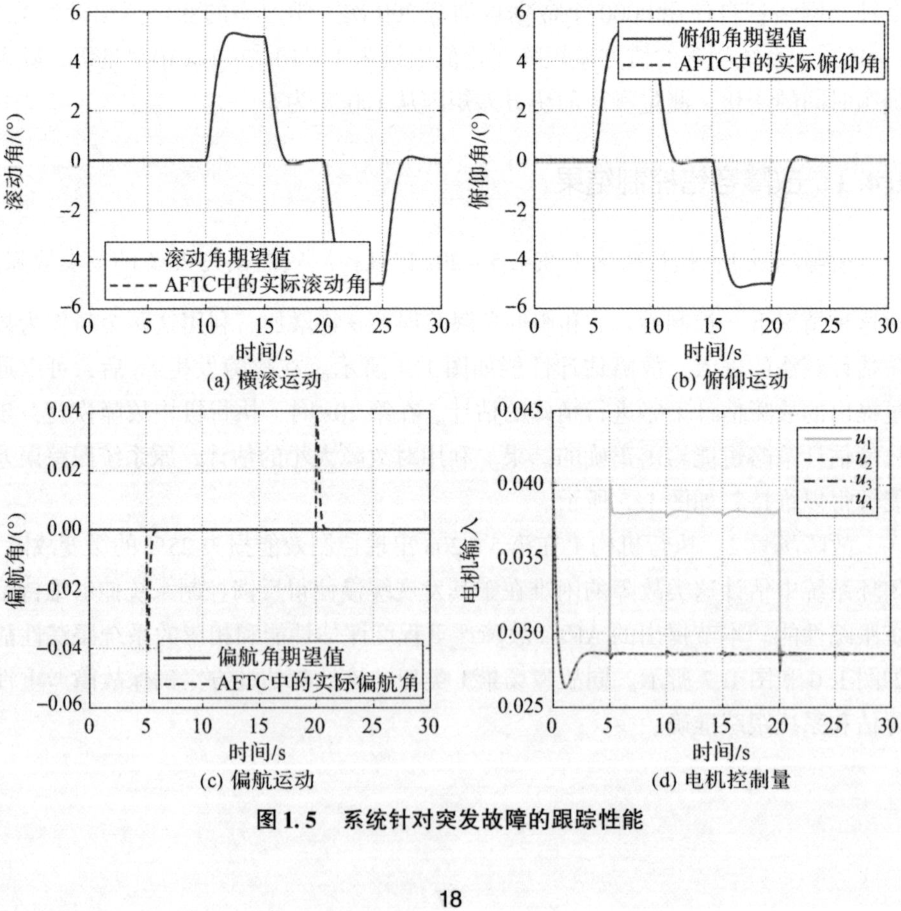

图 1.5 系统针对突发故障的跟踪性能

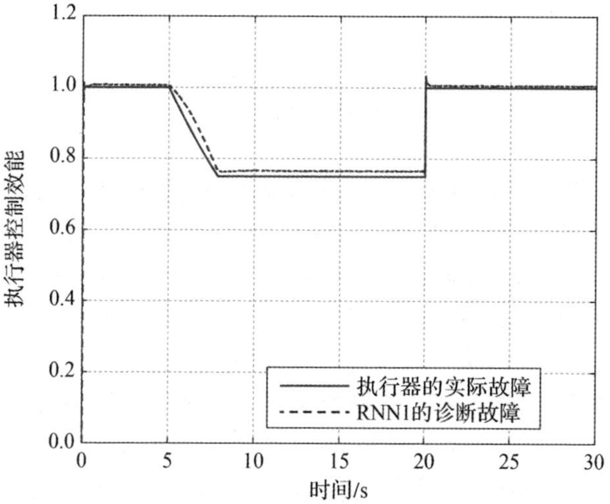

图 1.6　RNN1 对执行机构 1 缓变故障的估计性能

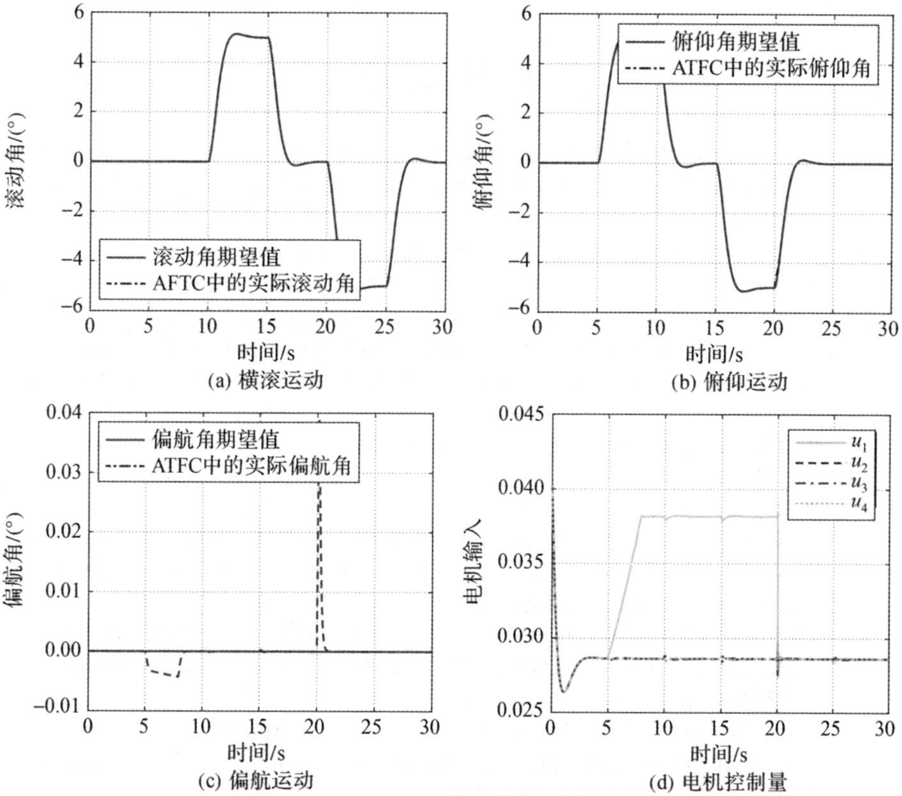

图 1.7　系统针对缓变故障的跟踪性能

1.5 结论

在本章中，首先针对四旋翼无人机执行机构故障和模型不确定性，提出了一种基于自适应 SMC 和 RNN 的主动 FTC 策略。利用所提出的在线自适应方案，该控制策略可以自适应地产生恰当的控制信号来补偿模型的不确定性，以保持四旋翼无人机的跟踪性能和稳定性，且不需要知道不确定性边界。其次，设计了一组并行 RNN 网络，对执行机构故障的严重程度进行了精确可靠的估计，并与所提出的自适应 SMC 控制器结合，实现了能够适应执行机构故障的控制器重构。仿真结果表明，该方案能有效地估计和适应闭环四旋翼无人机系统的多种执行机构故障。虽然本章设计的 FDD 和 FTC 方案是基于四旋翼无人机的，但它可以很容易地扩展与应用于其他无人机和机器人系统。

参考文献

[1] Lee H, Kim HJ. Estimation, control, and planning for autonomous aerial transportation. IEEE Transactions on Industrial Electronics. 2017;64(4): 3369–3379.

[2] Michael N, Fink J, Kumar V. Cooperative manipulation and transportation with aerial robots. Autonomous Robots. 2011;30(1):73–86.

[3] Yuan C, Zhang YM, Liu ZX. A survey on technologies for automatic forest fire monitoring, detection, and fighting using unmanned aerial vehicles and remote sensing techniques. Canadian Journal of Forest Research. 2015;45(7): 783–792.

[4] Capitán J, Merino L, Ollero A. Cooperative decision-making under uncertainties for multi-target surveillance with multiples UAVs. Journal of Intelligent & Robotic Systems. 2016;84(1–4):371–386.

[5] Li Z, Liu Y, Walker R, et al. Towards automatic power line detection for a UAV surveillance system using pulse coupled neural filter and an improved Hough transform. Machine Vision and Applications. 2010;21(5):677–686.

[6] Dunbabin M, Marques L. Robots for environmental monitoring: Significant advancements and applications. IEEE Robotics & Automation Magazine. 2012;19(1):24–39.

[7] Xiang H, Tian L. Development of a low-cost agricultural remote sensing system based on an autonomous unmanned aerial vehicle (UAV). Biosystems Engineering. 2011;108(2):174–190.

[8] Siebert S, Teizer J. Mobile 3D mapping for surveying earthwork projects

using an unmanned aerial vehicle (UAV) system. Automation in Construction. 2014;41:1–14.
[9] Ducard GJ. Fault-Tolerant Flight Control and Guidance Systems: Practical Methods for Small Unmanned Aerial Vehicles. London: Springer Science & Business Media; 2009.
[10] Zhang YM, Jiang J. Bibliographical review on reconfigurable fault-tolerant control systems. Annual Reviews in Control. 2008;32(2):229–252.
[11] Yu X, Jiang J. A survey of fault-tolerant controllers based on safety-related issues. Annual Reviews in Control. 2015;39:46–57.
[12] Yin S, Xiao B, Ding SX, et al. A review on recent development of spacecraft attitude fault tolerant control system. IEEE Transactions on Industrial Electronics. 2016;63(5):3311–3320.
[13] Zhang YM, Chamseddine A, Rabbath C, et al. Development of advanced FDD and FTC techniques with application to an unmanned quadrotor helicopter testbed. Journal of the Franklin Institute. 2013;350(9):2396–2422.
[14] Wang B, Yu X, Mu LX, et al. Disturbance observer-based adaptive fault-tolerant control for a quadrotor helicopter subject to parametric uncertainties and external disturbances. Mechanical Systems and Signal Processing. 2019;120:727–743.
[15] Hu Q, Xiao B. Fault-tolerant sliding mode attitude control for flexible spacecraft under loss of actuator effectiveness. Nonlinear Dynamics. 2011; 64(1–2):13–23.
[16] Xiao B, Huo M, Yang X, et al. Fault-tolerant attitude stabilization for satellites without rate sensor. IEEE Transactions on Industrial Electronics. 2015;62(11):7191–7202.
[17] Shen Q, Jiang B, Shi P. Fault Diagnosis and Fault-Tolerant Control Based on Adaptive Control Approach. Cham: Springer Science & Business Media; 2017.
[18] Pouliezos A, Stavrakakis GS. Real Time Fault Monitoring of Industrial Processes. Dordrecht: Springer Science & Business Media; 2013.
[19] Mohammadi R, Naderi E, Khorasani K, et al. Fault diagnosis of gas turbine engines by using dynamic neural networks. In: Proceedings of the ASME Turbo Expo 2010: Power for Land, Sea, and Air; The American Society of Mechanical Engineers, Glasgow, UK, June 14–18, 2010. p. 365–376.
[20] Talebi HA, Khorasani K, Tafazoli S. A recurrent neural-network-based sensor and actuator fault detection and isolation for nonlinear systems with application to the satellite's attitude control subsystem. IEEE Transactions on Neural Networks. 2009;20(1):45–60.
[21] Mahmoud M, Jiang J, Zhang YM. Active Fault Tolerant Control Systems: Stochastic Analysis and Synthesis. Berlin, Heidelberg: Springer Science & Business Media; 2003.
[22] Jiang J, Zhao Q. Design of reliable control systems possessing actuator redundancies. Journal of Guidance, Control, and Dynamics. 2000;23(4):709–718.
[23] Liao F, Wang JL, Yang GH. Reliable robust flight tracking control: An LMI approach. IEEE Transactions on Control Systems Technology. 2002;10(1): 76–89.

[24] Zhang YM, Jiang J. Active fault-tolerant control system against partial actuator failures. IEE Proceedings-Control Theory and Applications. 2002;149(1):95–104.
[25] Badihi H, Zhang YM, Hong H. Fuzzy gain-scheduled active fault-tolerant control of a wind turbine. Journal of the Franklin Institute. 2014;351(7):3677–3706.
[26] Jiang J, Yu X. Fault-tolerant control systems: A comparative study between active and passive approaches. Annual Reviews in Control. 2012;36(1):60–72.
[27] Isermann R. Fault-Diagnosis Applications: Model-based Condition Monitoring: Actuators, Drives, Machinery, Plants, Sensors, and Fault-Tolerant Systems. Berlin, Heidelberg: Springer Science & Business Media; 2011.
[28] Edwards C, Lombaerts T, Smaili H. Fault Tolerant Flight Control: A Benchmark Challenge. Berlin, Heidelberg: Springer Science & Business Media; 2010.
[29] Chen RH, Speyer JL. Sensor and actuator fault reconstruction. Journal of Guidance Control and Dynamics. 2004;27(2):186–196.
[30] Wang B, Zhang YM. Adaptive sliding mode fault-tolerant control for an unmanned aerial vehicle. Unmanned Systems. 2017;5(04):209–221.
[31] Utkin VI. Sliding Modes in Control and Optimization. Berlin, Heidelberg: Springer Science & Business Media; 2013.
[32] Shtessel Y, Edwards C, Fridman L, et al. Sliding Mode Control and Observation. New York, NY: Birkhäuser; 2014.
[33] Utkin VI. Variable structure systems with sliding modes. IEEE Transactions on Automatic Control. 1977;22(2):212–222.
[34] Utkin VI. Sliding mode control design principles and applications to electric drives. IEEE Transactions on Industrial Electronics. 1993;40(1):23–36.
[35] Edwards C, Spurgeon S. Sliding Mode Control: Theory and Applications. Boca Raton, FL: CRC Press; 1998.
[36] Liu J, Wang X. Advanced Sliding Mode Control for Mechanical Systems: Design, Analysis and MATLAB Simulation. Beijing: Tsinghua University Press and Berlin Heidelberg: Springer-Verlag; 2011.
[37] Wang B, Zhang YM. An adaptive fault-tolerant sliding mode control allocation scheme for multirotor helicopter subject to simultaneous actuator faults. IEEE Transactions on Industrial Electronics. 2018;65(5):4227–4236.
[38] Bresciani T. Modelling, Identification and Control of a Quadrotor Helicopter. Lund University. Sweden; 2008. Available from: http://lup.lub.lu.se/student-papers/record/8847641.
[39] Slotine JJ, Sastry SS. Tracking control of non-linear systems using sliding surfaces, with application to robot manipulators. International Journal of Control. 1983;38(2):465–492.
[40] Zhang X, Polycarpou MM, Parisini T. A robust detection and isolation scheme for abrupt and incipient faults in nonlinear systems. IEEE Transactions on Automatic Control. 2002;47(4):576–593.
[41] Abbaspour A, Aboutalebi P, Yen KK, et al. Neural adaptive observer-based sensor and actuator fault detection in nonlinear systems: Application in UAV. ISA Transactions. 2016;67:317–329.

第 2 章　处理四旋翼损坏的控制技术

本章可视为指导读者实施主动容错控制系统（该系统可用来处理无人机螺旋桨的损坏）的教程，所述的空中设备是带有固定螺旋桨的四旋翼。与损坏电机不同，本章所提出的方法假设电机关闭。通过这种方式，实现了具有固定螺旋桨的双转子配置。最先进的基于 PID 控制器和反演控制器（Backstepping Controller）的方法以教程形式呈现，因此忽略了稳定性证明，为实现过程的快速简洁描述留出了空间。

2.1　引言

在过去的 10 年中，民众、军人、大众媒体和研究人员都密切关注无人机。在日常生活中，垂直起降无人机应用的增长令人难以置信。专业摄影师和电影制作人员现在总是由经过认证的无人机飞行员陪同，从不同的角度观看现场。全球最著名的电子商务网站之一计划使用 6 架直升机在 30min 或更短的时间内将包裹送到客户手中[1]。白宫和国家科学基金会加速了无人机在民用领域的应用，在监测和检查物理基础设施、对灾害的快速反应、农业和气象等领域投入了大量的资金[2]。有些公司开始考虑配备个人无人机，配备摄像头，来录制自拍电影[3]，特别适合运动员。炼油厂中石油和天然气设施的无损测量试验是无人机广泛应用的领域，因为它们目前由爬上巨大且昂贵脚手架的人工操作人员执行。目前（或即将推出）有几种机器人商业解决方案，如 Apellix 无人机 [www. apellix. com]、Texo 无人机调查和检查平台 [www. texodroneservices. co. uk/blog/56] 以及 RoNik Inspectioneering UT 设备 [www. inspectioneering. eu]。

研究人员在无人机中看到一个不稳定的动态系统，它完全适合实施安全、稳健的控制和机电一体化设计的挑战，以完成上述所有应用，并进一步扩展。事实上，无人机既可用于检查和监视等被动任务，也可用于抓取和空中操纵等主动任务。这种情况不仅需要引入规则和监管，还需要引入安全控制器。用于无人机控制的综述以及空中操作中的相关应用，详见文献 [4]。因此，需要为安全关键系统设计控制器：故障检测、诊断和容错方法变得至关重要。容错方法试图保持系统的相同功能，允许损坏出现时降低性能[5]。被动容错控制系统（Passive Fault - Tolerant Control System，PFTCS）不会改变控制器的结构，而主动容错控制系统（Active Fault - Tolerant Control System，AFTCS）会重新配置控制动作，以保证系统的稳定性和可接受的性能[6]。

本章旨在为读者提供一个教程，以指导读者如何实施一个处理无人机螺旋桨损坏的 AFTCS。特别是带有固定螺旋桨的空中四旋翼设备。四旋翼是一种多功能、灵活敏捷的设备，4 个旋翼位于同一平面上，相邻的螺旋桨沿相反方向旋转［https：//www. youtube. com/watch？ v = w2itwFJCgFQ］。本章以教程的形式恢复文献［7 - 8］中提供的结果，从而忽略了稳定性证明，为实现过程的快速简洁描述留出了空间。

2. 2 节将提供问题陈述和相关文献回顾，2. 3 节引入符号和数学建模，2. 4 节描述了控制方法和相关的控制方案，2. 5 节通过数值仿真对提出的方法进行比较，2. 6 节给出本章结论。

2. 2 问题陈述

本章讨论了四旋翼螺旋桨的损坏。为了应对这种情况，采用的解决方案是完全关闭损坏的电机。此外，与损坏螺旋桨相同的四转子轴对齐的电机也将关闭，这种配置是带有固定螺旋桨的双旋翼。该解决方案包括两个损坏螺旋桨的情况，前提是它们在同一轴线上对齐。不考虑其他案例研究。

假设系统已经检测到故障：执行故障检测过程不在本节范围内。此外，本章讨论的控制方法从具有给定初始状态的双旋翼配置开始。标称四旋翼工作状态到双旋翼紧急状态之间的切换不在本章范围内。因此，可以提供以下问题表述：控制双旋翼在笛卡儿空间中沿期望的轨迹从初始位置到所需的位置。

下一节通过提供从文献［7 - 8］中提取解决方案的教程来解决上述问题。

在文献中，可以找到几种解决类似问题的替代方案，或者考虑本章中忽略的部分。

关于故障检测，文献［9］中提出了一种方法。文献［10］中使用了龙伯格观测器和滑模控制器。当 4 个螺旋桨中的每一个都验证了效率损耗时，可以采用文献［11］中提出的增益调度方法。

全面的文献综述表明，在一个或多个电机部分故障的情况下，存在许多解决无人机控制问题的方法，其中大多数属于 AFTCS 类。相反，在文献［12］中设计了基于超扭转算法的同轴反向旋转八旋翼 PFTC。所提出的二阶滑模技术确保了对不确定联系和干扰的鲁棒性，还可以通过补偿系统中的执行器损耗，直接处理故障和失效，而无须事先了解故障、位置和严重程度。关于 AFTC，在文献［13］中提出了一种方法，用于在故障检测后估计飞行器模型（四旋翼螺旋桨效率损失 50%），以确保无人机的稳定性。文献［14］中提出了一种反演方法，但仅考虑电机 25% 的性能损失。文献［15］中对不同方法进行了比较，得出螺旋桨性能损失为 50%。

另外，附加的方法考虑了四旋翼螺旋桨的完全失效。尽管无法控制偏航角，但在文献［16］中采用了基于比例微分（Proportional Derivative，PD）控制器的反馈线性化，以控制电机完全损坏的四旋翼。然而，在文献［7］中没有考虑稳定性分析和内外环之间的耦合效应。文献［17］中设计了等距三旋翼控制器，但该公式仅适用于螺旋运动。文献［18］中采用了 $H-\infty$ 回路成形技术，以确保四旋翼在螺旋桨发生故障时安全着陆。文献［19］中利用了周期解和线性二次调节器（Linear－Quadratic Regulator，LQR），以在单螺旋桨、两个对向螺旋桨或三个螺旋桨发生故障的情况下控制四旋翼。文献［20］研究了四旋翼和六旋翼无人机的可重构性分析，在旋翼出现堵塞或完全丧失的情况下进行悬停控制。四旋翼显示为不可重新配置，而六旋翼可以轻松处理堵塞。此外，研究还表明，只要无人机是稳定的，就可以准确地恢复系统的行为。文献［21］中设计了一个三回路混合非线性控制器，在完全损失一个旋翼时，实现四旋翼的高速飞行。对受损四旋翼的快速平移和旋转运动所带来的复杂气动效应具有鲁棒性。因此，无人机可以继续高速任务，而不是立即紧急着陆。文献［22］中显示了一个变形的四旋翼，在旋翼发生故障后可以保持悬停状态。与文献［7－8］类似，文献［23］中开发了一种紧急容错控制器，通过有界控制定律使用双旋翼。文献［24］中，在 AR Drone2 平台上实验性地应用了基于四旋翼到三旋翼转换机动的紧急控制器，以从一个旋翼的完全故障中恢复，而不是使用双旋翼。文中所提出的控制器基于控制重新分配，其中受牵连的执行器不受控制效果的影响，控制力在其余执行器之间重新分配。因此，紧急控制器使用简单的比例－积分－微分（PID）的控制器将受影响的四旋翼转换为三旋翼。为了控制四旋翼的姿态，提高对模型不确定性和执行器故障的鲁棒性，文献［25］中应用了滑模控制器。此外，采用自适应模糊系统来补偿非线性函数和故障部件的估计误差。为了避免闭环系统的不稳定性，提高闭环系统的鲁棒性，文中提出了一种新的并联模糊系统和一个主模糊系统。从李雅普诺夫稳定性理论中提取了主模糊系统和并联模糊系统的自适应规则。

文献［26］中介绍了完整的 AFTCS 体系架构，包括错误检测、故障隔离和系统恢复。诊断系统基于电机转速和电流测量。一旦诊断出电机故障或旋翼损耗，使用伪逆控制分配方法，应用恢复算法，在其余执行器之间重新分配控制力。文献［27］中提出了一种不仅可以处理故障检测和隔离，而且具有容错控制的方法。采用增量非线性动态逆方法，设计了四旋翼在故障情况下的容错控制器。完整的 AFTCS 使得四旋翼即使在完全失去一个旋翼后也能达到任何位置。

最近，多翼（超过 4 个或 6 个）和倾斜螺旋桨可以提供新的解决方案和控制方法，并且在一个或多个电机发生故障的情况下实现系统中的执行器冗余。

2.3 模型构建

本节将介绍四旋翼和双旋翼的数学模型。

2.3.1 四旋翼

$\sum_{\mathrm{i}}$—$\{x_{\mathrm{i}},y_{\mathrm{i}},z_{\mathrm{i}}\}$ 和 $\sum_{\mathrm{b}}$—$\{x_{\mathrm{b}},y_{\mathrm{b}},z_{\mathrm{b}}\}$ 分别是惯性世界固定坐标系和位于无人机中心的体坐标系，主要符号术语如表 2.1 所示。

表 2.1 四旋翼主要符号术语

符号	含义
$\boldsymbol{R}_{\mathrm{b}} \in SO(3)$	从 $\sum_{\mathrm{b}}$ 到 $\sum_{\mathrm{i}}$ 的旋转矩阵
$\boldsymbol{\eta}_{\mathrm{b}} = [\phi\ \theta\ \psi]^{\mathrm{T}} \in \mathbb{R}^3$	分别为横滚、俯仰、偏航角，表示最小的方向描述
$\boldsymbol{\omega}_{\mathrm{b}}^{\mathrm{b}} \in \mathbb{R}^3$	$\sum_{\mathrm{b}}$ 相对于 $\sum_{\mathrm{i}}$ 的角速度，在 $\sum_{\mathrm{b}}$ 中的表示
$m \in \mathbb{R}$	飞行器的质量
$\boldsymbol{I}_{\mathrm{b}} = \mathrm{diag}\{I_x, I_y, I_z\} \in \mathbb{R}^{3\times3}$	关于 $\sum_{\mathrm{b}}$ 的惯性矩阵
$g \in \mathbb{R}$	重力加速度
$\boldsymbol{p}_{\mathrm{b}} = [x\ y\ z]^{\mathrm{T}} \in \mathbb{R}^3$	$\sum_{\mathrm{b}}$ 在 $\sum_{\mathrm{i}}$ 中的位置

续表

符号	含义
$u \in \mathbb{R}^{+}$	垂直于螺旋桨平面的总推力
$\boldsymbol{\tau}_{\mathrm{b}}^{\mathrm{b}}=[\tau_{\phi}\ \tau_{\theta}\ \tau_{\psi}]^{\mathrm{T}} \in \mathbb{R}^{3}$	$\sum_{\mathrm{b}}$ 中坐标轴的扭矩
$\boldsymbol{I}_{n} \in \mathbb{R}^{n \times n}$	单位矩阵
$\boldsymbol{e}_{3}=[0\ 0\ 1]^{\mathrm{T}} \in \mathbb{R}^{3}$	$\sum_{\mathrm{i}}$ 中垂直轴矢量的定义
$\boldsymbol{F}_{p}=\operatorname{diag}\{F_{px}, F_{py}, F_{pz}\} \in \mathbb{R}^{3 \times 3}$	线速度空气阻力矩阵
$\boldsymbol{F}_{o}=\operatorname{diag}\{F_{ox}, F_{oy}, F_{oz}\} \in \mathbb{R}^{3 \times 3}$	角速度空气阻力矩阵

忽略陀螺扭矩，由于 UAV 旋转和螺旋桨的组合，UAV 的运动方程可以写为

$$m \ddot{p}_{\mathrm{b}}=m g-u \boldsymbol{R} \boldsymbol{e}_{3}-\boldsymbol{F}_{\mathrm{p}} \dot{p}_{\mathrm{b}} \tag{2.1a}$$

$$\boldsymbol{I}_{\mathrm{b}} \dot{\boldsymbol{\omega}}_{\mathrm{b}}^{\mathrm{b}}=-\boldsymbol{\omega}_{\mathrm{b}}^{\mathrm{b}} \times \boldsymbol{I}_{\mathrm{b}} \boldsymbol{\omega}_{\mathrm{b}}^{\mathrm{b}}-\boldsymbol{F}_{o} \omega_{\mathrm{b}}+\boldsymbol{\tau}_{\mathrm{b}}^{\mathrm{b}} \tag{2.1b}$$

$$\dot{\boldsymbol{R}}_{\mathrm{b}}=\boldsymbol{R}_{\mathrm{b}} \boldsymbol{S}(\boldsymbol{\omega}_{\mathrm{b}}^{\mathrm{b}}) \tag{2.1c}$$

式中：× 为叉积运算；$\boldsymbol{S}(\cdot) \in \mathbb{R}^{3 \times 3}$为斜对称矩阵。因此，UAV 的配置由位置 $\boldsymbol{p}_{\mathrm{b}}$ 和旋转矩阵 $\boldsymbol{R}_{\mathrm{b}}$ 表示，旋转矩阵 $\boldsymbol{R}_{\mathrm{b}}$ 属于 $SO(3)=\{\boldsymbol{R} \in \mathbb{R}^{3 \times 3}: \boldsymbol{R}^{\mathrm{T}} \boldsymbol{R}=\boldsymbol{I}_{3}, \det(\boldsymbol{R})=1\}$。

动力学模型式（2.1a）~式（2.1c）关于坐标系 $\sum_{\mathrm{i}}$ 有线性构型，而角度构型则在 $\sum_{\mathrm{b}}$ 中表示。出于控制目的，忽略空气阻力，运动方程在惯性坐标系中表示为

$$m \ddot{\boldsymbol{p}}_{\mathrm{b}}=m g-u \boldsymbol{R} \boldsymbol{e}_{3} \tag{2.2a}$$

$$\boldsymbol{M} \ddot{\boldsymbol{\eta}}_{\mathrm{b}}=-\boldsymbol{C} \dot{\boldsymbol{\eta}}_{\mathrm{b}}+\boldsymbol{Q}^{\mathrm{T}} \boldsymbol{\tau}_{\mathrm{b}}^{\mathrm{b}} \tag{2.2b}$$

$\boldsymbol{M}=\boldsymbol{Q}^{\mathrm{T}} \boldsymbol{I}_{\mathrm{b}} \boldsymbol{Q} \in \boldsymbol{R}^{3 \times 3}$表示正定质量矩阵，$\boldsymbol{C}=\boldsymbol{Q}^{\mathrm{T}} \boldsymbol{S}(\boldsymbol{Q} \dot{\boldsymbol{\eta}}_{\mathrm{b}}) \boldsymbol{I}_{\mathrm{b}} \boldsymbol{Q}+\boldsymbol{Q}^{\mathrm{T}} \boldsymbol{I}_{\mathrm{B}} \dot{\boldsymbol{Q}} \in \mathbb{R}^{3 \times 3}$ 表示科里奥利矩阵，其中

$$\boldsymbol{Q}=\begin{bmatrix}1 & 0 & -\sin_{\theta} \\ 0 & \cos_{\phi} & \cos_{\theta} \sin_{\phi} \\ 0 & -\sin_{\phi} & \cos_{\theta} \cos_{\phi}\end{bmatrix} \in \mathbb{R}^{3 \times 3}$$

合适的变换矩阵使得$\boldsymbol{\omega}_{\mathrm{b}}^{\mathrm{b}}=\boldsymbol{Q} \dot{\boldsymbol{\eta}}_{\mathrm{b}}$。注意，分别使用符号 $\sin_{\alpha}$ 和 $\cos_{\alpha}$ 的 $\sin\alpha$ 和 $\cos\alpha$。

动力学模型式（2.1a）~式（2.1c）、式（2.2a）和式（2.2b）可用于大

多数无人机。控制输入为体坐标系中的总推力 u 和扭矩τ_b^b。本章介绍了一种特殊的无人机，如四旋翼机。如图 2.1 所示，这种无人机有 4 个电机和螺旋桨，位于同一平面上，与质心呈对称的交叉或 X 形配置。忽略电机和螺旋桨的动力学特性，假设每个螺旋桨产生的扭矩与推力成正比。请注意，螺旋桨 1 和 3 顺时针旋转，螺旋桨 2 和 4 逆时针旋转，产生的推力始终指向沿着 z_b 轴的相反方向。这些常见假设在控制输入和螺旋桨速度 $\omega_i \in \mathbb{R}, i=1,\cdots,4$ 之间产生以下方程：

$$u=\rho_u(\omega_1^2+\omega_2^2+\omega_3^2+\omega_4^2) \tag{2.3a}$$

$$\tau_\phi = l\rho_u(\omega_2^2-\omega_4^2) \tag{2.3b}$$

$$\tau_\theta = l\rho_u(\omega_3^2-\omega_1^2) \tag{2.3c}$$

$$\tau_\psi = \rho_c(\omega_1^2-\omega_2^2+\omega_3^2-\omega_4^2) \tag{2.3d}$$

式中：$l>0$ 为每个螺旋桨与四旋翼质心之间的距离；$\rho_u>0$ 和 $\rho_c>0$ 为两个空气动力学参数。

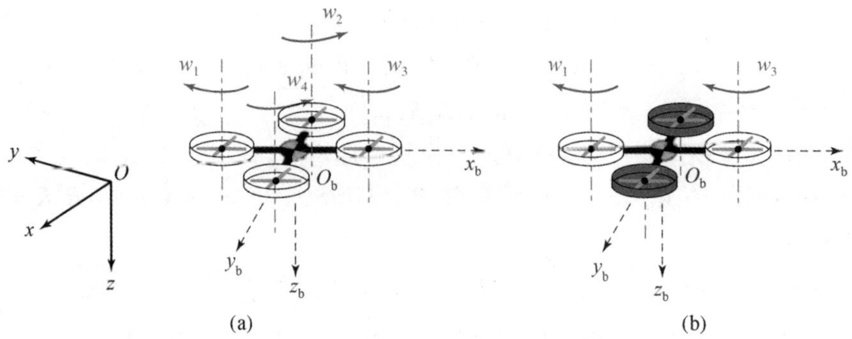

图 2.1 （a）四旋翼和相关坐标系：黑色，惯性坐标系 $\sum_i$；虚线箭头，体坐标系 $\sum_b$；灰色，每个电机的速度和标签。（b）双旋翼配置，深色为关闭的螺旋桨

2.3.2 双旋翼

本章提出了以下处理电机故障的技术。假设电机完全损坏或断电，这里选择是完全关闭损坏的电动机和对称的电机，即使对称电机正常工作。不失一般性，参考图 2.1，假设电机 2 损坏。然后，决定同时关闭电机 4。因此，$\omega_2=\omega_4=0$，从式（2.3b）中得出 $\tau_\phi=0$。由此产生的配置是具有固定螺旋桨的双旋翼。运动方程为式（2.1a）~式（2.1c）或式（2.2a）和式（2.2b），而式（2.3a）~式（2.3d）中螺旋桨速度的计算变为

$$u = \rho_u(\omega_1^2 + \omega_3^2) \tag{2.4a}$$

$$\tau_\phi = 0 \tag{2.4b}$$

$$\tau_\theta = l\rho_u(\omega_3^2 - \omega_1^2) \tag{2.4c}$$

$$\tau_\psi = \rho_c(\omega_1^2 + \omega_3^2) \tag{2.4d}$$

如果电机 4 损坏，与关闭电机 2 的情况相同。假设电机 1 或 3 损坏，则分别关闭电机 3 或 1。在这种情况下，式（2.3a）~式（2.3d）中螺旋桨速度的计算变为

$$\begin{cases} u = \rho_u(\omega_2^2 + \omega_4^2) \\ \tau_\phi = l\rho_u(\omega_2^2 - \omega_4^2) \\ \tau_\theta = 0 \\ \tau_\psi = -\rho_c(\omega_2^2 + \omega_4^2) \end{cases}$$

不失一般性，在本章剩余部分中，将仅考虑电机 2 和 4 转动的情况。请注意，四旋翼中两个有缺陷的电机不对称分布的情况不在本范围。

对式（2.4a）~式（2.4d）的分析表明，τ_ψ不能自由控制，因为无法改变其符号。另外，可以独立控制总推力 u 和俯仰轴扭矩 τ_θ。将式（2.4a）代入式（2.4d）得

$$\tau_\psi = \bar{\tau}_\psi = \frac{\rho_c}{\rho_u}u \tag{2.5}$$

这是双旋翼绕 $\sum_b$ 的 z_b 轴旋转的扭矩，取决于某些空气动力学参数缩放的当前总推力。效果是双旋翼绕其垂直轴线连续旋转。

2.4 控制设计

本节介绍处理双旋翼控制的两种解决方案。在这两种情况下，证明了如上所述的不可控制的偏航角度外，双旋翼可以达到笛卡儿空间中的任何位置。尽管偏航角度不可控制，但是该装置可以按照预期的紧急着陆轨迹安全地落在预定位置。

这两种控制技术是基于 PID 的方法和后演法。由于本章是指导读者逐步实施控制定律的教程，因此，此处不报告上述每个控制方案的稳定性证明。感兴趣的读者可以参阅文献［7 - 8］。

为了实现控制方案，必须引入以下假设：

假设 1：双旋翼的配置始终在 $\mathcal{Q}=\{\boldsymbol{p}_{\mathrm{b}}\in\mathbb{R}^3,\boldsymbol{\eta}_{\mathrm{b}}\in\mathbb{R}^3:\theta\neq\frac{\pi}{2}+k\pi,\phi\neq\frac{\pi}{2}+k\pi,k\in\mathbb{Z}\}$ 定义的配置空间内。

假设 2：计划的线性加速度 $\ddot{p}_d$ 是界定的。

虽然第二个假设可以由合适的规划器轻松保证，但第一个假设通常取决于控制器激活后双旋翼的初始条件。请注意，所需的数量由下标 d 表示。

2.4.1 PID 控制方案

基于 PID 控制方案的设计从以下控制定律开始：

$$\boldsymbol{\tau}_\theta=\left(\frac{I_y\cos_\phi+I_y\sin_\phi^2}{\cos_\phi}\right)\bar{\tau}_\theta+\alpha_1 \tag{2.6}$$

式中：$\bar{\tau}_\theta\in\mathbb{R}$ 为虚拟控制输入，有

$$\alpha_1=I_y\sin_\phi\frac{\bar{\tau}_\psi-\alpha_2}{I_z\cos_\phi}+\alpha_3$$

$$\begin{aligned}\alpha_2=&-I_x\dot{\phi}\dot{\theta}\cos_\phi+I_y\dot{\phi}\dot{\theta}\cos_\phi-I_z\dot{\phi}\dot{\theta}\cos_\phi+I_x\dot{\psi}^2c_\theta\sin_\phi\sin_\theta\\&-I_y\dot{\psi}^2c_\theta\sin_\phi\sin_\theta-I_x\dot{\phi}\dot{\psi}c_\theta\sin_\phi+I_y\dot{\phi}\dot{\psi}c_\theta\sin_\phi\\&-I_z\dot{\phi}\dot{\psi}c_\theta\sin_\phi+I_x\dot{\psi}\dot{\theta}\cos_\phi\sin_\theta-I_y\dot{\psi}\dot{\theta}\cos_\phi\sin_\theta-I_z\dot{\psi}\dot{\theta}\cos_\phi\sin_\theta\end{aligned}$$

$$\begin{aligned}\alpha_3=&-I_x\dot{\phi}\dot{\theta}\sin_\phi-I_y\dot{\phi}\dot{\theta}\sin_\phi+I_z\dot{\phi}\dot{\theta}\sin_\phi-I_x\dot{\psi}^2\cos_\phi c_\theta\sin_\theta\\&+I_z\dot{\psi}^2\cos_\phi c_\theta\sin_\theta+I_x\dot{\phi}\dot{\psi}\cos_\phi c_\theta+I_y\dot{\phi}\dot{\psi}\cos_\phi c_\theta\\&-I_z\dot{\phi}\dot{\psi}\cos_\phi c_\theta+I_x\dot{\psi}\dot{\theta}\sin_\phi\sin_\theta-I_y\dot{\psi}\dot{\theta}\sin_\phi\sin_\theta-I_z\dot{\psi}\dot{\theta}\sin_\phi\sin_\theta\end{aligned}$$

将式（2.6）代入式（2.2b），并考虑式（2.4b）和式（2.5），得

$$\ddot{\theta}=\bar{\tau}_\theta \tag{2.7}$$

这意味着可以通过 $\bar{\tau}_\theta$ 完全控制俯仰角度。设 $\theta_d\in\mathbb{R}$ 为所需的俯仰角。可以为俯仰角设计一个简单的 PD 控制器，即

$$\bar{\tau}_\theta=\ddot{\theta}_d+k_{d,\theta}\dot{e}_\theta+k_{p,\theta}e_\theta \tag{2.8}$$

式中：$e_\theta=\theta_d-\theta\in\mathbb{R}$，$\dot{e}_\theta=\dot{\theta}_d-\dot{\theta}\in\mathbb{R}$，$\ddot{e}_\theta=\ddot{\theta}_d-\ddot{\theta}\in\mathbb{R}$。$k_{p,\theta}>0$ 和 $k_{d,\theta}>0$ 为两个增益。

设 $\boldsymbol{\mu}=[\mu_x\quad\mu_y\quad\mu_z]^{\mathrm{T}}\in\mathbb{R}^3$ 是双旋翼在 $\sum_i$ 的加速度，其中大小是剩余螺旋桨产生的期望推力 u_d，而方向 $\boldsymbol{R}_d\in SO(3)$ 由所需的俯仰角和当前测量的横滚角和偏航角给出，即

$$\boldsymbol{R}_d = \begin{bmatrix} \cos_{\theta_d}\cos_{\psi} & \sin_{\phi}\sin_{\theta_d}\cos_{\psi} - \cos_{\phi}\sin_{\psi} & \cos_{\phi}\sin_{\theta_d}\cos_{\psi} + \sin_{\phi}\sin_{\psi} \\ \cos_{\theta_d}\sin_{\psi} & \sin_{p}hi\,\sin_{\theta_d}\sin_{\psi} + \cos_{\phi}\cos_{\psi} & \cos_{\phi}\sin_{\theta_d}\sin_{\psi} - \sin_{\phi}\cos_{\psi} \\ -\sin_{\theta_d} & \sin_{\phi}\cos_{\theta_d} & \cos_{\phi}\cos_{\theta_d} \end{bmatrix}$$

因此，这种加速度的定义为

$$\boldsymbol{\mu} = \frac{u_d}{m}\boldsymbol{R}_d\,\boldsymbol{e}_3 + g\,\boldsymbol{e}_3 \tag{2.9}$$

将 $\theta = \theta_d - e_\theta$ 代入式（2.2a）并考虑式（2.9）中的定义，有

$$\ddot{\boldsymbol{p}}_{\mathrm{b}} = \boldsymbol{\mu} + \frac{u}{m}\boldsymbol{\delta} \tag{2.10}$$

式中：$\boldsymbol{\delta} = [\delta_x\ \delta_y\ \delta_z]^{\mathrm{T}} \in \mathbb{R}^3$是互连向量，则

$$\boldsymbol{\delta}_x = 2\cos\phi\cos\psi\sin\frac{e_\theta}{2}\cos\left(\theta_d - \frac{e_\theta}{2}\right) \tag{2.11a}$$

$$\boldsymbol{\delta}_y = 2\cos\phi\sin\psi\sin\frac{e_\theta}{2}\cos\left(\theta_d - \frac{e_\theta}{2}\right) \tag{2.11b}$$

$$\boldsymbol{\delta}_z = -2\cos\phi\sin\frac{e_\theta}{2}\sin\left(\theta_d - \frac{e_\theta}{2}\right) \tag{2.11c}$$

加速度$\boldsymbol{\mu}$ 设计如下：

$$\boldsymbol{\mu} = \ddot{\boldsymbol{p}}_d + \boldsymbol{K}_p\boldsymbol{e}_p + \boldsymbol{K}_d\dot{\boldsymbol{e}}_p \tag{2.12}$$

式中：$\boldsymbol{K}_p, \boldsymbol{K}_d \in \mathbb{R}^{3\times3}$为正定的增益矩阵；$p_d$，$\dot{p}_d$，$\ddot{p}_d \in \mathbb{R}^3$表示双旋翼的期望位置轨迹；$\boldsymbol{e}_p = p_d - p_{\mathrm{b}}$，$\dot{\boldsymbol{e}}_p = \dot{p}_d - \dot{p}_{\mathrm{b}}$，$\ddot{\boldsymbol{e}}_p = \ddot{p}_d - \ddot{p}_{\mathrm{b}} \in \mathbb{R}^3$是相关的跟踪误差。将式（2.12)代入式（2.10)，式（2.8）代入式（2.7)，得

$$\ddot{\boldsymbol{e}}_p + \boldsymbol{K}_d\dot{\boldsymbol{e}}_p + \boldsymbol{K}_p\boldsymbol{e}_p = -\frac{u}{m}\boldsymbol{\delta} \tag{2.13a}$$

$$\ddot{\boldsymbol{e}}_\theta + \boldsymbol{k}_{d,\theta}\dot{\boldsymbol{e}}_\theta + \boldsymbol{k}_{p,\theta}\boldsymbol{e}_\theta = 0 \tag{2.13b}$$

如何获取双旋翼的期望总推力u_d 和期望俯仰角 θ_d 还有待推导。一旦计算了误差 e_p和 $\dot{e}_p$，知道计划的加速度$\ddot{P}_d$，可以从式（2.12）计算虚拟控制输入μ。所需的总推力和俯仰角可通过反转式（2.9）进行计算：

$$u_d = m\sqrt{\mu_x^2 + \mu_y^2 + (\mu_z - g)^2} \tag{2.14a}$$

$$\theta_d = \tan\left(\frac{\mu_x c_\psi + \mu_y s_\psi}{\mu_z - g}\right)^{-1} \tag{2.14b}$$

式中：ψ 由惯性测量单元（IMU）测量。可以采用二阶低通数字滤波器降低噪声，并计算 θ_d 的一阶和二阶导数，依次计算俯仰角跟踪误差 $\boldsymbol{e}_\theta$ 和 $\dot{\boldsymbol{e}}_\theta$。然后根据式（2.6）计算控制输入 $\boldsymbol{\tau}_\theta$，根据式（2.8）计算 $\bar{\tau}_\theta$。最后，双旋翼的螺旋

桨输入可以计算反相式（2.4a）和式（2.4c）。所提出的控制器如图2.2所示。

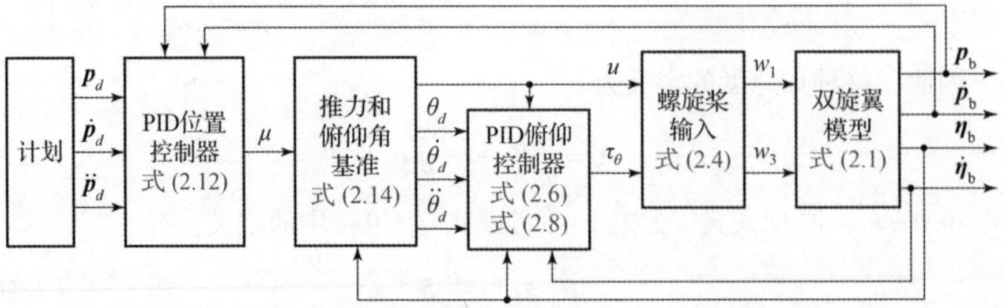

图2.2　基于PID的控制体系结构的框图，浅色表示本章与每个模块相关的相应方程

请注意，式（2.8）和式（2.12）中使用了两个PD控制器。如文献[28]中所述，可以在不破坏稳定性的情况下添加积分作用。PD增益与可编程刚度和阻尼参数类似，为其选择提供了物理解释。

在电机1和/或电机3损坏的情况下，也可以进行类似的考虑。在这种情况下，所需的角度成为可通过反转$\boldsymbol{\mu}=-(u/m)\boldsymbol{R}_{dr}\boldsymbol{e}_3+g\,\boldsymbol{e}_3$。用测量的$\theta$替换$\theta_d$，用期望的$\phi_d=\arcsin((m/u_d)(\mu_y c_\psi-\mu_x s_\psi))$替换$\phi$，得到$\boldsymbol{R}_d$的等效值$\boldsymbol{R}_c\in SO(3)$。

2.4.2　反演控制方案

本小节所提出的反演控制方案的推导从式（2.9）中虚拟加速$\boldsymbol{\mu}$的定义开始，可以从式（2.14a）和式（2.14b）中检索所需的总推力和俯仰角。同样，目标是适当地设计矢量$\boldsymbol{\mu}$。该方案与先前的控制方案不同。首先，导出高度控制。其次，设计平面位置控制器。最后，解决实现所需俯仰角的控制。

可以采用PD控制器来控制UAV的高度：

$$\mu_z=\ddot{z}_d+k_{d,z}\dot{e}_z+k_{p,z}e_z \tag{2.15}$$

式中：$z_d\in\mathbb{R}$为$\sum_i$中的期望高度；$e_z=z_d-z$，$\dot{e}_z=\dot{z}_d-\dot{z}$，$k_{p,z},k_{d,z}>0$为增益。

对于平面控制，值得注意的是，由于所考虑的双旋翼是一个围绕$\sum_b$的垂直轴线连续旋转的欠驱动系统，且只能围绕$\sum_b$的y_b轴旋转。因此，双旋翼垂直轴z_b在$\sum_i$坐标系x_iy_i平面的投影是一个速率为$\dot{\psi}$的旋转向量。图2.3概括了上述概念。因此可以引入以下运动学约束：

$$[\dot{x}\quad\dot{y}]^{\mathrm{T}}=\boldsymbol{\beta}\boldsymbol{v} \tag{2.16}$$

式中：$\boldsymbol{\beta}=[\cos\psi\sin\psi]^{\mathrm{T}}$；$\boldsymbol{v}\in\mathbb{R}$为投影向量的大小。$\boldsymbol{v}$为虚拟输入，以设计$\sum_i$中所需的平面速度。通过对式（2.16）进行以下时间微分，获得矢量μ的期

望平面加速度：

$$[\mu_x \quad \mu_y]^{\mathrm{T}} = \dot{\boldsymbol{\beta}}\boldsymbol{v} + \boldsymbol{\beta}\boldsymbol{\alpha} \tag{2.17}$$

式中：$\boldsymbol{\alpha} = \dot{\boldsymbol{v}} \in \mathbb{R}$，现在必须将虚拟输入 $\boldsymbol{v}$ 和 $\boldsymbol{\alpha}$ 设计为 $\sum_i$ 水平面内的误差为零。考虑一个具有 $\dot{x}_d = \dot{y}_d = 0$ 的调节问题。平面误差定义为 $e_x = x_d - x$ 和 $e_y = y_d - y$。通过推导这两个量并考虑式（2.16），得

$$[\dot{e}_x \quad \dot{e}_y]^{\mathrm{T}} = -\boldsymbol{\beta}\boldsymbol{v} \tag{2.18a}$$

$$\dot{\boldsymbol{v}} = \boldsymbol{\alpha} \tag{2.18b}$$

通过反演方法[8,29]，可以设计以下虚拟输入，在将平面误差归零时至少提供边际稳定性：

$$\boldsymbol{v} = k_v\sqrt{e_x^2 + e_y^2}\cos(\arctan2(e_y, e_x) - \psi) \tag{2.19}$$

式中：$k_v > 0$

$$\begin{aligned}\boldsymbol{\alpha} = & (\dot{e}_x(k_v + k_\alpha) + e_x)c_\psi + (\dot{e}_y(k_v + k_\alpha) + e_y)s_\psi \\ & + k_v k_\alpha\sqrt{e_x^2 + e_y^2}\cos(\arctan2(e_y, e_x) - \psi(t))\end{aligned} \tag{2.20}$$

式中：$k_\alpha > 0$。

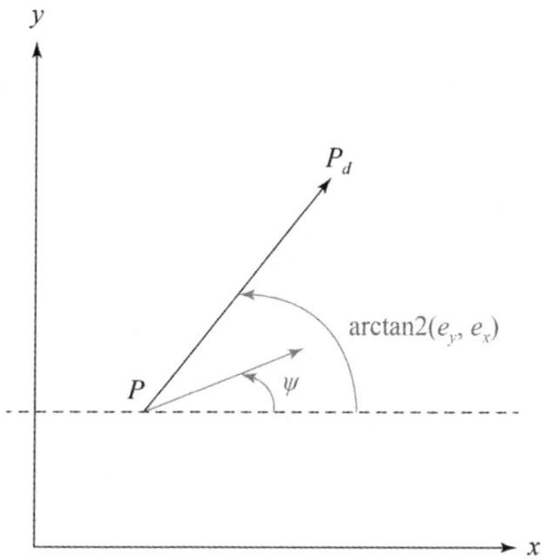

图 2.3　$\sum_i$ 的 $x_i y_i$ 平面。点 P 表示在该平面中投影的双旋翼的当前位置 P_b。
点 P_d 表示双旋翼在同一平面上的期望位置。
绿色矢量是双旋翼在 $\sum_i$ 的 $x_i y_i$ 平面中当前航向矢量，它随着偏航角连续旋转。
红色矢量是相对于 x_i 轴产生 arctan2（e_y，e_x）角度的平面误差

最后，针对基于 PID 的控制器，设计了双旋翼的低阶姿态控制。先引入控制定律式（2.6），以获得式（2.7）。虚拟控制输入 $\bar{\tau}_\theta$ 可按式（2.8）设计，以完全控制俯仰角度。得到的反演控制器如图 2.4 所示。

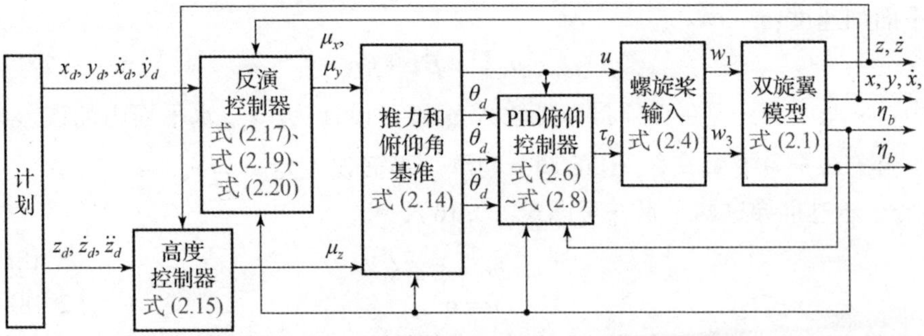

图 2.4　基于反演的控制体系结构的框图，浅色表示本章与每个模块相关的相应方程

首先，计算位置误差分量 e_x，e_y，e_z，以及相关的时间导数 $\dot{e}_x$，$\dot{e}_y$，$\dot{e}_z$。知道前馈加速度 $\ddot{z}_d$，可以从式（2.15）计算控制输入 μ_z。考虑式（2.19）和式（2.20），从式（2.17）中检索虚拟控制输入 μ 的其他两个分量。其次，按照式（2.14a）和式（2.14b）计算所需的总推力 u_d 和俯仰角 θ_d。采用二阶低通数字滤波器来降低噪声，并计算 θ_d 的一阶和二阶导数。再次，计算俯仰跟踪误差 e_θ 和 $\dot{e}_\theta$，并根据式（2.6）计算控制输入 τ_θ，其中 τ_θ 从式（2.8）获得。最后，双旋翼的螺旋桨速度由式（2.4a）和式（2.4c）给出。可在式（2.15）和式（2.8）中添加积分作用，在不破坏稳定性的情况下提高跟踪精度。

2.5　数值仿真

本节中，在模拟紧急着陆的情况下，比较上述两个控制器。如 2.2 节所述，其所采用的控制器不考虑从标称操作条件到紧急着陆过程的切换，标称操作中所有电机都处于活动状态。只有双旋翼的控制通过数值仿真进行评估。对两种控制方法所得的结果进行比较分析。2.5.1 节将介绍两个控制器中使用的参数，以及仿真和软件环境所做的选择。随后，对案例进行介绍和分析。

2.5.1　描述

本小节所提出的控制方法在标准 PC 上运行的 MATLAB©/Simulink©环境中进行测试（2.6GHz Intel Core I5，8GB 1600MHz DDR3）。图 2.2 和图 2.4 中描绘的两种方案已经实施。

为了模拟双旋翼包括空气阻力的动力学特性，实现更准确的动力学模型式（2.1a）~式（2.1c）。采用 UAV 的动态参数取自真实的 ASCTEC Pelican 四旋翼无人机[30]。具体而言，考虑以下参数：$m = 1.25\text{kg}$，$I_b = \text{diag}\{3.4, 3.4,$

$4.7\}$ kg^2，$l=0.21\text{m}$，$\rho_u=1.8\times10^{-5}\text{N}\cdot\text{s}^2/\text{rad}^2$，$\rho_c=8\times10^{-7}\text{N}\cdot\text{m s}^2/\text{rad}^2$。此外，考虑制动器的饱和度，考虑最大速度约 $\omega_i=940\text{rad/s}$（约 6000r/min）。实践证明，稳定状态下的双旋翼绕其 z_b 轴的恒定转速约为 7rad/s。因此，式（2.1a）－式（2.1c）中的摩擦系数设置为$F_p=\text{diag}\{1.25,1.25,5\}$和$F_o=\text{diag}\{1,1,2\}$。最后，控制器以 100Hz 离散化，以进一步测试所提出控制器的鲁棒性。

基于 PID 控制器的增益通过实验调整为$K_p=\text{diag}\{6.25,16,25\}$，$K_d=\text{diag}\{6,8,10\}$，$k_{p,\theta}=900$ 和 $k_{d,\theta}=60$。

反演控制器的增益在实验中调整为 $k_v=2$，$k_\alpha=0.1$，$k_{p,\theta}=144$，$k_{d,\theta}=26.4$，$k_{p,z}=16$ 和 $k_{d,z}=8$。

以下是一个比较案例研究。给定期望的轨迹，从相同的初始条件出发，通过数值仿真对两种控制器进行比较。

2.5.2　案例研究

本小节考虑的案例研究是跟踪可能的着陆轨迹。双旋翼从位置 $p_b=[1\quad 1.5\quad 4]^{\text{T}}\text{m}$ 开始，该位置与着陆轨迹在 $t=0\text{s}$ 时的期望初始位置相同，时间变量 $t>0$，以及初始偏航速度为 3rad/s。在 $t=20\text{s}$ 时，双旋翼的理想目标位置在 $\sum_i$ 中是 $[0\ 0.5]^{\text{T}}\text{m}$。初始和最终的线速度和加速度为零。使用七阶多项式来生成期望轨迹并保证上述条件。双旋翼的期望轨迹在与最终轨迹相同的稳态条件下保持 10s。

位置误差的时间历程如图 2.5 所示。图中显示了两个已实现控制器的每个 $\sum_i$ 轴的位置误差，这两种方法都成功实现了所寻求的任务。然而，反演方法需要更多的时间才能收敛到期望的轨迹。反演方法沿 x 轴的最大误差为 0.15m，沿 y 轴的最大误差为 0.25m，沿 $\sum_i$ 垂直轴的最大误差为 0.09m。在这两种情况下，双旋翼所遵循的三维笛卡儿路径如图 2.6 所示。两个控制器内环的俯仰误差如图 2.5（d）所示。此外，在这种情况下，反演控制器显示了大约 1°的更显著的误差，这使得任务的整体性能恶化。

图 2.7 显示了双旋翼主动推进器指令速度的时间历程。在这两种情况下，螺旋桨速度都不会饱和。然而，与反演控制器相关的行为似乎过度紧张。

值得回顾的是，结果表明，在任何情况下这两种控制设计都具有鲁棒性。虽然摩擦力有助于闭环系统的稳定性分析，但控制设计所采用的数学模型中并未包括摩擦力。此外，控制器在常规实践中以 100Hz 离散化。最后的想法是，控制器都完成了寻求的任务。然而，至少在分析的案例研究中，基于 PID 的控制似乎更为稳健，并且电机的功率更低。

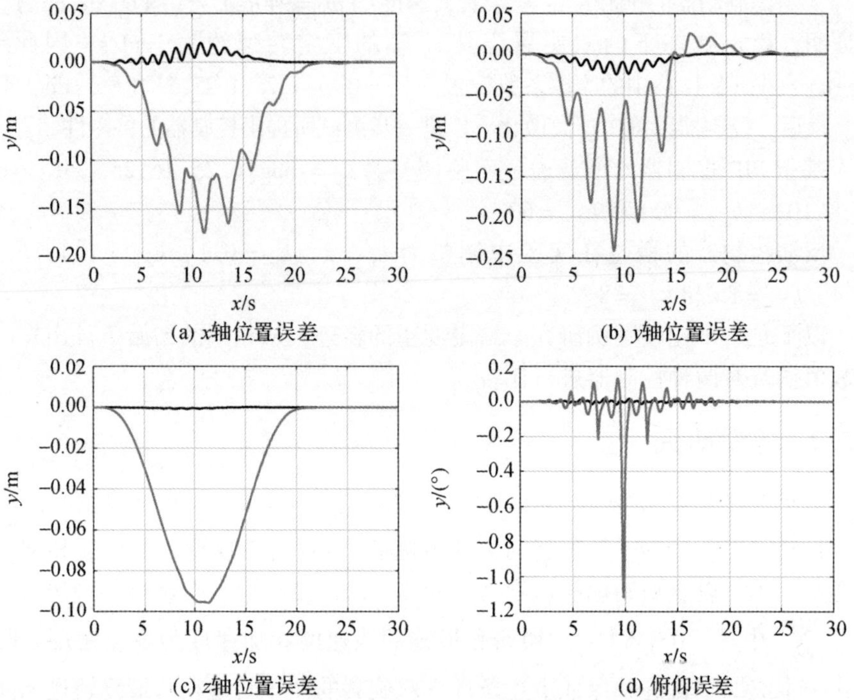

(a) *x*轴位置误差 (b) *y*轴位置误差

(c) *z*轴位置误差 (d) 俯仰误差

图 2.5 所考虑案例研究的位置和俯仰误差。黑色表示使用基于 PID 的控制器获得的结果。灰色表示使用反演控制器获得的结果

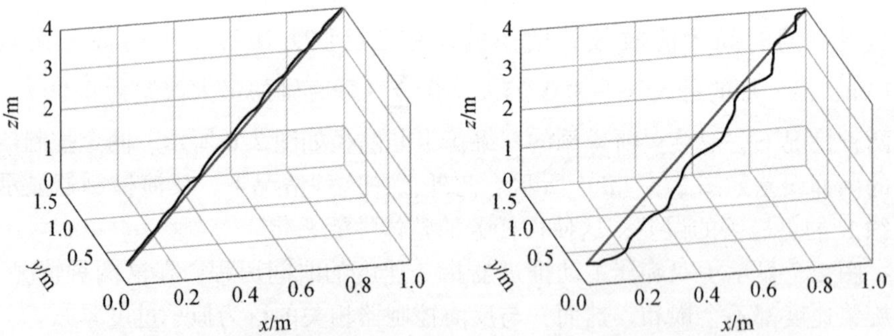

(a) 采用基于PID的控制器的路径 (b) 采用反演控制器的路径

图 2.6 采用两个控制器的双旋翼三维笛卡儿路径：灰色表示期望路径，黑色表示给定控制器的双旋翼所遵循的路径

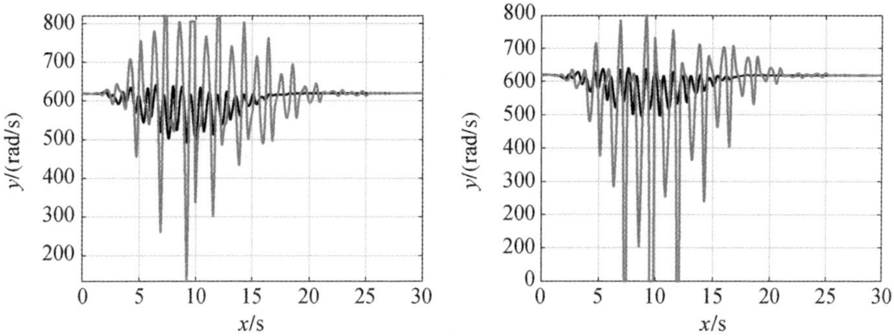

(a) 电机1　　　(b) 电机3

图 2.7　主动双旋翼螺旋桨的指令速度。黑色表示使用基于 PID 的控制器获得的结果。灰色表示用反演控制器获得的结果

2.6　结论

本章提供了一个基于文献［7 - 8］的教程解决方案，用于解决双旋翼 UAV 的跟踪控制问题。这种双旋翼配置可用于四旋翼 UAV 有一个损坏螺旋桨的情况。针对这一问题，本章提出了两种控制方案：基于 PID 的控制方案和反演控制方案。结果表明，通过这两种方案，双旋翼可以到达笛卡儿空间中的任何位置，因此可以沿着安全的紧急轨迹运行。

致　　谢

本章结果的研究部分来自 HYFLIERS 项目（地平线 2020 授予，779411 号）和 Thealial - Core 项目（地平线 2020 授予，871479 号）。作者对其内容全权负责。

参 考 文 献

[1]　Amazon Prime Air. http://www.amazon.com/b?node=8037720011.

[2] The White House. https://obamawhitehouse.archives.gov/the-press-office/2016/08/02/fact-sheet-new-commitments-accelerate-safe-integration-unmanned-aircraft.

[3] IEEE Spectrum. http://spectrum.ieee.org/aerospace/aviation/flying-selfie-bots-tagalong-video-drones-are-here/.

[4] Ruggiero F, Lippiello V, Ollero A. Aerial manipulation: A literature review. IEEE Robotics and Automation Letters. 2018;3(3):1957–1964.

[5] Blanke M, Staroswiecki M, Wu NE. Concepts and methods in fault-tolerant control. In: 2001 American Control Conference. vol. 4. Arlington, VA; 2001. p. 2606–2620.

[6] Zhang Y, Jiang J. Bibliographical review on reconfigurable fault-tolerant control systems. Annual Reviews in Control. 2008;32(2):229–252.

[7] Lippiello V, Ruggiero F, Serra D. Emergency landing for a quadrotor in case of a propeller failure: A PID approach. In: 2014 IEEE RSJ International Conference on Robotics and Automation. Chicago, IL, USA; 2014. p. 4782–4788.

[8] Lippiello V, Ruggiero F, Serra D. Emergency landing for a quadrotor in case of a propeller failure: A backstepping approach. In: 12th IEEE International Symposium on Safety, Security and Rescue Robots. Toyako-Cho, Hokkaido, Japan; 2014.

[9] Freddi A, Longhi S, Monteriu A. Actuator fault detection system for a mini-quadrotor. In: 2010 IEEE International Symposium on Industrial Electronics. Bari, Italy; 2010. p. 2055–2060.

[10] Sharifi F, Mirzaei M, Gordon BW, et al. Fault tolerant control of a quadrotor UAV using sliding mode control. In: 2010 Conference on Control and Fault-Tolerant Systems. Nice, France; 2010. p. 239–244.

[11] Sadeghzadeh I, Mehta A, Chamseddine A, et al. Active fault tolerant control of a quadrotor UAV based on gain scheduled PID control. In: 25th IEEE Canadian Conference on Electrical and Computer Engineering. Montreal, QC; 2012. p. 1–4.

[12] Saied M, Lussier B, Fantoni I, et al. Passive fault-tolerant control of an Octorotor using super-twisting algorithm: Theory and experiments. In: 2016 3rd Conference on Control and Fault-Tolerant Systems. Barcelona, Spain; 2016. p. 361–366.

[13] Ranjbaran M, Khorasani K. Fault recovery of an under-actuated quadrotor aerial vehicle. In: 49th IEEE Conference on Decision and Control. Atlanta, GA, USA; 2010. p. 4385–4392.

[14] Khebbache H, Sait B, Yacef F, et al. Robust stabilization of a quadrotor aerial vehicle in presence of actuator faults. International Journal of Information Technology, Control and Automation. 2012;2(2):1–13.

[15] Zhang Y, Chamseddine A. Fault tolerant flight control techniques with application to a quadrotor UAV testbed. In: Lombaerts T, editor. Automatic Flight Control Systems – Latest Developments. London: InTech; 2012. p. 119–150.

[16] Freddi A, Lanzon A, Longhi S. A feedback linearization approach to fault tolerance in quadrotor vehicles. In: 18th IFAC World Congress. Milan, Italy; 2011. p. 5413–5418.

[17] Kataoka Y, Sekiguchi K, Sampei M. Nonlinear control and model analysis of trirotor UAV model. In: 18th IFAC World Congress. Milan, Italy; 2011. p. 10391–10396.

[18] Lanzon A, Freddi A, Longhi S. Flight control of a quadrotor vehicle subsequent to a rotor failure. Journal of Guidance, Control, and Dynamics. 2014;37(2):580–591.

[19] Mueller MW, D'Andrea R. Stability and control of a quadrocopter despite the complete loss of one, two, or three propellers. In: 2014 IEEE International Conference on Robotics and Automation. Hong Kong, China; 2014. p. 45–52.

[20] Vey D, Lunze J. Structural reconfigurability analysis of multirotor UAVs after actuator failures. In: 2015 IEEE 54th Annual Conference on Decision and Control. Osaka, Japan; 2015. p. 5097–5104.

[21] Sun S, Sijbers L, Wang X, et al. High-speed flight of quadrotor despite loss of single rotor. IEEE Robotics and Automation Letters. 2018;4(4):3201–3207.

[22] Avant T, Lee U, Katona B, et al. Dynamics, hover configurations, and rotor failure restabilization of a morphing quadrotor. In: 2018 Annual American Control Conference. Wisconsin Center, Milwaukee, WI, USA; 2018. p. 4855–4862.

[23] Morozov YV. Emergency control of a quadrocopter in case of failure of two symmetric propellers. Automation and Remote Control. 2018;79(3):92–110.

[24] Merheb AR, Noura H, Bateman F. Emergency control of AR drone quadrotor UAV suffering a total loss of one rotor. IEEE/ASME Transactions on Mechatronics. 2017;22(2):961–971.

[25] Barghandan S, Badamchizadeh MA, Jahed-Motlagh MR. Improved adaptive fuzzy sliding mode controller for robust fault tolerant of a quadrotor. International Journal of Control, Automation and Systems. 2017;15(1):427–441.

[26] Saied M, Lussier B, Fantoni I, et al. Fault diagnosis and fault-tolerant control of an octorotor UAV using motors speeds measurements. IFAC-PapersOnLine. 2017;50(1):5263–5268.

[27] Lu P, van Kampen EJ. Active fault-tolerant control for quadrotors subjected to a complete rotor failure. In: 2015 IEEE/RSJ International Conference on Intelligent Robots and Systems. Hamburg, Germany; 2015. p. 4698–4703.

[28] Nonami K, Kendoul F, Suzuki S, et al. Autonomous flying robots. Unmanned Aerial Vehicles and Micro Aerial Vehicles. Berlin, Heidelberg, Germany: Springer-Verlag; 2010.

[29] Khalil HK. Nonlinear systems. Upper Saddle River, NJ, USA: Prentice Hall; 2002.

[30] Ruggiero F, Cacace J, Sadeghian H, et al. Impedance control of VToL UAVs with a momentum-based external generalized forces estimator. In: 2014 IEEE International Conference on Robotics and Automation. Hong Kong, China; 2014. p. 2093–2099.

第3章 倾转轴卡死故障下四轴倾转旋翼无人机基于观测器的 LPV 控制设计

倾转旋翼无人机（Tilt Rotor Unmanned Aerial Vehicle，TRUAV）是一种具有悬停和高速巡航能力的混合变形飞行器，近年来备受关注。考虑可变和非线性动力学特性，线性参数变化（Linear Parameter Varying，LPV）方法为 TRUAV 的模型表示和控制器合成设计提供了便捷的工具，但其从悬停到高速巡航过渡过程中的控制仍然是一个挑战。此外，很少有文献关注其容错控制策略，尤其是在执行器故障的情况下，由于转子和空气动力学的复杂控制耦合。针对 TRUAV 的控制问题，本章采用 LPV 方法对四轴 TRUAV 进行了过渡控制，并进一步考虑了倾转轴卡死故障的容错控制策略。

在本章所提出的控制方法中，将一些虚拟控制输入引入四轴 TRUAV 的非线性模型中，并获得用于控制器设计的等效 LPV 模型。为了估计 LPV 控制对象中的扰动，合成了基于观测器的 LPV 控制器及其比例积分观测器（Proportional Integral Observer，PIO）。基于上述虚拟控制输入和状态估计，进一步考虑应用控制输入的逆过程。在倾转轴卡死故障下，主要考虑了姿态稳定性的退化模型。利用退化动力学对逆过程进行重构，由于旋翼倾角与攻角的控制效果相似，TRUAV 的巡航能力仍然由重新设计的攻角参考值保持。最后，数值仿真结果表明了所提出的控制方法和容错控制策略的有效性。

3.1 引言

随着自主控制和电子技术的发展，无人机在农业和军事领域得到了深入的研究和广泛的应用[1]。作为传统结构无人机的典型代表，旋翼无人机（Rotorcraft UAV，RUAV）和固定翼无人机（Fixed-Wing UAV，FWUAV）在很长一段时间内发挥了不可替代的作用。这些传统结构有利于建立 RUAV 和 FWUAV 的经典通用控制方法，但也存在一定的局限性。RUAV 自身具有悬停能力，因此适合执行各种操作任务[2]。然而，它们的续航能力比 FWUAV 短，不能高速巡航。与之相反，FWUAV 具有长航时和高巡航速度，但不能在固定位置悬停。因此，FWUAV 的环境适应性比 RUAV 差[3]。为了打破传统结构的限制，研究人员设计了许多具有新型结构的混合式无人机[4]，如图 3.1 所示的垂直起降无人机（convertiplane UAV）、尾座式无人机（tail - sitter UAV）和倾转旋翼无人机（TRUAV）。这些混合型无人机都具有悬停和高速巡航的能力，同时也存在不同的控制问题[5-8]，本章主要研究图 3.1（d）所示的四轴 TRUAV。

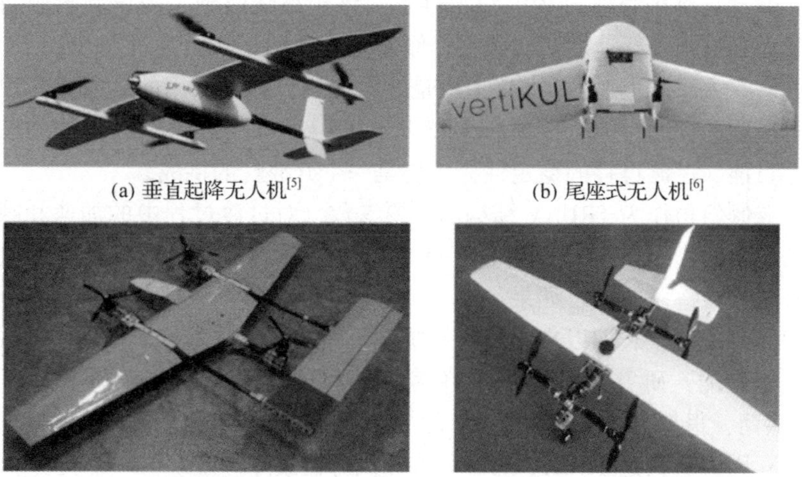

(a) 垂直起降无人机[5]　　(b) 尾座式无人机[6]

(c) 三轴TRUAV[7]　　(d) 四轴TRUAV

图 3.1　混合型无人机平台

与垂直起降无人机和尾座式无人机相比，TRUAV 具有多种结构和动力学特性，它们装有多个旋翼，可以从垂直位置倾斜到水平位置，两种姿态分别称为直升机模式和普通飞行模式。尽管存在一些结构差异，但其与 RUAV 和 FWUAV 的动力学仍有很多相似之处，因此可以利用现有比较成熟的直升机模式和普通飞行模式下的控制理论[8]。特别是对于三旋翼以上的一些 TRUAV 的越来越多的对称结构，如图 3.1（d）以及文献［9］中呈现的四轴 TRUAV，与文献［10］中的双轴 TRUAV 相比，直升机模式下的控制难度进一步降低。然而，由于悬停和高速巡航的综合能力，直升机模式与普通飞行模式之间的过渡过程往往伴随着变化的非线性动力学特性。因此，对于固定旋翼倾角[11]的纯线性控制方法不能在整个过渡过程中保持理想的控制性能。此外，由于旋翼和空气动力学特性的复杂控制耦合，典型的非线性控制方法也难以直接应用。对于特殊的非线性控制器设计[12]，有时会考虑简化的 TRUAV 模型。

针对 TRUAV 从直升机模式到普通飞行模式（或反过来）的非线性动力学问题，通常考虑两种经典的增益调度（Gain Scheduling，GS）控制结构[7,13-16]。在文献［13-14］中，针对直升机模式和普通飞行模式分别设计了两组线性控制器，并进一步计算了与旋翼倾角相关的平滑系数，实现在两种控制器过渡过程中的插值平滑。此外，文献［15－16］采用了分治GS方法，根据飞行速度直接切换不同旋翼倾角的线性控制器。该经典思想在Pixhawk飞行控制器中也得到了应用，控制效果已得到验证[7]。考虑线性控制器只保证非线性被控对象的局部稳定性，GS方法中需要一个特殊的飞行包络线（倾斜走廊）来保证整个过渡过程的稳定性[8]，该包络线限制了固定旋翼倾斜角度下的最大和最小飞行速度。实际上，倾斜走廊表明了飞行速度与TRUAV结构之间的潜在关系。上述GS方法主要是针对应用，并且采用的启发式知识仅用于获得期望的控制性能。很少有文献提出TRUAV过渡控制GS方法的稳定性条件。目前，过渡过程的稳定性分析仍是一个开放性的挑战。

旋翼倾斜角作为TRUAV结构的主要参数，对过渡过程中的加速和减速起着至关重要的作用。在真实的TRUAV平台中，旋翼倾斜轴通常由伺服电机通过连杆机构或链条驱动。如果它卡在一个固定的角度，过渡程序就会打断，严重威胁飞行安全。长期以来，针对传统飞行器等系统在故障下的稳定性或可接受的控制性能，研究人员提出了许多主动和被动FTC策略，见文献［17－18］。然而，很少有人关注TRUAV的FTC问题，旋翼倾斜轴卡死故障也经常被忽略，因为它只是TRUAV的一种特殊执行器故障。

本章在前人工作的基础上[19]，对图3.1（d）所示的四旋翼TRUAV在倾转轴卡死故障下的过渡控制和FTC策略进行研究。将几种虚拟控制输入表示为应用控制输入和状态的函数，并引入四旋翼TRUAV非线性模型，以形成LPV被控对象，它是一种具有参数依赖的状态空间矩阵的特殊非线性系统[20]。对此系统，提出了一种基于虚拟控制方法的LPV控制器，并进一步设计了应用控制输入的逆过程。该控制方法将旋翼倾斜角作为控制输入，控制效果与攻角相似，从理论上保证了四旋翼TRUAV过渡过程的渐近稳定性。在倾转轴卡死故障下，四旋翼TRUAV失去一个控制输入，主要考虑姿态稳定性的退化动力学模型。利用重新设计的攻角参考值，重构巡航能力的逆过程。

注意，虚拟控制输入是应用控制输入和状态的函数。为了获得应用控制输入，设计逆过程需要状态值。由于在实际应用中只有状态估计值，在LPV被控对象中引入了一些匹配扰动。因此，利用PIO[21]同时估计这些扰动和状态。与文献［19］相比，本章进一步设计了状态估计器，并最终合成了一种基于观测器的LPV控制器[22]，该控制器对虚拟控制输入的偏置执行器故障具有潜在的FTC能力。

本章的组织结构如下：3.2节介绍了四旋翼TRUAV的结构，并建立了纵向非线性模型；3.3节将该非线性模型转化为等效的LPV表示，并考虑基于观测器的 LPV 闭环控制系统；3.4 节提出了一个具有线性矩阵不等式（Linear Matrix Inequality，LMI）条件的主要定理，用于合成虚拟控制输入的和 LPV 控制器，并基于虚拟控制输入和状态估计设计了应用控制输入的逆过程；3.5 节介绍了典型的执行器卡死故障，并进一步提出了针对倾转轴卡死故障的 FTC 策略；3.6 节展示了数值仿真结果；3.7 节对本章进行总结。

3.2　四旋翼 TRUAV 和非线性模型

图 3.1（d）所示的四旋翼 TRUAV 平台作为本章的被控对象，配备了 4 个可倾斜的旋翼。机翼上的副翼、水平尾翼上的升降舵和垂直尾翼上的方向舵为飞行控制提供了额外的空气动力和力矩。在旋翼倾角为 π/2rad 的直升机模式下，四旋翼 TRUAV 可以在一个固定位置悬停或低速巡航；在旋翼倾角为 0°的普通飞行模式下，四旋翼 TRUAV 可以实现高速巡航；在模式转换过程中，四旋翼 TRUAV 将减小旋翼倾角以保证机翼产生足够的升力加速，或者增加旋翼倾角以保证直升机模式下的减速。

为了建立该四旋翼 TRUAV 的非线性模型，图 3.2 定义了一些典型的坐标系，如北 - 东 - 地当地水平坐标系（$O_e x_e y_e z_e$）、体坐标系（$O_b x_b y_b z_b$）和风向轴坐标系（$O_w x_w y_w z_w$）。接着，在这些坐标系中定义一些状态变量，包括飞行速度 V、攻角 α、俯仰角 θ 和俯仰角速率 q。与固定翼无人机[23]的非线性模型相似，建立运动学与动力学方程：

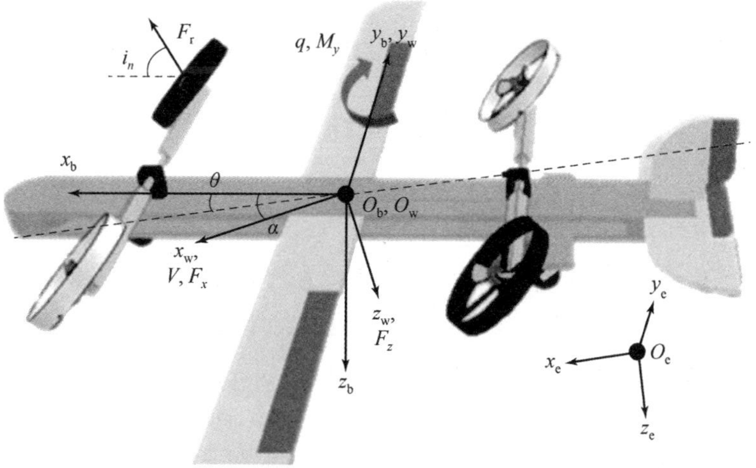

图 3.2　坐标系和状态的定义

$$\begin{cases}\dot{V}=\dfrac{\boldsymbol{F}_x}{m}\\ \dot{h}=V\sin(\theta-\alpha)\\ \dot{\alpha}=\dfrac{\boldsymbol{F}_z}{mV}+q\\ \dot{q}=\dfrac{\boldsymbol{M}_y}{\boldsymbol{I}_y}\\ \dot{\theta}=q\end{cases} \tag{3.1}$$

式中：h 为飞行高度；$\boldsymbol{F}_x$ 和 $\boldsymbol{F}_z$ 为 $O_\mathrm{w}x_\mathrm{w}y_\mathrm{w}z_\mathrm{w}$ 坐标系下 x 和 z 方向的合力；$\boldsymbol{M}_y$ 为 $O_\mathrm{b}x_\mathrm{b}y_\mathrm{b}z_\mathrm{b}$ 坐标系下 y 方向的相关力矩；m 为质量；$\boldsymbol{I}_y$ 为 y 方向的惯性矩。

式（3.1）中的力与力矩可以表示如下：

$$\boldsymbol{F}_x=\boldsymbol{F}_{\mathrm{r}x}+\boldsymbol{F}_{\mathrm{a}x}+\boldsymbol{F}_{gx},\boldsymbol{F}_z=\boldsymbol{F}_{\mathrm{r}z}+\boldsymbol{F}_{\mathrm{a}z}+\boldsymbol{F}_{gz},\boldsymbol{M}_y=\boldsymbol{M}_{\mathrm{r}y}+\boldsymbol{M}_{\mathrm{a}y} \tag{3.2}$$

式中：$\boldsymbol{F}_{\mathrm{r}x}$、$\boldsymbol{F}_{\mathrm{r}z}$ 和 $\boldsymbol{M}_{\mathrm{r}y}$ 由电机产生；$\boldsymbol{F}_{\mathrm{a}x}$、$\boldsymbol{F}_{\mathrm{a}z}$ 和 $\boldsymbol{M}_{\mathrm{a}y}$ 由空气动力引起；重力只产生分力 $\boldsymbol{F}_{gx}$ 和 $\boldsymbol{F}_{gz}$。对于无刷直流电机驱动的旋翼，产生的推力与旋翼转速的平方成正比[24]。将推力转换到坐标系 $O_\mathrm{w}x_\mathrm{w}y_\mathrm{w}z_\mathrm{w}$，得到分力和力矩为

$$\begin{bmatrix}\boldsymbol{F}_{\mathrm{r}x}\\ \boldsymbol{F}_{\mathrm{r}z}\end{bmatrix}=\begin{bmatrix}\cos\alpha & \sin\alpha\\ -\sin\alpha & \cos\alpha\end{bmatrix}\begin{bmatrix}\cos i_\mathrm{n}\\ -\sin i_\mathrm{n}\end{bmatrix}2C_\mathrm{t}\rho AR^2(\Omega_\mathrm{F}^2+\Omega_\mathrm{B}^2)$$

$$\boldsymbol{M}_{\mathrm{r}y}=2C_\mathrm{t}\rho AR^2x_\mathrm{r}\sin i_\mathrm{n}(\Omega_\mathrm{F}^2-\Omega_\mathrm{B}^2)$$

式中：C_t 为推力系数；ρ 为空气密度；A 为旋翼面积；R 为旋翼半径；i_n 为旋翼倾斜角；Ω_F 和 Ω_B 分别为前向与后向旋翼转速；x_r 为从旋翼到质心的纵向距离。此外，空气动力引起阻力、升力和俯仰力矩[16,23]的形式为

$$\boldsymbol{F}_{\mathrm{a}x}=-\frac{1}{2}\rho V^2s\cdot C_\mathrm{D}=-\frac{1}{2}\rho V^2s\cdot(C_{\mathrm{D}0}+C_{\mathrm{D}1}\alpha+C_{\mathrm{D}2}\alpha^2+C_{\mathrm{D}\delta}\delta_\mathrm{e})$$

$$\boldsymbol{F}_{\mathrm{a}z}=-\frac{1}{2}\rho V^2s\cdot C_\mathrm{L}=-\frac{1}{2}\rho V^2s\cdot\left(C_{\mathrm{L}0}+C_{\mathrm{L}1}\alpha+\frac{\bar{c}}{2V}C_{\mathrm{L}q}q+C_{\mathrm{L}\delta}\delta_\mathrm{e}\right)$$

$$\boldsymbol{M}_{\mathrm{a}y}=\frac{1}{2}\rho V^2s\ \bar{c}\ \cdot C_\mathrm{m}=\frac{1}{2}\rho V^2s\bar{c}\cdot\left(C_{\mathrm{m}0}+C_{\mathrm{m}1}\alpha+\frac{\bar{c}}{2V}C_{\mathrm{m}q}q+C_{\mathrm{m}\delta}\delta_\mathrm{e}\right)$$

式中：s 为机翼面积；c 为机翼的平均弦长；C_D、C_L 和 C_m 分别是空气阻力、升力和俯仰力矩系数；δ_e 为平尾偏度。至于重力，分力为

$$\begin{bmatrix}\boldsymbol{F}_{gx}\\ \boldsymbol{F}_{gz}\end{bmatrix}=\begin{bmatrix}\cos\alpha & \sin\alpha\\ -\sin\alpha & \cos\alpha\end{bmatrix}\begin{bmatrix}-mg\sin\theta\\ mg\cos\theta\end{bmatrix}=\begin{bmatrix}-mg\sin(\theta-\alpha)\\ mg\cos(\theta-\alpha)\end{bmatrix}$$

式中：g 为重力加速度。

将式（3.2）代入式（3.1），建立四旋翼 TRUAV 的非线性模型，其中应

用控制输入向量为 $\boldsymbol{u}=[i_n \Omega_F \Omega_B\ \delta_e]^T$。对于以下 LPV 控制的分析，忽略关于 h 的运动学方程，并引入一个新的状态 $\boldsymbol{\gamma}=\theta-\alpha$。四旋翼 TRUAV 非线性模型的状态向量定义为 $\boldsymbol{x}=[\boldsymbol{V}\ \boldsymbol{\gamma}\ \boldsymbol{\alpha}\ \boldsymbol{q}]^T$，且 $\boldsymbol{\gamma}$ 可视作 h 的虚拟控制输入[19]。测量输出向量定义为 $y=x$，不考虑测量噪声。

3.3　LPV 控制分析

通过先前建立的非线性模型，本节将式（3.1）改写为带有虚拟控制输入的凸多面体 LPV 形式。然后，建立基于观测器的 LPV 控制器的闭环系统，对四旋翼 TRUAV 的控制结构进行分析。

3.3.1　凸多面体 LPV 描述

根据式（3.2）的具体形式，四旋翼 TRUAV 的非线性模型具有来自旋翼和空气动力学的复杂控制耦合。为避免直接考虑控制耦合，考虑以下虚拟控制输入：

$$\boldsymbol{v}_V=\boldsymbol{F}_V-g\sin\gamma-\frac{\rho s}{2m}C_{D1}\cdot V^2\alpha-\frac{\rho s}{2m}C_{D2}\cdot V^2\alpha^2 \tag{3.3}$$

$$\boldsymbol{v}_\alpha=\boldsymbol{F}_\alpha+g\frac{\cos\gamma}{V}-\frac{\rho s}{2m}C_{L0}V \tag{3.4}$$

$$\boldsymbol{v}_q=\boldsymbol{M}_q+\frac{\rho s\bar{c}}{2\boldsymbol{I}_y}C_{m0}V^2+\frac{\rho s\bar{c}}{2\boldsymbol{I}_y}C_{m1}\cdot V^2\alpha \tag{3.5}$$

式中

$$\boldsymbol{F}_V=\frac{2\rho AR^2}{m}C_t\cdot\cos(i_n+\alpha)(\Omega_F^2+\Omega_B^2)-\frac{\rho s}{2m}C_{D\delta}\cdot V^2\delta_e \tag{3.6}$$

$$\boldsymbol{F}_\alpha=-\frac{2\rho AR^2}{mV}C_t\cdot\sin(i_n+\alpha)(\Omega_F^2+\Omega_B^2)-\frac{\rho s}{2m}C_{L\delta}\cdot V\delta_e \tag{3.7}$$

$$\boldsymbol{M}_q=\frac{2\rho AR^2x_r}{\boldsymbol{I}_y}C_t\cdot\sin i_n(\Omega_F^2-\Omega_B^2)+\frac{\rho s\bar{c}}{2\boldsymbol{I}_y}C_{m\delta}\cdot V^2\delta_e \tag{3.8}$$

包括来自各部分的控制效果，对旋翼倾角 i_n 和攻角 α 的控制可以达到与 V 和 α 相似的控制效果。在上述虚拟控制输入下，建立两个线性形式的简化模型：

$$\dot{\boldsymbol{V}}=\left(0-V\frac{\rho s}{2m}C_{D0}\right)\boldsymbol{V}+\boldsymbol{v}_V \tag{3.9}$$

$$\begin{bmatrix}\dot{\gamma}\\ \dot{\alpha}\\ \dot{q}\end{bmatrix}=\left(\begin{bmatrix}0&0&a_{13}\\0&0&1-a_{13}\\0&0&0\end{bmatrix}+V\begin{bmatrix}0&a_{12}&0\\0&-a_{12}&0\\0&0&\dfrac{\rho s\bar{c}^{2}}{4l_y}C_{mq}\end{bmatrix}\right)\begin{bmatrix}\gamma\\ \alpha\\ q\end{bmatrix}+\begin{bmatrix}-1&0\\1&0\\0&1\end{bmatrix}\begin{bmatrix}\boldsymbol{v}_\alpha\\ \boldsymbol{v}_q\end{bmatrix} \tag{3.10}$$

式中：$a_{13}=(\rho s\bar{c}/4m)C_{Lq}$，$a_{12}=(\rho s/2m)C_{L1}$。需要注意的是，将飞行速度与其他状态分开，这是针对旋翼倾转轴卡死故障下的 FTC 策略。

显然，式（3.9）和式（3.10）的系统矩阵是依赖于 V 的仿射参数，并且输入矩阵都是常数。这种特殊形式使得可以通过用扇形非线性方法将式（3.9）和式（3.10）重新表示为以下典型的凸多面体 LPV 形式[25]：

$$\begin{cases}\dot{\boldsymbol{x}}(t)=\boldsymbol{A}(p)\boldsymbol{x}(t)+\boldsymbol{B}\boldsymbol{v}(t)+\boldsymbol{B}_w\boldsymbol{w}(t)\\ \boldsymbol{y}(t)=\boldsymbol{C}\boldsymbol{x}(t)+\boldsymbol{D}_w\boldsymbol{w}(t)\end{cases} \tag{3.11}$$

式中：$\boldsymbol{x}(t)\in\mathbb{R}^{n_x}$，虚拟控制输入向量 $\boldsymbol{\nu}(t)\in\mathbb{R}^{n_v}$；扰动输入向量 $\boldsymbol{w}(t)\in\mathbb{R}^{n_w}$；$\boldsymbol{A}(p)=\sum_{i=1}^{n}p_1A_i$ 具有可变参数 $0\leqslant p_i\leqslant 1$ 和 $\sum_{i=1}^{n}p_i=1$，p_i 为 $p_i(V)$ 的简化表示；$\boldsymbol{C}$ 为单位矩阵。实际上，对于两个 LPV 控制器，分离的子系统式（3.9）和式（3.10）应该转化为两个凸多面体 LPV 系统。为了简化以下闭环分析中的表示，方便起见，考虑积分凸多面体 LPV 系统式（3.11），其中 $n_x=4$，$n_w=4$，$n=2$，$\boldsymbol{\nu}=[\nu_V \mid \nu_\alpha\ \nu_q]^{\mathrm{T}}$，状态空间矩阵都是分块对角矩阵。

进一步考虑虚拟控制输入 $\nu(t)$。根据式（3.3）~式（3.8），虚拟控制输入可以表示为状态 $x(t)$ 和应用控制输入 $u(t)$ 的函数，其关系如下：

$$\boldsymbol{v}(t)=R_{vu}(\boldsymbol{x}(t),u(t)) \tag{3.12}$$

由于测量噪声，$\boldsymbol{x}(t)$ 无法获得。应用状态估计 $\hat{\boldsymbol{x}}(t)$，则

$$\tilde{\boldsymbol{u}}(t)=R_{vu}^{-1}(\hat{\boldsymbol{x}}(t),\boldsymbol{v}(t))$$

在实际中是可用的，其中 $R_{vu}^{-1}(\cdot,\cdot)$ 为 $R_{vu}(\cdot,\cdot)$ 的逆函数。在无执行器故障情况下，将 $\tilde{u}(t)$ 代入式（3.11）：

$$\begin{aligned}\dot{\boldsymbol{x}}(t)&=\boldsymbol{A}(p)\boldsymbol{x}(t)+\boldsymbol{B}R_{vu}(\boldsymbol{x}(t),\tilde{u}(t))+\boldsymbol{B}_w\boldsymbol{w}(t)\\&=\boldsymbol{A}(p)\boldsymbol{x}(t)+\boldsymbol{B}\tilde{\boldsymbol{v}}(t)+\boldsymbol{B}_w\boldsymbol{w}(t)\\&=\boldsymbol{A}(p)\boldsymbol{x}(t)+\boldsymbol{B}\boldsymbol{v}(t)+\boldsymbol{B}\boldsymbol{\delta}(t)+\boldsymbol{B}_w\boldsymbol{w}(t)\end{aligned}$$

式中：$\tilde{\boldsymbol{v}}(t)$ 和 $\boldsymbol{\delta}(t)$ 为可补偿的匹配扰动向量，$\tilde{\boldsymbol{v}}(t)\triangleq R_{vu}(\boldsymbol{x}(t),\tilde{u}(t))$，

$\boldsymbol{\delta}(t) \triangleq \tilde{\boldsymbol{v}}(t) - \boldsymbol{v}(t) = [\delta_V \ \delta_\alpha \ \delta_q]^{\mathrm{T}}$。在其他一些文献中，$\boldsymbol{\delta}(t)$ 也为偏置执行器故障[21]或模型简化造成的模型误差[26]。因此，四旋翼 TRUAV 的 LPV 控制装置如下：

$$\begin{cases} \dot{\boldsymbol{x}}(t) = \boldsymbol{A}(p)\boldsymbol{x}(t) + B\boldsymbol{v}(t) + B\boldsymbol{\delta}(t) + B_w \boldsymbol{w}(t) \\ \boldsymbol{y}(t) = C\boldsymbol{x}(t) + \boldsymbol{D}_w \boldsymbol{w}(t) \end{cases} \tag{3.13}$$

为了确保可变参数 $p_i(i=1,2,\cdots,n)$ 为可测量的，不考虑关于 V 的测量噪声，$\boldsymbol{D}_w$ 的第一行需要是全零行向量。

3.3.2　基于观测器的 LPV 控制闭环分析

针对 LPV 控制对象式（3.13），提出了一种用于闭环分析的状态反馈 LPV 控制器。为此，LPV PIO 对于估计 $\hat{x}(t)$ 和 $\hat{\delta}(t)$ 是必需的。基于这些估计值，本小节考虑基于观测器的 LPV 控制器，作为 $\hat{\delta}(t)$ 匹配扰动的补偿。

对于 LPV 控制器设计，为了确保部分测量输出 $C_{\mathrm{r}}y(t)$ 跟踪参考信号 $r(t) \in \mathbb{R}^{n_r}$，定义 $e(t) = \int [r(t) - C_{\mathrm{r}}y(t)]\mathrm{d}t$ 作为跟踪误差积分[27]，且

$$\dot{\boldsymbol{e}}(t) = -\boldsymbol{C}_{\mathrm{r}}\boldsymbol{C}\boldsymbol{x}(t) + \boldsymbol{r}(t) - \boldsymbol{C}_{\mathrm{r}}\boldsymbol{D}_{\mathrm{w}}w(t) \tag{3.14}$$

LPV 控制器增益 $K_1(p) \in \mathbb{R}^{n_u \times n_r}$ 和 $K_2(p) \in \mathbb{R}^{n_u \times n_x}$，将以下控制输入向量引入式（3.13）：

$$\boldsymbol{v}(t) = [K_1(p) \quad K_2(p)] \begin{bmatrix} \boldsymbol{e}(t) \\ \hat{\boldsymbol{x}}(t) \end{bmatrix} - \hat{\boldsymbol{\delta}}(t) \tag{3.15}$$

结合式（3.14），有闭环系统：

$$\begin{bmatrix} \dot{\boldsymbol{e}}(t) \\ \dot{\boldsymbol{x}}(t) \end{bmatrix} = \begin{bmatrix} 0 & -\boldsymbol{C}_r\boldsymbol{C} \\ \boldsymbol{B}\boldsymbol{K}_1(p) & \boldsymbol{A}(p) + \boldsymbol{B}K_2(p) \end{bmatrix} \begin{bmatrix} \boldsymbol{e}(t) \\ \boldsymbol{x}(t) \end{bmatrix} + \begin{bmatrix} 0 \\ \boldsymbol{B}\boldsymbol{K}_2(p)\boldsymbol{e}_x(t) - \boldsymbol{B}\boldsymbol{e}_\delta(t) \end{bmatrix} + \begin{bmatrix} \boldsymbol{r}(t) - \boldsymbol{C}_r\boldsymbol{D}_w\boldsymbol{w}(t) \\ \boldsymbol{B}_w\boldsymbol{w}(t) \end{bmatrix} \tag{3.16}$$

式中：$\boldsymbol{e}_x(t) = \hat{\boldsymbol{x}}(t) - \boldsymbol{x}(t)$，$\boldsymbol{e}_\delta(t) = \hat{\boldsymbol{\delta}}(t) - \delta(t)$。

为了同时估计 $x(t)$ 和 $\delta(t)$，可以使用观测器增益 $\boldsymbol{L}_1(p) \in \mathbb{R}^{n_x \times n_y}$ 和 $\boldsymbol{L}_2(p) \in \mathbb{R}^{n_u \times n_y}$ 获得以下 PIO[21]：

$$\begin{cases} \dot{\hat{\boldsymbol{x}}}(t) = \boldsymbol{A}(p)\hat{\boldsymbol{x}}(t) + \boldsymbol{B}\boldsymbol{v}(t) + \boldsymbol{B}\hat{\boldsymbol{\delta}}(t) + \boldsymbol{L}_1(p)[\boldsymbol{C}\hat{\boldsymbol{x}}(t) - \boldsymbol{y}(t)] \\ \dot{\hat{\boldsymbol{\delta}}}(t) = \boldsymbol{L}_2(p)[\boldsymbol{C}\hat{\boldsymbol{x}}(t) - \boldsymbol{y}(t)] \end{cases} \tag{3.17}$$

结合原始控制对象式（3.13），有以下闭环系统：

$$\begin{bmatrix} \dot{\boldsymbol{e}}_x(t) \\ \dot{\boldsymbol{e}}_\delta(t) \end{bmatrix} = \begin{bmatrix} \boldsymbol{A}(p) + \boldsymbol{L}_1(p)\boldsymbol{C} & \boldsymbol{B} \\ \boldsymbol{L}_2(p)\boldsymbol{C} & 0 \end{bmatrix} \begin{bmatrix} e_x(t) \\ e_\delta(t) \end{bmatrix} + \begin{bmatrix} -\boldsymbol{B}_w \boldsymbol{w}(t) - \boldsymbol{L}_1(p)\boldsymbol{D}_w \boldsymbol{w}(t) \\ -\boldsymbol{L}_2(p)\boldsymbol{D}_w w(t) - \dot{\boldsymbol{\delta}}(t) \end{bmatrix} \tag{3.18}$$

通过上述分析，假设 $\dot{\delta}(t)$ 是有界的，且对于有限的能量 $\dot{\delta}(+\infty)=0$，闭环系统式（3.16）和式（3.18）可以写为

$$\begin{bmatrix} \dot{\tilde{\boldsymbol{x}}}(t) \\ \dot{\bar{\boldsymbol{e}}}(t) \end{bmatrix} = \begin{bmatrix} \tilde{\boldsymbol{A}}(p) + \tilde{\boldsymbol{B}}\boldsymbol{K}(p) & \tilde{\boldsymbol{B}}\boldsymbol{K}(p)\tilde{\boldsymbol{E}} + \tilde{\boldsymbol{D}} \\ 0 & \bar{\boldsymbol{A}}(p) + \boldsymbol{L}(p)\bar{\boldsymbol{C}} \end{bmatrix} \begin{bmatrix} \tilde{\boldsymbol{x}}(t) \\ \bar{\boldsymbol{e}}(t) \end{bmatrix} + \begin{bmatrix} \tilde{\boldsymbol{B}}_w \\ \bar{\boldsymbol{B}}_w + \boldsymbol{L}(p)\bar{\boldsymbol{D}}_w \end{bmatrix} \boldsymbol{\omega}(t)$$

$$z(t) = [0 \quad \boldsymbol{C}_e] \begin{bmatrix} \tilde{\boldsymbol{x}}(r) \\ \bar{\boldsymbol{e}}(t) \end{bmatrix} + \boldsymbol{F}_w \boldsymbol{\omega}(t) \tag{3.19}$$

式中

$$\tilde{\boldsymbol{x}}(t) = \begin{bmatrix} \boldsymbol{e}(t) \\ \boldsymbol{x}(t) \end{bmatrix},\ \bar{\boldsymbol{e}}(t) = \begin{bmatrix} \boldsymbol{e}_x(t) \\ \boldsymbol{e}_s(t) \end{bmatrix},\ \tilde{\boldsymbol{A}}(p) = \begin{bmatrix} 0 & -\boldsymbol{C}_r\boldsymbol{C} \\ 0 & \boldsymbol{A}(p) \end{bmatrix},\ \tilde{\boldsymbol{B}} = \begin{bmatrix} 0 \\ \boldsymbol{B} \end{bmatrix}$$

$$\boldsymbol{K}(p) = [\boldsymbol{K}_1(p)\boldsymbol{K}_2(p)],\ \tilde{\boldsymbol{E}} = \begin{bmatrix} 0 & 0 \\ \boldsymbol{I} & 0 \end{bmatrix},\ \tilde{\boldsymbol{D}} = \begin{bmatrix} 0 & 0 \\ 0 & -\boldsymbol{B} \end{bmatrix},\ \tilde{\boldsymbol{B}}_w = \begin{bmatrix} \boldsymbol{I} & -\boldsymbol{C}_r\boldsymbol{D}_w & 0 \\ 0 & B_w & 0 \end{bmatrix}$$

$$\bar{\boldsymbol{A}}(p) = \begin{bmatrix} \boldsymbol{A}(p) & \boldsymbol{B} \\ 0 & 0 \end{bmatrix},\ \boldsymbol{L}(p) = \begin{bmatrix} \boldsymbol{L}_1(p) \\ \boldsymbol{L}_2(p) \end{bmatrix},\ \bar{\boldsymbol{C}} = [\boldsymbol{C} \quad 0],\ \bar{\boldsymbol{B}}_w = \begin{bmatrix} 0 & -B_w & 0 \\ 0 & 0 & -\boldsymbol{I} \end{bmatrix}$$

$$\bar{\boldsymbol{D}}_w = [0 \ -\boldsymbol{D}_w 0],\ \boldsymbol{\omega}(t) = \begin{bmatrix} r(t) \\ w(t) \\ \dot{\delta}(t) \end{bmatrix}$$

$z(t) \in \mathbb{R}^{n_x+n_u}$ 为性能输出矢量。可以为特殊性能输出设置矩阵 $\boldsymbol{C}_e$ 和 $\boldsymbol{F}_w$。

通过上述基于虚拟控制输入和基于观测器的 LPV 控制器的闭环分析，图 3.3 构建了四旋翼 TRUAV 在无故障情况下的控制结构。在该控制结构中，设计了基于观测器的 LPV 控制，以实现具有虚拟控制输入 $v(t)$ 的闭环系统式（3.19）的渐近稳定性，其中 γ、α 和 q 的速度控制器和姿态控制器分别基于式（3.9）和式（3.10）合成。对于应用的控制输入，需要进一步考虑逆过程。由于在应用中只有 $\hat{\boldsymbol{x}}(t)$ 可用，因此从逆过程获得 $\tilde{\boldsymbol{u}}(t)$ 而不是 $\boldsymbol{u}(t)$。3.4 节将详细介绍相应的内容。在倾转轴卡死故障情况下，利用故障信息重建逆过程。该 FTC 策略要求速度控制器和姿态控制器分开，将在 3.5 节中详细介绍。

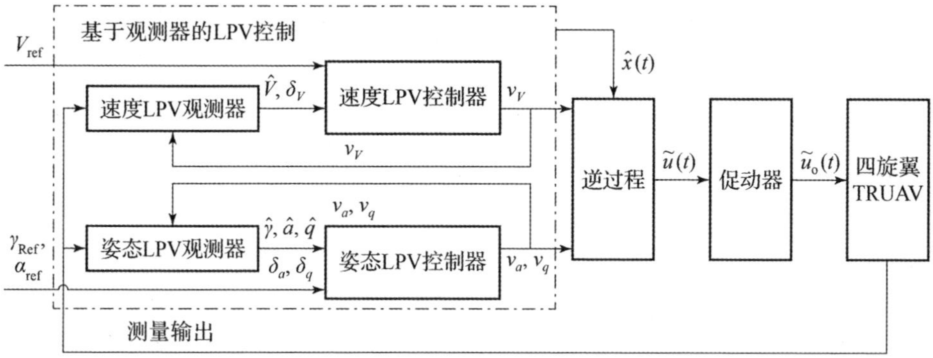

图3.3　无故障下四旋翼 TRUAV 的控制结构

3.4　四旋翼 TRUAV 的基于观测器的 LPV 控制

对于图3.3所示的控制结构，本节主要关注无故障情况。首先合成基于观测器的带有 PIO 的 LPV 控制器，以确保虚拟控制输入式（3.19）的闭环稳定性。其次，进一步设计基于式（3.3）~式（3.8）的逆过程，用于四旋翼 TRUAV 的应用控制输入。

3.4.1　基于观测器的 LPV 控制器合成

为了设计受控对象式（3.13）的 LPV 控制器式（3.15）和 PIO 式（3.17），提出关于控制器和观测器增益的定理。

定理3.1　闭环系统式（3.19）渐进稳定，LPV 观测器的估计误差与H_∞扰动衰减τ相关。如果存在正标量ϕ_1、ϕ_2和ϕ_x，可逆矩阵$\boldsymbol{W}_1$、$\boldsymbol{W}_2$，矩阵$\boldsymbol{X}$、$\boldsymbol{Y}$、$\boldsymbol{M}(p)=\sum_{i=1}^{n}p_i\boldsymbol{M}_i$、$\boldsymbol{N}(p)=\sum_{i=1}^{n}p_i\boldsymbol{N}_i$满足

$$\boldsymbol{X}>0,\ \boldsymbol{Y}>0 \tag{3.20}$$

$$\mathcal{G}_i<0,\ 0\leqslant i\leqslant n \tag{3.21}$$

式中

$$
\mathcal{G}_i = \begin{bmatrix}
-\phi_1 \boldsymbol{He}(\boldsymbol{W}_1) & 0 & \mathcal{G}_{(1,3)} & 0 & \phi_1 \tilde{\boldsymbol{E}} & 0 & 0 \\
* & -\phi_1 \boldsymbol{He}(\boldsymbol{W}_2) & \boldsymbol{0} & 0 & \mathcal{G}_{(2,5)} & \boldsymbol{N}_i \bar{\boldsymbol{D}}_w & 0 \\
* & * & \mathcal{G}_{(3,3)} & \phi_x \boldsymbol{X} & \tilde{\boldsymbol{D}} & \tilde{\boldsymbol{B}}_w & 0 \\
* & * & * & -2\phi_x \boldsymbol{I} & 0 & 0 & 0 \\
* & * & * & * & \mathcal{G}_{(5,5)} & \mathcal{G}_{(5,6)} & \boldsymbol{C}_e^{\mathrm{T}} \\
* & * & * & * & * & -\tau \boldsymbol{I} & \boldsymbol{F}_w^{\mathrm{T}} \\
* & * & * & * & * & * & -\tau \boldsymbol{I}
\end{bmatrix}
$$

式中：$\boldsymbol{He}[\cdot] = [\cdot] + [\cdot]^{\mathrm{T}}$；$\mathcal{G}_{(1,3)} = \boldsymbol{M}_i^{\mathrm{T}} \tilde{\boldsymbol{B}}^{\mathrm{T}} - \phi_1 \boldsymbol{W}_1 + \phi_1 \boldsymbol{X}$；$\mathcal{G}_{(2,5)} = \boldsymbol{N}_i \bar{\boldsymbol{C}} - \phi_2 \boldsymbol{W}_2 + \phi_2 \boldsymbol{Y}$；$\mathcal{G}_{(3,3)} = \boldsymbol{He}(\tilde{\boldsymbol{A}}_i \boldsymbol{X} + \tilde{\boldsymbol{B}} \boldsymbol{M}_i)$；$\mathcal{G}_{(5,5)} = \boldsymbol{He}(\boldsymbol{Y} \bar{\boldsymbol{A}}_i + \boldsymbol{N}_i \bar{\boldsymbol{C}})$；$\mathcal{G}_{(5,6)} = \boldsymbol{He}(\boldsymbol{Y} \bar{\boldsymbol{B}}_w + \boldsymbol{N}_i \bar{\boldsymbol{D}}_w)$。计算的 LPV 控制器和观测器增益分别为 $\boldsymbol{K}(p) = \boldsymbol{M}(p) \boldsymbol{W}_1^{-1}$ 和 $\boldsymbol{L}(p) = \boldsymbol{W}_2^{-\mathrm{T}} \boldsymbol{N}(p)$。

证明：利用李雅普诺夫函数：

$$
V(\tilde{\boldsymbol{x}}(t), \bar{\boldsymbol{e}}(t)) = \tilde{\boldsymbol{x}}^{\mathrm{T}}(t) \boldsymbol{X}^{-1} \tilde{\boldsymbol{x}}(t) + \bar{\boldsymbol{e}}^{\mathrm{T}}(t) \boldsymbol{Y} \bar{\boldsymbol{e}}(t)
$$

考虑新的向量 $\boldsymbol{\xi}(t) = \boldsymbol{X}^{-1} \tilde{\boldsymbol{x}}(t)$，$\boldsymbol{\zeta}_1(t) = -\boldsymbol{\xi}(t) + \boldsymbol{W}_1^{-1}[\boldsymbol{X}\boldsymbol{\xi}(t) + \tilde{\boldsymbol{E}} \bar{\boldsymbol{e}}(t)]$[22] 和 $\boldsymbol{\zeta}_2(t) = (\boldsymbol{W}_2^{-1} \boldsymbol{Y} - \boldsymbol{I}) \bar{\boldsymbol{e}}(t)$，避免基于观测器的控制设计中的双线性矩阵不等式问题。显然

$$
\boldsymbol{\Psi}_1 = (\boldsymbol{W}_1 - \boldsymbol{X}) \boldsymbol{\xi}(t) + \boldsymbol{W}_1 \boldsymbol{\zeta}_1(t) - \tilde{\boldsymbol{E}} \bar{\boldsymbol{e}}(t) = 0 \tag{3.22}
$$

$$
\boldsymbol{\Psi}_2 = \boldsymbol{W}_2 \boldsymbol{\zeta}_2(t) + (\boldsymbol{W}_2 - \boldsymbol{Y}) \bar{\boldsymbol{e}}(t) = 0 \tag{3.23}
$$

$$
\boldsymbol{\Psi}_x = \tilde{\boldsymbol{x}}(t) - \boldsymbol{X} \boldsymbol{\xi}(t) = 0 \tag{3.24}
$$

令 $\boldsymbol{K}(p) = \boldsymbol{M}(p) \boldsymbol{W}_1^{-1}$，$\boldsymbol{L}(p) = \boldsymbol{W}_2^{-\mathrm{T}} \boldsymbol{N}(p)$，闭环系统式（3.19）可写为

$$
\dot{\tilde{\boldsymbol{x}}}(t) = [\tilde{\boldsymbol{A}}(p) \boldsymbol{X} + \tilde{\boldsymbol{B}} \boldsymbol{M}(p)] \boldsymbol{\xi}(t) + \tilde{\boldsymbol{B}} \boldsymbol{M}(p) \boldsymbol{\zeta}_1(t) + \tilde{\boldsymbol{D}} \bar{\boldsymbol{e}}(t) + \tilde{\boldsymbol{B}}_w \boldsymbol{\omega}(t)
$$

$$
\dot{\bar{\boldsymbol{e}}}(t) = [\bar{\boldsymbol{A}}(p) + \boldsymbol{W}_2^{-\mathrm{T}} \boldsymbol{N}(p) \bar{\boldsymbol{C}}] \bar{\boldsymbol{e}}(t) + [\bar{\boldsymbol{B}}_w + \boldsymbol{W}_2^{-\mathrm{T}} \boldsymbol{N}(p) \bar{\boldsymbol{D}}_w] \boldsymbol{\omega}(t)
$$

为确保闭环稳定性和 H_∞ 扰动衰减，用关系式（3.22）~式（3.24）考虑以下条件：

$$
\begin{aligned}
&\frac{\mathrm{d}V(\tilde{\boldsymbol{x}}(t), \bar{\boldsymbol{e}}(t))}{\mathrm{d}t} + \frac{z^{\mathrm{T}}(t) z(t)}{\tau} - \tau \boldsymbol{\omega}^{\mathrm{T}}(t) \boldsymbol{\omega}(t) - 2\phi_1 \boldsymbol{\zeta}_1^{\mathrm{T}}(t) \boldsymbol{\Psi}_1(t) \\
&\quad - 2\phi_2 \boldsymbol{\zeta}_2^{\mathrm{T}}(t) \boldsymbol{\Psi}_2(t) - 2\phi_x \tilde{\boldsymbol{x}}^{\mathrm{T}}(t) \boldsymbol{\Psi}_x(t) < 0
\end{aligned} \tag{3.25}
$$

进一步扩展式（3.25）的左侧（LHS）：

$$\boldsymbol{LHS}_{(3.25)}=\boldsymbol{He}\left[-\boldsymbol{\zeta}_1^{\mathrm{T}}(t)\phi_1\boldsymbol{\Psi}_1(t)-\boldsymbol{\zeta}_2^{\mathrm{T}}(t)\phi_2\boldsymbol{\Psi}_2(t)+\boldsymbol{\xi}^{\mathrm{T}}(t)\dot{\boldsymbol{x}}(t)-\tilde{\boldsymbol{x}}^{\mathrm{T}}(t)\phi_x\boldsymbol{\Psi}_x(t)\right.$$
$$\left.+\bar{\boldsymbol{e}}^{\mathrm{T}}(t)\boldsymbol{Y}\dot{\bar{\boldsymbol{e}}}(t)-\boldsymbol{\omega}^{\mathrm{T}}(t)\frac{\tau}{2}\boldsymbol{\omega}(t)+\frac{z^{\mathrm{T}}(t)z(t)}{2\tau}\right]$$

通过上述表示，式（3.25）的充要条件如下：

$$\begin{aligned}
\boldsymbol{He}\{&-\boldsymbol{\zeta}_1^{\mathrm{T}}(t)\phi_1\boldsymbol{W}_1\boldsymbol{\zeta}_1(t)-\boldsymbol{\zeta}_1^{\mathrm{T}}(t)\phi_1(\boldsymbol{W}_1-\boldsymbol{X})\boldsymbol{\xi}(t)+\boldsymbol{\zeta}_1^{\mathrm{T}}(t)\phi_1\tilde{\boldsymbol{E}}\bar{\boldsymbol{e}}(t)\\
&-\boldsymbol{\zeta}_2^{\mathrm{T}}(t)\phi_2\boldsymbol{W}_2\boldsymbol{\zeta}_2(t)-\boldsymbol{\zeta}_2^{\mathrm{T}}(t)\phi_2(\boldsymbol{W}_2-\boldsymbol{Y})\boldsymbol{e}^-(t)\\
&+\boldsymbol{\zeta}_2^{\mathrm{T}}(t)\boldsymbol{N}(p)C^-\boldsymbol{e}^-(t)+\boldsymbol{\zeta}_2^{\mathrm{T}}(t)\boldsymbol{N}(p)\bar{\boldsymbol{D}}_w\boldsymbol{\omega}(t)\\
&+\boldsymbol{\xi}^{\mathrm{T}}(t)\tilde{\boldsymbol{B}}\boldsymbol{M}(p)\boldsymbol{\zeta}_1(t)+\boldsymbol{\xi}^{\mathrm{T}}(t)[\tilde{\boldsymbol{A}}(p)X+\tilde{\boldsymbol{B}}\boldsymbol{M}(p)]\boldsymbol{\xi}(t)\\
&+\boldsymbol{\xi}^{\mathrm{T}}(t)\tilde{\boldsymbol{D}}\bar{\boldsymbol{e}}(t)+\boldsymbol{\xi}^{\mathrm{T}}(t)\tilde{\boldsymbol{B}}_w\boldsymbol{\omega}(t)\\
&+\bar{\boldsymbol{e}}^{\mathrm{T}}(t)[\boldsymbol{Y}\bar{\boldsymbol{A}}(p)+\boldsymbol{N}(p)\bar{\boldsymbol{C}}]\bar{\boldsymbol{e}}(t)\\
&+\bar{\boldsymbol{e}}^{\mathrm{T}}(t)[Y\bar{\boldsymbol{B}}_w+\boldsymbol{N}(p)\bar{\boldsymbol{D}}_w]\boldsymbol{\omega}(t)+\tilde{\boldsymbol{x}}^{\mathrm{T}}(t)\phi_x\boldsymbol{X}\boldsymbol{\xi}(t)\\
&-\tilde{\boldsymbol{x}}^{\mathrm{T}}(t)\phi_x\tilde{\boldsymbol{x}}(t)+\boldsymbol{\omega}^{\mathrm{T}}(t)\left(-\frac{\tau}{2}\right)\boldsymbol{\omega}(t)\\
&+\boldsymbol{\tau}^{-1}z^{\mathrm{T}}(t)\boldsymbol{C}_e\bar{\boldsymbol{e}}(t)+\boldsymbol{\tau}^{-1}z^{\mathrm{T}}(t)\boldsymbol{F}_w\boldsymbol{\omega}(t)\\
&+\boldsymbol{\tau}^{-1}z^{\mathrm{T}}(t)\left(-\frac{\tau}{2}\boldsymbol{I}\right)\boldsymbol{\tau}^{-1}z(t)\}<0
\end{aligned}$$

要表示为 LMI 形式，定义

$$\kappa=[\boldsymbol{\zeta}_1^{\mathrm{T}}(t)\quad \boldsymbol{\zeta}_2^{\mathrm{T}}(t)\quad \boldsymbol{\xi}^{\mathrm{T}}(t)\quad \tilde{\boldsymbol{x}}^{\mathrm{T}}(t)\quad \bar{\boldsymbol{e}}^{\mathrm{T}}(t)\quad \boldsymbol{\omega}^{\mathrm{T}}(t)\quad \boldsymbol{\tau}^{-1}z^{\mathrm{T}}(t)]^{\mathrm{T}}$$

式（3.25）等价于 $\boldsymbol{\kappa}^{\mathrm{T}}(t)\boldsymbol{G}(p)\boldsymbol{\kappa}(t)<0$，其中

$$\boldsymbol{G}(p)=\begin{bmatrix}
-\phi_1\boldsymbol{He}(\boldsymbol{W}_1) & 0 & \boldsymbol{G}_{(1,3)} & 0 & \phi_1\tilde{\boldsymbol{E}} & 0 & 0\\
* & -\phi_1\boldsymbol{He}(\boldsymbol{W}_2) & 0 & 0 & \boldsymbol{G}_{(2,5)} & \boldsymbol{N}(p)\bar{\boldsymbol{D}}_w & 0\\
* & * & \boldsymbol{G}_{(3,3)} & \phi_\alpha\boldsymbol{X} & \tilde{\boldsymbol{D}} & \tilde{\boldsymbol{B}}_w & 0\\
* & * & * & -2\phi_x\boldsymbol{I} & 0 & 0 & 0\\
* & * & * & * & \boldsymbol{G}_{(5,5)} & \boldsymbol{G}_{(5,6)} & \boldsymbol{C}_e^{\mathrm{T}}\\
* & * & * & * & * & -\boldsymbol{\tau}\boldsymbol{I} & \boldsymbol{F}_w^{\mathrm{T}}\\
* & * & * & * & * & * & -\boldsymbol{\tau}\boldsymbol{I}
\end{bmatrix}$$

式中：$\boldsymbol{G}_{(1,3)}=\boldsymbol{M}^{\mathrm{T}}(p)\tilde{\boldsymbol{B}}^{\mathrm{T}}-\phi_1\boldsymbol{W}_1+\phi_1\boldsymbol{X}$；$\boldsymbol{G}_{(2,5)}=\boldsymbol{N}(p)\bar{\boldsymbol{C}}-\phi_2\boldsymbol{W}_2+\phi_2\boldsymbol{Y}$；$\boldsymbol{G}_{(3,3)}=\boldsymbol{He}(\tilde{\boldsymbol{A}}(p)\boldsymbol{X}+\tilde{\boldsymbol{B}}\boldsymbol{M}(p))$；$\boldsymbol{G}_{(5,5)}=\boldsymbol{He}(\boldsymbol{Y}\bar{\boldsymbol{A}}(p)+\boldsymbol{N}(p)\bar{\boldsymbol{C}})$；$\boldsymbol{G}_{(5,6)}=\boldsymbol{He}(\boldsymbol{Y}\bar{\boldsymbol{B}}_w+\boldsymbol{N}(p)\bar{\boldsymbol{D}}_w)$。

为确保式（3.25），需满足：

$$\boldsymbol{G}(p)=\sum_{i=1}^{n}p_i\,\mathscr{G}_i<0$$

由于$0\leqslant p_i\leqslant 1$，建立条件式（3.21）。李雅普诺夫函数主要需求条件式（3.20）。

通过以上定理，可以用以下 LMI 最小化问题，来最小化H_∞扰动衰减：

$$\begin{cases}\min\tau\\ \text{s. t.}\\ \text{式}(3.20)\text{和式}(3.21)\end{cases}\tag{3.26}$$

此外，定理 3.1 中的标量 ϕ_1、ϕ_2 和 ϕ_x 用于将式（3.22）~式（3.24）转化为条件式（3.25），这有助于减少新向量$\boldsymbol{\xi}(t)$、$\boldsymbol{\zeta}_1(t)$和$\boldsymbol{\zeta}_2(t)$的保守性，为了确定这些标量的合适值，直线搜索[22]是一种经典而直接的方法。

3.4.2 逆过程设计

利用上述基于观测器的 LPV 控制器，可以通过式（3.15）和式（3.17）获得虚拟控制输入$v(t)$。对于应用控制输入，逆过程设计侧重于$v(t)$和$u(t)$之间的代数关系，以求解关于$u(t)$的方程$R_{vu}(x(t),u(t))=v(t)$。作为纯数学分析，本小节假设$x(t)$可用。对于图3.3所示控制结构的应用，$x(t)$应替换为$\hat{\boldsymbol{x}}(t)$。

根据式（3.3）~式（3.5），基于$\boldsymbol{\nu}_V$、$\boldsymbol{\nu}_\alpha$和$\boldsymbol{\nu}_q$，$\boldsymbol{F}_V$、$\boldsymbol{F}_\alpha$和$\boldsymbol{M}_q$可以表示为

$$\begin{cases}\boldsymbol{F}_V=\boldsymbol{\nu}_V+g\sin\gamma+\dfrac{\rho s}{2m}\boldsymbol{C}_{\mathrm{D1}}\cdot V^2\alpha+\dfrac{\rho s}{2m}C_{\mathrm{D2}}\cdot V^2\alpha^2\\ \boldsymbol{F}_\alpha=\boldsymbol{\nu}_\alpha-g\dfrac{\cos\gamma}{V}+\dfrac{\rho s}{2m}C_{\mathrm{L0}}V\\ \boldsymbol{M}_q=\boldsymbol{\nu}_q-\dfrac{\rho s\bar{c}}{2I_y}\boldsymbol{C}_{\mathrm{m0}}V^2-\dfrac{\rho s\bar{c}}{2I_y}\boldsymbol{C}_{\mathrm{m1}}\cdot V^2\alpha\end{cases}\tag{3.27}$$

上述变量包括应用控制输入的所有控制效果，主要分析其代数形式

式（3.6）~式（3.8）。

根据式（3.8）中$\boldsymbol{M}_q$的形式，旋翼转速之差$\Omega_\mathrm{F}^2-\Omega_\mathrm{B}^2$和平尾偏度$\delta_\mathrm{e}$在过渡过程中同时起控制作用。为了处理这种控制耦合，引入旋翼控制权重$\eta\in[0,1]$，用$\boldsymbol{M}_q$和η表示如下：

$$\Omega_\mathrm{F}^2-\Omega_\mathrm{B}^2=\frac{\eta\boldsymbol{M}_q}{\left(\dfrac{2\rho AR^2x_r}{\boldsymbol{I}_y}\right)\boldsymbol{C}_t\cdot\sin i_\mathrm{n}} \tag{3.28}$$

$$\delta_\mathrm{e}=\frac{(1-\eta)\boldsymbol{M}_q}{(\rho s\bar{c}/2\boldsymbol{I}_y)\boldsymbol{C}_{m\delta}\cdot V^2} \tag{3.29}$$

式（3.28）中的i_n仍然未知，式（3.29）根据η指定平尾偏度值。η的值应为根据TRUAV结构或飞行速度的旋翼的控制效果权重[19]。GS方法中也用到了类似的权重值，但该值没有理论形式。对于这里的逆过程设置，有

$$\eta=1-\frac{V^2}{V_c} \tag{3.30}$$

式中：V_c为飞机模式下的常规巡航速度。

根据式（3.6）和式（3.7）中$\boldsymbol{F}_V$、$\boldsymbol{F}_\alpha$的形式，可以用式（3.29）中的δ_e值来表示以下方程式：

$$\begin{cases}\cos(i_\mathrm{n}+\alpha)(\Omega_\mathrm{F}^2+\Omega_\mathrm{B}^2)=\dfrac{\boldsymbol{F}_V+(\rho s/2m)\boldsymbol{C}_{\mathrm{D}\delta}\cdot V^2\delta_\mathrm{e}}{(2\rho AR^2/m)\boldsymbol{C}_\mathrm{t}}\triangleq\bar{\boldsymbol{F}}_V\\ \sin(i_\mathrm{n}+\alpha)(\Omega_\mathrm{F}^2+\Omega_\mathrm{B}^2)=\dfrac{\boldsymbol{F}_\alpha+(\rho s/2m)\boldsymbol{C}_{\mathrm{L}\delta}\cdot V\delta_\mathrm{e}}{-(2\rho AR^2/mV)\boldsymbol{C}_\mathrm{t}}\triangleq\bar{\boldsymbol{F}}_\alpha\end{cases} \tag{3.31}$$

显然，$i_\mathrm{n}+\alpha=\arctan(\bar{\boldsymbol{F}}_\alpha/\bar{\boldsymbol{F}}_V)$。在具有可变倾转角的过渡过程中，$i_\mathrm{n}$可以补偿$\alpha$的控制效果[19]：

$$i_\mathrm{n}=\arctan\frac{\bar{\boldsymbol{F}}_\alpha}{\bar{\boldsymbol{F}}_V}-\alpha \tag{3.32}$$

为确保四旋翼TRUAV在参考速度V_ref下达到飞机模式（$i_\mathrm{n}=0$），攻角α也应具有特殊参考值α_ref。对于该参考值，应计算$V=V_\mathrm{ref}$的非线性模型式（3.1）的平衡点。因此，考虑$i_\mathrm{n}=0$和$V=V_\mathrm{ref}$的稳定情况，γ和q的平衡点必须等于0，以确保飞行高度和俯仰角的稳定值。基于四旋翼TRUAV的非线性模型，攻角平衡点（α_0）和其他控制输入（Ω_F0、Ω_B0和δ_e0）应满足：

$$\begin{cases}\frac{\rho s}{2m}\boldsymbol{C}_{\mathrm{D0}}V_{\mathrm{ref}}^2+\frac{\rho s}{2m}\boldsymbol{C}_{\mathrm{D1}}V_{\mathrm{ref}}^2\alpha_0+\frac{\rho s}{2m}\boldsymbol{C}_{\mathrm{D2}}V_{\mathrm{ref}}^2\alpha_0^2-\frac{2\rho AR^2}{m}\boldsymbol{C}_{\mathrm{t}}\cos\alpha_0(\Omega_{\mathrm{F0}}^2+\\ \Omega_{\mathrm{B0}}^2)+\frac{\rho s}{2m}\boldsymbol{C}_{\mathrm{D}\delta}V_{\mathrm{ref}}^2\delta_{\mathrm{e0}}=0\\ \frac{\rho s}{2m}\boldsymbol{C}_{\mathrm{L0}}V_{\mathrm{ref}}+\frac{\rho s}{2m}\boldsymbol{C}_{\mathrm{L1}}V_{\mathrm{ref}}\alpha_0-\frac{g}{V_{\mathrm{ref}}}+\frac{2\rho AR^2}{mV_{\mathrm{ref}}}\boldsymbol{C}_{\mathrm{t}}\sin\alpha_0(\Omega_{\mathrm{F0}}^2+\Omega_{\mathrm{B0}}^2)\\ +\frac{\rho s}{2m}\boldsymbol{C}_{\mathrm{L}\delta}V_{\mathrm{ref}}\delta_{\mathrm{e0}}=0\\ \frac{\rho s\bar{c}}{2\boldsymbol{I}_y}\boldsymbol{C}_{\mathrm{m0}}V_{\mathrm{ref}}^2+\frac{\rho s\bar{c}}{2\boldsymbol{I}_y}\boldsymbol{C}_{\mathrm{m1}}V_{\mathrm{ref}}^2\alpha_0+\frac{\rho s\bar{c}}{2\boldsymbol{I}_y}\boldsymbol{C}_{\mathrm{m}\delta}V_{\mathrm{ref}}^2\delta_{\mathrm{e0}}=0\end{cases}\tag{3.33}$$

可将α_0作为所需参考值α_{ref}进行求解。

使用式（3.32）中的i_{n}值，$\Omega_{\mathrm{F}}^2-\Omega_{\mathrm{B}}^2$可通过式（3.28）计算得出。结合以下基于式（3.31）的方程式：

$$\Omega_{\mathrm{F}}^2+\Omega_{\mathrm{B}}^2=\sqrt{\bar{\boldsymbol{F}}_V^2+\bar{\boldsymbol{F}}_\alpha^2}\tag{3.34}$$

还可以指定前进和后退旋翼速度的值。

通常，式（3.28）~式（3.32）、式（3.34）和式（3.33）中的参考值α_{ref}构成应用控制输入的逆过程。对于图 3.3 所示控制结构的应用，这些方程中的V、γ和α应替换为其估计值$\hat{V}$、$\hat{\gamma}$和$\hat{\alpha}$。通过这些应用的控制输入，可以渐近地确保四旋翼 TRUAV 在过渡过程中的稳定性。

3.5 容错设计

3.5.1 执行器卡住故障

根据文献［28］，执行器卡住故障定义如下：

$$\tilde{u}_o(t)=\boldsymbol{\Phi}(t)\,\tilde{\boldsymbol{u}}(t)+[\boldsymbol{I}-\boldsymbol{\Phi}(t)]\boldsymbol{u}_{\mathrm{F}}$$

该方程对应于图 3.3 所示的“执行器”模块，其中$\boldsymbol{u}_{\mathrm{F}}$是表示卡住故障大小的恒定向量。此外，对角矩阵$\boldsymbol{\Phi}(t)=\mathrm{diag}(\phi_1(t),\cdots,\phi_j(t),\cdots)$，$\phi_j(t)=1$表示第$j$个执行器无故障，而$\phi_j(t)=0$表示第$j$个执行器故障并锁定。

在倾转轴卡住的情况下，图 3.3 中设计的控制结构不再适用。对于 FTC 策略，假设故障检测和诊断（FDD）模块能够准确、及时地估计或测量故障信息。根据文献［19］中的初步结果，提出的 FTC 策略需要 FDD 方法的实时性能。

3.5.2　FTC 的退化模型方法

倾转轴卡住故障后，代数关系式（3.12）变为

$$\boldsymbol{\nu}(t)=R_{\nu u}(\boldsymbol{x}(t),u(t)\mid_{i_{\mathrm{n}}=i_{\mathrm{nF}}})$$

式中：i_{nF}为固定的故障旋翼倾斜角。

根据上述等式，四旋翼 TRUAV 的一个控制输入丢失。在这种情况下，可采用退化模型以确保部分控制性能[29]。

为了确定退化模型，应分析受控对象的动力学特性。与传统无人机类似，四旋翼 TRUAV 姿态内部环路控制是稳定性的基础，无人机不会在飞行高度和攻角稳定时处于发散状态。根据 TRUAV 动力学的这一常识，只有关于姿态的子系统式（3.10）需要保持为退化模型，关于飞行速度的子系统式（3.9）可以直接处于开环中[19]。

基于以上分析，在倾转轴卡住故障后，直接忽略飞行速度控制。因此，不需要虚拟控制输入$\boldsymbol{\nu}_V$，这就是速度控制器和姿态控制器分离的原因。利用来自姿态 LPV 控制器的控制输入$\boldsymbol{\nu}_\alpha$ 和$\boldsymbol{\nu}_q$，应使用测量或估计的故障幅度i_{nF}重构逆过程。图 3.4 显示了倾转轴卡住故障下的相应 FTC 结构。

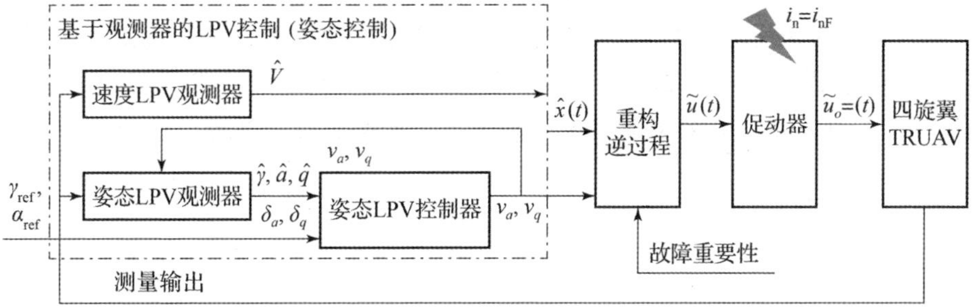

图 3.4　故障状态下四旋翼 TRUAV 的控制结构

为了重建逆过程，再次考虑式（3.4）、式（3.5）、式（3.7）和式（3.8）。F_α 和 M_q 仍然可以根据式（3.4）和式（3.5）的形式由式（3.27）计算。根据式（3.29）和式（3.30）中的 δ_{e} 和 η，在卡住故障下，以α_{F}为可调参考值的 FTC 的旋翼转速为

$$\Omega_{\mathrm{F}}^2+\Omega_{\mathrm{B}}^2=\frac{\boldsymbol{F}_\alpha+(\rho s/(2m))C_{\mathrm{L}\delta}\cdot V\delta_{\mathrm{e}}}{-(2\rho AR^2/(mV))C_{\mathrm{t}}\cdot\sin(i_{\mathrm{nF}}+\alpha)}\tag{3.35}$$

$$\Omega_{\mathrm{F}}^2-\Omega_{\mathrm{B}}^2=\frac{\eta\boldsymbol{M}_q}{\left(\dfrac{2\rho AR^2x_r}{\boldsymbol{I}_y}\right)C_{\mathrm{t}}\cdot\sin i_{\mathrm{nF}}}\tag{3.36}$$

$$\alpha_{\text{ref}} = \alpha_{\text{F}} \tag{3.37}$$

注意，如果没有飞行速度控制，上述 FTC 策略无法直接到达 V_{ref}。然而，由于 i_{n} 和 α 对速度控制具有相同的控制效果，参考值 α_{F} 为速度跟踪提供了潜在的冗余。为了确定该参考值，应计算 $V = V_{\text{ref}}$ 和 $i_{\text{n}} = i_{\text{nF}}$ 的非线性模型式（3.1）的平衡点。通过考虑与式（3.33）类似的稳定情况，可得

$$\begin{aligned}
&\frac{\rho s}{2m}C_{\text{D0}}V_{\text{ref}}^2 + \frac{\rho s}{2m}C_{\text{D1}}V_{\text{ref}}^2\alpha_0 + \frac{\rho s}{2m}C_{\text{D2}}V_{\text{ref}}^2\alpha_0^2 - \frac{2\rho AR^2}{m}C_{\text{t}}\cos(i_{\text{nF}} + \\
&\alpha_0)(\Omega_{\text{F0}}^2 + \Omega_{\text{B0}}^2) + \frac{\rho s}{2m}C_{\text{D}\delta}V_{\text{ref}}^2\delta_{\text{e0}} = 0 \\
&\frac{\rho s}{2m}C_{\text{L0}}V_{\text{ref}} + \frac{\rho s}{2m}C_{\text{L1}}V_{\text{ref}}\alpha_0 - \frac{g}{V_{\text{ref}}} + \frac{2\rho AR^2}{mV_{\text{ref}}}C_{\text{t}}\sin(i_{\text{nF}} + \alpha_0)(\Omega_{\text{F0}}^2 + \\
&\Omega_{\text{B0}}^2) + \frac{\rho s}{2m}C_{\text{L}\delta}V_{\text{ref}}\delta_{\text{e0}} = 0 \\
&\frac{\rho s\bar{c}}{2I_y}C_{\text{m0}}V_{\text{ref}}^2 + \frac{\rho s\bar{c}}{2I_y}C_{\text{m1}}V_{\text{ref}}^2\alpha_0 + \frac{2\rho AR^2x_r}{\boldsymbol{I}_y}C_{\text{t}} \cdot \sin i_{\text{nF}}(\Omega_{\text{F0}}^2 - \Omega_{\text{B0}}^2) + \\
&\frac{\rho s\bar{c}}{2\boldsymbol{I}_y}C_{\text{m}\delta}V_{\text{ref}}^2\delta_{\text{e0}} = 0
\end{aligned} \tag{3.38}$$

可将 α_0 作为所需参考值 α_{F} 进行求解。但是，应考虑允许的攻角范围。

一般来说，式（3.29）、式（3.30）和式（3.35）~式（3.37）以及式（3.38）中的 α_{F} 一起在倾转轴卡住故障下重构逆过程。此外，这些方程中的 $\boldsymbol{V}$、$\boldsymbol{\gamma}$ 和 $\boldsymbol{\alpha}$ 应替换为 $\hat{\boldsymbol{V}}$、$\hat{\boldsymbol{\gamma}}$ 和 $\hat{\boldsymbol{\alpha}}$。

3.6 数值仿真结果

对于以下数值结果，四旋翼 TRUAV 非线性模型的参数在国际单位制中列出如下：

$m = 2.71$，$I_y = 0.0816$，$\bar{c} = 0.2966$，$s = 0.452$，$R = 0.12$，$A = R^2\pi$，$x_r = 0.1847$

$C_{\text{t}} = 0.0041$，$g = 9.8$，$\rho = 1.225$，$C_{\text{D0}} = 0.0111$，$C_{\text{D1}} = 2.6278 \times 10^{-4}$

$C_{\text{D2}} = 0.0035$，$C_{\text{D}\delta} = 0.0061$，$C_{\text{L0}} = 0.1982$，$C_{\text{L1}} = 0.1823$，$C_{\text{L}q} = 1.5177$

$C_{\text{L}\delta} = 0.0102$，$C_{\text{m0}} = 0.0189$，$C_{\text{m1}} = 4.333 \times 10^{-6}$，$C_{\text{m}q} = -1.0365$

$C_{\text{m}\delta} = -0.1186$

凸多面体 LPV 系统式（3.13）具有状态空间矩阵为

$$
\boldsymbol{A}_1=\begin{bmatrix}0 & 0 & 0 & 0\\ 0 & 0 & 0 & 00230\\ 0 & 0 & 0 & 0.9770\\ 0 & 0 & 0 & 0\end{bmatrix},\ \boldsymbol{A}_2=\begin{bmatrix}-0.0340 & 0 & 0 & 0\\ 0 & 0 & 0.5588 & 0.0230\\ 0 & 0 & -0.5588 & 0.9770\\ 0 & 0 & 0 & -4.6403\end{bmatrix}
$$

$$
\boldsymbol{B}=\begin{bmatrix}1 & 0 & 0\\ 0 & -1 & 0\\ 0 & 1 & 0\\ 0 & 0 & 1\end{bmatrix},\ \boldsymbol{B}_w=\boldsymbol{I},\ \boldsymbol{C}=\boldsymbol{I},\ \boldsymbol{D}_w=\mathrm{diag}(0,0.1,0.1,0.1),\ \boldsymbol{C}_e=\boldsymbol{I},\ \boldsymbol{F}_w=0
$$

$$
\boldsymbol{C}_r=\begin{bmatrix}1 & 0 & 0 & 0\\ 0 & 1 & 0 & 0\\ 0 & 0 & 1 & 0\end{bmatrix},\ \boldsymbol{r}=\begin{bmatrix}V_{\mathrm{ref}}\\ \cdots\\ \gamma_{\mathrm{ref}}\\ \alpha_{\mathrm{ref}}\end{bmatrix}
$$

可变参数 $p_1=(\bar{V}-V/\bar{V}-\underline{V})=\left(30-\dfrac{V}{30}-0\right)$和 $p_2=1-p_1$，其中 0 和 30m/s 为最小和最大飞行速度。对于上述 LPV 系统，飞行速度控制器和姿态控制器可通过 LMI 最小化问题式（3.26）和 MATLAB® LMI 工具箱[30]分别设计，参数为 $\phi_1=70$、$\phi_2=110$ 和 $\phi_x=0.05$。对于逆过程设计，设置常规巡航速度$V_c=21.5$。

3.6.1　无故障结果

本小节显示了无倾转轴卡住故障的数值结果，初始条件 $\boldsymbol{x}(0)=[2.1\ 0\ 0\ 0]^{\mathrm{T}}$、$\hat{\boldsymbol{x}}(0)=[2.2\ 0\ 0\ 0]^{\mathrm{T}}$ 和 $\hat{\boldsymbol{\delta}}(0)=[0\ 0\ 0]^{\mathrm{T}}$。

将 $\boldsymbol{w}(t)=[0.1\sin2\pi t\ 0.001\sin2\pi t\ 0.001\sin2\pi t\ 0.01\sin2\pi t]^{\mathrm{T}}$ 设置为干扰输入向量。图 3.5（a）显示了参考值、测量输出及其基于估计状态的估计曲线。图 3.5（b）进一步显示了相应的跟踪误差和估计误差。随着 V_{ref}在 2 ~ 22m/s 变化，固定斜率为 $2\mathrm{m/s^2}$，α_{ref}为 0 ~ 0.008106rad，使用一阶惯性 $1/(s+1)$，其中α_{ref}的最终值由式（3.33）计算得出。γ 的参考值确保了基于文献[19]中设计的飞行高度控制器的飞行高度跟踪控制，如图 3.5（c）的第一条曲线所示。通过上述曲线，可以显示 LPV 控制器的跟踪控制，并使用 LPV 观测器估计状态。图 3.6 显示了来自设计 PIO 的匹配扰动曲线及其估计值。这些估计值用于补偿式（3.15）。

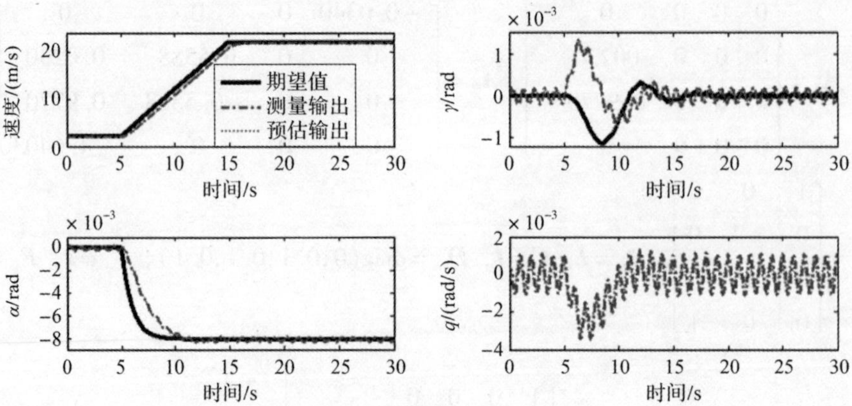

(a) 测量输出和估计

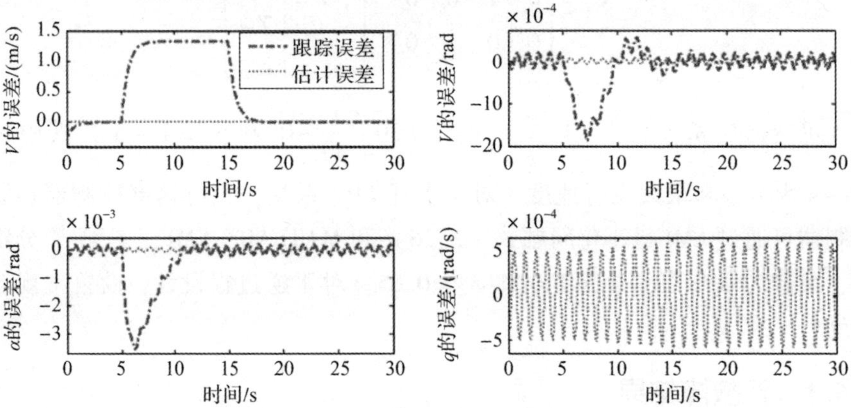

(b) 跟踪误差和估计误差

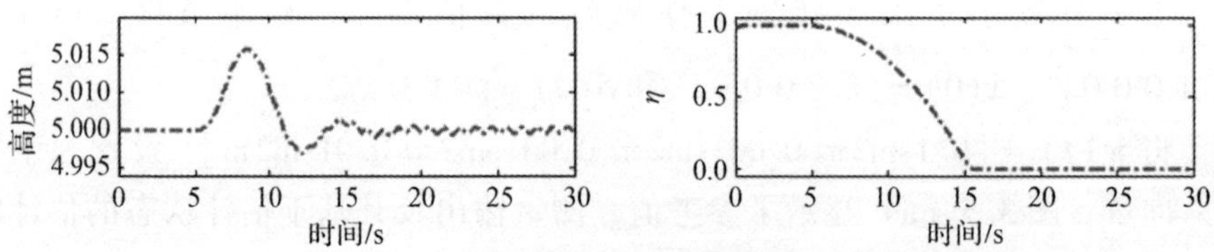

(c) 飞行高度和控制权重

图 3.5　测量输出和控制权重

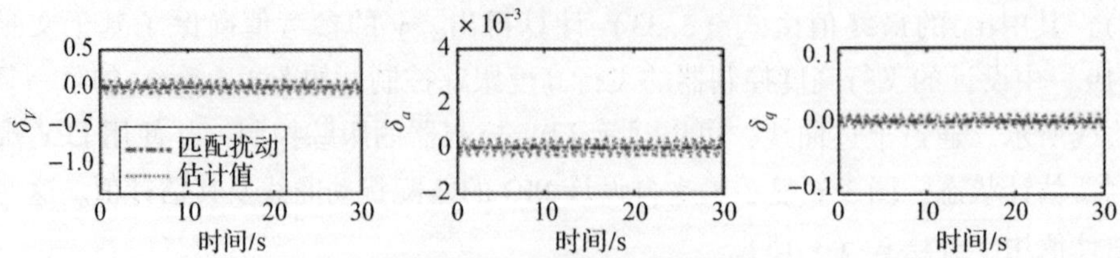

图 3.6　匹配的扰动和估计

对于逆过程，图 3.5（c）的第二条曲线显示了根据式（3.30）计算的控制权重值，图 3.7 显示了应用控制输入的曲线。为了在过渡过程中加速，必须减小旋翼倾斜角以获得额外的纵向力。因此，实现了 i_n 从 π/2rad 到 0 的变化。有了这些应用的控制输入，从理论上保证了四旋翼 TRUAV 在过渡过程中的稳定性。

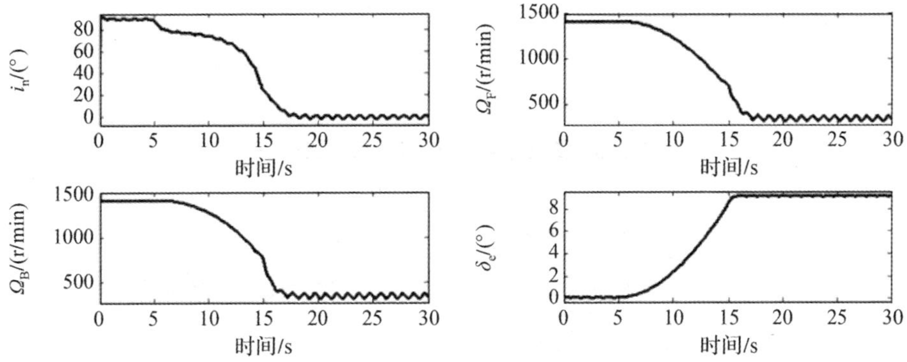

图 3.7　使用的控制输入

3.6.2　故障下的 FTC 结果

本小节显示了倾转轴卡住故障的数值结果，初始条件和干扰输入向量与无故障结果相同。考虑旋翼倾斜角 $i_{nF}=\pi/4$，FTC 策略在 0.3s 延时后可得到故障信息。

在旋翼倾斜轴卡住故障下，如果没有 FTC，受控设备将产生发散状态，如图 3.8 所示。应用拟定的 FTC 策略，图 3.9（a）显示了稳定的测量输出及其估计，图 3.9（b）显示了跟踪误差和估计误差，图 3.10 显示了相应的应用控制输入。显然，在出现卡住故障之前，应用的控制输入与无故障情况下的值相同。然后，旋翼倾斜角达到 π/4rad，并卡在该位置。由于 FTC 策略忽略了速度控制，α_{ref} 的最终值仍然为 -0.008106rad，作为无故障情况，飞行速度无法达到期望的参考值。其他测量输出和一些应用的控制输入在旋翼倾斜轴卡住故障后具有瞬态波动，这是由故障信息的延迟时间引起的。

为确保飞行速度的跟踪控制，新的攻角参考值为式（3.38）。旋翼倾斜轴卡住故障后，根据式（3.38），重新设计的 α_{ref} 最终值为 -0.06649rad。这样，飞行速度可以再次达到参考值 22 m/s，如图 3.11 所示，并且基于参考值 α_F，四旋翼 TRUAV 仍然拥有巡航能力。但是，应考虑允许的攻角范围。

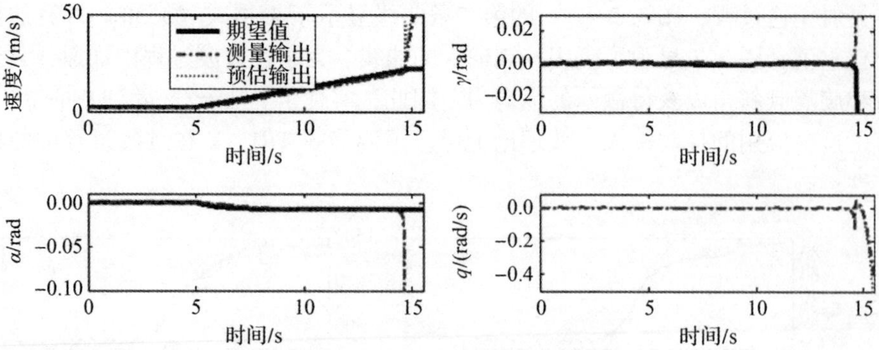

图 3.8　故障条件下无 FTC 的测量输出

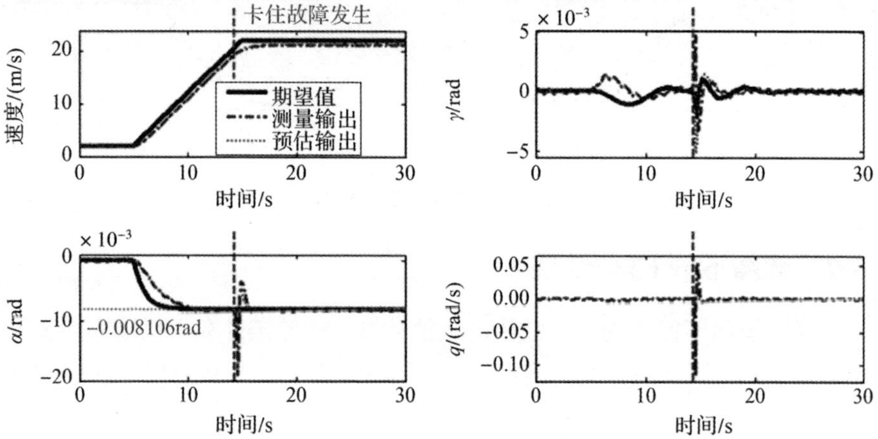

(a) 测量输出和估计值

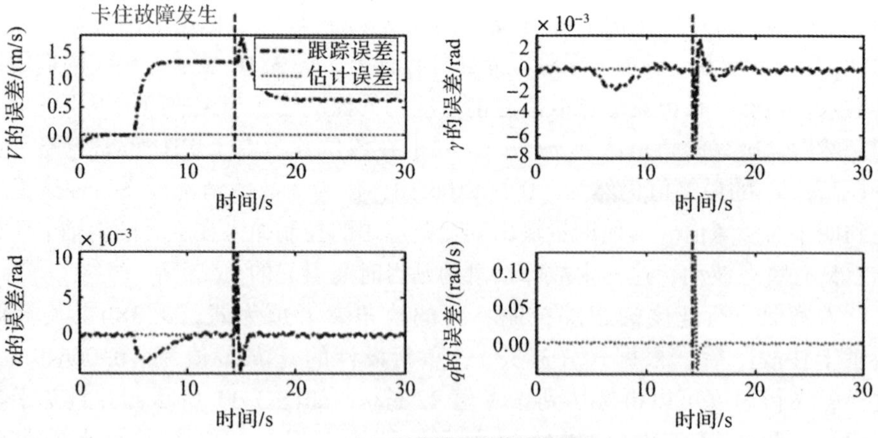

(b) 跟踪误差和估计误差

图 3.9　故障条件下有 FTC 的测量输出和误差

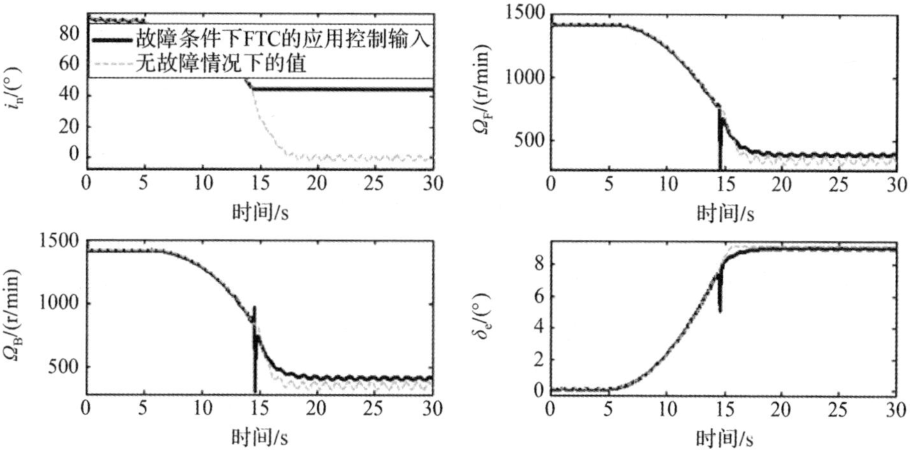

图 3.10　故障条件下 FTC 的应用控制输入（与无故障情况下的值相比）

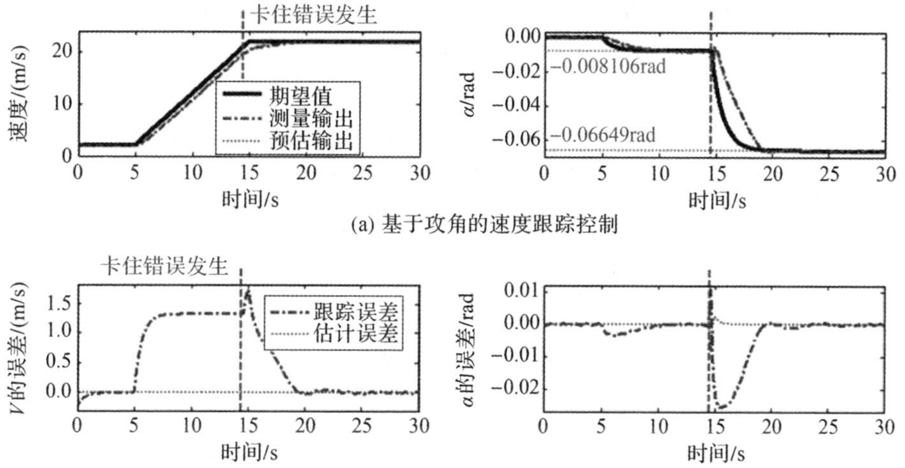

(a) 基于攻角的速度跟踪控制

(b) 跟踪误差和估计误差

图 3.11　故障条件下速度跟踪控制

3.7　总结

本章介绍了在旋翼倾斜轴卡住故障下，四旋翼 TRUAV 在过渡过程中的控制方法。通过引入虚拟控制输入，将四旋翼 TRUAV 的非线性模型转化为 LPV 形式，提出了基于观测器的 LPV 控制，以保证被控对象的闭环稳定性。对于应用的控制输入，进一步设计了逆过程，并从理论上保证了过渡过程的渐近稳定性。旋翼倾斜轴卡住故障后，通过忽略速度控制，利用退化动力学重构逆过程。在重新设计攻角参考值的情况下，TRUAV 在卡住故障下的巡航能力仍然保持不变。

致　谢

本研究得到了中国国家重点研发计划（2018YFB1307500）、中国国家自然科学基金（U1608253）和广东省自然科学基金（2017B010116002）的支持。

参 考 文 献

[1] Wikimedia Foundation, Inc. List of Unmanned Aerial Vehicle Applications [Internet]. America: Wikimedia Foundation, Inc.; [cited 2018 Sep 14]. Available from: https://en.wikipedia. org/wiki/List_of_unmanned_aerial_vehicle_applications.

[2] Song D, Meng X, Qi J, Han J. Strategy of dynamic modeling and predictive control on 3-DoF rotorcraft aerial manipulator system. Robot. 2015;37(2):152–60.

[3] Kim HJ, Kim M, Lim H, et al. Fully autonomous vision-based net-recovery landing system for a fixed-wing UAV. IEEE–ASME Trans Mechatron. 2013;18(4):1320–33.

[4] Saeed AS, Younes AB, Islam S, Dias J, Seneviratne L, Cai G. A review on the platform design, dynamic modeling and control of hybrid UAVs. Proceedings of International Conference on Unmanned Aircraft Systems; 2015 Jun 9–12; Denver, CO, USA. 2015. p. 806–15.

[5] Chengdu JOUAV Automation Tech Co., Ltd. CW-007 [Internet]. Chengdu: Chengdu JOUAV Automation Tech Co., Ltd; c2015- [cited 2018 Sep 14]. Available from: http://www.jouav.com/index.php/Jouav/index/CW_007.htmll=en-us.

[6] Hochstenbach M, Notteboom C, Theys B. Design and control of an unmanned aerial vehicle for autonomous parcel delivery with transition from vertical take-off to forward Flight – VertiKUL, a quadcopter tailsitter. Int J Micro Air Veh. 2015;7(4):395–406.

[7] Chen C, Zhng J, Zhang D, Shen L. Control and flight test of a tilt-rotor unmanned aerial vehicle. Int J Adv Rob Syst. 2017;1:1–12.

[8] Liu Z, He Y, Yang L, Han J. Control techniques of tilt rotor unmanned aerial vehicle systems: a review. Chin J Aeronaut. 2017;30(1):135–48.

[9] Flores G, Lugo I, Lozano R. 6-DOF hovering controller design of the quad tiltrotor aircraft: simulations and experiments. Proceedings of 53rd IEEE Conference on Decision and Control; 2014 Dec 15–17; Los Angeles, CA, USA.

2014. p. 6123–8.

[10] Choi SW, Kang Y, Chang S, Koo S, Kim JM. Development and conversion flight test of a small tiltrotor unmanned aerial vehicle. J Aircr. 2010;47(2):730–2.

[11] Oner KT, Cetinsoy E, Sirimoglu E, et al. Mathematical modeling and vertical flight control of a tilt-wing UAV. Turk J Electr Eng Comput Sci. 2012;20(1):149–57.

[12] Flores-Colunga GR, Lozano-Leal R. A nonlinear control law for hover to level flight for the quad tilt-rotor UAV. Proceedings of 19th World Congress The International Federation of Automatic Control; 2014 Aug 24–29; Cape Town, South Africa. 2014. p. 11055–9.

[13] Muraoka K, Okada N, Kubo D, Sato M. Transition flight of quad tilt wing VTOL UAV. Proceedings of 28th International Congress of the Aeronautical Sciences; 2012.

[14] Verling S, Zilly J. Modeling and control of a VTOL glider [dissertation]. Swiss Federal Institute of Technology Zurich. Zurich, Switzerland; 2002.

[15] Dickeson JJ, Miles D, Cifdaloz O, Wells VL, Rodriguez AA. Robust LPV H_∞ gain-scheduled hover-to-cruise conversion for a tilt-wing rotorcraft in the presence of CG variations. Proceedings of 46th IEEE Conference on Decision and Control; 2007 Dec 12–14; New Orleans, LA, USA. 2007. p. 2773–8.

[16] Zhao W, Underwood C. Robust transition control of a Martian coaxial tiltrotor aerobot. Acta Astronaut. 2014;99:111–29.

[17] Qi X, Qi J, Didier T, et al. A review on fault diagnosis and fault tolerant control methods for single-rotor aerial vehicles. J Intell Rob Syst. 2014;73:535–55.

[18] Zhang Y, Jiang J. Bibliographical review on reconfigurable fault-tolerant control systems. Annu Rev Control. 2008;32:229–52.

[19] Liu Z, Didier T, Yang L, He Y, Han J. Mode transition and fault tolerant control under rotor-tilt axle stuck fault of quad-TRUAV. Proceedings of 10th Fault Detection, Supervision and Safety for Technical Process; 2018 Aug 29–31; Warsaw, Poland. 2018. p. 991–7.

[20] Rugh WJ, Shamma JS. Research on gain scheduling. Automatica. 2000; 36:1401–25.

[21] Koenig D, Mammar S. Design of proportional-integral observer for unknown input descriptor systems. IEEE Trans Autom Control. 2003;47(12):2057–62.

[22] Koroglu H. Improved conditions for observer-based LPV control with guaranteed L2-gain performance. 2014 American Control Conference; 2014 Jun 4–6; Portland, OR, USA. 2014. p. 3760–5.

[23] Marcos A, Balas GJ. Development of linear-parameter-varying models for aircraft. J Guid Control Dyn. 2004;27(2):218–28.

[24] Pounds P, Mahony R, Corke P. Modelling and control of a large quadrotor robot. Control Eng Pract. 2010;18:691–9.

[25] Tanaka K, Wang H. Fuzzy Control Systems Design and Analysis: A Linear Matrix Inequality Approach. New York, NY: John Wiley & Sons, Inc.; 2001.

[26] Song Q, Han J. UKF-based active modeling and model-reference adaptive control for mobile robots. Robot. 2005;27(3):226–30.

[27] Lopez-Estrada FR, Ponsart JC, Didier T, Zhang Y, Astorga-Zaragoza CM. LPV

model-based tracking control and robust sensor fault diagnosis for a quadrotor UAV. J Intell Rob Syst. 2016;84(1–4):163–77.
[28] Qi X, Didier T, Qi J, Zhang Y, Han J. Self-healing control against actuator stuck failures under constraints: application to unmanned helicopters. Adv Intell Comput Diagn Control. 2016;386:193–207.
[29] Souanef T, Fichter W. Fault tolerant L1 adaptive control based on degraded models. Advances in Aerospace Guidance, Navigation and Control. 2015.
[30] Gahinet P, Nemirovski A, Laub AJ, Chilali M. LMI Control Toolbox for Use With MATLAB. Natick, MA, USA: The MathWorks, Inc.; 1994.

第4章 基于未知输入观测器的过驱动无人机故障和结冰检测及调节框架

使用无人机支持偏远地区和恶劣环境中的行动（如北极的海上行动）变得越来越重要。预计这些系统将面临非常恶劣的天气条件，因此它们很容易发生结冰现象。机翼上冰层的形成降低了升力，同时增加了无人机的阻力和质量，因此需要额外的发动机功率，并意味着过早的失速角度。通过采用控制调节框架中的一些工具，本章旨在提出一种未知输入观测器（Unknown Input Observer，UIO）的方法，用于配备冗余效应器和执行器套件的无人机中的故障和结冰诊断及调节。本章结构如下：首先给出无人机模型和基本设置，其次讨论故障和结冰对无人机动力学的影响。本章简要概述了 UIO 的设计，并在主要章节中介绍结冰诊断和调节任务。此外，通过适当地调度参数，考虑线性参数变化（LPV）系统的框架，基于 UIO 的诊断方案可以扩展到非线性飞机动力学。本章最后总结了一组仿真示例，并说明了所提出架构的实际应用。

4.1 引言

对无人机而言，机翼、控制面和传感器上的冰附着的检测和调节是一个具有挑战性的主要问题，因为积冰会改变飞机的形状并改变压力测量值，从而导致空气动力的不利变化并降低机动能力。结冰现象可视为一种结构性故障，自20世纪初以来一直是航空研究中公认的问题[1]。飞行中结冰通常是由过冷水滴（Supercooled Water Droplet，SWD）的影响引起的。在某些大气条件下，水滴保持冷却状态，直至达到非常低的温度才冻结；然而，如果水滴撞击飞机表面，就会立即冻结并积冰[2]。结冰的速度和严重程度由多种因素决定，如撞击表面的形状和粗糙度、飞行速度、气温和相对湿度。由于小型无人机结构简单，有效载荷有限，结冰的后果更加严重，这使得用于大型飞机的典型防冰和除冰装置大多不适应它们。小型无人机也比大多数其他飞机更容易结冰，因为它们通常在低空运行，在那里更频繁地遇到高湿度和 SWD。大型飞机往往在高空中运行（起飞和着陆除外），那里结冰的风险较小。最近提出了一些用于无人机的先进除冰系统，其基于由碳纳米管制成的涂层材料[3-4]。然而，由于这些都非常耗电，为了保证系统的效率，依靠具有快速和准确响应的故障/结冰检测方案是非常重要的。另外，尽管结冰，冗余控制面的可用性是确保飞机安全操纵和稳定性的关键优势。

UIO[5]是生成鲁棒检测滤波器的通用有效工具，因为只要满足系统上的某些结构代数条件，就可以通过为残差分配特定方向来使它们对某些输入空间方向不敏感。这在控制分配框架[6-7]方面尤其有趣。基于 UIO 的结冰诊断工作已在文献［8-9］中阐述，其中分别考虑了无人机的横向和纵向模型，解决了结冰检测问题。使用多模型[10]和 LPV 方法[11-12]获得了进一步的改进。

4.2　无人机模型

无人机非线性模型由三个空速分量方程($\tilde{u}$, $\tilde{v}$, $\tilde{w}$)组成，它们表示相对于风的速度，三个定义无人机姿态的欧拉角方程($\tilde{\phi}$, $\tilde{\theta}$, $\tilde{\psi}$)，以及三个角速率方程($\tilde{p}$, $\tilde{q}$, $\tilde{r}$)[13]：

$$
\begin{aligned}
m\dot{\tilde{u}} &= m(\tilde{r}\tilde{\nu} - \tilde{q}\tilde{w} - g\sin\tilde{\theta}) + A_x + \mathscr{T} \\
m\dot{\tilde{\nu}} &= m(\tilde{p}\tilde{w} - \tilde{r}\tilde{u} + g\cos\tilde{\theta}\sin\tilde{\phi}) + A_y \\
m\dot{\tilde{W}} &= m(\tilde{q}\tilde{u} - \tilde{p}\tilde{\nu} + g\cos\tilde{\theta}\cos\tilde{\phi}) + \mathscr{A}_z \\
\dot{\tilde{\phi}} &= \tilde{p} + \tilde{q}\sin\tilde{\phi}\tan\tilde{\theta} + \tilde{r}\cos\tilde{\phi}\tan\tilde{\theta} \\
\dot{\tilde{\theta}} &= \tilde{q}\cos\tilde{\phi} - \tilde{r}\sin\tilde{\phi} \\
\dot{\tilde{\psi}} &= \tilde{q}\sin\tilde{\phi}\sec\tilde{\theta} + \tilde{r}\cos\tilde{\phi}\sec\tilde{\theta} \\
\dot{\tilde{p}} &= \Gamma_1\tilde{p}\tilde{q} - \Gamma_2\tilde{q}\tilde{r} + \mathscr{M}_p \\
\dot{\tilde{q}} &= \Gamma_5\tilde{p}\tilde{r} - \Gamma_6(\tilde{p}^2 - \tilde{r}^2) + \mathscr{M}_q \\
\dot{\tilde{r}} &= \Gamma_7\tilde{p}\tilde{q} - \Gamma_1\tilde{q}\tilde{r} + \mathscr{M}_r
\end{aligned}
$$

式中：m 为无人机质量；g 为重力加速度；$\mathscr{A}_i$ 为空气动力（升力和阻力）；$\mathscr{T}$ 为推力；$\mathcal{M}_i$ 为空气动力扭矩；Γ_i 为主要惯性系数 I_{xx}、I_{yy}、I_{zz} 和 I_{xz} 的组合系数。速度 $\tilde{u}$ 、$\tilde{v}$ 、$\tilde{w}$ 在机身坐标系中表示，即分别沿纵向、横向和垂直机身方向，它们代表飞机相对于风的速度。

空气动力和扭矩用拟线性关系表示：

$$\mathscr{T}=\frac{\rho S_{\text{prop}}C_{\text{prop}}}{2m}(k_{\text{m}}^2\tilde{\tau}_t-V_a^2)$$

$$A_x=\frac{\rho\tilde{V}_a^2S}{2m}\left(C_X(\tilde{\alpha})+C_{Xq}(\tilde{\alpha})\frac{c\tilde{q}}{2\tilde{V}_a}+C_{X_{\delta e}}(\tilde{\alpha})\tilde{\tau}_e\right)$$

$$A_y=\frac{\rho\bar{V}_a^2S}{2m}\left(C_{Y_0}+C_{Y\beta}\beta+C_{Yp}\frac{b\bar{p}}{2V_a}+C_{Yr}\frac{b\bar{r}}{2\bar{V}_a}+C_{Y_{\delta a}}\tilde{\tau}_a+C_{Y_{\delta r}}\tilde{\tau}_r\right)$$

$$A_z=\frac{\rho\tilde{V}_a^2S}{2m}\left(C_Z(\tilde{\alpha})+C_{Zq}(\tilde{\alpha})\frac{c\tilde{q}}{2\tilde{V}_a}+C_{Z_{\delta e}}(\tilde{\alpha})\tilde{\tau}_e\right)$$

$$\mathcal{M}_p=\frac{1}{2}\rho\tilde{V}_a^2Sb\left(C_{p0}+C_{p\beta}\tilde{\beta}+C_{pp}\frac{b\tilde{p}}{2\tilde{V}_a}+C_{pr}\frac{b\tilde{r}}{2\tilde{V}_a}+C_{p_{\delta a}}\tilde{\tau}_a+C_{p_{\delta r}}\tilde{\tau}_r\right)$$

$$\mathcal{M}_q=\frac{\rho\tilde{V}_a^2Sc}{2I_{yy}}\left(C_{\text{m}0}+C_{\text{m}\alpha}\tilde{\alpha}+C_{\text{m}q}\frac{c\tilde{q}}{2\tilde{V}_a}+C_{\text{m}_{\delta e}}\tilde{\tau}_e\right)$$

$$\mathcal{M}_r=\frac{1}{2}\rho\tilde{V}_a^2Sb\left(C_{r0}+C_{r\beta}\tilde{\beta}+C_{rp}\frac{b\tilde{p}}{2\tilde{V}_a}+C_{rr}\frac{b\tilde{r}}{2\tilde{V}_a}+C_{r_{\delta a}}\tilde{\tau}_a+C_{r_{\delta r}}\tilde{\tau}_r\right)$$

式中：ρ 为空气密度；S_{prop} 为螺旋桨的面积；C_{prop} 为空气动力学系数；k_{m} 为特定电机效率的常数；S 为机翼表面积；m 为无人机质量；c 为平均空气动力学弦长；b 为无人机的翼展。

进入系统的总输入是螺旋桨角速度 $\tilde{\tau}_t$（假设为正）和产生扭矩的表面偏转 $\tilde{\tau}_e$、$\tilde{\tau}_a$、$\tilde{\tau}_r$。无量纲系数 C_i 通常称为稳定性和控制导数。其中，一些是攻角 $\tilde{\alpha}$ 的非线性函数，定义为

$$\tilde{\alpha}=\arctan\left(\frac{\tilde{u}}{\tilde{w}}\right)$$

其中

$$C_X(\tilde{\alpha})=(C_{\text{L}_0}+C_{\text{L}_\alpha}\tilde{\alpha})\sin\tilde{\alpha}-(C_{\text{D}_0}+C_{\text{D}_\alpha}\tilde{\alpha})\cos\tilde{\alpha}$$

$$C_{X_q}(\tilde{\alpha})=C_{\text{L}_q}\sin\tilde{\alpha}-C_{\text{D}_q}\cos\tilde{\alpha}$$

$$C_{X_{\delta e}}(\tilde{\alpha})=C_{\text{L}_{\delta e}}\sin\tilde{\alpha}-C_{\text{D}_{\delta e}}\cos\tilde{\alpha}$$

$$C_Z(\tilde{\alpha})=-\left[(C_{\text{D}0}+C_{\text{D}\alpha}\tilde{\alpha})\sin\tilde{\alpha}+(C_{\text{L}0}+C_{\text{L}\alpha}\tilde{\alpha})\cos\tilde{\alpha}\right]$$

$$C_{Zq}(\tilde{\alpha}) = -(C_{\mathrm{D}q}\sin\tilde{\alpha} + C_{\mathrm{L}q}\cos\tilde{\alpha})$$

$$C_{Z_{\delta e}}(\tilde{\alpha}) = -(C_{\mathrm{D}_{\delta e}}\sin\tilde{\alpha} + C_{\mathrm{L}_{\delta e}}\cos\tilde{\alpha})$$

最后，$\tilde{V}_\alpha$ 和 $\tilde{\beta}$ 分别为总空速和侧滑角，定义为

$$\tilde{V}_a = \sqrt{\tilde{u}^2 + \tilde{v}^2 + \tilde{w}^2},\ \tilde{\beta} = \arcsin\left(\frac{\tilde{u}}{\tilde{V}_a}\right)$$

4.2.1 线性化

为 UAV 系统设计一个完整的非线性控制器是一个非常费力和具有挑战性的工作，因为需要满足多个要求，并且需要面对许多不同的配置和场景，以实现特定的性能调整。然而，通常的应用是选择有限数量的操作条件，并为每个操作条件制定线性化控制方案：只要无人机配置位于给定操作点的外壳中，就会使用相应的线性控制器。在这方面，考虑一个合适的修整条件 $\chi^* := (u^*, v^*, w^*, \phi^*, \theta^*, \psi^*, p^*, q^*, r^*, \tau_t^*, \tau_a^*, \tau_e^*, \tau_r^*)$，并围绕该工作点将系统线性化。引入增量变量：

$$u := \tilde{u} - u^*, \nu := \tilde{\nu} - \nu^*, w := \tilde{w} - w^*$$

$$\phi := \tilde{\phi} - \phi^*, \theta := \tilde{\theta} - \theta^*, \psi := \tilde{\psi} - \psi^*$$

$$p := \tilde{p} - p^*, q := \tilde{q} - q^*, r := \tilde{r} - r^*$$

$$\tau_t := \tilde{\tau}_t - \tau_t^*, \tau_a := \tilde{\tau}_a - \tau_a^*, \tau_e := \tilde{\tau}_e - \tau_e^*, \tau_r := \tilde{\tau}_r - \tau_r^*$$

获得一个六自由度线性系统，描述飞机的线性耦合的纵向/横向动力学方程如下：

$$\boldsymbol{x} = \boldsymbol{A}\boldsymbol{x} + \boldsymbol{B}\boldsymbol{\tau} \tag{4.1}$$

式中：$\boldsymbol{x} := [u\ \ v\ \ w\ \ \phi\ \ \theta\ \ \psi\ \ p\ \ q\ \ r]^{\mathrm{T}}$；$\boldsymbol{\tau} = [\tau_t\ \ \tau_e\ \ \tau_a\ \ \tau_r]^{\mathrm{T}}$；目标矩阵为

$$\boldsymbol{A} = \begin{bmatrix} X_u & X_v & X_w & 0 & X_\theta & 0 & X_q & X_q & X_r \\ Y_u & Y_v & Y_w & Y_\phi & Y_\theta & 0 & Y_p & 0 & Y_r \\ Z_u & Z_v & Z_w & Z_\phi & Z_\theta & 0 & Z_p & Z_q & 0 \\ 0 & 0 & 0 & \boldsymbol{\Phi}_\phi & \boldsymbol{\Phi}_\theta & 0 & \boldsymbol{\Phi}_p & \boldsymbol{\Phi}_q & \boldsymbol{\Phi}_r \\ 0 & 0 & 0 & \boldsymbol{\Theta}_\phi & \boldsymbol{\Psi}_\theta & 0 & 0 & \boldsymbol{\Theta}_q & \boldsymbol{\Theta}_r \\ 0 & 0 & 0 & \boldsymbol{\Psi}_\phi & \boldsymbol{\Psi}_\theta & 0 & 0 & \boldsymbol{\Psi}_q & \boldsymbol{\Psi}_r \\ L_u & L_v & L_w & 0 & 0 & 0 & L_p & L_q & L_r \\ M_u & M_v & M_w & 0 & 0 & 0 & M_p & M_q & M_r \\ N_u & N_v & N_w & 0 & 0 & 0 & N_p & N_q & N_r \end{bmatrix}$$

$$\boldsymbol{B}=\begin{bmatrix} X_{\tau t} & X_{\tau e} & 0 & 0 \\ 0 & 0 & Y_{\tau a} & Y_{\tau r} \\ 0 & Z_{\tau e} & 0 & 0 \\ 0 & 0 & 0 & 0 \\ 0 & 0 & 0 & 0 \\ 0 & 0 & 0 & 0 \\ 0 & 0 & 0 & 0 \\ 0 & 0 & L_{\tau a} & L_{\tau r} \\ 0 & M_{\tau e} & 0 & 0 \\ 0 & 0 & N_{\tau a} & N_{\tau r} \end{bmatrix}$$

这种矩阵的结构由运动学关系的线性化提供，系数基本上由无人机的稳定性和控制导数确定。

4.2.2　测量输出

导航系统应该配备一套传感器，包括与机体纵轴对齐的空速管、GPS、高度计、陀螺仪和加速度计。因此，考虑以下主要输出 $\boldsymbol{y}\in\mathbb{R}^7$：水平空速 $y_1=\tilde{u}$、姿态角$(y_2,y_3,y_4)=(\tilde{\phi},\tilde{\theta},\tilde{\psi})$和角速度$(y_5,y_6,y_7)=(\tilde{p},\tilde{q},\tilde{r})$。根据线性化和操作条件，与式（4.1）相关的输出矩阵 $\mathring{\boldsymbol{C}}\in\mathbb{R}^{7\times 9}$变为

$$\mathring{\boldsymbol{C}}:=\begin{bmatrix} 1 & 0_{1\times 2} & 0_{1\times 6} \\ 0_{6\times 1} & 0_{6\times 2} & I_{6\times 6} \end{bmatrix} \tag{4.2}$$

此外，GPS 和高度计提供在惯性系表示的位置测量值$(\tilde{x}_N,\tilde{x}_E,\tilde{x}_D)$，位置坐标由运动学方程给出：

$$\begin{bmatrix} \dot{\tilde{x}}_N \\ \dot{\tilde{x}}_E \\ \dot{\tilde{x}}_D \end{bmatrix}=\boldsymbol{R}(\tilde{\phi},\tilde{\theta},\tilde{\psi})\begin{bmatrix} \tilde{u} \\ \tilde{v} \\ \tilde{w} \end{bmatrix}+\boldsymbol{\nu}$$

式中：$\boldsymbol{R}(\cdot,\cdot,\cdot)$为从体坐标系到惯性系的旋转矩阵；$\boldsymbol{\nu}=[\nu_N,\nu_E,\nu_D]^{\mathrm{T}}$ 为风速(在惯性系中表示)。我们注意到，只要有准确的风速估算器可用[14-16]，估算风速与通过 GPS 数据计算的平均飞机速度的插值也提供了相对速度 $\boldsymbol{\nu}$、$\boldsymbol{w}$，因此在这种情况下，可以依赖输出矩阵 $\bar{\boldsymbol{C}}\in\mathbb{R}^{9\times 9}$。

我们将 $\boldsymbol{C}=\bar{\boldsymbol{C}}$ 称为完整信息情况，$\boldsymbol{C}=\mathring{\boldsymbol{C}}$ 称为部分信息情况。

4.2.3 控制分配设置

本章将重点放在过驱动的无人机上，这是执行故障调节和控制重新配置等任务时的一个关键特性。控制面的冗余可以用一个简单的线性效应器模型表示：

$$\boldsymbol{\tau}=\boldsymbol{G\delta},\boldsymbol{\delta}:=\begin{bmatrix}\tau_t\\ \boldsymbol{\delta}_1\end{bmatrix} \tag{4.3}$$

式中：$\boldsymbol{\delta}_1\in\mathbb{R}^4$ 为包含左右副翼偏转和左右方向舵（或升降舵）偏转的向量：

$$\boldsymbol{\delta}_1=\begin{bmatrix}\delta_{al}\\ \delta_{ar}\\ \delta_{rl}\\ \delta_{rr}\end{bmatrix}$$

例如，V 型尾翼飞机[13]提供了一种典型的配备这种表面结构的无人机。特别是，共同移动副翼时会产生俯仰力矩，而交替移动时会产生横滚力矩。类似地，偏航力矩由升降副翼的交替运动引起，而关节运动产生俯仰力矩。矩阵 $\boldsymbol{G}\in\mathbb{R}^{4\times5}$：

$$\boldsymbol{G}=\begin{bmatrix}1&0&0&0&0\\ 0&\varepsilon&\varepsilon&1&1\\ 0&\frac{1}{2}&-\frac{1}{2}&0&0\\ 0&0&0&1&-1\end{bmatrix}$$

式中：参数 $\varepsilon>0$ 与飞机重心（通常假设与机翼对齐）和机尾之间的距离成反比。

关于低层次控制回路，系统应该由自动驾驶仪控制，以产生所需的控制效果 τ_c，通常由合适的控制器提供。根据式（4.3），所需控制效果的产生分布在冗余效应器上。具体而言，控制分配模块负责确定 δ_c，则有

$$\boldsymbol{\tau}_c=\boldsymbol{G\delta}_c$$

4.2.4 风扰

空速动力学受风效应的影响，可以通过附加输入表示，即

$$-\boldsymbol{R}(\tilde{\phi},\tilde{\theta},\tilde{\psi})\dot{\boldsymbol{\nu}}$$

式中：$\dot{\boldsymbol{\nu}}=[\dot{\nu}_N,\dot{\nu}_E,\dot{\nu}_D]^{\mathrm{T}}$ 为在惯性系中表示的风加速度。$\boldsymbol{\nu}$ 通常分解为稳定分量（已知或准确估计）$\boldsymbol{\nu}^*$ 与 $\dot{\boldsymbol{\nu}}^*=0$ 和湍流分量 $\boldsymbol{\nu}'$ 的总和，这导致输入扰动 $\boldsymbol{\xi}(t)\in$

$\mathbb{R}^9$，即

$$\boldsymbol{\xi}(t)=\boldsymbol{N}(t)\begin{bmatrix}\dot{\boldsymbol{\nu}}'_N\\ \dot{\boldsymbol{\nu}}'_E\\ \dot{\boldsymbol{\nu}}'_D\end{bmatrix},\boldsymbol{N}(t):=\begin{bmatrix}-\boldsymbol{R}(\tilde{\phi},\tilde{\theta},\tilde{\psi})\\ 0_{6\times 3}\end{bmatrix}\tag{4.4}$$

综上所述，结合式（4.1）~式（4.4）处理以下不确定线性目标：

$$\begin{aligned}\dot{\boldsymbol{x}}&=\boldsymbol{A}x+\boldsymbol{BG\delta}+\boldsymbol{N}\dot{\boldsymbol{\nu}}'\\ \boldsymbol{y}&=\boldsymbol{C}x\end{aligned}\tag{4.5}$$

式中：$\boldsymbol{N}=\boldsymbol{N}(t)$为时变输入矩阵。为了以逼真的方式模拟阵风，本节使用了广泛接受的德莱顿风湍流模型，也称为德莱顿阵风[17]。德莱顿模型使用空间变化的随机过程来表示阵风的分量，指定它们的功率谱密度。

4.3　结冰和故障模型

根据以下线性模型[18]，飞机表面上积冰会改变稳定性和控制导数：

$$C_{\#i}^{\text{ice}}=(1+\eta\mathscr{K}_{\#i})C_{\#i},\begin{array}{l}\#=X,Y,Z,L,M,N\\ i=u,\nu,w,p,q,r,\tau_e,\tau_a,\tau_r\end{array}\tag{4.6}$$

式中：η 为结冰严重程度系数，系数 $\mathscr{K}_{\#}$取决于飞机规格[18]；清洁状态对应于 $\eta=0$，而全冰状态发生在 $\eta=\eta_{\max}$[19]。这种模型是在从不同结冰情况下获得的真实数据的基础上开发的[18]。结冰的整体影响可以建模为一个附加扰动项 $\eta\omega$，其中 η 是一个标量未知量，向量 ω 的计算公式为

$$\boldsymbol{\omega}=\boldsymbol{A}_{\varepsilon}x+\boldsymbol{B}_{\varepsilon}\boldsymbol{\tau}$$

$$\boldsymbol{A}_{\varepsilon}=\begin{bmatrix}\varepsilon_{X_u}&\varepsilon_{Y_v}&\varepsilon_{Y_w}&0&0&0&0&\varepsilon_{Y_q}&0\\ \varepsilon_{Y_u}&\varepsilon_{Y_v}&\varepsilon_{Y_w}&0&0&0&\varepsilon_{Y_p}&0&\varepsilon_{Y_q}\\ \varepsilon_{Z_u}&\varepsilon_{Z_v}&\varepsilon_{Z_w}&0&0&0&0&\varepsilon_{Z_q}&\\ 0&0&0&0&0&0&0&0&0\\ 0&0&0&0&0&0&0&0&0\\ 0&0&0&0&0&0&0&0&0\\ \varepsilon_{L_u}&\varepsilon_{L_v}&\varepsilon_{L_w}&0&0&0&\varepsilon_{L_p}&0&\varepsilon_{L_r}\\ \varepsilon_{M_u}&\varepsilon_{M_v}&\varepsilon_{M_w}&0&0&0&0&\varepsilon_{M_q}&0\\ \varepsilon_{N_u}&\varepsilon_{N_v}&\varepsilon_{N_w}&0&0&0&\varepsilon_{N_p}&0&\varepsilon_{N_r}\end{bmatrix}$$

$$
\boldsymbol{B}_{\varepsilon}=\begin{bmatrix} 0 & \varepsilon_{X_{\tau e}} & 0 & 0 \\ 0 & 0 & \varepsilon_{Y_{\tau a}} & \varepsilon_{Y_{\tau r}} \\ 0 & \varepsilon_{Z_{\tau e}} & 0 & 0 \\ 0 & 0 & 0 & 0 \\ 0 & 0 & 0 & 0 \\ 0 & 0 & 0 & 0 \\ 0 & 0 & \varepsilon_{L_{\tau a}} & \varepsilon_{L_{\tau r}} \\ 0 & \varepsilon_{M_{\tau e}} & 0 & 0 \\ 0 & 0 & \varepsilon_{N_{\tau a}} & \varepsilon_{N_{\tau r}} \end{bmatrix}
$$

式中：系数 $\varepsilon_{\#}$ 是通过执行线性组合从 $K_{\#}$ 和 $C_{\#}$ 获得的，结冰严重度系数演变规律为

$$\boldsymbol{\eta}=f(\boldsymbol{\upsilon})\cdot\boldsymbol{\chi}$$

式中：v 为表面上某一点冻结的水与撞击表面的水的比例，即

$$\boldsymbol{\upsilon}=\frac{\text{冻结的水的质量}}{\text{冲击的水的质量}}$$

$\chi\geqslant 0$ 是定义为质量通量的累积参数[20]

$$\dot{\chi}=\frac{e\lambda F_a}{\rho c}(1-\iota_{\text{airfoil}}) \tag{4.7}$$

式中：e 为收集效率；λ 为液态水含量；F_a 为自由流速度；ρ 为冰密度；c 为翼型弦长；$\iota_{\text{airfoil}}\in$［0，1］为机翼结冰保护系数。分数 $\boldsymbol{\upsilon}$ 和冰密度 ρ 都取决于气温和相对湿度。特别是当温度低于 -10℃时，因子 $\boldsymbol{\upsilon}$ 满足 $\boldsymbol{\upsilon}\approx 1$，这对应于雾凇冰的形成；如果温度在 -10℃和 0℃之间，通常会在 $\boldsymbol{\upsilon}<1$ 时出现釉冰。另外，由于空气动力学冷却效应，当外界气温接近冰点但仍高于 0℃时，也可能发生结冰。实验[18]观察到，结冰严重性因子在结冰分数 $\boldsymbol{\upsilon}$ 接近 $\boldsymbol{\upsilon}_g=0.2$ 时达到其最大值 $\boldsymbol{\eta}_{\max}$，而随着 $\boldsymbol{\upsilon}$ 接近 1，其下降到一个稳定值。

结冰还会降低操纵面的有效性，从而影响飞机的机动性。假设效应器位置由动力学关系驱动，则

$$\dot{\delta}_b=f_b(\delta_b,\gamma_b),b=al,ar,rl,rr$$

式中：$\boldsymbol{\gamma}_b$ 为执行器输入，向量场 $\boldsymbol{f}(\cdot,\cdot)$ 对于自由动力学 $\dot{\delta}_b$ 假定为渐近稳定的，$\dot{\delta}_b=f_b(\delta_b,0)$。冰的存在可能导致执行器故障和表面堵塞；这种影响通常建模为效率损失乘性因子 $d_b(t)$ 和加法因子 φ_b 的组合：

$$\dot{\delta}_b=d_b f_b(\delta_b,\gamma_b)+\varphi_b,b=al,ar,rl,rr \tag{4.8}$$

$$\begin{cases} d_b = 1, t \leqslant t_0 \\ d_b \in [0,1), t > t_0 \\ \varphi_b \neq 0, t \geqslant t_0' \end{cases} \tag{4.9}$$

必须注意的是，同一个模型还捕捉了效应器和执行器中可能发生的电气或机械故障的影响。因此，在本章中，模型式（4.8）和式（4.9）称为通用效应器故障。

4.4　未知输入观测器框架

本次调研中提出的方法基于 UIO[5]；这种观测器的主要优点是，如果满足某些结构条件，则可以设计参数，使得由此产生的估计误差与系统的某些输入无关，即使这些输入不是直接测量的。在这方面，考虑的一般线性系统形式为

$$\begin{cases} \dot{\boldsymbol{x}} = \boldsymbol{A}\boldsymbol{x} + \boldsymbol{B}\boldsymbol{v} + \boldsymbol{X}\boldsymbol{v}_{\text{un}} \\ \boldsymbol{y} = \boldsymbol{C}\boldsymbol{x} \end{cases}$$

式中：$\boldsymbol{v}$ 为标称输入，而 $\boldsymbol{v}_{\text{un}}$ 为未知的附加输入，如干扰。输入矩阵 $\boldsymbol{X}$ 应该是已知的。这种线性装置的 UIO 一般结构如下：

$$\begin{cases} \dot{\boldsymbol{z}} = \boldsymbol{F}\boldsymbol{z} + \boldsymbol{S}\boldsymbol{B}\boldsymbol{v} + \boldsymbol{K}\boldsymbol{y} \\ \hat{\boldsymbol{x}} = \boldsymbol{z} + \boldsymbol{H}\boldsymbol{y} \end{cases}$$

式中：矩阵 $\boldsymbol{F}$、$\boldsymbol{S}$、$\boldsymbol{K}$ 和 $\boldsymbol{H}$ 为设计参数。值得注意的是，为了获得正确的渐近状态估计，矩阵 $\boldsymbol{F}$ 必须是 Hurwitz，即它的所有极点必须位于开放的左半平面内。估计误差定义为真实状态 $\boldsymbol{x}(t)$ 和估计状态 $\hat{\boldsymbol{x}}(t)$ 之间的差异：

$$\boldsymbol{\varepsilon}(t) = \boldsymbol{x}(t) - \hat{\boldsymbol{x}}(t)$$

利用观测器结构，误差的动力学方程为

$$\begin{aligned} \dot{\boldsymbol{\varepsilon}} = & [(\boldsymbol{I}_{n\times n} - \boldsymbol{H}\boldsymbol{C})\boldsymbol{A} - \boldsymbol{K}\boldsymbol{C} + \boldsymbol{F}\boldsymbol{H}\boldsymbol{C}]\boldsymbol{x} - \boldsymbol{F}\hat{\boldsymbol{x}} \\ & + (\boldsymbol{I}_{n\times n} - \boldsymbol{H}\boldsymbol{C})\boldsymbol{X}\boldsymbol{v}_{\text{un}} + (\boldsymbol{I} - \boldsymbol{H}\boldsymbol{C} - \boldsymbol{S})\boldsymbol{B}\boldsymbol{v} \end{aligned}$$

设置 $\boldsymbol{K} = \boldsymbol{K}_1 + \boldsymbol{K}_2$，如果满足：

$$\boldsymbol{S} = \boldsymbol{I}_{n\times n} - \boldsymbol{H}\boldsymbol{C} \tag{4.10}$$

$$\boldsymbol{F} = \boldsymbol{S}\boldsymbol{A} - \boldsymbol{K}_1\boldsymbol{C}, \sigma(\boldsymbol{F}) \in \mathbb{C}^- \tag{4.11}$$

$$\boldsymbol{K}_2 = \boldsymbol{F}\boldsymbol{H} \tag{4.12}$$

那么后一个方程简化为

$$\dot{\boldsymbol{\varepsilon}} = \boldsymbol{F}\boldsymbol{\varepsilon} + \boldsymbol{S}\boldsymbol{X}\boldsymbol{v}_{\text{un}}$$

式中：$\sigma(\cdot)$代表左开复半平面中矩阵和集合$\mathbb{C}^-$的谱。值得注意的是，$\boldsymbol{F}$ 成

为 Hurwitz 的充分条件是通过反馈增益 $\boldsymbol{K}_1$ 自由分配矩阵 $\boldsymbol{SA}-\boldsymbol{K}_1\boldsymbol{C}$ 的特征值。为此，本节表述如下：

定理 4.1[5]　设 $\boldsymbol{Q}\in\mathbb{R}^{n\times l}$为满足以下条件的矩阵：

(C1) $\text{rank}(\boldsymbol{Q})=\text{rank}(\boldsymbol{CQ})$；

(C2) 对 $(\boldsymbol{C},\ \boldsymbol{A}_Q)$ 是可检测的，其中

$$\boldsymbol{A}_Q:=\boldsymbol{A}-\boldsymbol{Q}((\boldsymbol{CQ})^{\mathrm{T}}\boldsymbol{CQ})^{-1}(\boldsymbol{CQ})^{\mathrm{T}}\boldsymbol{CA}$$

然后，可以找到矩阵 $\boldsymbol{H}$、$\boldsymbol{S}$、$\boldsymbol{F}$、$\boldsymbol{K}$，使得式（4.10）~式（4.12）同时成立：

$$\boldsymbol{SQ}=0 \tag{4.13}$$

$\boldsymbol{H}$ 的一个特殊解为

$$\boldsymbol{H}_Q=\boldsymbol{Q}((\boldsymbol{CQ})^{\mathrm{T}}\boldsymbol{CQ})^{-1}(\boldsymbol{CQ})^{\mathrm{T}}$$

相反，如果满足式（4.10）~式（4.13），则 $\boldsymbol{Q}$ 满足（C1）和（C2）。

前面的定理说明了满足式（4.13）的 UIO 存在的充分必要条件。后一种情况是使估计误差对某些效应器/执行器故障不敏感或独立于附加不确定输入的基础。

UIO 是用于鲁棒故障检测的成熟且有用的工具，并且已经在飞行故障诊断的背景下进行了研究[21-22]。满足观测器要求的特性式（4.13）有时定义为归零故障输入 UIO[7]，通过选择矩阵 $\boldsymbol{S}$，可以轻松设计一组故障检测和隔离方案，以抵消整个输入矩阵 $\boldsymbol{B}$，它的第 j 列 j 在 $\{1,\ 2,\ \cdots,\ m\}$ 中变化。通过这个过程，提供了一组可测量的信号 $\{\boldsymbol{\rho}^{(j)}=\boldsymbol{C\varepsilon}^{(j)}\}_{j=1}^{m}$，并且可以根据一个简单的逻辑来检测和隔离故障：

$$\begin{cases}\|\boldsymbol{\rho}^{(j)}(t)\|\leqslant\boldsymbol{\gamma}^{(j)}\Leftarrow\text{无故障}\\ \|\boldsymbol{\rho}^{(j)}(t)\|>\boldsymbol{\gamma}^{(j)}\Rightarrow\text{第 } j \text{ 个执行器存在故障}\end{cases}$$

式中：$\boldsymbol{\gamma}^{(j)}$ 为合适的阈值，取决于测量噪声水平和其他有界扰动。另一种设计方案是基于具有受限输出方向的 UIO[23-24]。假设 $m\leqslant p$ 并考虑$\mathbb{R}^p$ 的正则基，即 $\boldsymbol{e}_1,\cdots,\boldsymbol{e}_p$。由于假设输出矩阵 $\boldsymbol{C}$ 是满秩的，所以存在 $\boldsymbol{\Omega}\in\mathbb{R}^{n\times p}$使得

$$\boldsymbol{C\Omega}=\boldsymbol{I}_{p\times p}=[\boldsymbol{e}_1\cdots\boldsymbol{e}_p]$$

该方程的通解公式为

$$\boldsymbol{\Omega}=\boldsymbol{C}^{\mathrm{T}}(\boldsymbol{CC}^{\mathrm{T}})^{-1}+[\boldsymbol{I}_{n\times n}-\boldsymbol{C}^{\mathrm{T}}(\boldsymbol{CC}^{\mathrm{T}})^{-1}\boldsymbol{C}]\boldsymbol{\Omega}_* \tag{4.14}$$

式中：$\boldsymbol{\Omega}_*\in\mathbb{R}^{n\times p}$为任意矩阵。用 $\boldsymbol{\Omega}_1,\ \cdots,\ \boldsymbol{\Omega}_p$ 表示矩阵的列。该方法的基本思想是设计观测器参数，以保证如果第 j 个执行器出现故障，估计误差在系统演化过程中保持不变的方向 $\boldsymbol{\Omega}_i$，这对应于残差的固定方向 $\boldsymbol{e}_i$。值得注意的是，此条件可实现的设计约束是方向 $\boldsymbol{\Omega}_1,\ \cdots,\ \boldsymbol{\Omega}_p$ 需要对应于观测器矩阵 $\boldsymbol{F}$ 的特征向量[25]。

4.5　诊断和调节

4.5.1　使用 UIO 检测和隔离无人机

本节专门介绍故障诊断方案的设计，该方案能够检测结冰，并确定特定控制面上的结冰是否会导致表面本身的失效，或者机翼前缘和尾翼的积冰是否会导致翼型空气动力学特性发生变化。该方法是基于输出方向受限的 UIO 来设计 FD 方案[8-9,26]。参考效应器模型式（4.3），并考虑分解：

$$\boldsymbol{G} = [\boldsymbol{G}_1 \boldsymbol{G}_2 \boldsymbol{G}_3 \boldsymbol{G}_4 \boldsymbol{G}_5]$$

设置 $\boldsymbol{W}=\boldsymbol{BG}$，有

$$\boldsymbol{W} = [\boldsymbol{W}_1 \boldsymbol{W}_2 \boldsymbol{W}_3 \boldsymbol{W}_4 \boldsymbol{W}_5]$$

考虑由以下方程分配的通用线性 UIO：

$$\begin{cases} \dot{\boldsymbol{z}} = \boldsymbol{Fz} + \boldsymbol{SB\tau}_c + \boldsymbol{Ky} \\ \hat{\boldsymbol{x}} = \boldsymbol{z} + \boldsymbol{Hy} \end{cases}$$

式中：$\boldsymbol{\tau}_c$ 为名义指令输入，并假设观测器矩阵的设计满足条件式（4.10）和式（4.11）。矩阵 $\boldsymbol{H} \in \mathbb{R}^{9\times p}$（$p=9$ 或 $p=7$）是一个自由设计参数，可以对其进行调整，以便为残差分配所需的方向，并将它们与未知输入干扰解耦。然而，由于 $\boldsymbol{W}$ 不满秩，在这些情况下不可能解决输出空间中一组特征方向上故障效应的解耦分布，因此需要处理这些方向的线性组合。完整信息和部分信息这两种情况必须分开处理。

4.5.1.1　完整信息情况

首先考虑 $\boldsymbol{C}=\bar{\boldsymbol{C}}$ 的情况。参照风输入矩阵式（4.4），选择三个线性独立且恒定的矢量 $\boldsymbol{N}_1$，$\boldsymbol{N}_2$，$\boldsymbol{N}_3 \in \mathbb{R}^9$

$$\mathrm{span}\{\boldsymbol{N}_1, \boldsymbol{N}_2, \boldsymbol{N}_3\} = \mathrm{span}\boldsymbol{N}(t), \forall t \geqslant 0$$

基本思想是使残差独立于风力的三个分量，并为对应于控制面的四个输入向量（不包括发动机油门输入向量 $\boldsymbol{W}_1$）中的每一个分配特定的输出方向。通过以下特征表示：

$$\bar{\boldsymbol{C}}(\boldsymbol{I} - \boldsymbol{H}\bar{\boldsymbol{C}})\boldsymbol{N}_i = 0, i = 1,2,3 \tag{4.15}$$

$$\bar{\boldsymbol{C}}(\boldsymbol{I} - \boldsymbol{H}\bar{\boldsymbol{C}})\boldsymbol{W}_{i+1} = \boldsymbol{e}_i, i = 1,2,3,4 \tag{4.16}$$

式中：$\boldsymbol{e}_i$ 为输出空间 $\mathbb{R}^7$ 中标准基的第 i 个向量。另外，由于矩阵 $\boldsymbol{G}$ 是不满秩，

4 个条件式（4.16）不能同时施加，不得不限制考虑其中的三个。设计这样的矩阵 $\boldsymbol{H}$ 可以按如下步骤进行。在$\mathbb{R}^9$ 中选择一组三个独立的向量，即 $\{\boldsymbol{b}_1, \boldsymbol{b}_2, \boldsymbol{b}_3\}$，使得

$$\boldsymbol{C}\bar{\boldsymbol{b}}_i = \boldsymbol{e}_i, i = 1,2,3$$

设置$\boldsymbol{Y} = [0\quad 0\quad 0\quad \boldsymbol{b}_1\quad \boldsymbol{b}_2\quad \boldsymbol{b}_3]$，$\boldsymbol{\Lambda}_{234} = [\boldsymbol{N}_1\quad \boldsymbol{N}_2\quad \boldsymbol{N}_3\quad \boldsymbol{W}_2\quad \boldsymbol{W}_3\quad \boldsymbol{W}_4]$，$\boldsymbol{Y}$，$\boldsymbol{\Lambda}_{234} \in \mathbb{R}^{9\times 6}$，一个简单的解为

$$\boldsymbol{H}_{234} = (\boldsymbol{\Lambda}_{234} - \boldsymbol{Y})(\bar{\boldsymbol{C}}\boldsymbol{\Lambda}_{234})^{-L}$$

式中：$(\cdot)^{-L}$ 为矩阵的左伪逆。选择一个不同的组合，如 $\boldsymbol{\Lambda}_{345} = [\boldsymbol{N}_1\boldsymbol{N}_2\boldsymbol{N}_3\boldsymbol{W}_3\boldsymbol{W}_4\boldsymbol{W}_5]$，有第二个解：

$$\boldsymbol{H}_{345} = (\boldsymbol{\Lambda}_{345} - \boldsymbol{Y})(\bar{\boldsymbol{C}}\boldsymbol{\Lambda}_{345})^{-L}$$

总而言之，本节有两个不同的 UIO，它们的估计状态 $\hat{\boldsymbol{x}}^{(1)}$，$\hat{\boldsymbol{x}}^{(2)}$满足：

$$\dot{\boldsymbol{x}} - \dot{\boldsymbol{x}}^{(1)} = \boldsymbol{F}^{(1)}(\boldsymbol{x} - \hat{\boldsymbol{x}}^{(1)}) + \boldsymbol{S}^{(1)}(\boldsymbol{N}\dot{\boldsymbol{v}} + \boldsymbol{B}\boldsymbol{G}\tilde{\boldsymbol{\delta}} + \eta\omega) \tag{4.17}$$

$$\dot{\boldsymbol{x}} - \dot{\boldsymbol{x}}^{(2)} = \boldsymbol{F}^{(2)}(\boldsymbol{x} - \hat{\boldsymbol{x}}^{(2)}) + \boldsymbol{S}^{(2)}(\boldsymbol{N}\dot{\boldsymbol{v}} + \boldsymbol{B}\boldsymbol{G}\tilde{\boldsymbol{\delta}} + \eta\omega) \tag{4.18}$$

式中的矩阵定义为

$$\boldsymbol{F}^{(i)} = \boldsymbol{S}^{(i)}\boldsymbol{A} - \boldsymbol{K}_1^{(i)}\bar{\boldsymbol{C}},\ i = 1,2$$

$$\boldsymbol{S}^{(1)} = \boldsymbol{I} - \boldsymbol{H}_{234}\bar{\boldsymbol{C}},\ \boldsymbol{S}^{(2)} = \boldsymbol{I} - \boldsymbol{H}_{345}\bar{\boldsymbol{C}}$$

$$\boldsymbol{S}^{(1)}[\boldsymbol{W}_2\boldsymbol{W}_3\boldsymbol{W}_4] = \boldsymbol{S}^{(2)}[\boldsymbol{W}_3\boldsymbol{W}_4\boldsymbol{W}_5] = [\boldsymbol{b}_1\boldsymbol{b}_2\boldsymbol{b}_3]$$

且 $\tilde{\delta}$ 为实际控制输入与指令输入的偏差：

$$\tilde{\delta} = \delta - \delta_c, G\delta_c = \boldsymbol{\tau}_c$$

构造的关键是选择矩阵 $\boldsymbol{K}_1^{(i)}$，$i = 1, 2$，即 $\boldsymbol{F}^{(i)}$是 Hurwitz，三维矩阵 $\{\boldsymbol{b}_1, \boldsymbol{b}_2, \boldsymbol{b}_3\}$ 包含在其特征向量集中。通过选择具有 $\{\boldsymbol{b}_1, \boldsymbol{b}_2, \boldsymbol{b}_3\}$ 的任意 Hurwitz 矩阵 $\boldsymbol{M}^{(i)}$作为特征向量并设置：

$$\boldsymbol{K}_1^{(i)} = (\boldsymbol{S}^{(i)}\boldsymbol{A} - \boldsymbol{M}^{(i)})\bar{\boldsymbol{C}}^{-1} \tag{4.19}$$

结冰识别可以结合两个观测器来执行，即定义一个合适的逻辑来从残余方向收集信息。本节用 $\overline{\Pi}_i$ 表示子空间 $\mathrm{span}\{\boldsymbol{e}_i\} \subset \mathbb{R}^9$ 上的线性投影算子，即

$$\overline{\Pi}_1 = \mathrm{diag}(1,0,0,0,0,0,0,0,0)$$
$$\overline{\Pi}_2 = \mathrm{diag}(1,0,0,0,0,0,0,0,0)$$
$$\vdots$$
$$\overline{\Pi}_9 = \mathrm{diag}(0,0,0,0,0,0,0,0,1)$$

命题 4.1　集合 $\varepsilon^{(i)}=\bar{C}(x-\hat{x}^{(i)})$，$i=1,2$，假设初始条件引起的估计器瞬态可以忽略不计，即 $\varepsilon^{(i)}(0)=0$。然后，有以下决策规则：

(1) $\overline{\Pi}_1\varepsilon^{(1)}=\varepsilon^{(1)}\neq0\Rightarrow$效应器 δ_{al} 故障。

(2) $\left.\begin{cases}\overline{\Pi}_2\varepsilon^{(1)}=\varepsilon^{(1)}\neq0\\ \overline{\Pi}_1\varepsilon^{(2)}=\varepsilon^{(2)}\neq0\end{cases}\right\}\Rightarrow$效应器 δ_{ar} 故障。

(3) $\left.\begin{cases}\overline{\Pi}_3\varepsilon^{(1)}=\varepsilon^{(1)}\neq0\\ \overline{\Pi}_2\varepsilon^{(2)}=\varepsilon^{(2)}\neq0\end{cases}\right\}\Rightarrow$效应器 δ_{rl} 故障。

(4) $\overline{\Pi}_3\varepsilon^{(2)}=\varepsilon^{(2)}\neq0\Rightarrow$效应器 δ_{rr} 故障。

(5) $\overline{\Pi}_j\varepsilon^{(i)}\neq\varepsilon^{(i)}$，$\forall i=1,2$，$\forall j=1,2,3\Rightarrow$机翼结冰。

可以在文献［27］中找到此结果的正式证明。

备注 4.1　本节所提出的决策规则可以扩展到处理多个故障的情况，即两个效应器同时发生故障。结果表明，残差是两个基向量的组合，因此仍然可以识别出故障设备。然而，在后一种情况下，由于不满秩，不太可能通过控制分配来实现精确的控制重构。

备注 4.2　值得注意的是，在所提出的方案中，仅有效使用了 9 个输出中的 6 个，即 3 个自由度用于将风效应归零，3 个自由度用于将输出方向分配给矩阵 $\boldsymbol{W}$ 的列。这种双重冗余可用于增强算法的鲁棒性。事实上，空速传感器上也可能发生结冰，通常会导致对速度的高估。因此，在没有配备加热装置的探头的情况下，将结冰诊断方法仅基于一组 6 个输出，即 $(\varphi,\theta,\psi,p,q,r)$，可能会更安全，以排除可能有偏差的空速测量。

4.5.1.2　部分信息情况

在部分信息情况 $C=\mathring{C}$ 中，有 7 个独立的输出，因此有 7 个方向可以自由分配。该结构类似于全信息情况，但由于 $\dim(\mathrm{span}\{\mathring{C}N(t)\})=1$，因此没有可行的方法设计与横向和垂直方向上的风加速度解耦的观测器，即 $\dot{\nu}_y^{\vdash}$，$\dot{\nu}_z^{\vdash}$，与前面的设计过程类似，设置：

$$\boldsymbol{H}_{234}=(\boldsymbol{\Lambda}_{234}-\boldsymbol{Y})(\mathring{\boldsymbol{C}}\boldsymbol{\Lambda}_{234})^{-L}$$
$$\boldsymbol{H}_{345}=(\boldsymbol{\Lambda}_{345}-\boldsymbol{Y})(\boldsymbol{C}\boldsymbol{\Lambda}_{345})^{-L}$$

式中：原始矩阵 $\boldsymbol{\Lambda}$ 和 $\boldsymbol{Y}$ 已被替换为

$$\boldsymbol{\Lambda}_{234}=[\boldsymbol{N}_1\boldsymbol{W}_2\boldsymbol{W}_3\boldsymbol{W}_4]$$
$$\boldsymbol{\Lambda}_{345}=[\boldsymbol{N}_1\boldsymbol{W}_3\boldsymbol{W}_4\boldsymbol{W}_5]$$
$$\boldsymbol{Y}=[0\ \boldsymbol{b}_1\boldsymbol{b}_2\boldsymbol{b}_3]$$

且 $\boldsymbol{N}_1 \in \mathrm{span}\{\mathring{\boldsymbol{C}}\boldsymbol{N}(\boldsymbol{t})\}$，以下假设是式（4.19）的扩展，保证矩阵 $\boldsymbol{F}^{(i)}$ 的特征结构可以正确分配[25]。

假设 4.1 矩阵 $\boldsymbol{K}_1^{(i)}$，$i=1$，2，可以设计成 $\sigma(\boldsymbol{S}^{(i)}\boldsymbol{A}-\boldsymbol{K}_1^{(i)}\mathring{\boldsymbol{C}}) \in \mathbb{C}^-$，有

$$\boldsymbol{F}^{(i)} b_j = (\boldsymbol{S}^{(i)}\boldsymbol{A}-\boldsymbol{K}_1^{(i)}\mathring{\boldsymbol{C}})\boldsymbol{b}_j = \lambda_j^{(i)}\boldsymbol{b}_j \tag{4.20}$$

$\lambda_j^{(i)}<0$ 且 $j=1$，2，3。

在文献［26］中可以找具有期望性质的增益矩阵 $\boldsymbol{K}_1^{(i)}$ 存在的充分条件。

本节用 Π_i 表示子空间 span $\{\boldsymbol{e}_i\}$ $\subset\mathbb{R}^7$，i=1，2，…，7

$$\overline{\Pi}_1 = \mathrm{diag}(1,0,0,0,0,0,0,0)$$
$$\overline{\Pi}_2 = \mathrm{diag}(1,0,0,0,0,0,0,0)$$
$$\vdots$$
$$\overline{\Pi}_7 = \mathrm{diag}(0,0,0,0,0,0,0,0,1)$$

此外，本节用 $\Pi_i^{\perp}$ 表示与 $\mathrm{span}\{\boldsymbol{e}_i\}$ 正交的子空间上的投影算子。由于在这种情况下，风扰动并没有完全解耦，需要在部分信息隔离方案中引入合适的阈值。假设风加速度的边界是可用的，$|\dot{\boldsymbol{\nu}}_y^{\vdash}| \leqslant \boldsymbol{\vartheta}_y$，$|\dot{\boldsymbol{\nu}}_z^{\vdash}| \leqslant \boldsymbol{\vartheta}_z$，设置 $\boldsymbol{\vartheta}=[0\boldsymbol{\vartheta}_y\boldsymbol{\vartheta}_z]^{\mathrm{T}}$，且

$$\boldsymbol{\mu}^{(i)}(t) = \int_0^t \boldsymbol{e}^{\boldsymbol{F}(i)(t-\zeta)}\boldsymbol{S}^{(i)}\boldsymbol{\vartheta}\mathrm{d}\zeta$$

后者是残差对风扰动的强制响应的上限。

以下结果是命题 4.1 中所述规则的推广，其中恒等式已被不等式取代，以考虑模型的不确定性和干扰，在部分信息情况下，它们不再与残差解耦。

命题 4.2 设置 $\boldsymbol{\varepsilon}^{(i)}=\mathring{\boldsymbol{C}}(\boldsymbol{x}-\hat{\boldsymbol{x}}^{(i)})$，$i=1$，2，假设由于初始条件引起的估计器瞬变可以忽略不计，$\boldsymbol{\varepsilon}^{(i)}(0)=0$，然后，有以下决策规则 $\boldsymbol{\varepsilon}^{(i)}\neq 0$

（1）$\|\Pi_1\boldsymbol{\varepsilon}^{(1)}-\boldsymbol{\varepsilon}^{(1)}\| \leqslant \|\Pi_1^{\perp}\boldsymbol{\mu}^{(1)}\| \Rightarrow$ 效应器 δ_{al} 故障。

（2）$\left.\begin{cases}\|\mathring{\Pi}_2\boldsymbol{\varepsilon}^{(1)}-\boldsymbol{\varepsilon}^{(1)}\| \leqslant \|\mathring{\Pi}_2^{\perp}\boldsymbol{\mu}^{(1)}\| \\ \|\mathring{\Pi}_1\boldsymbol{\varepsilon}^{(2)}-\boldsymbol{\varepsilon}^{(2)}\| \leqslant \|\mathring{\Pi}_1^{\perp}\boldsymbol{\mu}^{(2)}\|\end{cases}\right\} \Rightarrow$ 效应器 δ_{ar} 故障。

（3）$\left.\begin{cases}\|\mathring{\Pi}_3\boldsymbol{\varepsilon}^{(1)}-\boldsymbol{\varepsilon}^{(1)}\| \leqslant \|\mathring{\Pi}_3^{\perp}\boldsymbol{\mu}^{(1)}\| \\ \|\mathring{\Pi}_2\boldsymbol{\varepsilon}^{(2)}-\boldsymbol{\varepsilon}^{(2)}\| \leqslant \|\mathring{\Pi}_2^{\perp}\boldsymbol{\mu}^{(2)}\|\end{cases}\right\} \Rightarrow$ 效应器 δ_{rl} 故障。

（4）$\|\mathring{\Pi}_3\boldsymbol{\varepsilon}^{(2)}-\boldsymbol{\varepsilon}^{(2)}\| \leqslant \|\mathring{\Pi}_3^{\perp}\boldsymbol{\mu}^{(2)}\| \Rightarrow$ 效应器 δ_{rr} 故障。

（5）$\|\mathring{\Pi}_j\boldsymbol{\varepsilon}^{(i)}-\boldsymbol{\varepsilon}^{(i)}\| > \|\mathring{\Pi}_j^{\perp}\boldsymbol{\mu}^{(i)}\|$，$\forall i=1$，2，$\forall j=1$，2，3 $\Rightarrow$ 机翼结冰。

备注 4.3　在这种情况下，当残差 $\boldsymbol{\varepsilon}^{(i)}$ 与其在方向 $\boldsymbol{e}_j$ 上的投影之间的差值仍然受风加速度阈值 $\boldsymbol{\mu}^{(i)}$ 在正交子空间 $\{\boldsymbol{e}_j\}^{\perp}$ 上的投影限制时，可实现故障的隔离。类似的逻辑可用于处理其他类型的系统扰动，如模型不确定性或测量噪声。此外，引入附加滤波器的频率分离方法可能会有所帮助，因为风加速度和传感器噪声是高频干扰，而结冰的特点是低频。

4.5.2　基于控制分配的结冰/故障调节

一旦检测到结冰，控制方案就会切换到某种警报模式。在效应器结冰的情况下，警报模式可以解读为重新配置[7,28]，或者在机翼前缘结冰的情况下，可以解读为自动除冰装置的激活[4]。下面分别处理这两种情况。

4.5.2.1　效应器结冰：控制重新配置

假设其中一个效应器已被识别为故障或冰冻，如 δ_{b^*}，$b^* \in \{al, ar, rl, rr\}$。为了防止失去控制，需要避免使用效应器 δ_{b^*}，因此式（4.8）中相应的执行器输入 v_{b^*} 设置为零。然而，由于因子 d_{b^*} 的存在，这并不能确保 δ_{b^*} 的状态收敛到零[29]；特别地，由 $\boldsymbol{\Psi}_{b^*}(t, t_d)$ 表示自由演化方程（4.8）对 t 大于故障检测时间 t_d 的解，有

$$\lim_{t \to +\infty} \boldsymbol{\Psi}_{b^*}(t, t_d) = \bar{\delta}_{b^*} \in \mathbb{R},\ \delta_{b^*}^{\dagger}(t) := \boldsymbol{\Psi}_{b^*}(t, t_d) - \bar{\delta}_{b^*}$$

下面用 $\boldsymbol{G}_{b^*}$ 表示与故障效应器对应的 $\boldsymbol{G}$ 列，用 $\breve{\boldsymbol{\delta}} \in \mathbb{R}^4$，$\breve{\boldsymbol{G}}_{b^*} \in \mathbb{R}^{4\times 4}$ 表示降阶控制输入和通过删除 $\boldsymbol{G}_{b^*}$ 列从 $\boldsymbol{G}$ 获得的矩阵。

更新控制分配方案，新任务是生成一个控制动作，该动作只能使用安全效应器生成所需的虚拟输入：

$$\breve{\boldsymbol{\tau}}_c = \breve{\boldsymbol{G}}_{b^*} \breve{\boldsymbol{\delta}}$$

式中：$\breve{\boldsymbol{\tau}}_c$ 也已修改，以补偿故障设备产生的扭矩，即 $\breve{\boldsymbol{\tau}}_c = \boldsymbol{\tau}_c - \boldsymbol{G}_{b^*} \boldsymbol{\Psi}_{b^*}(t, t_d)$。考虑可能的物理或操作限制 $(\delta_{al}, \delta_{ar}, \delta_{rl}, \delta_{rr}) \in \mathscr{Y}$，提出一种直接控制分配方法来生成更新后的虚拟输入。用 $\boldsymbol{\tau}_\alpha = \mathrm{diag}(1, \alpha, \alpha, \alpha), \alpha \in [0,1]$ 表示对角矩阵，分配问题简化为优化问题：

$$\max_{\alpha \in [0,1]} : \exists \breve{\boldsymbol{\delta}} \in \mathscr{Y}_{b^*}, \breve{\boldsymbol{G}}_{b^*} \breve{\boldsymbol{\delta}} = \boldsymbol{\tau}(\alpha) \boldsymbol{\tau}_c$$

或者，相当于 $\max\limits_{\alpha \in [0,1]} : \breve{\boldsymbol{\delta}}_c = \breve{\boldsymbol{G}}_{b^*}^{-1} \boldsymbol{\tau}(\alpha) \boldsymbol{\tau}_c \in \breve{\mathscr{Y}}_{b^*}$，其中 $\breve{\mathscr{Y}}_{b^*}$ 为降阶约束集。直接分配的优点是，即使输入饱和，它们的联合效应也与期望的虚拟输入方向完全相同，具有可能缩小的幅度，从而降低失速角和飞机稳定性的其他危险条件。另外，在某些操作条件下，最好优先产生微粒扭矩，而不是其他扭矩：在这种情

况下，可以独立选择重缩放因子来修改直接分配，即设置 $\boldsymbol{\tau}=(1,\alpha_1,\alpha_2,\alpha_3)$。

如果结冰发生在多个效应器上，控制分配方案中的自由度可能不足以保证完全重新配置。然而，对效率损失进行估计（如文献［30］）可以在保持故障效应器使用的同时部分补偿结冰效应。

4.5.2.2 机翼前缘结冰：自动除冰系统

如果检测到机翼上积冰，则必须打开自动防冰系统，这对应于式（4.7）中的 $\iota_{\text{iairfoil}}>0$。防冰系统主要由涂层材料层、涂层温度传感器、微控制器、热电偶和电源组成[4]。

涂层效率由微控制器通过使用温度作为输入的 PID 调节。当涂层温度高于 0℃时，冰层分离：由于空气动力学冷却效应，施加了安全裕量以确保冰完全融化，这对应于正参考温度 T_*。特别地，ι_{iairfoil} 是涂层温度 T 和冰厚度 χ 的递增函数，其中对于 $\chi>0$，$\iota_{\text{iairfoil}}(T_*,\chi)\geqslant 1$。

备注 4.4 防冰保护子系统也可用于防冰模式。收集大气数据，如相对湿度，当飞机遇到潜在结冰条件时，自动防冰系统可以打开。

4.6 增强型准 LPV 框架

4.4 节中描述的 UIO 框架，以及在 4.5 节中用于检测、隔离故障和结冰，具有考虑无人机的 LTI 模型的局限性，该模型是通过对 4.2 节中描述的无人机非线性模型进行线性化而获得的。因此，只有线性化模型与非线性模型一致，所开发的方法才是可靠的。克服这种限制的方法是使用 LPV 公式来处理非线性，该方法允许保持线性结构带来的简单性。与线性化技术不同，LPV 方法不涉及任何近似，因为它们依赖于将原始非线性系统精确转换为类线性系统，将所有原始非线性合并到一些变化的参数中，以调度状态空间矩阵[31]。由于变化的参数依赖于内源性信号，因此产生的模型称为准 LPV。

4.6.1 非线性嵌入

更具体地，4.2 节中描述的无人机非线性模型可以使用参数方法中的非线性嵌入转化为准 LPV 形式[32-33]：

$$\dot{\boldsymbol{x}}=\boldsymbol{A}(x)x+\boldsymbol{B}(x)\boldsymbol{\tau}+\boldsymbol{d}(x) \tag{4.21}$$

其中

$$
\boldsymbol{A}(x)=\begin{bmatrix}
X_u(\boldsymbol{x}) & X_v(\boldsymbol{x}) & X_w(\boldsymbol{x}) & 0 & 0 & 0 & 0 & X_q(\boldsymbol{x}) & X_r(\boldsymbol{x})\\
Y_u(\boldsymbol{x}) & Y_v(\boldsymbol{x}) & Y_w(\boldsymbol{x}) & 0 & 0 & 0 & Y_p(\boldsymbol{x}) & 0 & r(\boldsymbol{x})\\
Z_u(\boldsymbol{x}) & Z_v(\boldsymbol{x}) & Z_w(\boldsymbol{x}) & 0 & 0 & 0 & Z_p(\boldsymbol{x}) & 0 & 0\\
0 & 0 & 0 & 0 & 0 & 0 & 1 & \boldsymbol{\Phi}_q(\boldsymbol{x}) & \boldsymbol{\Phi}_r(\boldsymbol{x})\\
0 & 0 & 0 & 0 & 0 & 0 & 0 & \boldsymbol{\Theta}_q(\boldsymbol{x}) & \boldsymbol{\Theta}_\gamma(\boldsymbol{x})\\
0 & 0 & 0 & 0 & 0 & 0 & 0 & \boldsymbol{\Psi}_q(\boldsymbol{x}) & \boldsymbol{\Psi}_\gamma(\boldsymbol{x})\\
L_u(\boldsymbol{x}) & L_v(\boldsymbol{x}) & L_w(\boldsymbol{x}) & 0 & 0 & 0 & L_p(\boldsymbol{x}) & L_q(\boldsymbol{x}) & L_r(\boldsymbol{x})\\
M_u(\boldsymbol{x}) & M_v(\boldsymbol{x}) & M_w(\boldsymbol{x}) & 0 & 0 & 0 & M_p(\boldsymbol{x}) & M_q(\boldsymbol{x}) & M_r(\boldsymbol{x})\\
N_u(\boldsymbol{x}) & N_v(\boldsymbol{x}) & N_w(\boldsymbol{x}) & 0 & 0 & 0 & N_p(\boldsymbol{x}) & N_q(\boldsymbol{x}) & N_r(\boldsymbol{x})
\end{bmatrix}
$$

$$
\boldsymbol{B}(\boldsymbol{x})=\begin{bmatrix}
X_{\tau t} & X_{\tau e}(\boldsymbol{x}) & 0 & 0\\
0 & 0 & Y_{\tau a}(\boldsymbol{x}) & Y_{\tau r}(\boldsymbol{x})\\
0 & Z_{\tau e}(\boldsymbol{x}) & 0 & 0\\
0 & 0 & 0 & 0\\
0 & 0 & 0 & 0\\
0 & 0 & 0 & 0\\
0 & 0 & L_{\tau a}(\boldsymbol{x}) & L_{\tau r}(\boldsymbol{x})\\
0 & M_{\tau e}(\boldsymbol{x}) & 0 & 0\\
0 & 0 & N_{\tau a}(\boldsymbol{x}) & N_{\tau r}(\boldsymbol{x})
\end{bmatrix}
$$

$$
\boldsymbol{d}(x)=[\,-g\sin\tilde{\theta}\quad g\cos\tilde{\theta}\sin\tilde{\phi}\quad g\cos\tilde{\theta}\cos\tilde{\phi}\quad 0_{1\times 6}\,]^{\mathrm{T}}
$$

其中，系数的作用类似于线性化模型式（4.1）中的作用，尽管它们的表达式不同。

4.6.2　LPV 未知输入观测器

考虑风力、执行器故障和结冰等因素，可将准 LPV 无人机模型转化为一般 LPV 形式：

$$
\begin{cases}
\dot{\boldsymbol{x}}=\boldsymbol{A}(\boldsymbol{\vartheta})\boldsymbol{x}+\boldsymbol{B}(\boldsymbol{\vartheta})\boldsymbol{v}+\boldsymbol{X}(\boldsymbol{\vartheta})\boldsymbol{v}_{\mathrm{un}}+\boldsymbol{d}(\boldsymbol{\vartheta})\\
\boldsymbol{y}=\boldsymbol{C}\boldsymbol{x}
\end{cases}
$$

与4.4节中使用的符号类似，但具有矩阵 $\boldsymbol{A}$、$\boldsymbol{B}$、$\boldsymbol{X}$ 依赖于测量或估计的可变参数向量 $\boldsymbol{\vartheta}$ 的相关属性，假设它的导数 $\dot{\boldsymbol{\vartheta}}$ 是测量或估计的。

该 LPV 装置的 UIO 结构如下：

$$\begin{cases}\dot{z}=F(\vartheta)z+S(\vartheta)B(\vartheta)v+K(\vartheta)y-\dot{H}(\vartheta,\vartheta)y+d(\vartheta)-H(\vartheta)Cd(\vartheta)\\ \hat{x}=z+H(\vartheta)y\end{cases}$$

式中：$\dot{H}(\vartheta,\vartheta)$为$H(\vartheta)$的时间导数。

然后，估计误差的动态特性描述为

$$\begin{aligned}\dot{\varepsilon}=&[(I_{n\times n}-H(\vartheta)C)A(\vartheta)-K(\vartheta)C+F(\vartheta)H(\vartheta)C]x-F(\vartheta)\hat{x}\\&+(I_{n\times n}-H(\vartheta)C)X(\vartheta)v_{\text{un}}+(I_{n\times n}-H(\vartheta)C-S(\vartheta))B(\vartheta)v\end{aligned}$$

通过选择

$$S(\vartheta)=I_{n\times n}-H(\vartheta)C \tag{4.22}$$

$$F(\vartheta)=S(\vartheta)A(\vartheta)-K_1(\vartheta)C \tag{4.23}$$

$$K_2(\vartheta)=F(\vartheta)H(\vartheta) \tag{4.24}$$

$$K(\vartheta)=K_1(\vartheta)+K_2(\vartheta) \tag{4.25}$$

得

$$\dot{\varepsilon}=F(\vartheta)\varepsilon+S(\vartheta)X(\vartheta)v_{\text{un}}$$

注意，通过适当的矩阵$K_1(\vartheta)$，可以选择$F(\vartheta)$作为常数矩阵F，从而确保在$v_{\text{un}}=0$，$\sigma(F)\in\mathbb{C}^-$时，估计误差ε收敛到零。另外，可以选择矩阵函数$S(\vartheta)$来约束$S(\vartheta)X(\vartheta)$的范围，从而为作用在系统上的未知输入分配残差的不同输出方向，目的是确定一些检测到的系统故障的原因。

4.6.3 在无人机故障/结冰诊断中的应用

由于UIO设计中效应的叠加和自由度的缺失，不可能将风扰动和结冰效应与执行器故障完全分离。然而，仍然可以设计UIO矩阵，从而实现成功的故障/结冰诊断。为简单起见，仅详细说明完整信息案例。

注意到以下条件成立：

$$\eta\omega\in\text{span}\{B(x),e_2,e_3\}\ \forall t\geqslant 0$$

这允许将目标定义为设计具有以下属性的UIO矩阵：

$$S(x)[B(x)e_2e_3e_4e_5e_6]=I_{9\times 9}$$

$$Fe_i=\lambda_i^F e_i,\forall i=1,2,\cdots,9$$

$\lambda_i^F\in\mathbb{C}^-$，$i=1,2,\cdots,9$为矩阵$F$的期望特征值。

很容易检查得到的矩阵$S(x)$是否具有以下结构：

$$
\boldsymbol{S}(x)=\begin{pmatrix}
\frac{1}{X_{\tau t}} & 0 & 0 & 0 & 0 & 0 & 0 & s_{18}(\boldsymbol{x}) & 0 \\
0 & 0 & 0 & 0 & 0 & 0 & 0 & s_{28}(\boldsymbol{x}) & 0 \\
0 & 0 & 0 & 0 & 0 & 0 & s_{37}(\boldsymbol{x}) & 0 & s_{39}(\boldsymbol{x}) \\
0 & 0 & 0 & 0 & 0 & 0 & s_{47}(\boldsymbol{x}) & 0 & s_{49}(\boldsymbol{x}) \\
0 & 1 & 0 & 0 & 0 & 0 & s_{57}(\boldsymbol{x}) & 0 & s_{59}(\boldsymbol{x}) \\
0 & 0 & 1 & 0 & 0 & 0 & 0 & s_{68}(\boldsymbol{x}) & 0 \\
0 & 0 & 0 & 1 & 0 & 0 & 0 & 0 & 0 \\
0 & 0 & 0 & 0 & 1 & 0 & 0 & 0 & 0 \\
0 & 0 & 0 & 0 & 0 & 1 & 0 & 0 & 0
\end{pmatrix}
$$

式中：元素 $s_{ij}(\boldsymbol{x})$ 为 $\boldsymbol{B}(x)$ 中出现的元素的函数。

假设在给定时间，单个故障或结冰都可能作用于系统（不会同时发生多个故障和结冰），则可以采用以下决策规则进行故障/结冰诊断。

命题 4.3　设 $\varepsilon=\boldsymbol{x}-\hat{\boldsymbol{x}}$，并假设初始条件引起的估计器瞬变可以忽略不计，即 $\varepsilon(0)=0$，风要稳定，即 $v=v^*$，$\dot{v}^*=0$。有以下决策规则：

(1) $\overline{\Pi}_i\varepsilon=0$，$\forall i=1, 2, \cdots, 9 \Rightarrow$ 无故障。

(2) $\left.\begin{cases}\overline{\Pi}_1\varepsilon\neq 0\\ \overline{\Pi}_i\varepsilon=0, \quad \forall i=2, 3, \cdots, 9\end{cases}\right\}\Rightarrow$ 推力故障。

(3) $\left.\begin{cases}\overline{\Pi}_2\varepsilon\neq 0\\ \overline{\Pi}_i\varepsilon=0, \quad \forall i=1, 3, \cdots, 9\end{cases}\right\}\Rightarrow$ 升降舵故障。

(4) $\left.\begin{cases}\overline{\Pi}_3\varepsilon\neq 0\\ \overline{\Pi}_i\varepsilon=0, \quad \forall i=1, 2, 4, \cdots, 9\end{cases}\right\}\Rightarrow$ 副翼故障。

(5) $\left.\begin{cases}\overline{\Pi}_4\varepsilon\neq 0\\ \overline{\Pi}_i\varepsilon=0, \quad \forall i=1, 3, \cdots, 9\end{cases}\right\}\Rightarrow$ 方向舵故障。

(6) 其他 $\Rightarrow$ 机翼结冰。

备注 4.5　由于存在式（4.4）描述的风湍流输入扰动 $\xi(t)$，应考虑与 4.4 节中所述的基于阈值的逻辑。值得注意的是：

$$
\boldsymbol{S}(\boldsymbol{x})\boldsymbol{N}(\boldsymbol{t})=[\ \times 000\times\ \times 000]
$$

式中：$\times$ 为非零元素，这意味着（至少在理论上）风湍流应该只影响 $\overline{\Pi}_i\varepsilon, i=1, 4, 6$。然而，由于传感器噪声和参数不确定性等不良影响，风湍流也会影响其他残差，尽管影响程度要小得多。

4.7 示例：Aerosonde 无人机

使用典型的小型无人机模型 Aerosonde UAV（AAI 公司，德事隆公司）模型来说明 UIO 框架在结冰和故障诊断中的用途。描述关于配平条件的无人机动力学的线性系统：

$$u^* = 22.95\mathrm{m/s}, \nu^* = 0.5\mathrm{m/s}, w^* = 2.3\mathrm{m/s}$$

$$\phi^* = 0\mathrm{rad}, \theta^* = 0.2\mathrm{rad}, \psi^* = 0\mathrm{rad}$$

$$p^* = 0\mathrm{rad/s}, q^* = 0\mathrm{rad/s}, r^* = 0\mathrm{rad/s}$$

通过一阶近似可以很容易地得到。假设空气密度 $\rho = 1.2682\mathrm{kg/m^3}$，系统矩阵 $\boldsymbol{A}$、$\boldsymbol{B}$ 可以使用文献［13］中报告的 Aerosonde UAV 的控制和稳定性导数计算。可以估计矩阵 $\boldsymbol{A}_{\mathscr{E}}$ 和 $\boldsymbol{B}_{\mathscr{E}}$ 中的结冰影响系数 $\mathscr{E}$。注意到，在总结冰条件下，通过实验观察到升力和阻力系数的变化已符合规则[18]：

（1）系数 $C_{Z\alpha}$、$C_{Z_{\delta e}}$、$C_{m\alpha}$、$C_{m_{\delta e}}$、$C_{p\beta}$、C_{pp}、$C_{p_{\delta a}}$ 减少 10%。

（2）系数 $C_{Y_{\delta r}}$、$C_{p_{\delta r}}$、C_{rr}、$C_{r_{\delta r}}$ 减少 8%。

（3）系数 $C_{Y\beta}$、$C_{r\beta}$ 减少 20%。

该系统应该由自动驾驶仪控制，在所考虑的场景中，其目标是在缓慢改变俯仰角的同时保持空速恒定（斜坡视为参考）。模拟中包括了风扰动，最大允许加速度为 $\|\dot{v}\| \leqslant 8\mathrm{m/s^2}$。

为简单起见，仅报告部分信息情况的结果，这是最具实际意义的情况。本节设计了 UIO 库，并在仿真研究中加入传感器噪声，以验证该方法的有效性。事实上，增益矩阵 $\boldsymbol{K}_1^{(i)}$ 可以选择为满足假设式（4.1）。在第一个例子中，假设故障在 $t \geqslant 40\mathrm{s}$ 时会影响左舵 δ_{rl}，这会导致设备效率逐渐降低。图 4.1 和图 4.2 显示了残差 $\boldsymbol{\varepsilon}^{(1)}$、$\boldsymbol{\varepsilon}^{(2)}$ 的行为。尽管存在噪声和风扰动，但在每个残差中，单个分量明显受控制面故障的影响，即残差 $\boldsymbol{\varepsilon}^{(1)}$ 的方向 $\boldsymbol{e}_3$ 和残差 $\boldsymbol{\varepsilon}^{(2)}$ 的方向 $\boldsymbol{e}_2$：根据决策规则，可以正确识别故障。$t \geqslant 60\mathrm{s}$ 时控制重新配置激活，恢复标称控制动作，如图 4.3 所示，其中描绘了俯仰行为。为完整起见，图 4.4 中还描绘了最终的横向空速 v，尽管其动力学特性仅受故障的轻微影响。

第二个例子对应于严重性因子 η 从 0 缓慢变化到 0.2 的增量结冰：图 4.5 和图 4.6 说明了残差 $\boldsymbol{\varepsilon}^{(1)}$，$\boldsymbol{\varepsilon}^{(2)}$ 的行为（部分信息）：三个分量 $\boldsymbol{e}_1$、$\boldsymbol{e}_2$ 和 $\boldsymbol{e}_3$ 中的每一个都受系统扰动的显著影响，这使得我们能够识别机翼上积冰引起的反常效应。最后，在 $t \geqslant 120\mathrm{s}$，$\iota_{\mathrm{airfoil}} > 0$ 时，启动了除冰程序，图 4.7 和图 4.8 分别显示了纵向空速和俯仰上的结冰调节结果：结冰严重系数降低，直到系统恢复良好性。

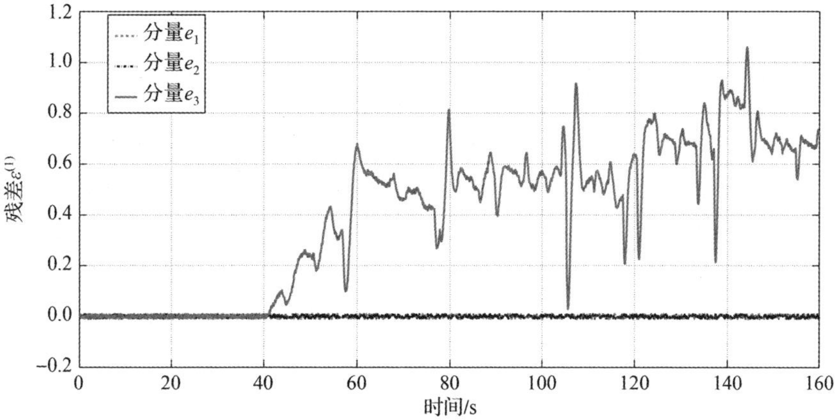

图 4.1　故障方向舵 $\boldsymbol{\delta}_{rl}$：残差 $\boldsymbol{\varepsilon}^{(1)}$ 的分量 $\boldsymbol{e}_1$、$\boldsymbol{e}_2$ 和 $\boldsymbol{e}_3$（部分信息情况）

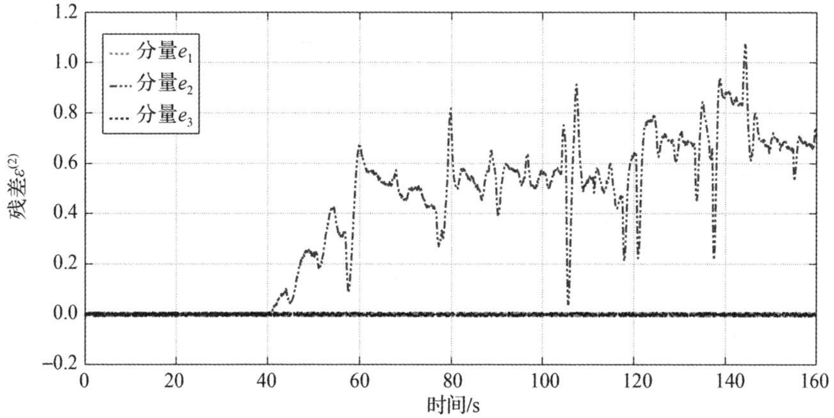

图 4.2　故障方向舵 $\boldsymbol{\delta}_{rl}$：残差 $\boldsymbol{\varepsilon}^{(2)}$ 的分量 $\boldsymbol{e}_1$、$\boldsymbol{e}_2$ 和 $\boldsymbol{e}_3$（部分信息情况）

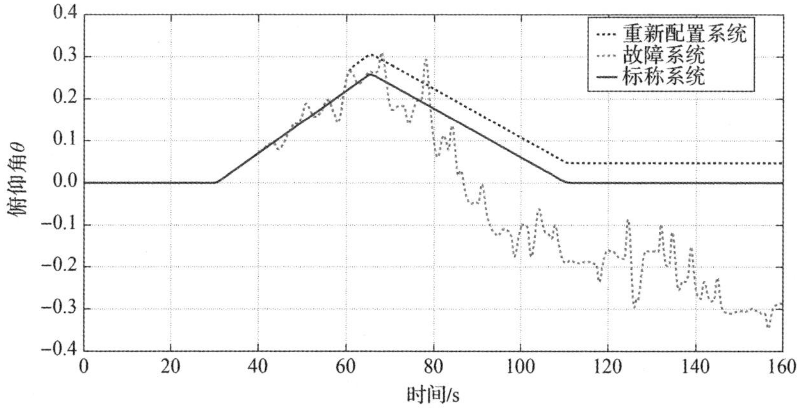

图 4.3　俯仰角 $\boldsymbol{\theta}$：重新配置系统、故障系统、标称系统

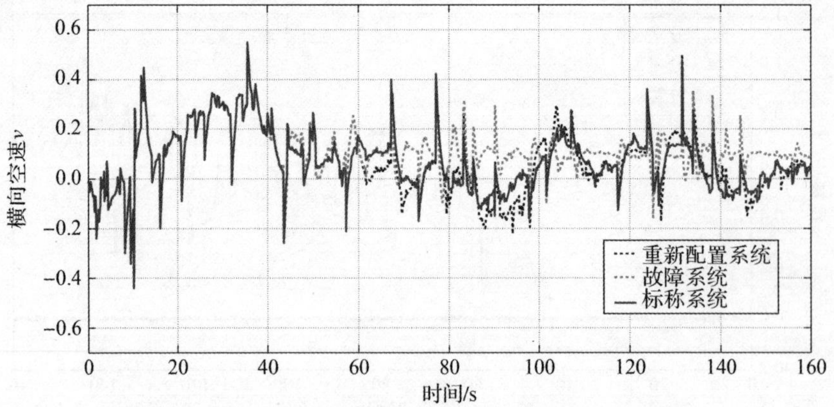

图 4.4　横向空速 v：重新配置系统、故障系统、标称系统

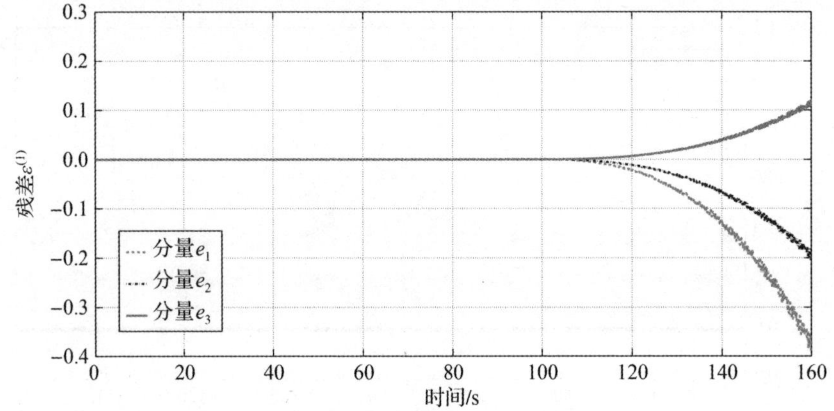

图 4.5　增量机翼结冰：残差 $\varepsilon^{(1)}$ 的分量 e_1、e_2 和 e_3

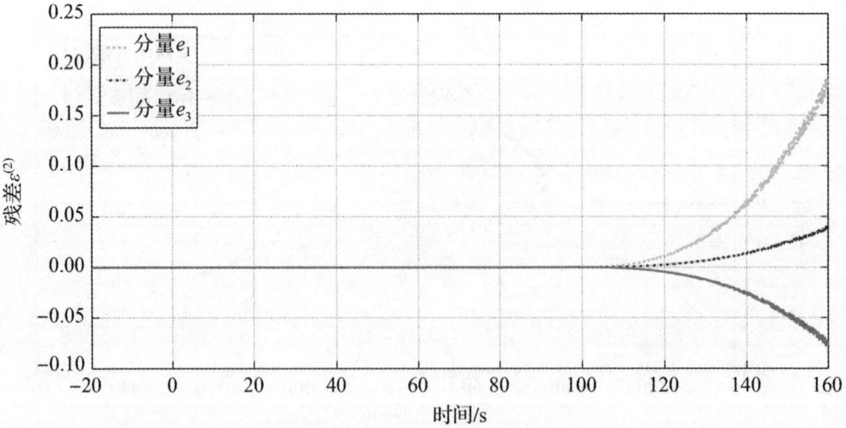

图 4.6　增量机翼结冰：残差 $\varepsilon^{(2)}$ 的分量 e_1、e_2 和 e_3

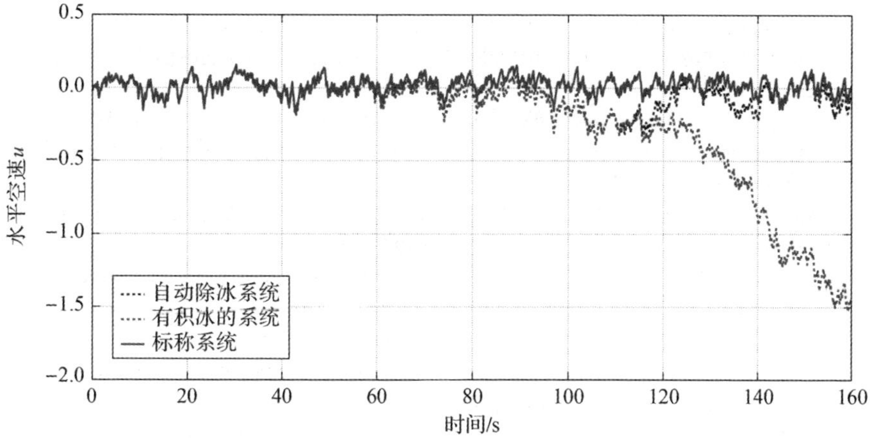

图 4.7　水平空速 $\boldsymbol{u}$：有积冰的系统、标称系统（无冰）、激活自动除冰系统

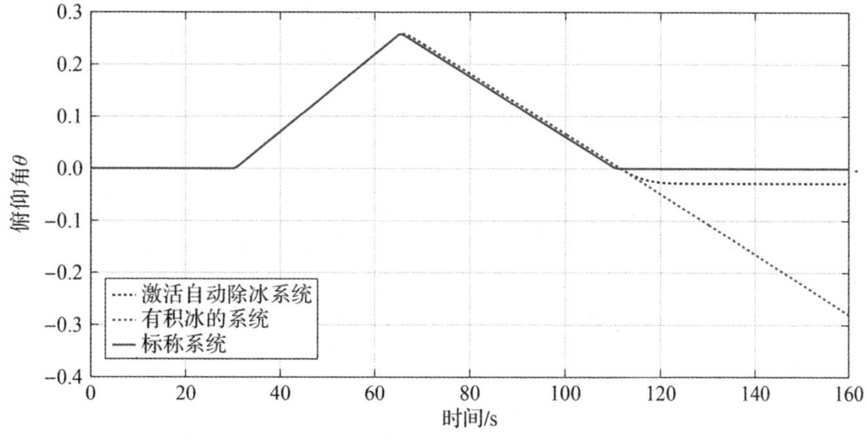

图 4.8 俯仰角 $\boldsymbol{\theta}$：有积冰系统、标称系统（无冰）、激活自动除冰系统

参考文献

[1] Caliskan F, Hajiyev C. A review of in-flight detection and identification of aircraft icing and reconfigurable control. Progress in Aerospace Sciences. 2013;60:12–34.

[2] Myers TG, Hammond DW. Ice and water film growth from incoming supercooled droplets. International Journal of Heat and Mass Transfer. 1999;42:2233–2242.

[3] Bone S, Duff M. Carbon nanotubes to de-ice UAVs. Technical Report. 2012. http://13614282187/eng12/Author/data/2122docx.

[4] Sørensen KL, Helland AS, Johansen TA. Carbon nanomaterial-based wing temperature control system for in-flight anti-icing and de-icing of unmanned aerial vehicles. In: IEEE Aerospace Conference. 2015.

[5] Chen J, Patton RJ, Zhang HY. Design of unknown input observers and robust detection filters. International Journal of Control. 1996;63:85–105.

[6] Johansen TA, Fossen TI. Control allocation: A survey. Automatica. 2013; 49:1087–1103.

[7] Cristofaro A, Johansen TA. Fault tolerant control allocation using unknown input observers. Automatica. 2014;50(7):1891–1897.

[8] Tousi M, Khorasani K. Robust observer-based fault diagnosis for an unmanned aerial vehicle. In: Systems Conference (SysCon), 2011 IEEE International; 2011. p. 428–434.

[9] Cristofaro A, Johansen TA. An unknown input observer approach to icing detection for unmanned aerial vehicles with linearized longitudinal motion. In: American Control Conference (ACC); 2015. p. 207–213.

[10] Cristofaro A, Johansen TA, Aguiar AP. Icing detection and identification for unmanned aerial vehicles: Multiple model adaptive estimation. In: 2015 European Control Conference (ECC); 2015. p. 1645–1650.

[11] Rotondo D, Cristofaro A, Johansen TA, et al. Icing detection in unmanned aerial vehicles with longitudinal motion. In: 2015 IEEE Conference on Control Applications (CCA) – Part of the 2015 IEEE Multi-Conference on Systems and Control (MSC); 2015. p. 984–989.

[12] Seron MM, Johansen TA, De Dona' JA, et al. Detection and estimation of icing in unmanned aerial vehicles using a bank of unknown input observers. In: Australian Control Conference (AuCC); 2015. p. 87–92.

[13] Beard RW, McLain TW. Small Unmanned Aircrafts – Theory and Practice. Princeton, NJ: Princeton University Press; 2012.

[14] Langelaan JW, Alley N, Neidhoefer J. Wind field estimation for small unmanned aerial vehicles. Journal of Guidance, Control, and Dynamics. 2011;34(4): 1016–1030.

[15] Johansen TA, Cristofaro A, Sørensen KL, et al. On estimation of wind velocity, angle-of-attack and sideslip angle of small UAVs using standard sensors. In: Intern. Conference on Unmanned Aircraft Systems (ICUAS); 2015. p. 510–519.
[16] Wenz A, Johansen TA, Cristofaro A. Combining model-free and model-based angle of attack estimation for small fixed-wing UAVs using a standard sensor suite. In: Unmanned Aircraft Systems (ICUAS), 2016 International Conference on; 2016. p. 624–632.
[17] Hoblit FM. Gust Loads on Aircraft: Concepts and Applications. Washington, DC: American Institute of Aeronautics and Astronautics; 1988.
[18] Bragg MB, Hutchinson T, Merret J, et al. Effect of ice accretion on aircraft flight dynamics. In: Proc 38th AIAA Aerospace Science Meeting and Exhibit; 2000.
[19] Gent RW, Dart NP, Cansdale JT. Aircraft icing. Philosophical Transactions of the Royal Society of London Scrics A: Mathematical, Physical and Engineering Sciences. 2000;358:2873–2911.
[20] Myers TG. Extension to the Messinger model for aircraft icing. AIAA Journal. 2001;39(2):211–218.
[21] Hajiyev C, Caliskan F. Fault Diagnosis and Reconfiguration in Flight Control Systems. London: Kluwer Academic Publishers; 2003.
[22] Wang D, Lum KY. Adaptive unknown input observer approach for aircraft actuator fault detection and isolation. International Journal of Adaptive Control and Signal Processing. 2007;21(1):31–48.
[23] Massoumnia MA. A geometric approach to the synthesis of failure detection filters. IEEE Transactions on Automatic Control. 1986;31(9):839–846.
[24] White J, Speyer J. Detection filter design: Spectral theory and algorithms. IEEE Transactions on Automatic Control. 1987;32(7):593–603.
[25] Park J, Rizzoni G. An eigenstructure assignment algorithm for the design of fault detection filters. IEEE Transactions on Automatic Control. 1994; 39(7):1521–1524.
[26] Cristofaro A, Johansen TA. Fault-tolerant control allocation: An Unknown Input Observer based approach with constrained output fault directions. In: Proc 52nd IEEE Conf on Decision and Control; 2013. p. 3818–3824.
[27] Cristofaro A, Johansen TA. An unknown input observer based control allocation scheme for icing diagnosis and accommodation in overactuated UAVs. In: 2016 European Control Conference (ECC); 2016. p. 2171–2178.
[28] Zhang Y, Suresh S, Jiang B, et al. Reconfigurable control allocation against aircraft control effector failures. In: Proc 16th IEEE Conf on Control Applications; 2007. p. 1197–1202.
[29] Cristofaro A, Johansen TA. Fault-tolerant control allocation with actuator dynamics: Finite-time control reconfiguration. In: Proc 53rd IEEE Conf on Decision and Control; 2014. p. 4971–4976.
[30] Cristofaro A, Polycarpou MM, Johansen TA. Fault diagnosis and fault-tolerant control allocation for a class of nonlinear systems with redundant inputs. In: Proc. 54th IEEE Conf. on Decision and Control; 2015. p. 5117–5123.

[31] Shamma JS. An overview of LPV systems. In: Mohammadpour J, Scherer C, editors. Control of Linear Parameter Varying Systems with Applications. Boston, MA: Springer-Verlag; 2012.

[32] Kwiatkowski A, Boll MT, Werner H. Automated generation and assessment of affine LPV models. In: Proceedings of the 45th IEEE Conference on Decision and Control; 2006. p. 6690–6695.

[33] Rotondo D, Puig V, Nejjari F, et al. Automated generation and comparison of Takagi-Sugeno and polytopic quasi-LPV models. Fuzzy Sets and Systems. 2015;277:44–64.

第5章　带有方位角推进器的 WAM - V 双体船的执行器容错

在本章中，我们为配备两个方位推进器的过驱动水面无人艇（USV）提出了一种容错控制方案。该方案管理最常见的执行器故障，即推进器效率损失和方位角锁定。该方案基于三层架构：基于启发式的控制策略，用于适当的参考生成；基于无人艇动力学的控制规律，用于实现生成参考的速度跟踪；控制分配层，即使存在执行器故障和失效的情况下，也能在推进器之间最佳地重新分配控制力。控制分配和控制策略是本章重点，因为它们的重新配置能力允许对执行器故障的容错。相反，控制定律不依赖于系统的健康状态。然后，利用波浪自适应模块化双体船的非线性模型，对该方案进行了仿真验证。

5.1　引言

USV 代表了一类多功能的船舶，在科学、工业和军事行动中有着广泛的应用[1]。这种平台也可能具有较高的自主性[2]，因此可靠性已成为一个主要问题，此类自主系统的可靠性受故障影响。在港口安全和扫雷等关键场景中，这一点更为重要[3]。USV 通常配备一个推进器和一个方向舵，或在船尾配备两个推进器，这是典型的双壳双体船。在推进器故障的情况下，这两种配置都无法工作，并且需要执行恢复任务才能将艇体返回。相反，如果 USV 由两个方位推进器驱动，则可以处理许多故障，并且在许多情况下，无人艇也可以在没有任何人为干预的情况下完成其任务。

一般情况下，USV 符合给出的常见模型[4]：特别是考虑了机动数学组（Manoeuvring Mathematical Group，MMG）模型[5]，即使在漂移角较大且前进速度较低时，它也能够准确地复制船舶在机动运动过程中的行为。注意，建模中的大部分复杂性来自流体动力的识别。对于类似 USV 的双体船，已经在该领域进行了许多研究[6-8]。本章考虑了文献［9］提出的 WAM - V 双体船在静水中的水动力表示。此外，方位推进器在 USV 文献中并不常见。一些论文考虑了这些执行器在有风的情况下保持位置的优势[10]，并专注于非线性约束控制分配问题[11]。

在 USV 控制的开放性问题中，环境扰动下的位置保持[12-13]和风推双体船的航向与横向航迹误差的稳定[14]最近得到了探索，而类似 USV 的双体船的容错控制问题尚未进行彻底的研究。一些作者已经处理了不同类型故障的存在，如与路径上淹没障碍物的接触[15]。仅在无人水下航行器（Unmanned Underwater Vehicle，UUV）和远程操作航行器领域，解决了执行器故障和失效的问题，特别是在执行器故障的故障检测[16]和 UUV 的容错控制方面[17-18]。

本章提出了一种利用主动容错的控制方案，对执行器（方位推进器）故障进行管理，以及对处理故障的控制策略进行管理。控制体系结构由三层组成：具有一组控制策略的顶层（控制策略层）；包含控制规则的中间层（控制规则层）；负责控制工作分配的底层（控制分配层）。控制策略层基于一组启发式规则，目的是即使在故障的情况下也能生成对控制规则的适当跟踪参考，而无须重新配置控制。特别是，考虑执行器的健康状况，它提供了所需的速度和方向。因此，考虑并扩展了欠驱动海上运载器通常采用的视线（Line of Sight，LOS）操纵[19]，以考虑可能的故障或失效情况。控制规则层旨在跟踪载体坐标系中的参考速度，并包含类似反馈线性化的控制规则。本章提出的控制分配层基于扩展的推进器表示[20]，该表示通过加权伪逆的方法解决。如果由于执行器故障导致 USV 欠驱动，则建议采用启发式切换控制以完成任务。本章基于作者之前的工作[21]，提出了控制策略级别的详细描述，以及对模拟结果的扩展评估。

本章结构如下：5.2 节展示了双体船模型，5.3 节介绍了无故障场景下的控制系统架构，而故障情况下的控制重新配置在 5.4 节中详述。在 5.5 节中，报告了模拟结果，5.6 节作为本章小结。

5.2 数学模型

5.2.1 动力学

USV 的动力学通常可以描述为一个 3 自由度的系统（纵荡、摇摆和偏航），如文献［4］，忽略横滚、俯仰和升沉动力学特性，则有

$$\boldsymbol{M}\dot{\boldsymbol{\nu}} + \boldsymbol{C}(\boldsymbol{\nu})\boldsymbol{\nu} + \boldsymbol{D}(\boldsymbol{\nu})\boldsymbol{\nu} = \boldsymbol{\tau} \tag{5.1}$$

这个熟知的方程描述了 USV 的动力学，其中线速度 $\boldsymbol{\nu} = [u, v, r]^{\mathrm{T}}$ 表示在船体坐标系 $R_{\mathrm{B}} - \{x_{\mathrm{B}}, y_{\mathrm{B}}, z_{\mathrm{B}}\}$ 中。$\boldsymbol{M}$ 为惯性矩阵；$\boldsymbol{C}(\boldsymbol{\nu})$ 为科里奥利和向心项矩阵；

$\boldsymbol{D}(\boldsymbol{\nu})$为阻力矩阵；$\boldsymbol{\tau}$为外力和力矩；再引入地球坐标系 $R_{\mathrm{E}}-\{x_{\mathrm{E}},y_{\mathrm{E}},z_{\mathrm{E}}\}$，并假设船体坐标系的中心在船中部（图 5.1）。船体固定速度 $\boldsymbol{\nu}$ 与固定坐标系速度 $\dot{\boldsymbol{\eta}}=[\dot{x},\dot{y},\dot{\psi}]^{\mathrm{T}}$ 有关：

$$\dot{\boldsymbol{\eta}}=\boldsymbol{J}(\boldsymbol{\eta})\boldsymbol{\nu}=\begin{bmatrix}\cos\psi & -\sin\psi & 0\\ \sin\psi & \cos\psi & 0\\ 0 & 0 & 1\end{bmatrix}\boldsymbol{\nu} \tag{5.2}$$

特别地，该模型可以重写为[22]

$$\begin{cases}m(\dot{\boldsymbol{u}}-\boldsymbol{v}r-x_Gr^2)=\boldsymbol{X}_A+\boldsymbol{X}_S\\ m(\dot{\boldsymbol{v}}+x_G\dot{r}+\boldsymbol{u}r)=\boldsymbol{Y}_A+\boldsymbol{Y}_S\\ \boldsymbol{I}_{zz}\dot{r}+mx_G(\dot{\boldsymbol{v}}+\boldsymbol{u}r)=\boldsymbol{N}_A+\boldsymbol{N}_S\end{cases} \tag{5.3}$$

式中：$\boldsymbol{u}$、$\boldsymbol{v}$ 为船中部的线速度分量（分别沿 x_{B} 轴和 y_{B} 轴）；r 为偏航率；m 为船的质量；$\boldsymbol{I}_{zz}$为关于 z_{B} 的转动惯量；x_G 为质心在 x_{B} 轴上的位置；$\boldsymbol{X}_A$、$\boldsymbol{Y}_A$、$\boldsymbol{N}_A$、$\boldsymbol{X}_S$、$\boldsymbol{Y}_S$ 和 $\boldsymbol{N}_S$ 为外力和力矩。

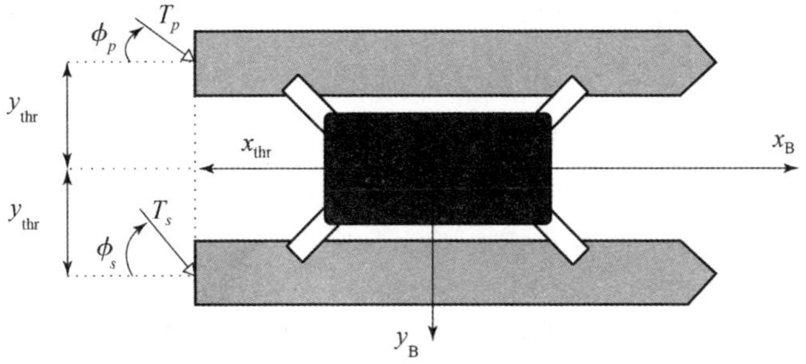

图 5.1　双体船结构示意图

$\boldsymbol{X}_A$、$\boldsymbol{Y}_A$、$\boldsymbol{N}_A$ 表示不期望的力和力矩，这取决于船体的加速度，如附加质量。它们由文献［22］建模：

$$\begin{cases}\boldsymbol{X}_A=f_{AX}(\dot{\boldsymbol{u}})=\boldsymbol{X}_{\dot{u}}\dot{\boldsymbol{u}}\\ \boldsymbol{Y}_A=f_{AY}(\dot{\boldsymbol{v}},\dot{\boldsymbol{r}})=\boldsymbol{Y}_{\dot{v}}\dot{\boldsymbol{v}}+\boldsymbol{Y}_{\dot{r}}\dot{r}\\ \boldsymbol{N}_A=f_{AN}(\dot{\boldsymbol{v}},\dot{\boldsymbol{r}})=\boldsymbol{N}_{\dot{v}}\dot{\boldsymbol{v}}+\boldsymbol{N}_{\dot{r}}\dot{r}\end{cases} \tag{5.4}$$

$\boldsymbol{X}_S$、$\boldsymbol{Y}_S$ 和 $\boldsymbol{N}_S$ 表示取决于速度分量的力和力矩。考虑 MMG 模型[5,22]，它们可以写成

$$\begin{cases}\boldsymbol{X}_S=\boldsymbol{X}_H+\boldsymbol{X}_R+\boldsymbol{X}_P\\ \boldsymbol{Y}_S=\boldsymbol{Y}_H+\boldsymbol{Y}_R+\boldsymbol{Y}_P\\ \boldsymbol{N}_S=\boldsymbol{N}_H+\boldsymbol{N}_R+\boldsymbol{N}_P\end{cases} \tag{5.5}$$

式中：下标 H 为作用在船体上的水动力；R 为与方向舵相关的水动力；P 为与

推进器或螺旋桨相关的水动力。由于考虑配备两个方位推进器且没有舵的双体船（图5.1），因此 $\boldsymbol{X}_R=\boldsymbol{Y}_R=\boldsymbol{N}_R=0$ 成立。作用在船体上的水动力和力矩通过多项式近似建模为

$$\begin{cases}\boldsymbol{X}_H\approx\bar{\rho}\left(-R'_0+X'_{vv}\boldsymbol{v}'^2+X'_{vr}\boldsymbol{v}'r'+X'_{rr}r'^2+X_{vvvv}\boldsymbol{v}'^4\right)\\ \boldsymbol{Y}_H\approx\bar{\rho}\left(Y'_v\boldsymbol{v}'+Y'_rr'+Y'_{vv}\boldsymbol{v}'^3+Y'_{vvv'}r'^2+Y'_{vvr}\boldsymbol{v}'r'^2+Y'_{rrr}r'^3\right)\\ \boldsymbol{N}_H\approx\bar{\rho}L_{pp}\left(N'_v\boldsymbol{v}'+N'_rr'+N'_{vvv}\boldsymbol{v}'^3+N'_{vv}\boldsymbol{v}'^2r'+N'_{vvr}\boldsymbol{v}'r'^2+N'_{rrr}r'^3\right)\end{cases}\tag{5.6}$$

式中：L_{pp}为垂线之间的长度；d 为船舶吃水深度；$\bar{\rho}$ 为一个用［N］表示的常数，$\bar{\rho}=(\rho/2)L_{pp}dU^2$；$\boldsymbol{v}'$为无量纲横向速度，$\boldsymbol{v}'=\boldsymbol{v}/U$；$r'$为无量纲回转率，$r'=r(L_{pp}/\boldsymbol{U})$；$\boldsymbol{U}$ 为船中部的合成速度。

式（5.5）中的最后一个贡献由推进器给出，即左舷（P）和右舷（S）方位角推进器。用 T_p 和 T_s 表示每个执行器的推力，而 ϕ_p 和 ϕ_s 表示推进器方向，x_{thr}，y_{thr}是体坐标系中推进器和 USV 质心之间的距离（图 5.1）。因此，虚拟输入 $\boldsymbol{X}_P$、$\boldsymbol{Y}_P$、$\boldsymbol{N}_P$ 可以表示为

$$\begin{cases}\boldsymbol{X}_P=T_p\cos(\phi_p)+T_s\cos(\phi_s)\\ \boldsymbol{Y}_P=T_p\sin(\phi_p)+T_s\sin(\phi_s)\\ \boldsymbol{N}_P=T_p(y_{\mathrm{thr}}\cos(\phi_p)-x_{\mathrm{thr}}\sin(\phi_p))-T_s(y_{\mathrm{thr}}\cos(\phi_s)+x_{\mathrm{thr}}\sin(\phi_s))\end{cases}\tag{5.7}$$

5.2.2 执行器故障和失效

由于螺旋桨卡住、螺旋桨损坏、电机故障和总线电压下降等影响，推进器产生的实际推力可能与期望的力有显著不同。假如进行了适当的故障检测和隔离（参见文献［23］），并且假设每个推进器的效率损失用标量 $w_i\in[0,1]$，$i\in\{p,s\}$ 来描述，其中

$$\begin{cases}w_i=1,\text{推进器正常}\\ w_i\in(0,1),\text{推进器性能损失}\\ w_i=0,\text{推进器失效(没有推力)}\end{cases}$$

此后，我们称“故障”为推力的部分损失，“失效”为推力的全部损失。

由于方位推进器也依赖伺服执行器来控制它们的方向，考虑另一种故障情况，即伺服故障。当发生伺服故障时，假设推进器方向锁定到位。当伺服通过不允许反向驱动的自锁齿轮运行时，这是合理的。

总之，用 $T_{p,d}$、$T_{s,d}$、$\phi_{p,d}$、$\phi_{s,d}$表示 T_p、T_s、ϕ_p、ϕ_s 的期望值。故障/失效影响描述为

$$T_p=w_pT_{p,d},T_s=w_sT_{s,d}\tag{5.8}$$

$$\phi_p = \begin{cases} \phi_{p,d}, \text{伺服系统正常} \\ \bar{\phi}_p, \text{伺服系统锁定} \end{cases}$$
$$\phi_s = \begin{cases} \phi_{s,d}, \text{伺服系统正常} \\ \bar{\phi}_s, \text{伺服系统锁定} \end{cases} \tag{5.9}$$

式中：$\bar{\phi}_p$、$\bar{\phi}_s$ 为发生锁定时方位角推进器的（恒定）方向；w_p、w_s 为随时间变化的有效性指数。另请注意，本章忽略了执行器动力学，因为它们的响应时间与载体的时间常数相比很小。

5.3　无故障场景下的控制系统架构

本节所考虑的双体船的控制系统架构可细分为不同的逻辑层，如图 5.2 所示。控制分配在推进器之间分配控制力；控制规则解决了速度跟踪问题，控制策略为控制器提供了参考轨迹。在这些层之上，本节考虑了一个外部故障估计模块，如文献［23］中的模块，它提供了 w_p 和 w_s 的估计，即 $\hat{w}_p$ 和 $\hat{w}_s$。

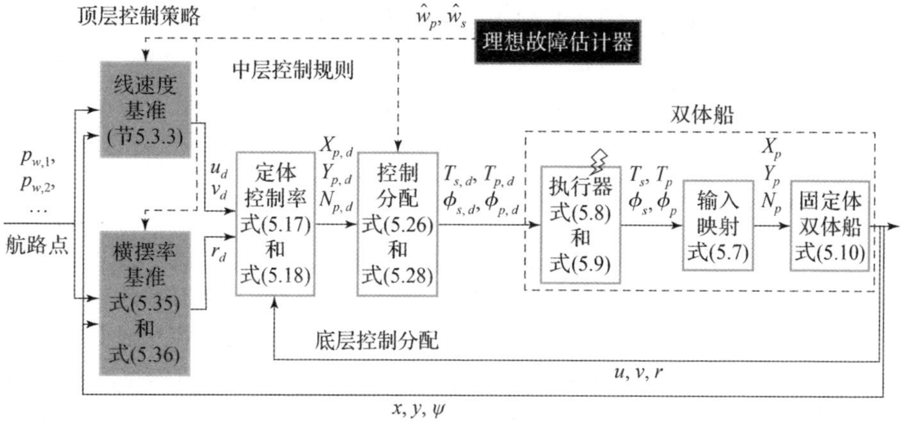

图 5.2　控制方案：白色环路表示船体固定参考系中的速度控制环，包括控制规则和控制分配层，而灰色环路生成船体位置和实际航路点的速度参考。应用于变量的下标“*d*”表示该变量的期望值，由于故障/失效，该值可能与实际值不同

5.3.1　控制规则

本小节以状态空间形式重写系统式（5.3），将式（5.4）~式（5.6）代入式（5.3），得到控制仿射模型为

$$\begin{cases}\dot{u}=f_u(\boldsymbol{u},\boldsymbol{v},\boldsymbol{r})+G_{ux}\boldsymbol{X}_P+G_{uy}\boldsymbol{Y}_P+G_{un}\boldsymbol{N}_P\\ \dot{v}=f_v(\boldsymbol{u},\boldsymbol{v},\boldsymbol{r})+G_{vx}\boldsymbol{X}_P+G_{vy}\boldsymbol{Y}_P+G_{vm}\boldsymbol{N}_P\\ \dot{r}=f_r(\boldsymbol{u},\boldsymbol{v},\boldsymbol{r})+G_{rx}\boldsymbol{X}_P+G_{ry}\boldsymbol{Y}_P+G_{rn}\boldsymbol{N}_P\end{cases}\tag{5.10}$$

$$\begin{cases}f_u=\dfrac{rv+\dfrac{\boldsymbol{X}_H}{m}+r^2x_G}{1-\dfrac{\boldsymbol{X}_{\dot{u}}}{m}}\\ f_v=\dfrac{(\boldsymbol{I}_{zz}-\boldsymbol{N}_{\dot{r}})\left(ru-\dfrac{\boldsymbol{Y}_H}{m}\right)+\left(x_G-\dfrac{\boldsymbol{Y}_{\dot{r}}}{m}\right)(\boldsymbol{N}_H-m\boldsymbol{ru}x_G)}{(\boldsymbol{I}_{zz}-\boldsymbol{N}_{\dot{r}})\left(\dfrac{\boldsymbol{Y}_{\dot{v}}}{m}-1\right)-\left(x_G-\dfrac{\boldsymbol{Y}_{\dot{r}}}{m}\right)(\boldsymbol{N}_{\dot{v}}-mx_G)}\\ f_r=\dfrac{1}{\boldsymbol{I}_{zz}-\boldsymbol{N}_{\dot{r}}}\left(\boldsymbol{N}_H+(\boldsymbol{N}_{\dot{v}}-mx_G)\dfrac{(\boldsymbol{I}_{zz}-\boldsymbol{N}_{\dot{r}})\left(ru-\dfrac{\boldsymbol{Y}_H}{m}\right)+\left(x_G-\dfrac{\boldsymbol{Y}_{\dot{r}}}{m}\right)(\boldsymbol{N}_H-mrux_G)}{(\boldsymbol{I}_{zz}-\boldsymbol{N}_{\dot{r}})\left(\dfrac{\boldsymbol{Y}_{\dot{\psi}}}{m}-1\right)-\left(x_G-\dfrac{\boldsymbol{Y}_t}{m}\right)(\boldsymbol{N}_{\dot{v}}-mx_G)}-mrux_G\right)\end{cases}\tag{5.11}$$

式中：$\boldsymbol{u}$、$\boldsymbol{v}$、$\boldsymbol{r}$ 分别为状态变量，即纵荡、摇摆和偏航速度；非线性函数 $\boldsymbol{f}=[f_u,f_v,f_r]^{\mathrm{T}}$ 在式（5.11）中定义。然后，按如下方式获取变量：

$$\underbrace{\begin{bmatrix}\dot{u}\\ \dot{v}\\ \dot{r}\end{bmatrix}}_{\dot{\boldsymbol{v}}}=\underbrace{\begin{bmatrix}f_u(u,v,r)\\ f_v(u,v,r)\\ f_r(u,v,r)\end{bmatrix}}_{\boldsymbol{f}}+\underbrace{\begin{bmatrix}G_{ux}&G_{uy}&G_{un}\\ G_{vx}&G_{vy}&G_{vn}\\ G_{rx}&G_{ry}&G_{rn}\end{bmatrix}}_{\boldsymbol{G}}\underbrace{\begin{bmatrix}\boldsymbol{X}_P\\ \boldsymbol{Y}_P\\ \boldsymbol{N}_P\end{bmatrix}}_{\boldsymbol{\xi}_P}=\tag{5.12}$$

$$=\underbrace{\begin{bmatrix}f_u(u,v,r)\\ f_v(u,v,r)\\ f_r(u,v,r)\end{bmatrix}}_{\boldsymbol{f}}+\underbrace{\begin{bmatrix}\boldsymbol{\mu}_u\\ \boldsymbol{\mu}_v\\ \boldsymbol{\mu}_r\end{bmatrix}}_{\boldsymbol{\mu}}\tag{5.13}$$

我们可以设计一个控制规则，为虚拟输入 $\boldsymbol{\xi_p}=[\boldsymbol{X}_p、\boldsymbol{Y}_p、\boldsymbol{N}_p]$ 施加期望值，即 $\boldsymbol{X}_{p,d}$、$\boldsymbol{Y}_{p,d}$、$\boldsymbol{N}_{p,d}$。给定速度轨迹参考 $\boldsymbol{v}_d=[u_d,v_d,r_d]^{\mathrm{T}}$，设计控制规则，如使用简单的反馈线性化的方法来渐近稳定跟踪误差 $\boldsymbol{s}=\boldsymbol{v}_d-\boldsymbol{v}$。定义李雅普诺夫函数 $\boldsymbol{V}=\boldsymbol{s}^{\mathrm{T}}\boldsymbol{s}/2$，并且遵循：

$$\dot{\boldsymbol{V}}=\boldsymbol{s}^{\mathrm{T}}\dot{\boldsymbol{s}}=\boldsymbol{s}^{\mathrm{T}}(\dot{\boldsymbol{v}}_d-\dot{v})=\boldsymbol{s}^{\mathrm{T}}(\dot{\boldsymbol{v}}_d-\boldsymbol{f}-\boldsymbol{\mu})\tag{5.14}$$

选择对称正定矩阵 $\boldsymbol{K}$，则

$$\boldsymbol{\mu}=\dot{\boldsymbol{v}}_d-\boldsymbol{f}+\boldsymbol{K}(\boldsymbol{v}_d-\boldsymbol{v})\tag{5.15}$$

$$\dot{\boldsymbol{V}}=\boldsymbol{s}^{\mathrm{T}}\dot{\boldsymbol{s}}=-\boldsymbol{s}^{\mathrm{T}}\boldsymbol{K}(\boldsymbol{v}_d-\boldsymbol{v})=-\boldsymbol{s}^{\mathrm{T}}\boldsymbol{K}\boldsymbol{s}<0\tag{5.16}$$

所以，误差系统是全局指数稳定的。控制规则也可以用标量形式表示为

$$\begin{cases}\mu_u = \dot{u}_d - f_u(u,v,r) + k_u(u_d - u)\\ \mu_v = \dot{v}_d - f_v(u,v,r) + k_v(v_d - v)\\ \mu_r = \dot{r}_d - f_r(u,v,r) + k_r(r_d - r)\end{cases} \tag{5.17}$$

请注意，生成的控制器由普通的标量控制规则组成，每个标量规则都是在系统的单个方程上设计的。然后，虚拟控制输入 $\boldsymbol{\xi}_p$ 的计算公式为

$$\boldsymbol{\xi}_P = \boldsymbol{G}^{-1}\boldsymbol{\mu} \tag{5.18}$$

式中：$\boldsymbol{G}$ 为非奇异的，它的逆为

$$\boldsymbol{G}^{-1} = \begin{bmatrix} m - \boldsymbol{X}_{\dot{u}} & 0 & 0\\ 0 & m - \boldsymbol{Y}_{\dot{v}} & mx_G - \boldsymbol{Y}_{\dot{r}}\\ 0 & mx_G - \boldsymbol{N}_{\dot{v}} & \boldsymbol{I}_{zz} - \boldsymbol{N}_{\dot{r}} \end{bmatrix} \tag{5.19}$$

5.3.2　控制分配

一旦控制规则确定了虚拟输入 $\boldsymbol{X}_{p,d}$、$\boldsymbol{Y}_{p,d}$、$\boldsymbol{N}_{p,d}$ 以跟踪所需的轨迹，就需要找到满足式（5.7）~式（5.9）的 $\boldsymbol{T}_{p,d}$、$\boldsymbol{T}_{s,d}$ 和 ϕ_p、ϕ_s。事实上，系统（5.3）的实际输入是期望的推力和方位角。注意式（5.7）显示了实际输入和虚拟输入之间的非线性关系。这个问题可以通过使用扩展推进器表示的线性方法来解决，它提出了一种简单的方法来解决以变角度推进器为特征的无约束问题[20]，只需定义：

$$\boldsymbol{T}_{px} = \boldsymbol{T}_p\cos\phi_p, \boldsymbol{T}_{py} = \boldsymbol{T}_p\sin\phi_p \tag{5.20}$$

$$\boldsymbol{T}_{sx} = \boldsymbol{T}_s\cos\phi_s, \boldsymbol{T}_{sy} = \boldsymbol{T}_s\sin\phi_s \tag{5.21}$$

它们是体坐标系中向量 $\boldsymbol{T}_p$、$\boldsymbol{T}_s$ 的坐标，$\boldsymbol{f}_e = [\boldsymbol{T}_{px}、\boldsymbol{T}_{py}、\boldsymbol{T}_{sx}、\boldsymbol{T}_{sy}]^{\mathrm{T}}$，因此式（5.7）可以表示为

$$\boldsymbol{\xi}_P = \begin{bmatrix} 1 & 0 & 1 & 0\\ 0 & 1 & 0 & 1\\ y_{\mathrm{thr}} & -x_{\mathrm{thr}} & -y_{\mathrm{thr}} & -x_{\mathrm{thr}} \end{bmatrix}\boldsymbol{f}_e = \boldsymbol{T}\boldsymbol{f}_e \tag{5.22}$$

类似地，定义期望输入的分量为

$$\boldsymbol{T}_{px,d} = \boldsymbol{T}_{p,d}\cos\phi_p, \boldsymbol{T}_{py,d} = \boldsymbol{T}_{p,d}\sin\phi_p \tag{5.23}$$

$$\boldsymbol{T}_{sx,d} = \boldsymbol{T}_{s,d}\cos\phi_s, \boldsymbol{T}_{sy,d} = \boldsymbol{T}_{s,d}\sin\phi_s \tag{5.24}$$

$\boldsymbol{f}_{e,d} = [\boldsymbol{T}_{px,d}, \boldsymbol{T}_{py,d}, \boldsymbol{T}_{sx,d}, \boldsymbol{T}_{sy,d}]^{\mathrm{T}}$。为了考虑有效性损失，注意到 $\boldsymbol{f}_e = \boldsymbol{W}\boldsymbol{f}_{e,d}$ 成立，其中 $\boldsymbol{W} = \mathrm{diag}\{w_p, w_p, w_s, w_s\}$ 且 w_p、$w_s \in [0,1]$。由于扩展的推进器分配不考虑饱和约束，当 $w_i \in [0,0.25]$ 时，从控制分配中完全删除推进器，即一旦推进器失去超过 75% 的推力能力，它就是失效的。由于 $\boldsymbol{W}$ 是未知的，因此由外部模块提供的估计值 $\hat{\boldsymbol{W}} = \mathrm{diag}\{\hat{w}_p, \hat{w}_p, \hat{w}_s, \hat{w}_s\}$ 代替，如图 5.2 所示，这不在

本章的范围内，假设它已经根据文献［24］中提供的许多技术之一进行了设计。

优化问题表示为

$$\begin{cases}\min\limits_{f_e}\{\boldsymbol{f}_{e,d}^{\mathrm{T}}\boldsymbol{Q}\boldsymbol{f}_{e,d}\}\\ \text{s. t. }\boldsymbol{\xi}_{\boldsymbol{P}}-\boldsymbol{T}\hat{\boldsymbol{W}}\boldsymbol{f}_{e,d}=\boldsymbol{0}\end{cases}\tag{5.25}$$

直接解决方案公式为

$$\boldsymbol{f}_{e,d}=\boldsymbol{Q}^{-1}\hat{\boldsymbol{W}}\boldsymbol{T}^{\mathrm{T}}(\boldsymbol{T}\hat{\boldsymbol{W}}\boldsymbol{Q}^{-1}\hat{\boldsymbol{W}}\boldsymbol{T}^{\mathrm{T}})^{-1}\boldsymbol{\xi}_P\tag{5.26}$$

最后，可以从$\boldsymbol{f}_{e,d}$计算期望的推力和角度：

$$\boldsymbol{T}_{p,d}=\sqrt{\boldsymbol{T}_{px,d}^2+\boldsymbol{T}_{py,d}^2},\boldsymbol{\phi}_p=\arctan\left(\frac{\boldsymbol{T}_{py,d}}{\boldsymbol{T}_{px,d}}\right)\tag{5.27}$$

$$\boldsymbol{T}_{s,d}=\sqrt{\boldsymbol{T}_{sx,d}^2+\boldsymbol{T}_{sy,d}^2},\boldsymbol{\phi}_s=\arctan\left(\frac{\boldsymbol{T}_{sy,d}}{\boldsymbol{T}_{sx,d}}\right)\tag{5.28}$$

由式（5.27）和式（5.28）表示的解具有正推力和$[-\pi,+\pi]$方位角。假设每个方位推进器都被约束在集合$[-\pi/2,+\pi/2]$中，而推进器叶片可以双向旋转，并可以处理不可行的角度。当方位角不在$[-\pi/2,+\pi/2]$区间内时，加（或减）π并提供相反的推力就足够了。这样，推力的两个分量保持不变，但方位角变得可行。还要注意，控制分配模块引入的误差依赖于故障估计误差。无论如何，由于标称内环系统是全局指数稳定的，假设有界故障估计误差，我们期望局部有界误差动力学特性[25]。

该解决方案解决了效率损失问题，但在执行器故障的情况下还不够。当发生故障时，按照5.4节所述重新配置控制架构。

5.3.3 控制策略

参考定义为双体船必须到达的地球坐标系中的一组航路点$\mathbb{X}=\{[x_{w,i},y_{w,i}]^{\mathrm{T}},\ i=1,2,\cdots,m\}$。船体必须到达每个航路点$\boldsymbol{p}_{w,i}=[x_{w,i},\ y_{w,i}]^{\mathrm{T}}$，公差由接受半径$r_{\mathrm{th}}$定义。控制规则需要一个连续的时间参考，因此通过对航路点序列进行低通滤波生成，从而使该滤波器的输出$\boldsymbol{p}_w$足够平滑。定义位置误差：

$$\boldsymbol{e}=\boldsymbol{P}_w-x=[x_w-x\quad y_w-y]^{\mathrm{T}}\tag{5.29}$$

这是从双体船的当前位置开始并在期望位置结束的向量。期望速度的大小会影响到达期望航路点的时间，但我们可以对双体船施加一个启发式速度分布，其考虑与当前航路点的距离、饱和限制、推进器的故障信息和下一个航路点的位置。还可以根据轨迹配置选择期望的速度，以便进行紧凑的操作。WAM－V

速度设置为与 $\boldsymbol{e}$ 具有相同的方向：

$$\dot{\boldsymbol{x}}_d = [\dot{\boldsymbol{x}}_d \dot{\boldsymbol{y}}_d]^{\mathrm{T}} = \frac{\boldsymbol{e}}{\|\boldsymbol{e}\|} V_f(\|e\|, \alpha, \beta) \cdot \gamma_{\mathrm{sat}} \tag{5.30}$$

而 $V_f(\|e\|, \alpha, \beta)$ 是不发生饱和时的期望速度，γ_{sat} 考虑推进器饱和。

特别地，γ_{sat} 是调整速度的修正因子，表示为

$$\gamma_{\mathrm{sat}} = 1 - 0.9 e^{-\lambda_\eta (1-\eta)^2} \tag{5.31}$$

式中

$$\eta = \max\left(\frac{|\boldsymbol{T}_p|}{\boldsymbol{T}_{\max} \cdot w_p}, \frac{|\boldsymbol{T}_s|}{\boldsymbol{T}_{\max} \cdot w_s}\right) \tag{5.32}$$

$\lambda_\eta > 0$ 是设计参数。在图 5.3 中报告了 γ_{sat}；在无饱和的情况下，期望速度 V_f 保持不变，直到执行器的使用率低于 80%，然后迅速降低以达到更高的值。这减轻了未建模饱和度的影响，否则控制方案中不会考虑这些影响。

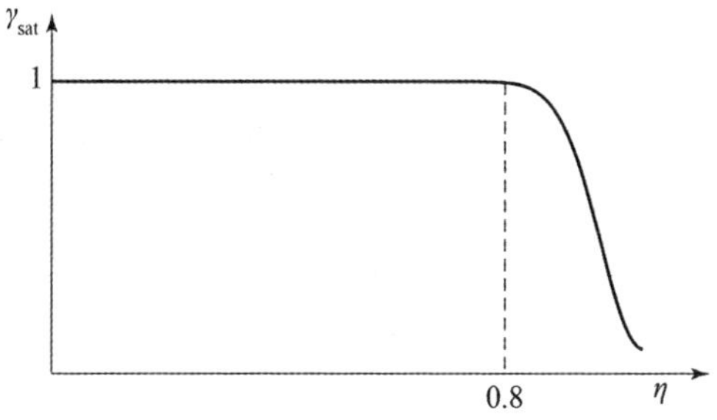

图 5.3　由于饱和子引起的速度曲线校正因子

为了讨论 $V_f(\|e\|, \alpha, \beta)$ 项，首先确定以下可用于确定期望速度的量：β 是当前的方向误差，而 α 是到达当前点后操纵误差角的估计值。方向误差 β 定义为

$$\beta = \psi - \arctan\left(\frac{y_{w,i} - y}{x_{w,i} - x}\right) \tag{5.33}$$

式中：$\boldsymbol{p}_{w,i} = [x_{w,i}, y_{w,i}]^{\mathrm{T}}$ 为当前航路点。注意当船体朝向 $\boldsymbol{p}_{w,i}$ 时，$\beta = 0$，所以船体速度应该与 β 成反比，以允许转向操作。角度 α 计算公式为

$$\alpha = \arctan\left(\frac{y_{w,i+1} - y_{w,i}}{x_{w,i+1} - x_{w,i}}\right) - \arctan\left(\frac{y_{w,i} - y}{x_{w,i} - x}\right) \tag{5.34}$$

式中：$\boldsymbol{p}_{w,i+1} = [x_{w,i+1}, y_{w,i+1}]^{\mathrm{T}}$ 为下一个航路点的位置，如图 5.4 所示。注意当船体的位置、正在接近的路点和后面的路点共线时，$\alpha = 0$，因此仅在接近航路点附近时降低速度。

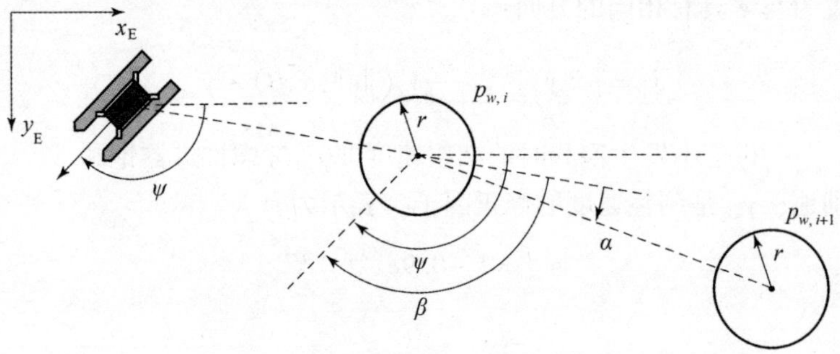

图 5.4　在最常规情况下 α 和 β 表示

使用向量 $\boldsymbol{e}$ 的分量定义期望航向：

$$\psi_d = \arctan\left(\frac{y_d - y}{x_d - x}\right) \tag{5.35}$$

期望偏航速率计算公式为

$$r_d = \frac{\mathrm{d}\psi_d}{\mathrm{d}t} + K_\psi(\psi_d - \psi) \tag{5.36}$$

在 $K_\psi(\psi_d = \psi)$ 中，$K_\psi > 0$ 是一个设计参数，迫使偏航率收敛到期望的值。

然后将速度参考旋转到船体固定坐标系中，以便输入控制规则：

$$\boldsymbol{v}_d = \begin{bmatrix} u_d \\ v_d \\ r_d \end{bmatrix} = \begin{bmatrix} \cos\psi & \sin\psi & 0 \\ -\sin\psi & \cos\psi & 0 \\ 0 & 0 & 1 \end{bmatrix} \begin{bmatrix} \dot{x}_d \\ \dot{y}_d \\ r_d \end{bmatrix} \tag{5.37}$$

速度 $\boldsymbol{V}_f$ 考虑了几个参数：从 $V_{\max}$ 的定义开始，即在没有故障和失效的情况下的最大线速度。存在故障时的最大线速度由 $V_{\max,f}$ 表示，它可以根据实验和（或）模拟任意定义为安全速度。在图 5.5（a）中显示了建议的 $V_{\max,f}$ 的表示，它是分段连续函数：

$$V_{\max,f} = \begin{cases} V_{\max}\left[\dfrac{-0.15}{0.25}(1-f)+1\right], 0.75 \leqslant f \leqslant 1 \\ V_{\max}\left[\dfrac{-0.25}{0.25}(1-f-0.25)+0.85\right], 0.5 \leqslant f < 0.75 \\ V_{\max}\left[\dfrac{-0.35}{0.25}(1-f-0.5)+0.6\right], 0.25 \leqslant f < 0.5 \\ 0.25V_{\max}, 0 \leqslant f < 0.25 \end{cases} \tag{5.38}$$

式中：$f = \min(w_p, w_s)$。

在图 5.5（b）中，显示了速度曲线 $V_f^{\alpha=0} = V_f(\|\boldsymbol{e}\|, 0, \beta)$ 在 $\|\boldsymbol{e}\|$ 和 β 作用下的表示。无论距离 $\|\boldsymbol{e}\|$ 为多少，当 $\beta = 0$ 时系统可以跟随其最大速度 $V_{\max,f}$，但

当 β 增加时，期望速度应该减小，因此选择期望速度 $V_f^{\alpha=0}$ 为

$$V_f^{\alpha=0}(\|\boldsymbol{e}\|,\beta)=V_{\max,f}\cdot g(\beta) \tag{5.39}$$

式中：

$$g(\beta)=e^{-\lambda_\beta|\beta|} \tag{5.40}$$

式中：$\lambda_\beta>0$。根据式（5.39）的规定，不存在与 $\|\boldsymbol{e}\|$ 的实际相关性，因为当 $\alpha=0$ 时，与航路点的距离并不重要，即船体的位置和下一个航路点共线。

在图 5.5（c）中，显示了速度曲线 $V_f^{\beta=0}=V_f(\|\boldsymbol{e}\|,\alpha,0)$ 在 $\|\boldsymbol{e}\|$ 和 α 作用下的表示，其定义为

$$V_f^{\beta=0}(\|\boldsymbol{e}\|,\alpha)=V_{\max,f}[1-(1-f(\alpha))e^{-\lambda_e|e\|}] \tag{5.41}$$

其中

$$f(\alpha)=e^{-\lambda_\alpha\cdot|\alpha|} \tag{5.42}$$

$\lambda_e>0$，$\lambda_\alpha>0$ 是设计参数。

当 $\beta=0$ 时，总体期望速度曲线 $V_f(\|\boldsymbol{e}\|,\alpha,\beta)$ 减少到 $V_f^{\beta=0}$，当 $\alpha=0$ 时减少到 $V_f^{\alpha=0}$。本章建议期望速度 V_f 为

$$V_f=\frac{V_f^{\alpha=0}V_f^{\beta=0}}{V_{\max,f}}=V_{\max,f}\cdot g(\beta)\cdot[1-(1-f(\alpha))e^{-\lambda_e\|e\|}] \tag{5.43}$$

图 5.5（d）所示为 V_f 的参数表示。

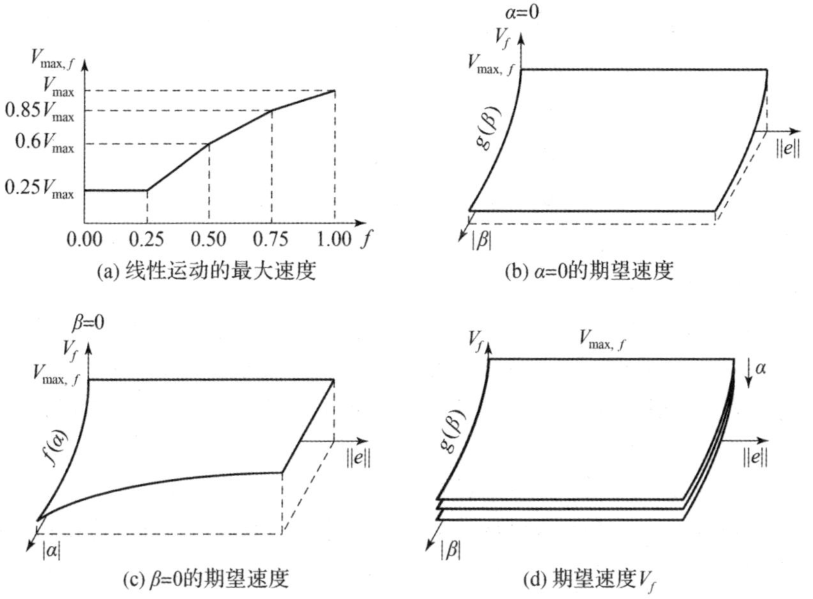

(a) 线性运动的最大速度　(b) α=0的期望速度

(c) β=0的期望速度　(d) 期望速度V_f

图 5.5　参数表示

5.4 故障情况下的控制重新配置

本节将介绍如何重新配置控制以应对执行器故障。对于方位推进器，两种主要的故障类型位于推力驱动器和角度驱动器上。推力驱动器故障意味着完全丧失推进力，因此不能使用推进器。角度驱动器的故障可能以两种不同的方式出现：方位角不受控制地移动，或者方位角锁定到位并且无法从当前位置移动。在第一种情况下，选择将此故障视为推力驱动器故障，并将相应的推进器输出设置为零。换言之，每当发生这种故障时，系统都欠驱动，并且无法同时控制航向和位置（或类似地，线速度和角速度）。在第二种情况下，可以将方位角推进器用作简单的固定推进器，因此只能控制产生的推力。这种情况比前一种情况更有利：只要使用自锁齿轮来控制方向，伺服故障就会产生锁定到位。对于每种情况，建议仅重新配置控制策略和控制分配层，允许用户在能力降低的情况下继续导航。假设故障显示在 S 方位角推进器上，因为 P 中的故障有类似的解决方案。

5.4.1 S 方位推进器故障

当 $0 \leqslant w_s \leqslant 0.25$ 时，S 方位推进器关闭，因此它不提供推力。控制分配问题式（5.7）变为

$$\begin{cases} \boldsymbol{X}_P = \boldsymbol{T}_p \cos\boldsymbol{\phi}_p \\ \boldsymbol{Y}_P = \boldsymbol{T}_p \sin\boldsymbol{\phi}_p \\ \boldsymbol{N}_P = \boldsymbol{T}_p (y_{\text{thr}} \cos\boldsymbol{\phi}_p - x_{\text{thr}} \sin\boldsymbol{\phi}_p) \end{cases} \tag{5.44}$$

当处理两个输入 $[\boldsymbol{T}_p \boldsymbol{\phi}_p]^{\mathrm{T}}$ 时，系统处于欠驱动状态，而控制分配必须产生三个所需的作用力 $[\boldsymbol{X}_{p,d} \boldsymbol{Y}_{p,d} \boldsymbol{N}_{p,d}]^{\mathrm{T}}$，因此，通常式（5.45）没有可行的解，而最小二乘解会导致不可接受的性能。本章建议将控制分成两个阶段，并使用滞后阈值在它们之间切换，其边界为 $\Delta\psi_{\inf}$ 和 $\Delta\psi_{\sup}$（$\Delta\psi_{\inf} < \Delta\psi_{\sup}$）。这样的界限定义了可接受的航向误差范围。控制策略层和控制分配层共同构成以下解决方案：

（1）$|\psi_d - \psi| \geqslant \Delta\psi_{\sup}$：在这种情况下，航向误差是相关的，因此优先考虑调整 WAM－V 方向以完成 LOS 引导。特别是，系统试图分配纵荡力 $\boldsymbol{X}_{p,d}$ 以及偏航力矩 $\boldsymbol{N}_{p,d}$，而忽略摇摆力 $\boldsymbol{Y}_{p,d}$，因此式（5.45）简化为

$$\begin{bmatrix} \boldsymbol{X}_P \\ \boldsymbol{N}_P \end{bmatrix} = \begin{bmatrix} 1 & 0 \\ y_{\text{thr}} & -x_{\text{thr}} \end{bmatrix} \begin{bmatrix} w_p & 0 \\ 0 & w_p \end{bmatrix} \begin{bmatrix} \boldsymbol{T}_{px} \\ \boldsymbol{T}_{py} \end{bmatrix} \tag{5.45}$$

式中：$0.25 < w_p \leqslant 1$ 为推进器 P 的效率。如果 $w_p > 0$，矩阵总是可逆的，因此可以获得 $\boldsymbol{T}_{p,x}$ 和 $\boldsymbol{T}_{p,y}$，并且式（5.27）确定 $\boldsymbol{T}_p$ 和 ϕ_p。

（2）$|\psi_d - \psi| \leqslant \Delta\psi_{\mathrm{inf}}$：在这种情况下，航向误差足够小，所以优先考虑的是减少位置误差。系统尝试分配纵荡力 $\boldsymbol{X}_{p,d}$ 和摇摆力 $\boldsymbol{Y}_{p,d}$，忽略偏航力矩 $\boldsymbol{N}_{p,d}$，因此式（5.45）简化为

$$\begin{bmatrix} \boldsymbol{X}_P \\ \boldsymbol{Y}_P \end{bmatrix} = \begin{bmatrix} 1 & 0 \\ 0 & 1 \end{bmatrix} \begin{bmatrix} w_p & 0 \\ 0 & w_p \end{bmatrix} \begin{bmatrix} \boldsymbol{T}_{px} \\ \boldsymbol{T}_{py} \end{bmatrix} \tag{5.46}$$

式中：$0.25 < w_p \leqslant 1$ 衡量推进器 P 的效率，这也可能出现故障。这个问题总是可以通过方阵的简单求逆来解决。

作为额外的预防措施，在执行器故障的情况下，工作推进器的方位角在 $[-\pi/4, \pi/4]$ 范围内人为地饱和，以避免可能限制更多性能的低效推进器方向。为了减少控制力，参数 K_ψ 也被 $K_{\psi,\mathrm{fail}}$ 取代（表 5.1）。

表 5.1　设计参数

参数	值
K	$0.6I_3$
Q	$0.6I_4$
K_Ψ	2
$K_{\Psi,\mathrm{fail}}$	0.2
r_{th}	4m

5.4.2　*S* 方位推进器上的阻塞角

当方位角推进器 S 的角度锁定到位时（ϕ_s 变为常数，其值等于固定值 $\bar{\phi}_s$，即 $\phi_s = \bar{\phi}_s$），系统不再过驱动。方程式（5.7）变为

$$\begin{cases} \boldsymbol{X}_P = \boldsymbol{T}_p \cos\phi_p + \boldsymbol{T}_s \cos\bar{\phi}_s \\ \boldsymbol{Y}_P = \boldsymbol{T}_p \sin\phi_p + \boldsymbol{T}_s \sin\bar{\phi}_s \\ \boldsymbol{N}_P = \boldsymbol{T}_p (y_{\mathrm{thr}} \cos\phi_p - x_{\mathrm{thr}} \sin\phi_p) - \boldsymbol{T}_s (y_{\mathrm{thr}} \cos\bar{\phi}_s + x_{\mathrm{thr}} \sin\bar{\phi}_s) \end{cases} \tag{5.47}$$

扩展的推进器表示变为

$$\begin{bmatrix} \boldsymbol{X}_P \\ \boldsymbol{Y}_P \\ \boldsymbol{N}_P \end{bmatrix} = \begin{bmatrix} 1 & 0 & \cos\bar{\phi}_s \\ 0 & 1 & \sin\bar{\phi}_s \\ y_{\text{thr}} & -x_{\text{thr}} & l_s \end{bmatrix} \begin{bmatrix} w_p & 0 & 0 \\ 0 & w_p & 0 \\ 0 & 0 & w_s \end{bmatrix} \begin{bmatrix} \boldsymbol{T}_{px} \\ \boldsymbol{T}_{py} \\ \boldsymbol{T}_s \end{bmatrix} \tag{5.48}$$

式中：$l_s = -y_{\text{thr}}\cos\bar{\phi}_s - x_{\text{thr}}\sin\bar{\phi}_s$。该解可以通过矩阵求逆得到，因为对于 $\forall\ \bar{\phi}_s \neq \frac{\pi}{2} + k\pi$，$k \in N$ 是非奇异的。$\boldsymbol{T}_p$、ϕ_p 由式（5.27）给出。

5.4.3 其他情况

当两个（或更多）之前的故障同时发生在两个不同的推进器上时（如 P 被阻塞而 S 完全失效），通常无法控制航行器完成任务（到达航路点）。

唯一的例外是当两个推进器都有阻塞角时：在这种情况下，系统欠驱动，但仍然部分可控。然而，该系统可以看作带有两个固定角度推进器的传统 USV，因此该问题的解决方案不再进一步分析。请注意，故障或失效重新配置由控制分配执行，而速度参考由控制策略调整。

5.5 仿真结果

本节将介绍在 4 种不同故障/失效条件下获得的仿真结果。在场景 1 中，执行器无任何故障；在场景 2 中，显示了故障情况；在场景 3 中，研究了在方位角推进器完全失效时的系统性能。在最后一个场景中，我们考虑了当方位角推进器锁定在固定角度时的 WAM – V 控制。为了比较系统的性能，考虑了相同的轨迹。

考虑仿真 16′WAM – V USV 双体船：参数、外力和力矩是在文献［9］的静水中通过实验获得的。USV 的参数在表 5.2 和表 5.3 中列出。WAM – V 的最大速度 $V_{\max}$ 设置为 11kn（1kn = 1.852km/h）[26]。最后，在饱和约束下，将执行器模拟为一阶低通滤波器；此外，故障权重的理想估计已被加性有色噪声破坏（标准偏差约为 0.01）。

表 5.2　WAM – V 和执行器参数

变量名	符号	值	单位
质量	m	181	kg
惯性	I_{zz}	239.14	kg · m²

续表

变量名	符号	值	单位
质心	x_G	0	m
长度	L	4.88	m
船宽	B	2.44	m
推进器在 x 轴方向上离质心的距离	x_{thr}	2.44	m
推进器在 y 轴方向上离质心的距离	y_{thr}	0.915	m
附加惯性	J_z	-0.089	kg · m^2
沿 x 轴的附加质量	m_x	-0.830	kg
沿 y 轴的附加质量	m_y	-1.120	kg
吃水深度	d	0.15	m
船长 LBP	L_{pp}	3.20	m
最大推力	T_{max}	500	N
最大推力器角度	—	π/2	rad
推力时间长度	—	0.05	s
方位角时间常数	—	0.1	s

表 5.3　流体动力学参数[9]

参数	值	参数	值	参照	值
R'_0	0.0896	Y'_r	-0.500	N'_r	-0.177
X'_{vv}	-0.880	Y'_{vv}	-0.0008	N'_{vvv}	1.659
Y'_v	-1.155	N'_v	-0.265	$X_{\dot{u}}$	-0.830
$Y_{\dot{v}}$	-1.120	$Y_{\dot{r}}$	-0.435		
$N_{\dot{r}}$	-0.089	$N_{\dot{v}}$	0.025		

5.5.1　场景 1：无故障执行器

在这种情况下，我们在没有执行器故障/失效的情况下（$w_p = w_s = 1$，图 5.6）研究 WAM－V，以验证控制器并测试参考的可行性。控制工作如图 5.7 所示：控制系统同时利用了可变推力和定向方位角，尽管推进器在某些样本中达到了饱和极限。WAM－V 在大约 394s 内完成路线（图 5.14（a）中的实线）。

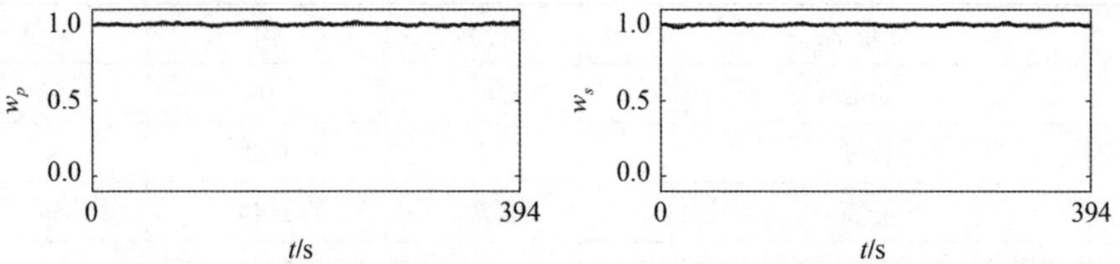

图 5.6　场景 1 中的推进器效率（实际值为虚线，实线为噪声估计）

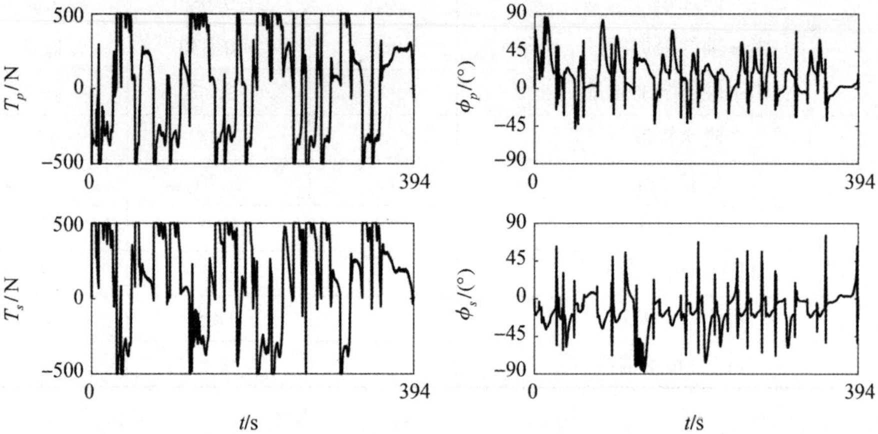

图 5.7　场景 1 中的控制工作

5.5.2　场景 2：双推进器故障

在这种情况下，我们考虑 WAM－V 系统在两个推进器上都有故障，但没有失效。在图 5.8 中绘制了权重 w_i 的值。尽管系统仍处于过驱动状态，但主要问题与降低的饱和限制有关，这是控制分配无法避免的。控制策略层降低航行器的期望速度，允许跟踪期望路径，从而将总时间增加到约 513s。我们在图 5.9 中注意到与前一个场景类似的饱和事件数量。

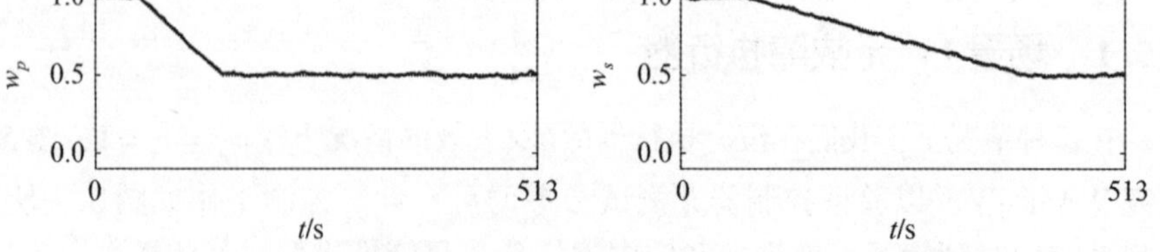

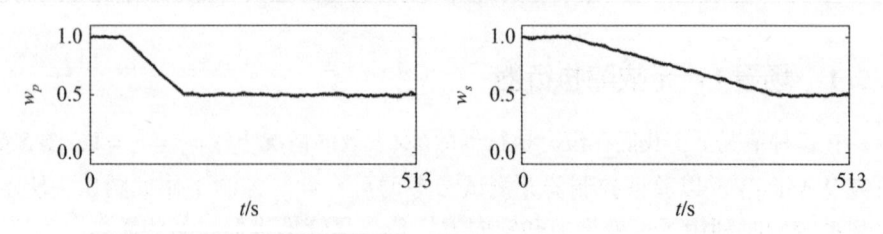

图 5.8　场景 2 中的推进器效率（实际值为虚线，实线为噪声估计）

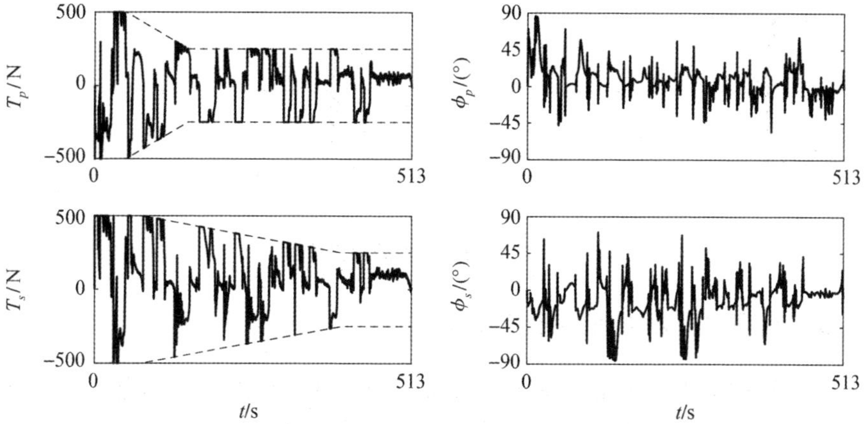

图 5.9　场景 2 中的控制工作

5.5.3　场景 3：推进器故障及失效

在这种情况下，显示了右舷推进器完全故障以及左舷推进器故障的系统性能。一旦推进器发生故障，航行器就会变得欠驱动，因此控制策略和控制分配起着关键作用。图 5.10 显示了推进器效率 w_i。右舷推进器在 50s 后出现故障，而左舷推进器效率下降到 $w_s=0.5$。控制措施如图 5.11 所示。正如预期的那样，右舷推进器在发生故障后关闭。左舷推进器几乎每时每刻都提供可变的正推力，以补偿纵向流体动力摩擦。右舷推进器的方位角被大量利用以控制 USV 的方向。我们注意到，在这种情况下，施加的方位角小于 π/4。系统在大约 1546s 内完成路线（图 5.14（c）中的点画线），因此其行程时间是第一种情况的 3 倍以上。

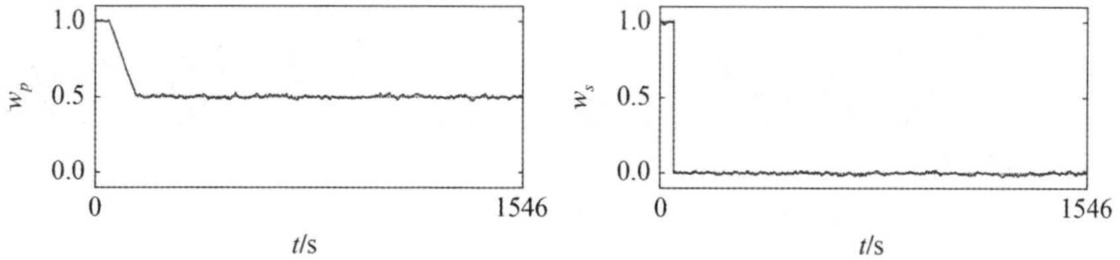

图 5.10　场景 3 中的推进器效率（实际值为虚线，实线为噪声估计）

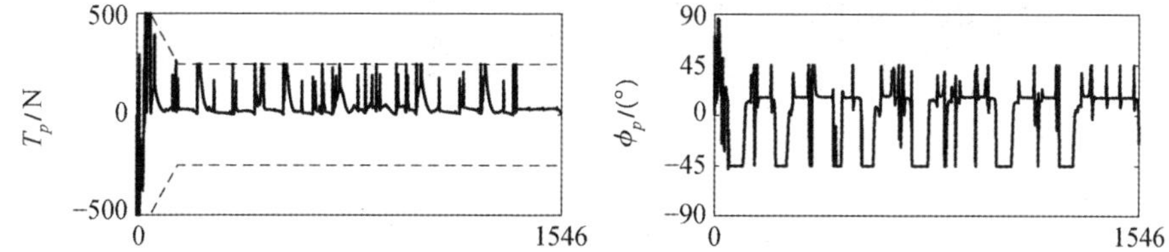

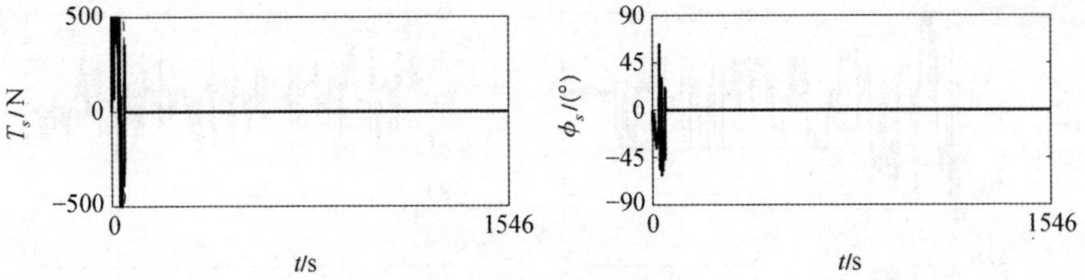

图 5.11　场景 3 中的控制工作

5.5.4　场景 4：推进器卡住和故障

在这种情况下，我们考虑方位推进器锁定到位时的跟踪问题。系统将完全启动，因此预计会因饱和而降低性能。在该仿真中，右舷推进器的方位角在 45s 后锁定在大约 23°的位置。图 5.12 显示了推进器效率 w_i。请注意，为了进行比较，它们与场景 2 相同。我们在图 5.13 中注意到控制力的变化比场景 2 中更快：事实上，右舷推进器提供的相当大的侧向力迫使控制系统用左舷推进器对其进行补偿，因此导致推进器频繁饱和。系统在约 533s 内完成路线（图 5.14（d）中的实线），因此其航行时间略高于场景 2。

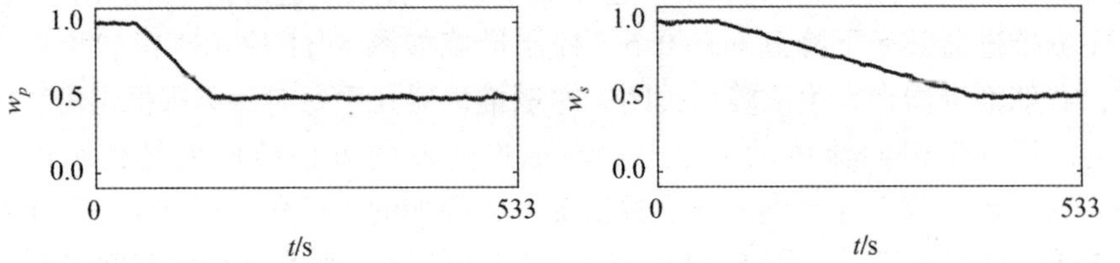

图 5.12　场景 4 中的推进器效率（实际值为虚线，实线为噪声估计）

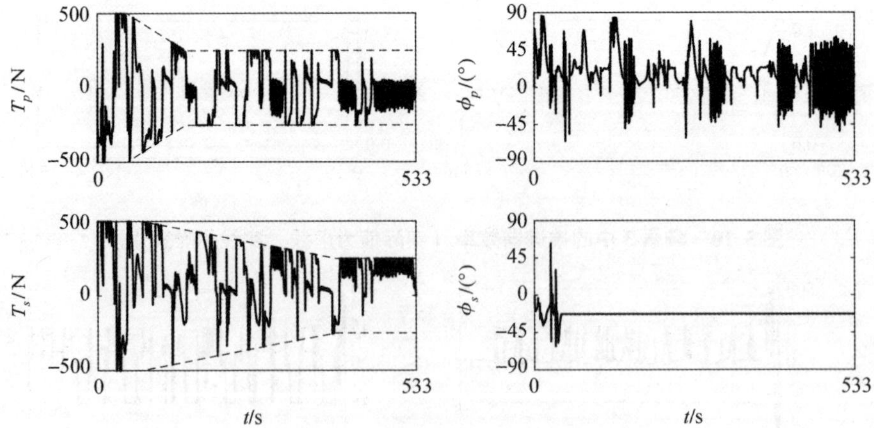

图 5.13　场景 4 中的控制工作

5.5.5　结果讨论

4 种情况下 WAM－V 的路径如图 5.14 所示。乍一看，可以注意到在场景 1 中获得了最好的跟踪性能，不难发现，因为在这种情况下要求最高速度，因此，很容易发生操纵并发症。场景 2 和场景 4 表现出类似的性能，在这两种情况下，由于存在故障，无法获得一些窄曲线，因此在该控制方案中，锁定位置不如故障重要。正如预期的那样，由于系统的欠驱动性质，场景 3 是最关键的。许多曲线无法实现，因此为了恢复航行器的方向，经常发生完全转向。我们还注意到 WAM－V 不能直线行驶，在轨迹的较长部分可以看出。这是控制分配切换行为的结果，目的是控制线速度和角速度。

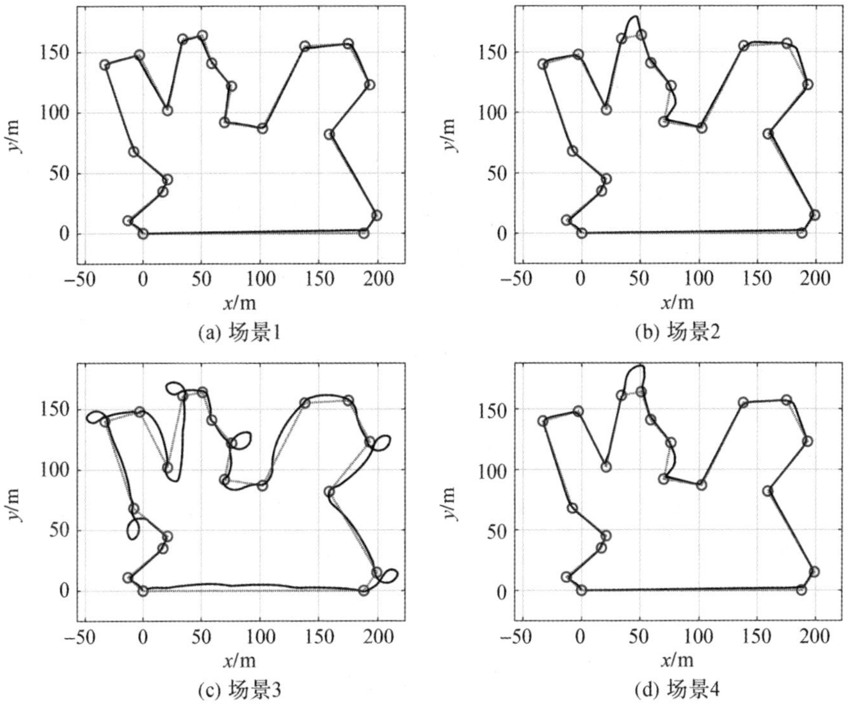

图 5.14　4 种场景下的跟踪性能

我们比较了航行时间 T_f、实际路径的长度 Δs 和控制措施三个指标的性能。这些指标在表 5.4 中列出。由于推进器的功率可以通过文献［27］估计：

$$P_{p,s} = k\boldsymbol{T}_p^{3/2} + k\boldsymbol{T}_s^{3/2} \tag{5.49}$$

我们定义一个消耗的维度指标：

$$\boldsymbol{\Phi}_{p,s} = \int_0^{T_f} (\boldsymbol{T}_p^{3/2} + \boldsymbol{T}_s^{3/2})\,\mathrm{d}t \tag{5.50}$$

其中，常数 k 并不重要，因为我们只对场景之间的比率感兴趣。

与前面的考虑一致，路径长度在场景 1 中最小，在场景 3 中最大。场景 2 和场景 4 中的路径长度是中等的，前者的行为稍好一些。场景 1、场景 2 和场景 4 的路径长度相差不到 5%，而场景 3 的长度比场景 1 高 38%，突出了跟踪性能的严重恶化。原因在图 5.14 中很清楚，它显示了不同场景中的路径。

表 5.4　仿真结果

场景	航行时间 T_f/s	路径长度 ΔS/m	消耗指数 $\Phi_{p,s}$
1	394	917	4.629
2	513	945	2.943
3	1546	1264	1.246
4	533	960	3.297

如前一节所述，在场景 1 中获得最短的航行时间，这是由控制策略施加的更高速度的直接结果。在场景 4 中，时间略高于场景 2，这是由于左舷推进器的固定角度导致在纵向上产生力的能力降低，此外还必须由另一个推进器补偿横向力。请注意，在这两种情况下，控制策略施加了相同的速度参考，因为控制策略没有考虑方位角上故障的存在。由于低速参考和增加的路径长度，场景 3 显示了最长的航行时间。

至于消耗指数，我们注意到它与航行器速度密切相关：场景 1 中消耗量最大，场景 3 中消耗量最小，分别涉及最高速度和最低速度。场景 2 和场景 4 中具有相同的所需速度和可比的路径长度和时间。然而，由于左舷推进器的角度固定，场景 4 中的消耗量更高，这导致效率较低。

5.6　结论

本章提出了一种基于三层控制架构的 16′WAM－V 系统的容错控制方案。该方案依赖于控制分配和控制策略层来执行容错，而不改变控制规则。特别是，考虑效率的估计，控制分配层提供了一种简单的方法来管理这种故障。当发生故障时，重新配置控制分配以结束性能降低的任务。控制策略层为控制规则提供参考，考虑饱和及故障。仿真结果表明，即使在执行器发生严重故障和失效的情况下，该系统也能完成复杂的跟踪。考虑了三种故障：方位角锁定在性能相当的情况下得到解决，而推力驱动器的故障（或等效，方位角不可控）导致性能大幅降低。

参 考 文 献

[1] Manley JE. Unmanned surface vehicles, 15 years of development. In: OCEANS 2008. Quebec City, QC: IEEE; 2008. p. 1–4.

[2] Rynne PF, von Ellenrieder KD. Development and preliminary experimental validation of a wind-and solar-powered autonomous surface vehicle. IEEE Journal of Oceanic Engineering. 2010;35(4):971–983.

[3] Schnoor RT. Modularized unmanned vehicle packages for the littoral combat ship mine countermeasures missions. In: Oceans 2003. Celebrating the Past... Teaming Toward the Future (IEEE Cat. No. 03CH37492). vol. 3. IEEE; 2003. p. 1437–1439.

[4] Fossen TI. Guidance and control of ocean vehicles. New York: John Wiley & Sons Inc; 1994.

[5] Yasukawa H, Yoshimura Y. Introduction of MMG standard method for ship maneuvering predictions. Journal of Marine Science and Technology. 2015;20(1):37–52.

[6] Zlatev Z, Milanov E, Chotukova V, et al. Combined model-scale EFD-CFD investigation of the maneuvering characteristics of a high speed catamaran. In: Proceedings of FAST09, Athens, Greece; 2009.

[7] Sutulo S, Guedes Soares C. Simulation of a fast catamaran's manoeuvring motion based on a 6DOF regression model. In: Proceedings of International Conference on Fast Sea Transportation (FAST'05), St. Petersburg, Russia; 2005. p. 1–8.

[8] Zhang X, Lyu Z, Yin Y, et al. Mathematical model of small water-plane area twin-hull and application in marine simulator. Journal of Marine Science and Application. 2013;12(3):286–292.

[9] Pandey J, Hasegawa K. Study on turning manoeuvre of catamaran surface vessel with a combined experimental and simulation method. IFAC-PapersOnLine. 2016;49(23):446–451.

[10] Qu H, Sarda EI, Bertaska IR, et al. Wind feed-forward control of a USV. In: OCEANS 2015, Genova, IEEE; 2015. p. 1–10.

[11] Oswald M, Blaich M, Wirtensohn S, et al. Optimal control allocation for an ASC with two azimuth-like thrusters with limited panning range. In: Control and Automation (MED), 2014 22nd Mediterranean Conference of. IEEE; 2014. p. 580–586.

[12] Sarda EI, Bertaska IR, Qu A, et al. Development of a USV station-keeping controller. In: OCEANS 2015, Genova, IEEE; 2015. p. 1–10.

[13] Sarda EI, Qu H, Bertaska IR, et al. Station-keeping control of an unmanned surface vehicle exposed to current and wind disturbances. Ocean Engineering. 2016;127:305–324.

[14] Elkaim G, Kelbley R. Station keeping and segmented trajectory control of a wind-propelled autonomous catamaran. In: Decision and Control, 2006 45th IEEE Conference on. IEEE; 2006. p. 2424–2429.
[15] Zanoli S, Astolfi G, Bruzzone G, et al. Application of fault detection and isolation techniques on an unmanned surface vehicle (USV). IFAC Proceedings Volumes. 2012;45(27):287–292.
[16] Alessandri A, Caccia M, Veruggio G. Fault detection of actuator faults in unmanned underwater vehicles. Control Engineering Practice. 1999;7(3): 357–368.
[17] Antonelli G. A survey of fault detection/tolerance strategies for AUVs and ROVs. In: Fault diagnosis and fault tolerance for mechatronic systems: Recent advances. Berlin, Heidelberg: Springer; 2003. p. 109–127.
[18] Baldini A, Ciabattoni L, Felicetti R, et al. Dynamic surface fault tolerant control for underwater remotely operated vehicles. ISA Transactions. 2018;78:10–20.
[19] Fossen TI, Breivik M, Skjetne R. Line-of-sight path following of underactuated marine craft. In: Proceedings of the 6th IFAC MCMC, Girona, Spain. 2003;p. 244–249.
[20] Sørdalen O. Optimal thrust allocation for marine vessels. Control Engineering Practice. 1997;5(9):1223–1231.
[21] Baldini A, Felicetti R, Freddi A, et al. Fault tolerant control for an over-actuated WAM-V catamaran. In: 12th IFAC Conference on Control Applications in Marine Systems, Robotics, and Vehicles (CAMS), Daejeon, South Korea; 2019.
[22] Yoshimura Y. Mathematical model for manoeuvring ship motion (MMG Model). In: Workshop on Mathematical Models for Operations involving Ship-Ship Interaction. Tokyo, Japan; 2005. p. 1–6.
[23] Capocci R, Omerdic E, Dooly G, et al. Fault-tolerant control for ROVs using control reallocation and power isolation. Journal of Marine Science and Engineering. 2018;6(2):40.
[24] Blanke M, Kinnaert M, Lunze J, et al. Diagnosis and fault-tolerant control. vol. 691. Berlin, Heidelberg: Springer; 2006.
[25] Khalil HK. Nonlinear systems. Upper Saddle River, NJ: Prentice Hall; 2002.
[26] Marine Advanced Research, inc. WAM-V 16' datasheet. Accessed: 2017-04-10. https://static1.squarespace.com/static/53cb3ecbe4b03cd266be8fa7/t/5672108569a91a5538e35b45/1450315909468/WAM-V+BOSS+Brochure.pdf.
[27] Veksler A, Johansen TA, Skjetne R. Thrust allocation with power management functionality on dynamically positioned vessels. In: American Control Conference (ACC), 2012. IEEE; 2012. p. 1468–1475.

第 6 章　服务机器人的容错控制

本章讨论服务机器人的容错控制问题。所提出的方法基于鲁棒未知输入观测器（Robust Unknown - Input Observer，RUIO）的故障估计方案，该方案可以估计故障以及机器人状态。该故障估计方案与基于观测器的状态反馈控制算法相结合。故障发生后，根据故障估计，在反馈控制动作中加入前馈控制动作，以补偿故障影响。为了解决机器人的非线性问题，将其非线性模型转化为 Takagi - Sugeno（TS）模型。然后，考虑增益调度方案，使用基于线性矩阵不等式（Linear Matrix Inequality，LMI）的方法设计状态反馈和 RUIO。为了说明所提出的容错方案，使用了 PAL Robotics 开发的移动服务机器人 TIAGo。

6.1　引言

在过去几年中，机器人越来越多地出现在我们的日常生活中（图 6.1）。根据国际机器人联合会的数据，自 2016 年以来，其销售额以每年 15% 的速度增长[1]。

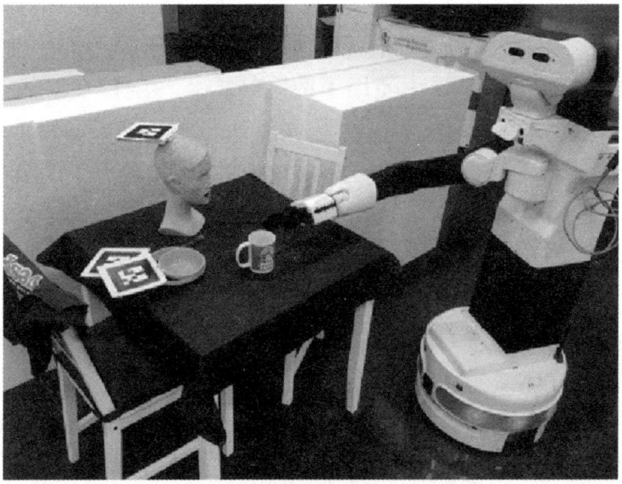

图 6.1　家庭环境中的 TIAGo 机器人

尽管服务机器人被设计为能够在高度动态和不可预测的人类领域成功执行任务，但仍可能出现一些故障。关于交互，可以考虑一系列故障，如对人为行为的误导性解释或超出正常操作的意外情况。此外，它们固有的复杂性使其在所有级别都容易出现故障，从低级执行器和传感器到高级决策层。所有这些因素都可能导致机器人性能下降，或对其造成严重损坏，甚至可能危及其安全。因此，它们以安全有效的方式自主克服大多数这些情况的能力必须在其工作中发挥根本作用。

6.1.1 有关前沿

多年来，故障检测和诊断领域一直在经典控制问题上进行广泛研究[2]。仅在某些通用机器人平台上，其中已成功应用一些方法，如轮式移动机器人[3]，仍然被认为是机器人系统的一个相对较新的研究领域。

根据机器人的共同关键特征，当前用于机器人的 FDD 技术可分为以下三类。[4]

(1) 数据驱动：依赖于从系统的不同部分提取和处理数据，以检测和确定故障行为。一个例子是文献［5］中提出的，其中神经网络经过训练被集成到滑模控制结构中，以增强其鲁棒性。

(2) 基于模型：依赖于描述系统中特定故障行为或系统本身标称行为的先验分析模型。通过将模型给出的预期性能与当前模型性能进行比较，可以检测和隔离故障。在文献［6］中，使用七自由度机械臂的动力学模型计算残差，以检测并获取有关意外碰撞的信息，从而确定合适的反应策略。

(3) 基于知识：模仿人类专家的行为，直接将某些证据与其相应的故障联系起来。其中一些方法视为结合了数据驱动和基于模型的方法的混合技术。关于这种技术，在文献［7］中使用了两层结构，一层旨在检测模型，另一层用于隔离不同执行器故障的决策树（数据驱动）。

关于上述分类，值得指出不同方法的主要优点和缺点。应该提到的是，这种分类并没有在不同的群体之间划出明确的界限，而是确定了通常存在的某些一般特征，这些特征在本章中已得到考虑。

基于模型的技术的主要缺点是使用模型本身。对于某些机器人平台来说，确定描述其行为或建立各组件之间关系的解析表达式是极其复杂的。例如，当试图描述与环境的相互作用或未受影响部件中故障的影响时，这个问题就更加重要。在这里，数据驱动的方法展示了它们的主要优势，因为没有假设关于机器人的知识，并且依赖于应用该方法的特定机器人的数据。但是，大多数数据驱动的方法需要较高的计算成本，这可能使它们不适用于某些机器人，它们可能需要机载和在线实现（如空间探索机器人）。当涉及学习阶段（有监督或无监督）时，部分（或全部）离线进行，如文献［8］中所述，记录机械臂的高维数据，以获得降维变换，并训练二进制支持向量机模型在线使用。应该考虑的是，在线学习允许人们获得一种能够捕捉意外行为的动态方法。计算成本问题也可能出现在一些基于模型的方法上，但通常可以通过模型的简化或重新制定来克服，如文献［9］引入了经典的牛顿－欧拉方法，以减少在线执行的计算时间。一些基于知识的方法，包括结合数据驱动和模型驱动的方法，能够在所讨论的问题之间进行权衡，并为机器人系统的 FDD 提出可行的解决方案。

关于服务机器人所需的特性，自主性是最相关的特性之一。服务机器人通常必须在无人干预的情况下执行，无人监督其行为，或在其操作循环中包括一个不是机器人专家的人[10]。因此，在任务执行时能够检测故障、识别故障并克服其影响对于实现自主性至关重要。由于 FDD 方法应该在监督级别上与用于期望性能的所有技术同时运行，该方法的计算需求对其实现起着重要作用。高要求的过程可能会干扰其他过程，并且本身就是故障的根源。因此，根据上面的讨论，基于模型的方法是首选的，如果数据驱动的方法具有低计算负担或某些实现是离线执行的，也可以应用数据驱动方法。

6.1.2　目标

本章讨论了 PAL Robotics [11]对 TIAGo 人形机器人的容错控制问题（图 6.2）。具体而言，作为概念验证，重点已放在其 2－DOF 头部子系统上，以解决外力（如质量、与人的接触）在其关节上产生扭矩，从而无法达到所需的配置。

本章所提出的基于模型的方法依赖于机器人的 TS 模型，以应对其非线性。在此基础上，采用基于 RUIO 的故障估计方案设计状态反馈加前馈控制策略。为了获得所实现方法的期望性能，本章分别使用 LMI 和线性矩阵等式的组合。此外，使用参考模型估计影响故障，其补偿将包含在控制回路中，以克服设计过程中可能产生的误差。所有步骤都将在离散时间域中开发，以便在实际平台上实现所提出的方法。

图 6.2　PAL Robotics 公司的 TIAGo 机器人平台

6.2 Takagi - Sugeno 模型

6.2.1 机器人模型

本章介绍的方法考虑通过基于模型的方法实现故障检测和隔离方案。因此，必须确定一个描述系统行为的分析模型。如前所述，本章的目标系统是 TIAGo 机器人平台的 2 - DOF 头部子系统，如图 6.3 所示。这种类型的系统通常称为平移和倾斜结构，其中平移运动对应于绕轴旋转，倾斜对应于绕其垂直轴的旋转。

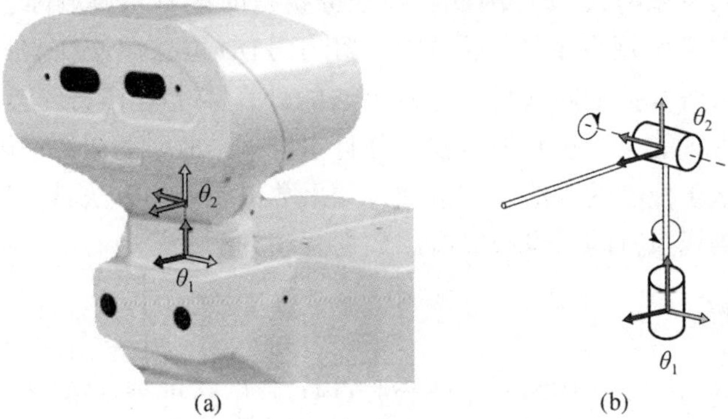

图 6.3 TIAGo 的头部子系统表示为双机械臂连接

为了获得该解析模型，采用牛顿 - 欧拉方法[12]，将系统视为具有两个旋转关节 $\theta_i(i=1,2)$ 的双连杆机械手，如图 6.3（a）所示。为简洁起见，省略该过程，仅在本章中介绍模型动力学的最终表达式。

该模型可以用构型空间形式表示，它给出了关节扭矩矢量 τ 作为 $\ddot{\theta}$、$\dot{\theta}$ 和 $\boldsymbol{\theta}$ 的函数，即关节加速度、速度和位置向量：

$$\boldsymbol{\tau}=\boldsymbol{M}(\boldsymbol{\theta})\ddot{\theta}+B(\boldsymbol{\theta})[\dot{\theta}\dot{\theta}]+C(\boldsymbol{\theta})[\dot{\theta}^2]+G(\boldsymbol{\theta}) \tag{6.1}$$

式中：$\boldsymbol{M}(\boldsymbol{\theta})_{n\times n}$ 为描述机械臂的质量矩阵；$B(\boldsymbol{\theta})_{n\times n(n-1)/2}$ 为科里奥利项；$C(\boldsymbol{\theta})_{n\times n}$ 为离心系数；$G(\boldsymbol{\theta})_{n\times 1}$ 为重力效应，关节数 $n=2$。

在 TIAGo 的头部模型上应用式（6.1）：

$$\begin{bmatrix}\boldsymbol{\tau}_1\\ \boldsymbol{\tau}_2\end{bmatrix}=\begin{bmatrix}I_{zz_1}+m_2d_4^2+I_{xx_2}c_2^2+I_{yy_2}s_2^2-m_2d_4^2c\ (2\boldsymbol{\theta}_2)^2 & 0\\ 0 & I_{zz2}+m_2d_4^2\end{bmatrix}\begin{bmatrix}\ddot{\theta}_1\\ \ddot{\theta}_2\end{bmatrix}$$

$$+\begin{bmatrix} -2c_2s_2(I_{xx_2}-I_{yy_2})+m_2d_4^2s(4\boldsymbol{\theta}_2) \\ 0 \end{bmatrix}\dot{\theta}_1\dot{\theta}_2$$

$$+\begin{bmatrix} 0 & 0 \\ c_2s_2(I_{xx_2}-I_{yy_2})-\frac{1}{2}m_2d_4^2s(4\boldsymbol{\theta}_2) & 0 \end{bmatrix}\begin{bmatrix} \dot{\theta}_1^2 \\ \dot{\theta}_2^2 \end{bmatrix}+g\begin{bmatrix} 0 \\ -m_2d_4s(2\boldsymbol{\theta}_2) \end{bmatrix} \quad (6.2)$$

I_{ai}项中，$a=xx$，yy，zz 且 $i=1$，2，对应于连接的惯性张量对角线值。

为了将表达式简化为更短更直观的方式，所有表达式都排列为常数项和变量相关项，得

$$\begin{bmatrix} \boldsymbol{\tau}_1 \\ \boldsymbol{\tau}_2 \end{bmatrix}=\begin{bmatrix} \alpha+\beta(\boldsymbol{\theta}_2) & 0 \\ 0 & \xi \end{bmatrix}\begin{bmatrix} \ddot{\theta}_1 \\ \ddot{\theta}_2 \end{bmatrix}+\begin{bmatrix} \delta(\boldsymbol{\theta}_2) \\ 0 \end{bmatrix}\dot{\theta}_1\dot{\theta}_2+\begin{bmatrix} 0 & 0 \\ \eta(\boldsymbol{\theta}_2) & 0 \end{bmatrix}\begin{bmatrix} \dot{\theta}_1^2 \\ \dot{\theta}_2^2 \end{bmatrix}+g\begin{bmatrix} 0 \\ \lambda(\boldsymbol{\theta}_2) \end{bmatrix} \quad (6.3)$$

从这种形式中，可以导出头部子系统的模型方程，用于计算关节加速度和速度：

$$\begin{cases} \ddot{\theta}_1=-\dfrac{\delta(\boldsymbol{\theta}_2)}{\alpha+\beta(\boldsymbol{\theta}_2)}\dot{\theta}_1\dot{\theta}_2+\dfrac{1}{\alpha+\beta(\boldsymbol{\theta}_2)}\boldsymbol{\tau}_1 \\ \ddot{\theta}_2=-\dfrac{\eta(\boldsymbol{\theta}_2)}{\xi}\dot{\theta}_1^2+\dfrac{1}{\xi}\boldsymbol{\tau}_2-\dfrac{\lambda(\boldsymbol{\theta}_2)}{\xi} \\ \dot{\theta}_1=\dfrac{\mathrm{d}}{\mathrm{d}t}\boldsymbol{\theta}_1 \\ \dot{\theta}_2=\dfrac{\mathrm{d}}{\mathrm{d}t}\boldsymbol{\theta}_2 \end{cases} \quad (6.4)$$

考虑式（6.2）和式（6.3）的完整方程式和排列，可以进一步排列如下：

$$\delta(\boldsymbol{\theta}_2)=-2\eta(\boldsymbol{\theta}_2) \quad (6.5)$$

$$\gamma(\boldsymbol{\theta}_2)=\alpha+\beta(\boldsymbol{\theta}_2) \quad (6.6)$$

$$\varphi(\boldsymbol{\theta}_2,\dot{\theta}_1)=\delta(\boldsymbol{\theta}_2)\dot{\theta}_1 \quad (6.7)$$

式（6.4）中的非线性模型可以表示为状态空间线性参数变化公式（将状态视为调度参数），根据其一般表达式：

$$\begin{cases} x(t+1)=A(x)x(t)+B(x)u(t)+\boldsymbol{d}(x,t) \\ y(t)=C(x)x(t)+D(x)u(t) \end{cases} \quad (6.8)$$

根据 TIAGo 的物理系统部署，将输入动作 u 视为关节扭矩 $\boldsymbol{\tau}$，将系统输出 y 视为由内部传感器测量给出的关节位置 θ。状态向量 $\boldsymbol{x}$ 已定义为 $[\dot{\theta}_1\dot{\theta}_2\theta_1\theta_2]^{\mathrm{T}}$，因此式（6.4）和式（6.5）~式（6.7）的项排列可以根据式（6.8）进行说明，得到的模型为

$$\begin{bmatrix}\ddot{\theta}_1\\ \ddot{\theta}_2\\ \dot{\theta}_1\\ \dot{\theta}_2\end{bmatrix}=\begin{bmatrix}0 & -\dfrac{\varphi(\boldsymbol{\theta}_2,\dot{\theta}_1)}{\gamma(\boldsymbol{\theta}_2)} & 0 & 0\\ \dfrac{\varphi(\boldsymbol{\theta}_2,\dot{\theta}_1)}{2\xi} & 0 & 0 & 0\\ 1 & 0 & 0 & 0\\ 0 & 1 & 0 & 0\end{bmatrix}\cdot\begin{bmatrix}\dot{\theta}_1\\ \dot{\theta}_2\\ \boldsymbol{\theta}_1\\ \boldsymbol{\theta}_2\end{bmatrix}+\begin{bmatrix}\dfrac{1}{\gamma(\boldsymbol{\theta}_2)} & 0\\ 0 & \dfrac{1}{\xi}\\ 0 & 0\\ 0 & 0\end{bmatrix}\cdot\begin{bmatrix}\tau_1\\ \tau_2\end{bmatrix}$$

$$+\begin{bmatrix}0\\ -\dfrac{\lambda(\boldsymbol{\theta}_2)}{\xi}\\ 0\\ 0\end{bmatrix}$$

$$\begin{bmatrix}\boldsymbol{\theta}_1\\ \boldsymbol{\theta}_2\end{bmatrix}=\begin{bmatrix}0 & 0 & 1 & 0\\ 0 & 0 & 0 & 1\end{bmatrix}\cdot\begin{bmatrix}\dot{\theta}_1\\ \dot{\theta}_2\\ \boldsymbol{\theta}_1\\ \boldsymbol{\theta}_2\end{bmatrix} \tag{6.9}$$

为了简化系统模型的开发，忽略矩阵 $\boldsymbol{d}(x,t)$，到6.4节将进一步分析其影响。

还应该指出的是，物理模型对联合变量施加了限制，总结在表6.1中，TS模型将在下一小节中介绍。

表6.1　TIAGo子系统变量的值约束

关节位置	下限	上限
$\dot{\theta}_1$	0rad/s	3rad/s
$\dot{\theta}_2$	0rad/s	3rad/s
$\boldsymbol{\theta}_1$	-75°	75°
$\boldsymbol{\theta}_2$	-60°	45°

6.2.2　Takagi-Sugeno公式

Zadeh[13]引入的模糊逻辑与经典布尔逻辑不同，它没有将决策的输出定义为二进制（是/否，1/0），而是根据一套规则给出决策极值的隶属度。该定义已广泛应用于人工智能领域，作为人类决策过程的近似值，在大多数情况下，它承认极限之间的一系列可能性。

TS模型[14]以其设计者的名字命名，通过一组与线性描述相关的规则，将模糊逻辑的概念应用于系统非线性动力学的描述。根据线性系统的规则，通过混合该线性系统得到整体模型。

在例子中，TS 模型从式（6.9）中获得的系统表示开始，其中包括非线性，使得经典控制策略的直接应用不可行。首先，非线性项嵌入在前提变量 z_i 中。对于特殊情况，这些项已经安排在式（6.6）和式（6.7）中，分别是 $z_1 \equiv \gamma(\boldsymbol{\theta}_2)$ 和 $z_2 \equiv \varphi(\boldsymbol{\theta}_2, \dot{\theta}_1)$。

在 TS 模型的构建中使用了扇区非线性的概念，以确保其精确表示。它的目标是在系统状态空间中找到非线性行为所在的扇区。由于这些项包括物理系统中有界的参数和变量，因此可以在局部区域中定义扇区，并由这些边界分隔。从表 6.1 中给出的 $\dot{\theta}_1$、$\dot{\theta}_2$、$\boldsymbol{\theta}_1$、$\boldsymbol{\theta}_2$ 的限制，可以找到前提变量界限，包括在表 6.2 中。

表 6.2　TS 公式前提变量的上限和下限

前提变量	下限	上限
$z_1 \equiv \gamma(\boldsymbol{\theta}_2)$	0.0055	0.0091
$z_2 \equiv \varphi(\boldsymbol{\theta}_2, \dot{\theta}_1)$	-0.0110	0.0110

因此，（局部）部分非线性方法[16]通过隶属函数根据其限制重新表述前提变量。这些函数根据某种趋势表示属于上限或下限的程度，在模糊逻辑领域中定义为模糊集。对于该问题，考虑了线性隶属函数，第 i 个前提变量的公式如下：

$$z_i = M_{i,1}(z_i)\,\overline{z}_i + M_{i,2}(z_i)\,\underline{z}_i \tag{6.10}$$

式中：$M_{i,1}(z_i) = \dfrac{\overline{z}_i - z_i}{\overline{z}_i - \underline{z}_i}$，$M_{i,2}(z_i) = \dfrac{z_i - \underline{z}_i}{\overline{z}_i - \underline{z}_i}$

式（6.10）的图形表示，如图 6.4 所示。

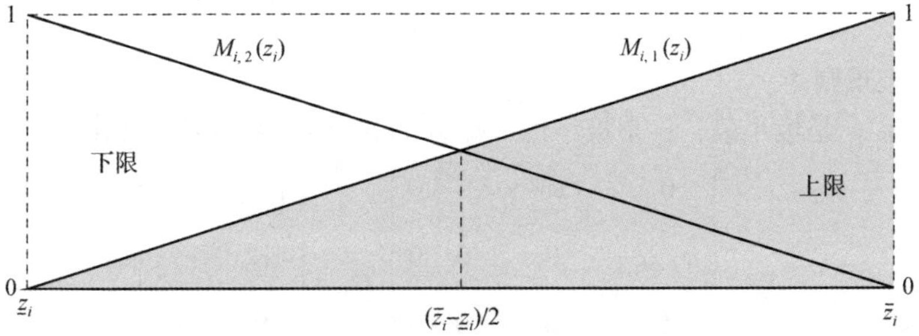

图 6.4　线性隶属函数的图形表示

上述模糊规则可以使用定义的隶属函数来表示。这些规则具有“如果……那么”（IF－THEN）的结构形式，其中前提变量 z_i 通过隶属函数进行估计。规则 N 的数量等于 2^p，其中 p 是所选前提变量的数量，因为它们考虑了 z_i 的极限之间的所有可能排列。因此，每个规则都与一个线性系统相关联，该系统描述了冻结的原始系统在相应极限上的行为。对于所述系统，介绍其模糊规则和相关线性系统。

模型规则 1

如果 z_1 是极大值，z_2 是极大值，那么 $\boldsymbol{x}(t+1)=\boldsymbol{A}_1\boldsymbol{x}(t)+\boldsymbol{B}_1\boldsymbol{u}(t)$。

$$\boldsymbol{A}_1=\begin{bmatrix}0 & -\bar{\varphi}/\bar{\gamma} & 0 & 0\\ \bar{\varphi}/2\xi & 0 & 0 & 0\\ 1 & 0 & 0 & 0\\ 0 & 1 & 0 & 0\end{bmatrix},\boldsymbol{B}_1=\begin{bmatrix}1/\bar{\gamma} & 0\\ 0 & 1/\xi\\ 0 & 0\\ 0 & 0\end{bmatrix}$$

模型规则 2

如果 z_1 是极小值，z_2 是极大值，那么 $\boldsymbol{x}(t+1)=\boldsymbol{A}_2\boldsymbol{x}(t)+\boldsymbol{B}_2\boldsymbol{u}(t)$。

$$\boldsymbol{A}_2=\begin{bmatrix}0 & -\bar{\varphi}/\bar{\gamma} & 0 & 0\\ \bar{\varphi}/2\xi & 0 & 0 & 0\\ 1 & 0 & 0 & 0\\ 0 & 1 & 0 & 0\end{bmatrix},\boldsymbol{B}_2=\begin{bmatrix}1/\bar{\gamma} & 0\\ 0 & 1/\xi\\ 0 & 0\\ 0 & 0\end{bmatrix}$$

模型规则 3

如果 z_1 是极大值，z_2 是极小值，那么 $\boldsymbol{x}(t+1)=\boldsymbol{A}_3\boldsymbol{x}(t)+\boldsymbol{B}_3\boldsymbol{u}(t)$。

$$\boldsymbol{A}_3=\begin{bmatrix}0 & -\bar{\varphi}/\underline{\gamma} & 0 & 0\\ \bar{\varphi}/2\xi & 0 & 0 & 0\\ 1 & 0 & 0 & 0\\ 0 & 1 & 0 & 0\end{bmatrix},\boldsymbol{B}_3=\begin{bmatrix}1/\underline{\gamma} & 0\\ 0 & 1/\xi\\ 0 & 0\\ 0 & 0\end{bmatrix}$$

模型规则 4

如果 z_1 是极小值，z_2 是极小值，那么 $\boldsymbol{x}(t+1)=\boldsymbol{A}_4\boldsymbol{x}(t)+\boldsymbol{B}_4\boldsymbol{u}(t)$。

$$\boldsymbol{A}_4=\begin{bmatrix}0 & -\underline{\varphi}/\underline{\gamma} & 0 & 0\\ \underline{\varphi}/2\xi & 0 & 0 & 0\\ 1 & 0 & 0 & 0\\ 0 & 1 & 0 & 0\end{bmatrix},\boldsymbol{B}_4=\begin{bmatrix}1/\underline{\gamma} & 0\\ 0 & 1/\xi\\ 0 & 0\\ 0 & 0\end{bmatrix}$$

最后，必须执行去模糊步骤，根据定义的模糊规则和模糊集完整地表示系统。这个过程根据其模糊规则给出了系统行为的完整表示。因此，该系统由所有基于模糊规则的极限系统的加权和来描述。有关更多详细信息，请参见文献[16]。

对于所考虑的 TIAGo 的头部子系统，这个去模糊化过程只适用于系统的矩阵 $\boldsymbol{A}$ 和矩阵 $\boldsymbol{B}$，因为它们都依赖于前提变量：

$$\boldsymbol{x}(t+1)=\sum_{n=1}^{N=4}\boldsymbol{h}_n(z_p(t))[\boldsymbol{A}_n\cdot\boldsymbol{x}(t)+\boldsymbol{B}_n\boldsymbol{u}(t)] \tag{6.11}$$

$$\boldsymbol{x}(t+1)=\boldsymbol{A}(\boldsymbol{z}_p(t))\boldsymbol{x}(t)+\boldsymbol{B}(z_p(t))\boldsymbol{u}(t) \tag{6.12}$$

其中

$$h_1(z_p(t))=M_{1,1}(z_1)\cdot M_{2,1}(z_2),\ h_2(z_p(t))=M_{1,2}(z_1)\cdot M_{2,1}(z_2)$$

$$h_3(z_p(t))=M_{1,1}(z_1)\cdot M_{2,2}(z_2),\ h_4(z_p(t))=M_{1,2}(z_1)\cdot M_{2,2}(z_2)$$

6.3　控制设计

6.3.1　并行分布式控制

如前所述，TS 模型基于一组规则，这些规则使用其边界上的线性描述来封闭非线性系统的行为。因此，它的性能可以在某个时刻通过这些边界的成员组合来描述。根据这一概念，系统的控制策略可以定义为一组在其极限操作点上定义的线性控制规律，即在特定点定义为这些极限控制器组合的系统控制。这一概念最初由 Sugeno 和 Kang 在文献［15］中以并行分布式补偿（Parallel Distributed Compensation，PDC）的名义提出。

PDC 提供了使用线性技术从给定 TS 模型设计控制策略的步骤。对于为模型定义的每一个模糊规则，都可以声明一个控制规则，共享相同的前提变量及其相应的模糊集（隶属函数）。本章采用状态反馈控制作为线性控制策略。根据本章中已提出的 TS 模型，控制规则如下：

控制规则 1

如果 z_1 是极大值，z_2 是极大值，那么 $\boldsymbol{u}(t)=-K_1\boldsymbol{x}(t)$。

控制规则 2

如果 z_1 是极小值，z_2 是极大值，那么 $\boldsymbol{u}(t)=-K_2\boldsymbol{x}(t)$。

控制规则 3

如果 z_1 是极大值，z_2 是极小值，那么 $\boldsymbol{u}(t) = -K_3\boldsymbol{x}(t)$。

控制规则 4

如果 z_1 是极小值，z_2 是极小值，那么 $\boldsymbol{u}(t) = -K_4\boldsymbol{x}(t)$。

对于 TS 模型，使用与 TS 模型相同的流程和 h_n 函数，对控制动作向量 $\boldsymbol{u}(t)$ 应用去模糊步骤：

$$\boldsymbol{u}(t) = -\sum_{i=1}^{N=4} h_i(z_p(t))[K_i x(t)] = -K(z_p(t))\boldsymbol{x}(t) \tag{6.13}$$

PDC 的关键是设计反馈控制增益 $\boldsymbol{K}_n$，以确保系统的稳定性和一定的性能指标。尽管这种策略只意味着系统在极限操作点（前提变量的界限）中的定义，但设计必须考虑全局设计条件。

根据李雅普诺夫理论，如果所有子系统都存在一个公共正定矩阵 $\boldsymbol{P}$，则存在全局渐进稳定性，且以下条件成立[16]：

$$\boldsymbol{A}_i^{\mathrm{T}}\boldsymbol{P}\boldsymbol{A}_i - \boldsymbol{P} < 0, \forall i = 1,2,\cdots,N \tag{6.14}$$

考虑式（6.11）中的去模糊系统表达式和状态反馈控制公式，如果以下表达式成立，则确保全局渐近稳定条件：

$$(\boldsymbol{A}_i - \boldsymbol{B}_i\boldsymbol{K}_i)^{\mathrm{T}}\boldsymbol{P}(\boldsymbol{A}_i - \boldsymbol{B}_i\boldsymbol{K}_i) - \boldsymbol{P} < 0, \forall i = 1,2,\cdots,N \tag{6.15}$$

$$\boldsymbol{G}_{ij}^{\mathrm{T}}\boldsymbol{P}\boldsymbol{G}_{ij} - \boldsymbol{P} < 0, \forall i < j \leqslant N \quad \text{s. t.} \quad h_i \cap h_j \neq \varnothing \tag{6.16}$$

其中

$$\boldsymbol{G}_{ij} = \frac{(\boldsymbol{A}_i - \boldsymbol{B}_i K_j) + (\boldsymbol{A}_j - \boldsymbol{B}_j K_i)}{2}$$

所述不等式的解是通过基于 LMI 的方法找到的。这种方法意味着在定义凸集的一组不等式约束中对问题进行表述。此后，所有暗示不等式的设计条件都将直接表述为 LMI。有关 LMI 的更多详细信息，请参阅文献［17］，因为它们超出了本章的范围。

6.3.2 最优控制设计

机器人应用通常需要最佳性能，以便将资源和时间消耗方面的成本降至最低[12]，并展示与其应用相关输出的一些特征。本章通过制定面向实现特定性能指标的优化设计来解决这一问题。

关于最优性，该设计表述为线性二次控制（从现在开始的 LQC）问题，在期望的离散时域中表述。找到状态反馈控制式（6.13）的增益 K_i，使得二

次性能准则最小化，即

$$J = \sum_{0}^{\infty} [\boldsymbol{x}_k^{\mathrm{T}}\boldsymbol{Q}\boldsymbol{x}_k + \boldsymbol{u}_k^{\mathrm{T}}\boldsymbol{R}\boldsymbol{u}_k] \tag{6.17}$$

式中：矩阵 $\boldsymbol{Q}$ 允许控制状态向其参考方向的收敛速度，而选择矩阵 $\boldsymbol{R}$ 限制所需的控制工作。

对于所考虑的 PDC，最小化问题受文献［16］中包含的一组 LMI 的影响。在这些最优条件和前面所述的条件下，由于包含所有可能的 $\boldsymbol{A}_i$ 和 $\boldsymbol{B}_i$ 排列，存在大量需要满足的 LMI。这可能会在寻找解决方案时出现一些可处理性和可行性问题，尤其是在应用于高阶系统时[16]。为了避免这些问题，已经通过 Apkarian 滤波器重新声明系统，使得 $\boldsymbol{B}_i$ 保持恒定[18]。

Apkarian 过滤包括在应用前/后使用足够快的动态过滤器，以使其不会干扰系统自身的动态，具有形式为

$$\dot{x}_f = \boldsymbol{A}_f\boldsymbol{x}_f + \boldsymbol{B}_f\boldsymbol{u}_f$$

$$\begin{bmatrix} \dot{\tau}_1 \\ \dot{\tau}_2 \end{bmatrix} = \begin{bmatrix} -\psi & 0 \\ 0 & -\psi \end{bmatrix} \cdot \begin{bmatrix} \tau_1 \\ \tau_2 \end{bmatrix} + \begin{bmatrix} \psi & 0 \\ 0 & \psi \end{bmatrix} \cdot \begin{bmatrix} u_{\tau_1} \\ u_{\tau_2} \end{bmatrix} \tag{6.18}$$

式中：ψ 为滤波器增益；$\boldsymbol{u}_f$ 为新的控制变量向量。在所考虑的情况下选择此滤波器的预应用，增加系统矩阵的阶数，即

$$\tilde{\boldsymbol{A}}_i = \begin{bmatrix} \boldsymbol{A}_i & \boldsymbol{B}_i \\ 0 & \boldsymbol{A}_f \end{bmatrix}, \tilde{\boldsymbol{B}}_i = \begin{bmatrix} 0 \\ \boldsymbol{B}_f \end{bmatrix}, \tilde{\boldsymbol{C}}_i = [\boldsymbol{C} \quad 0] \tag{6.19}$$

可以看出，根据所有 TS 模型规则的 ψ，$\boldsymbol{B}_i$ 项分配在 $\tilde{\boldsymbol{A}}_i$ 上，$\tilde{\boldsymbol{B}}_i$ 保持不变。

应用于本章所考虑的系统，$\tilde{\boldsymbol{A}}_i$ 现在以这种形式表示。模糊模型（和规则）保持相同的结构，因为它们仅针对前提变量定义。

考虑这一新公式，上述 LQC 优化问题可表述为 LMI[19]：

$$\begin{bmatrix} -\boldsymbol{Y} & \boldsymbol{Y}\boldsymbol{A}_i^{\mathrm{T}} - \boldsymbol{W}_i\boldsymbol{B}_t^{\mathrm{T}} & \boldsymbol{Y}(\boldsymbol{Q}^{1/2})^{\mathrm{T}} & \boldsymbol{W}_i^{\mathrm{T}} \\ \boldsymbol{A}_i\boldsymbol{Y} - \boldsymbol{B}_i\boldsymbol{W}_i & -\boldsymbol{Y} & 0 & 0 \\ \boldsymbol{Q}^{1/2}\boldsymbol{Y} & 0 & -\boldsymbol{I} & 0 \\ \boldsymbol{W} & 0 & 0 & -\boldsymbol{R}^{-1} \end{bmatrix} < 0 \tag{6.20}$$

$$\begin{bmatrix} \gamma I & I \\ I & Y \end{bmatrix} < 0 \tag{6.21}$$

式中：$\boldsymbol{Y} \equiv \boldsymbol{P}^{-1}$，$\boldsymbol{W}_i = K_i\boldsymbol{Y}$，说明了最小化 $\boldsymbol{\gamma}$ 的问题，它表示来自式（6.17）中 LQC 标准的上限。

6.4 故障和状态估计

6.4.1 鲁棒的未知输入观测器

本章工作的主要目的是应用系统方法来设计非线性系统的控制策略，重点是与机器人平台相关的控制策略。在这些情况下，除了稳定性和最优条件，还需要一些特定的性能特征。此外，在这些环境中，机器人必须与人一起工作，甚至与人协作。然后，所选控制策略的鲁棒性和容错性对于避免不考虑未知环境熵，甚至可能伤害人的行为至关重要。Chadli 和 Karimi[20]已采取初步措施，提出了通过对 TS 模型的未知输入（从现在开始的 RUIO）鲁棒观测器来应对这一挑战。

RUIO 为 TS 模型提供了一种观测器结构，允许将其状态估计与可能影响系统的未知干扰（故障）或输入的影响解耦。其设计基于确保这种行为的充分条件，以 LME 和已经提出的 LMI 为例。对于该观测器，考虑的 TS 模型包括未知干扰和输入的影响，即

$$\begin{cases} x(t+1) = \sum_{i=1}^{N} h_i(z_i)(\boldsymbol{A}_i x(t) + \boldsymbol{B}_i u(t) + R_i \boldsymbol{d}(t) + H_i \boldsymbol{w}(t)) \\ y(t) = \boldsymbol{C}x(t) + \boldsymbol{F}\boldsymbol{d}(t) + \boldsymbol{J}\boldsymbol{w}(t) \end{cases} \tag{6.22}$$

式中：$\boldsymbol{d}(t)$为未知输入向量；$\boldsymbol{w}(t)$为外部干扰向量；R_i 和 F 为 $\boldsymbol{d}(t)$对系统行为的影响；H_i 和 J 为 $w(t)$的影响。

如果满足下列充要条件，则保证问题的解存在：

$$\operatorname{rank}\begin{bmatrix} \boldsymbol{CR}_v & \boldsymbol{CH}_v & [FJ] \\ -\boldsymbol{F}_v & -\boldsymbol{J}_v & 0 \end{bmatrix} = \operatorname{rank}\begin{bmatrix} \boldsymbol{F}_v & \boldsymbol{J}_v \\ \boldsymbol{R}_v & H \end{bmatrix} + \operatorname{rank}[F \quad J] \tag{6.23}$$

式中：$\boldsymbol{F}_v$ 和 $\boldsymbol{J}_v$ 为以 F 和 J 作为对角项的对角矩阵；$\boldsymbol{H}_v$ 和 $\boldsymbol{R}_v$ 为所有 H_i 和 R_i 列矩阵的水平串联。

相对于先前的类似技术，如文献［21］中提出的，RUIO 的主要改进之一是对必要条件和充分条件的放宽。由于上述模拟未知项影响的矩阵是从设计中给出的，因此可以根据系统的式（6.23）中矩阵 C 对其进行调整，RUIO 结构为

$$\begin{cases} \boldsymbol{r}(t+1) = \sum_{i=1}^{N} h_i(z_i)(\boldsymbol{N}_i \boldsymbol{r}(t) + \boldsymbol{G}_i u(t) + \boldsymbol{L}_i y(t)) \\ \hat{x}(t) = \boldsymbol{r}(t) - \boldsymbol{E}y(t) \end{cases} \tag{6.24}$$

式中：$\boldsymbol{r}(t)$为对应于 RUIO 内部状态向量，并且考虑了 TS 模型的同一组解模糊函数$h_i(z(t))$。矩阵$\boldsymbol{N}_i$、$\boldsymbol{G}_i$、$\boldsymbol{L}_i$和$\boldsymbol{E}$为待确定的观测器增益。设计问题的基础是确保观测器动力学的渐近稳定性，因此随着时间趋于无穷大时，估计误差收敛到零，而忽略未知输入和干扰的大小。根据文献［21］，如果存在矩阵$\boldsymbol{X}_i>0$、S、V和W_i使得下面的 LMI 和 LME 条件成立，则满足：

$$\begin{bmatrix} \varphi_i & -\boldsymbol{V}-\boldsymbol{A}_i^{\mathrm{T}}(\boldsymbol{V}+\boldsymbol{SC})^{\mathrm{T}}-\boldsymbol{C}^{\mathrm{T}}\boldsymbol{W}_i^{\mathrm{T}} \\ -\boldsymbol{V}^{\mathrm{T}}-(\boldsymbol{V}+\boldsymbol{SC})\boldsymbol{A}_i-\boldsymbol{W}_i\boldsymbol{C} & \boldsymbol{X}_j-\boldsymbol{V}-\boldsymbol{V}^{\mathrm{T}} \end{bmatrix}<0 \quad (6.25)$$

其中：

$$\varphi=-\boldsymbol{X}_i+(\boldsymbol{V}+\boldsymbol{SC})\boldsymbol{A}_i-\boldsymbol{W}_i\boldsymbol{C}+\boldsymbol{A}_i^{\mathrm{T}}(\boldsymbol{V}+\boldsymbol{SC})^{\mathrm{T}}-\boldsymbol{C}^{\mathrm{T}}\boldsymbol{W}_i^{\mathrm{T}}$$

$$(\boldsymbol{V}+\boldsymbol{SC})\boldsymbol{R}_i=\boldsymbol{W}_i\boldsymbol{F} \quad (6.26)$$

$$(\boldsymbol{V}+\boldsymbol{SC})\boldsymbol{H}_i=\boldsymbol{W}_i\boldsymbol{J} \quad (6.27)$$

$$\boldsymbol{S}[F \quad J]=0 \quad (6.28)$$

根据以下表达式，式（6.24）的观测器增益是从找到的解中确定的：

$$\boldsymbol{E}=\boldsymbol{V}^{-1}\boldsymbol{S} \quad (6.29)$$

$$\boldsymbol{G}_i=(I+\boldsymbol{V}^{-1}\boldsymbol{SC})\boldsymbol{B}_i \quad (6.30)$$

$$\boldsymbol{N}_i=(I+\boldsymbol{V}^{-1}\boldsymbol{SC})\boldsymbol{A}_i-\boldsymbol{V}^{-1}\boldsymbol{W}_i\boldsymbol{C} \quad (6.31)$$

$$\boldsymbol{L}_i=\boldsymbol{V}^{-1}\boldsymbol{W}_i-\boldsymbol{N}_i\boldsymbol{E} \quad (6.32)$$

从式（6.22）中应该注意的是，该系统尚未使用适用于 RUIO 设计的 Apkarian 滤波器。在这种情况下，LMI 约束仅考虑由常数矩阵C定义的输出模型。因此，由于输入矩阵$\boldsymbol{B}_i$的变化，问题复杂性不会像控制增益合成那样增加。

6.4.2　故障概念和设计含义

关于该机器人平台以及故障分类和来源见文献［22］，区分了可能影响 TIAGo 头部子系统的两种主要故障类型，以及使用所提出的方案可以克服的两种主要故障类型：

（1）传感器测量误差，θ_1和θ_2的给定度量与其实际值之间存在差异。

（2）在两个旋转轴上影响系统的外力将以旋转关节中的扭矩形式出现。

回顾从式（6.9）中得到的系统行为表达式，$d(x,t)$中存在一项被描述为θ_2的函数。从式（6.1）中可以看出，它是由第二个物体的质量对第二个旋转关节的影响推导出来的，在其重心（COG）和关节轴之间产生一个扭矩变量。在图 6.5 中，以图形方式描述了这种现象。

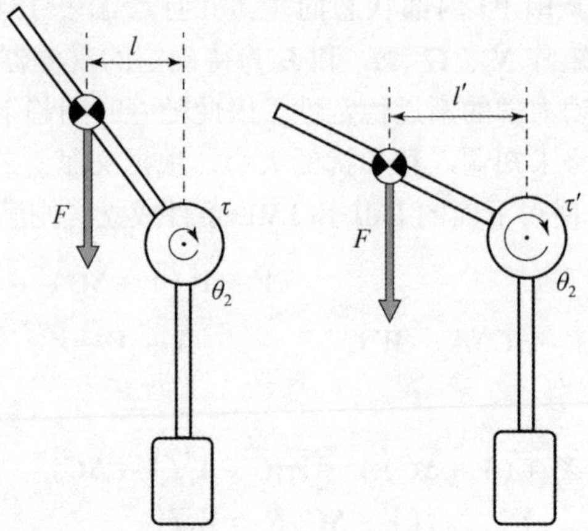

图 6.5　由 COG 和旋转轴之间的距离效应产生的 $\boldsymbol{\theta}_2$ 上的感应转矩

因此，这种可以理解为第二类故障，本章的工作只考虑了这个定义。未来可以使用类似的方案对第一个工作进行研究。

使用该定义，可以设计上述 RUIO 结构的矩阵 $\boldsymbol{R}_i$、$\boldsymbol{H}_i$、F 和 J，使其与故障的影响相一致。根据 RUIO 中所述的概念，故障将作为未知输入（扭矩）$\boldsymbol{d}(t)$ 影响系统，$\boldsymbol{w}(t)$ 为零（$\boldsymbol{H}_i$ 和 J 同样）为零。由于系统输出上没有发生故障，因此矩阵 $\boldsymbol{F}$ 也将为空。

最后一点考虑并不意味着关节角度不会受故障的影响。通过构建，我们的状态变量及其导数是联合加速度、速度和位置。如果 $\boldsymbol{d}(t)$ 是一个扭矩，则影响 $\ddot{\theta}$ 的计算，所以 $\dot{\theta}$ 和 θ 会感知这种影响，即使它没有直接参与其计算中。因此，R_i 变量设置为所有 N 个子系统的单一列向量，因为无论系统的操作点如何，故障都会呈现相同的行为。

6.4.3　故障估计和补偿

本节所提出的 RUIO 方案能够将系统状态的估计与可能降低系统性能的未知输入或干扰（这项工作中的故障）解耦。利用这种解耦估计，通过经典状态反馈机制在内部克服故障。

正如已经讨论的那样，这种行为对于自主机器人平台来说是非常需要的，但有关故障特征的信息也可能有助于评估根据它采取的进一步措施。以受传感器故障影响的机械臂为例，有关其影响的信息可能会导致故障传感器的隔离，或者采取其他进一步措施，使机器人在不考虑故障的情况下实现其目标（如果故障不严重）。但是，如果机械臂与人类合作，并且机器人意外发生了不希望发生的或期望发生的直接接触，那么有关检测到影响的信息对于避免伤害人或收集指定执行任务的数据至关重要。

后一个可能发生未知力的例子与本章中提到的故障概念一致，并证明了估计其规模的重要性。因此，在这项工作中，研究了其价值和隔离的估计，并将其纳入开发的方案中。

为此，在所提出的方法中引入了一种参考控制结构，该结构包括上述状态反馈方案，其中头部子系统已根据式（6.9）中所述系统描述实现的连续时间模型所取代，但没有 $d(x,t)$ 项或其他故障。实际系统的期望位置 θ_1 和 θ_2 也设置为参考结构，从而获得非故障行为的相应状态。使用来自 RUIO 的状态估计 $\hat{x}_{\mathrm{sys}}$ 和系统矩阵计算，可以获得扰动值作为参考系统和真实系统之间的差值：

$$\hat{d}(t) = \boldsymbol{O}_d[x_{\mathrm{ref}}^a(t+1) - \hat{x}_{\mathrm{sys}}^a(t+1)] \tag{6.33}$$

式中：定义矩阵 $\boldsymbol{O}_d$，以便 $\hat{d}$ 在 $\hat{d}_{\theta 1}$ 和 $\hat{d}_{\theta 2}$ 轴上具有扰动分量，对应于 $x(t+1)$ 的第一个和第二个分量上的差值，有

$$\begin{cases} \hat{x}_{\mathrm{sys}}^a(t+1) = \boldsymbol{A}(\hat{x}_{\mathrm{sys}})\hat{x}_{\mathrm{sys}}(t) + \boldsymbol{B}(\hat{x}_{\mathrm{sys}})u_{\mathrm{sys}}(t) + \hat{d} \\ x_{\mathrm{ref}}^a(t+1) = \boldsymbol{A}(x_{\mathrm{ref}})x_{\mathrm{ref}}(t) + \boldsymbol{B}(x_{\mathrm{ref}})u_{\mathrm{ref}}(t) \end{cases} \tag{6.34}$$

分别代表当前系统和参考结构变量的 sys 和 ref 子指数。超指数 a 指出，$t+1$ 处的值是通过 TIAGo 头部子系统的分析模型获得的，该模型是状态演化得足够接近的近似值。

主动补偿机制包括将 $\hat{d}$ 的相对位置值直接转移到头部子系统的控制动作中。据推测，通过这个程序，状态反馈加 RUIO 控制方案将只考虑与标称操作相关的部分控制动作（不同设定点之间的移动），因为干扰将通过注入其估计值来补偿。

6.5 容错方案

在本节中，本章介绍的方法的所有不同组成部分都集成到图 6.6 所示的通用容错方案中。

在每个时刻，两个轴 θ_{des} 的期望位置都从外部（如通过任务规划层）提供给参考和主控制结构。通过前馈缩放矩阵 M[19] 计算所需位置的相应控制动作，该矩阵取决于（相应结构的）当前状态，根据表达式：

$$\boldsymbol{M} = -[\tilde{\boldsymbol{C}}(-\tilde{\boldsymbol{B}}K(z_p(t)) + \tilde{\boldsymbol{A}}(z_p(t)))^{-1}\tilde{\boldsymbol{B}}]^{-1} \tag{6.35}$$

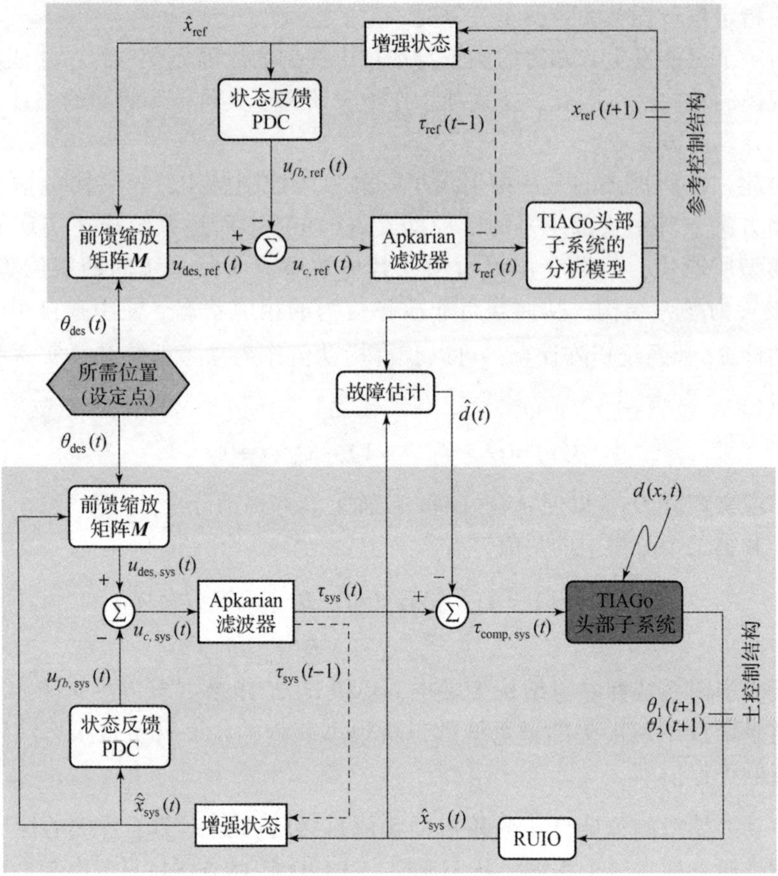

图 6.6　离散时间完全容错控制方法示意图

回顾 $z_p(t)$ 对应于定义的前提变量集（由 $x(t)$ 计算），$K(z_p(t))$ 对应于来自 PDC 的状态反馈增益。

考虑 Apkarian 滤波器的引入，状态反馈 PDC 从增强状态空间计算反馈控制动作 $u_{fb}(t)$：

$$\tilde{\boldsymbol{x}}(t)=\begin{bmatrix} x(t) \\ x_f(t-1) \end{bmatrix}=\begin{bmatrix} \dot{\theta}_1(t) \\ \dot{\theta}_2(t) \\ \theta_1(t) \\ \theta_2(t) \\ \tau_1(t-1) \\ \tau_2(t-1) \end{bmatrix} \tag{6.36}$$

应该注意的是，对于主控制结构，RUIO 给出了状态的解耦估计 $\hat{\boldsymbol{x}}(t)$，该估计将用于增强状态，因为 TIAGo 头部子系统仅提供角位置作为输出。

控制动作 $u_c(t)$ 的值计算为 $u_{\text{des}}(t)$ 和 $u_{fb}(t)$ 之间的差值，控制力矩 $\boldsymbol{\tau}(t)$ 通过应用 Apkarian 滤波器的离散时间公式获得。同时，根据式（6.33）和式（6.34）的 $\hat{x}_{\text{sys}}(t)$ 和 $x_{\text{ref}}(t)$ 估计两个轴上的故障大小。它们的计数器值添加到 $\tau_{\text{sys}}(t)$ 中，获得补偿控制力矩 $\boldsymbol{\tau}_{\text{comp,sys}}(t)$，该力矩发送到 TIAGo 头部子系统，其受 $d(x,t)$ 的影响（假设在这个方案中它包括双轴中所有可能的故障）。

最后，TIAGo 头部真实子系统及其来自参考结构的模型在下一个时刻 $t+1$ 更新各自注入控制扭矩上的输出。如前所述，真实子系统仅提供 $\theta_1(t+1)$ 和 $\theta_2(t+1)$ 的值，但对于参考结构，所有状态都是其实现的一部分。

6.6 应用结果

为了评估针对所述问题提出的容错控制方法，使用 MATLAB®编程环境实现了一个模拟器[23]。TIAGo 头部子系统的解析表达式、物理限制和参数用于在仿真中实现连续时间系统。Dormand - Prince 方法[24]应用于求解这些微分解析表达式。

对于离散时间实现，使用了经典的欧拉离散化方法，采样时间 $T_s=10\text{ms}$。Apkarian 滤波器的设计考虑了这种实现方式，并且已经确定其增益 φ 必须小于或等于 $1/T_s$，以避免在其应用中出现连续时间点样本之间的一致性相关问题。

根据上述 LMI 和 LME，PDC 和 RUIO 的设计已使用 YALMIP 工具箱[25-26]和 SeDuMi 优化软件[27]解决。在设计阶段还包括了有关极点配置的其他 LMI，以便在 PDC 上实现快速响应时间和零超调，并避免 RUIO 和子系统动力学之间的耦合（快 10 倍），读者可以参考文献［17］了解更多细节。

根据本章中考虑的故障的给定描述，所有显示的结果都考虑了一个单一场景。在 Pan(θ_1)轴上，在 $t=20\text{s}$（完整模拟时间的一半）时注入 $d_{\theta_1}=4\text{N}\cdot\text{m}$ 的恒定正扭矩。对于 Tilt(θ_2)轴，在所有模拟过程中，仅存在上述 θ_2 中第二个连杆质量的变量相关效应。θ_1 和 θ_2 的期望位置分别是它们的上限和下限（表 6.1）。在 $t=20\text{s}$ 时，位置参考更改为这些值的一半。

为了证明所提出解决方案的有效性，本节已经获得了一些方法的结果，这些方法逐步地将所有提出的技术结合到最终的容错控制方案中。因此，该方法以增量改进的方式与部分解的结果进行了比较。首先，从基本控制结构

（仅包括状态反馈 PDC、前馈缩放矩阵和 Apkarian 滤波器）出发，使用经典的 Luenberger 观测器[17]来估计系统状态。其次，将其替换为 RUIO。最后，包括参考控制结构和故障估计。在后一种情况下，在有补偿和没有补偿的情况下对故障估计机制进行评估。

6.6.1 基于龙伯格观测器的基本控制结构

应用状态反馈 PDC 中的 LQC 问题设计了龙伯格观测器。此外，上述相同的附加极点配置 LMI 条件也适用于 RUIO。在图 6.7 中，包括在无故障（但保持位置参考）情况下，系统状态随着模拟的演变，用于确定与其相关的差异。

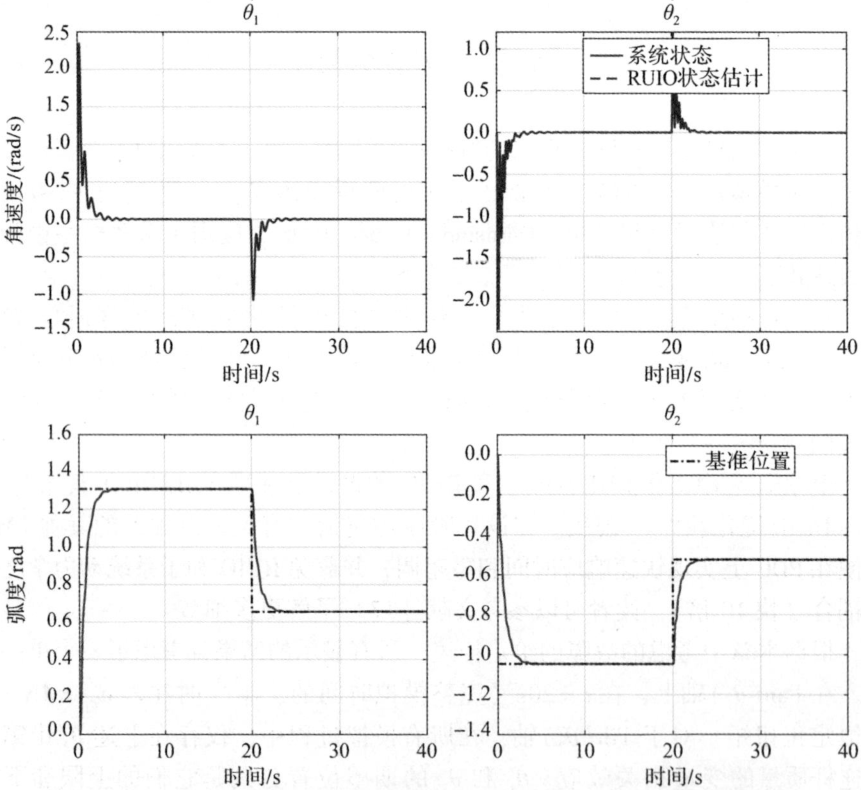

图 6.7 基于龙伯格观测器的基本控制结构在非故障情况下的系统状态演化

图 6.8 显示了常见故障情况下的相同结果。正如预期的那样，经典的龙伯格观测器不会在任何轴上解耦影响系统的故障，从而在状态变量的估计中产生明显的误差。此外，由于在控制结构中注入了看不见的故障，因此图 6.7 中的

结果在两个轴上都出现了瞬态期间的振荡行为。应该指出的是，由于两个轴之间的耦合效应，即使 θ_1 上没有故障扭矩，振荡行为仍然存在。关于角速度，除了振荡行为，它们的估计值和实际值之间存在差异，这也是由于故障的影响而产生的。

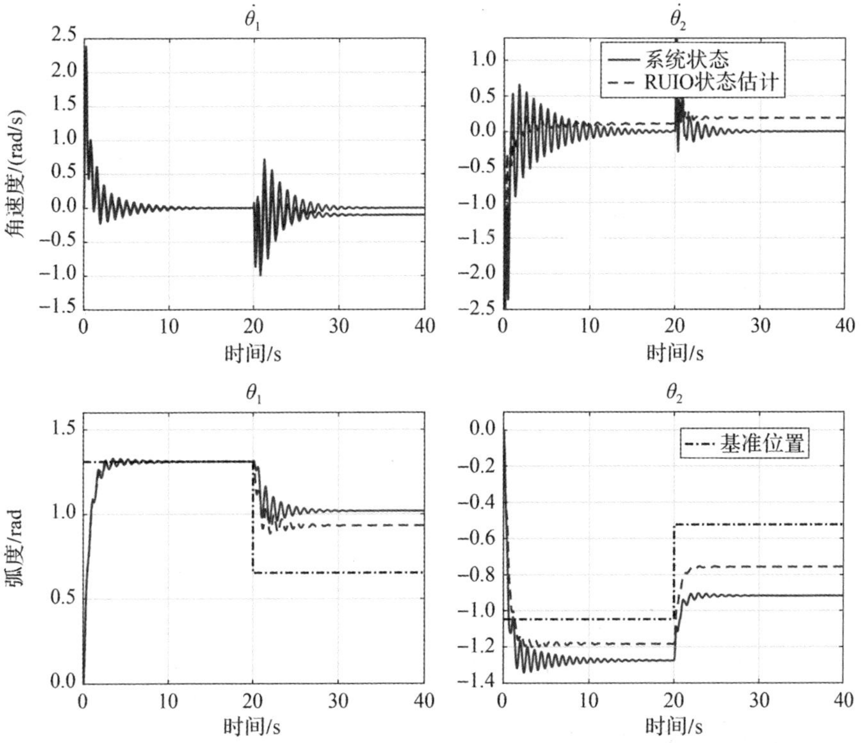

图 6.8　基于龙伯格观测器的基本控制结构的故障情况下的系统状态演化

6.6.2　基于 RUIO 的基本控制结构

从之前的控制结构来看，用 RUIO 替代经典的龙伯格观测器导致估计误差的整体减少，同时消除了两个轴上的振荡现象，如图 6.9 所示。

尽管相对于先前的控制结构有了显著的改进，但由于位置误差不为零，因此所呈现的行为与预期的行为不一致。由于 LMI 条件确保估计误差收敛到零，因此 RUIO 通过设计将干扰的影响与系统状态完全分离。与图 6.8 的结果一样，两个角速度的估计误差几乎相等。对此问题进行进一步分析，发现可能与设计有关，因为 SEDUMI 解决严格 LME 的能力有限。

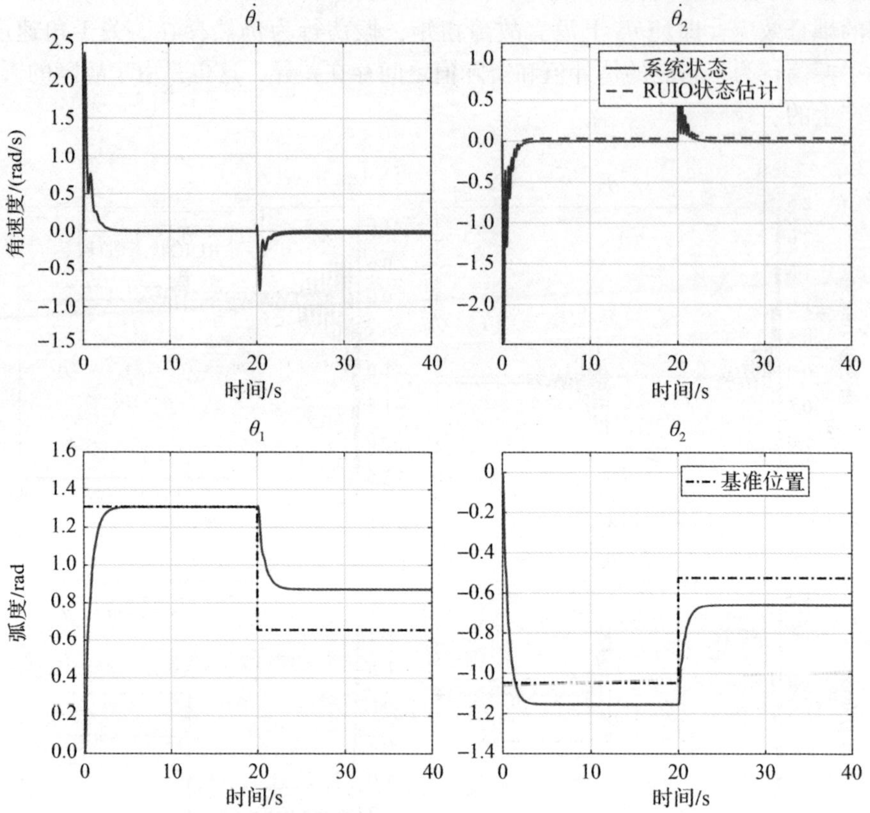

图 6.9　基于 RUIO 基本控制结构的故障场景下系统状态演化

6.6.3　完整的容错控制方案

在完整的容错控制方案下，可以使用参考控制结构估计故障的大小。在图 6.10 中，给出了估计注入扭矩的大小，但不包括其补偿机制。它们收敛到两个轴注入故障的真实值，实现完全隔离，而无须考虑轴之间现有的耦合效应。振荡效应出现在两种估计的过渡阶段，由于影响故障 θ_2 的依赖性，在倾斜轴上更为显著。

图 6.11 中的结果对应于补偿估计故障的最终控制方案的系统状态演变。图 6.12 中展示了这种情况下估计的演变。

与先前的控制结构相比，所获得的结果有所改进，但位置误差并非如预期的那样为零，并且在估计位置速度和实际位置速度之间存在（略微减小的）差异。在这种情况下，此问题背后的原因与故障估计中的错误有关：幅度大约

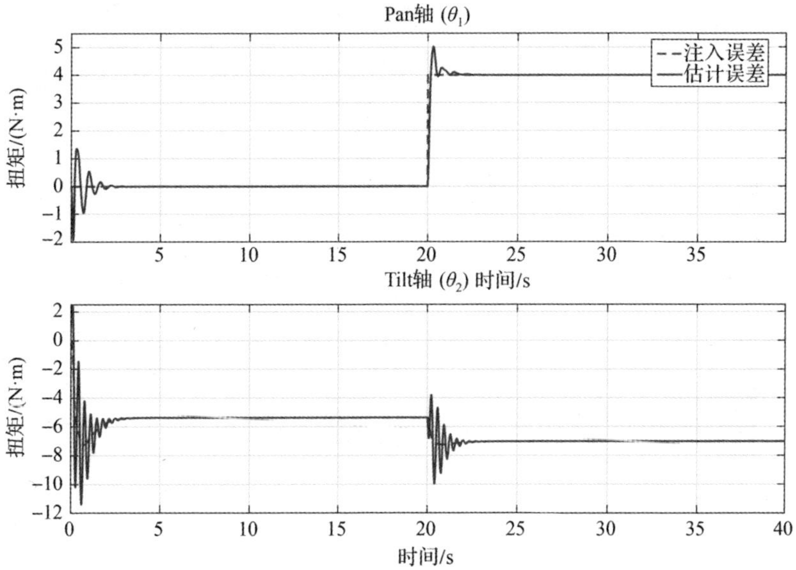

图 6.10　不含补偿机构的 **Pan** 轴和 **Tilt** 轴故障估计

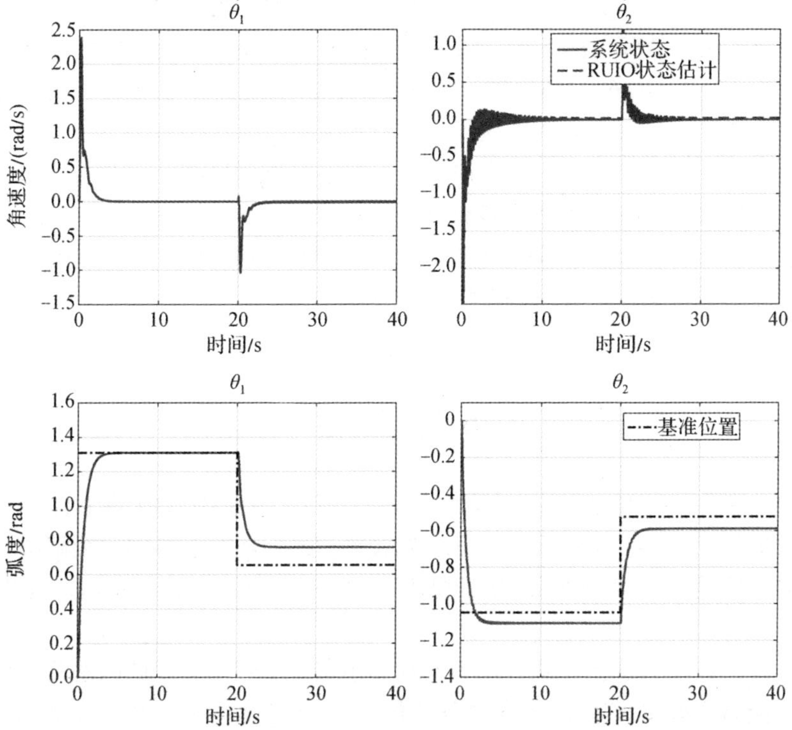

图 6.11　基于完整容错控制方案的故障场景下系统状态演化

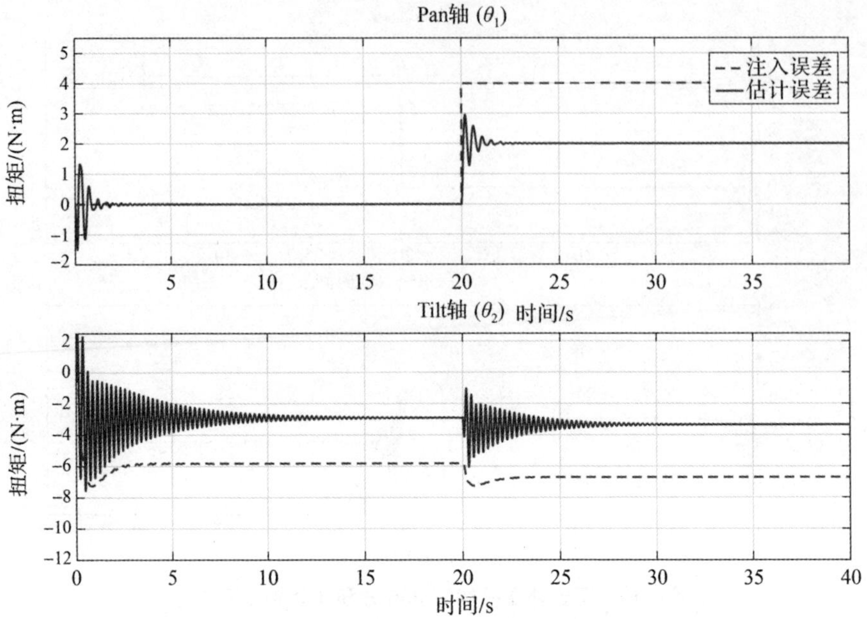

图 6.12 包含补偿机构的 Pan 轴和 Tilt 轴故障估计

收敛到当前注入故障值的一半。进一步分析表明，补偿机制内的估计速度不够快，无法避免 RUIO 假设的那部分干扰。因此，从设计中导出的上述问题引入解决方案中，并且误差不会收敛到零。

最后，应该指出的是，已经评估了一些策略来克服这个问题。例如，通过大于单位的增益对注入的估计进行加权，以便最初对其进行过度补偿[28]。该策略改善了结果，但振荡效应（如图 6.12 中倾斜轴估计中的振荡效应）损害了控制方案的稳定性，因此必须将其丢弃。

6.7 结论

在本章中，针对 TIAGo 人形机器人的头部子系统提出的基于容错模型的控制方法可以解决上述问题。尽管结果表明，该问题并未得到完全解决，但所使用的方法为最终实现解决方案提供了第一条行动，在此基础上可以进行改进。

未来，该方案将在实验室可用的真实系统中实现。关于此问题的其他研究机会可能与获取更多有关故障本身的信息（如在意外碰撞情况下的接触点）以及在完整自主架构中的集成有关。

致　谢

本章研究得到了西班牙国家研究机构的支持，并通过了 IRI MDM－2016－0656。

参 考 文 献

[1] International Federation of Robotics (IFR). *Executive Summary World Robotics. 2016 Service Robot.*
[2] Gertler J. *Fault Detection and Diagnosis in Engineering Systems*. New York: CRC Press; 1998.
[3] Zhuo-hua D., Zi-xing C., Jin-xia Y. 'Fault diagnosis and fault tolerant control for wheeled mobile robots under unknown environments: A survey'. *Proceedings of the International Conference on Robotics and Automation (ICRA)*. Barcelona: IEEE; 2005.
[4] Khalastchi E., Kalech M. 'On Fault Detection and Diagnosis in Robotic Systems'. *ACM Computing Surveys.* 2018, vol. 51(1), pp. 1–24.
[5] Van M., Kang H. 'Robust Fault-Tolerant Control for Uncertain Robot Manipulators Based on Adaptive Quasi-Continuous High-Order Sliding Mode and Neural Network'. *Proceedings of the Institution of Mechanical Engineers, Part C: Journal of Mechanical Engineering Science.* 2015, vol. 229(8), pp. 1425–1446.
[6] Haddadin S., Albu-Schaffer A., De Luca A., Hirzinger G. 'Collision detection and reaction: A contribution to safe physical human-robot interaction'. *Proceedings of the International Conference on In Intelligent Robots and Systems (IROS)*. Nice: IEEE; 2008; pp. 3356–3363.
[7] Stavrou D., Eliades D. G., Panayiotou C. G., Polycarpou M. M. 'Fault Detection for Service Mobile Robots Using Model-Based Method'. *Autonomous Robots*. 2016, vol. 40, pp. 383–394.
[8] Hornung R., Urbanek H., Klodmann J., Osendorfer C., van der Smagt P. 'Model-free robot anomaly detection'. *Proceedings of the International Conference on Intelligent Robots and Systems (IROS)*. Chicago, IL: IEEE; 2014; pp. 3676–3683.
[9] De Luca A., Ferrajoli L. 'A modified Newton-Euler method for dynamic computations in robot fault detection and control'. *Proceedings of the IEEE International Conference on Robotics and Automation (ICRA)*. Kobe: IEEE; 2009; pp. 3359–3364.
[10] Prassler E., Kazuhiro K. 'Domestic Robotics'. *Springer Handbook of Robotics*. Berlin, Heilderberg: Springer; 2008; pp. 1253–1281.
[11] PAL Robotics. TIAGo Robotic Platform. Available from: http://tiago.pal-robotics.com [Accessed 31 January 2019]

[12] Craig J. J. *Introduction to Robotics. Mechanics and Control.* 3rd edn. London: Pearson Education International; 2005; p. 173.

[13] Zadeh L. A. 'Fuzzy Sets'. *Information and Control.* 1965, vol. 8(3), pp. 338–353.

[14] Takagi T., Sugeno M. 'Fuzzy Identification of Systems and Its Applications to Modelling and Control'. *IEEE Transactions on Systems, Man and cybernetics.* 1985, vol. 1, pp. 116–132.

[15] Sugeno M., Kang G. T. 'Fuzzy Modeling and Control of Multilayer Incinerator' *Fuzzy Sets and Systems.* 1986, vol. 18(3), pp. 329–364.

[16] Tanaka K., Wang H. *Fuzzy Control Systems Design and Analysis.* New York: Wiley; 2010.

[17] Duan G. R., Yu H. H. *LMIs in Control Systems: Analysis, Design and Applications.* Boca Raton, FL: CRC Press; 2013.

[18] Apkarian P., Gahinet P., Becker, G. 'Self-Scheduled H_∞ Control of Linear Parameter-Varying Systems: A Design Example'. *Automatica.* 1995, vol. 31(9), pp. 1251–1261.

[19] Ostertag E. *Mono- and Multivariable Control and Estimation: Linear, Quadratic and LMI Methods.* Berlin, Heilderberg: Springer Science and Business Media; 2011.

[20] Chadli M., Karimi H.R. 'Robust Observer Design for Unknown Inputs Takagi–Sugeno Models'. *IEEE Transactions on Fuzzy Systems.* 2013, vol. 21(1), pp. 158–164.

[21] Chadli M. 'An LMI Approach to Design Observer for Unknown Inputs Takagi-Sugeno Fuzzy Models'. *Asian Journal of Control.* 2010, vol. 12(4), pp. 524–530.

[22] Crestani D., Godary-Dejean K. 'Fault tolerance in control architectures for mobile robots: Fantasy or reality?'. *Presented in CAR: Control Architectures of Robots.* Nancy, France; 2012.

[23] MATLAB. MathWorks. Available from: https://www.mathworks.com/ [Accessed 31 January 2019].

[24] Dormand J. R., Prince P. J. 'A Family of Embedded Runge-Kutta Formulae'. *Journal of Computational and Applied Mathematics.* 1980, vol. 6(1), pp. 19–26.

[25] Lofberg J., 'YALMIP: A toolbox for modeling and optimization in MATLAB', *IEEE International Conference on Robotics and Automation.* Taipei, Taiwan; 2004.

[26] YALMIP toolbox. Available from: https://yalmip.github.io/ [Accessed 31 January 2019].

[27] SEDUMI: Optimization over symmetric cones. Available from: https://github.com/sqlp/sedumi [Accessed 31 January 2019].

[28] Witczak M. *Fault Diagnosis and Fault-Tolerant Control Strategies for Nonlinear Systems.* Lecture Notes in Electrical Engineering (LNEE), no. 266. Switzerland: Springer; 2014; p. 119–142.

第7章　协同移动机械手的分布式故障检测与隔离策略

涉及多机器人系统的应用日益增加，因为它们允许一个人完成单台机器无法完成的复杂任务。这些机器人系统的通用控制方法基于分布式架构，其中每个机器人仅基于来自机载传感器，或从其相邻机器人接收的本地信息计算自己的控制输入。这意味着一个或多个智能体的故障可能会危及任务的执行。因此，在上述情况下，故障检测和隔离（Fault Detection and Isolation，FDI）策略对于完成指定任务也至关重要。

本章介绍了一种分布式故障诊断架构，旨在检测紧密协作的机器人团队中的故障。本章所提出的方法依赖于分布式观测器－控制器方案，其中每个机器人通过本地观测器估计整个系统状态，并使用这种估计来计算本地控制输入，以实现特定任务。局部观测器还用于定义一组残差向量，即使在没有直接通信的情况下，也能检测和隔离团队中任何机器人上发生的故障。通过三个机器人组成的异构团队执行协作任务的实验验证了该方法的有效性。

7.1　引言

以高性能的方式完成复杂和（或）繁重任务的需求导致了机器人团队在不同应用领域的广泛使用，如从探索、导航[1]、监视[2]到协同操纵和装载运输任务[3]。更详细地说，采用多个协作机器人而不是单个机器人可以提高整个系统的效率和对故障的鲁棒性，并且允许个人执行原本不可行的任务。此外，在分布式控制架构的情况下，由于缺乏协调团队机器人的中央控制单元，系统的可扩展性和灵活性也得到了增强。然而，在集中式和分布式架构中，故障鲁棒性只有在处理不当的情况下才有潜力，即如果协调策略依赖于所有机器人的可操作性，则在发生故障时整个任务都可能会受到影响。因此，控制架构中通常应包含适当的FDI方法，以便检测故障的发生和识别故障机器人，从而允许在线监控系统的健康状况，并尽可能确保其可靠性。

在处理单机组系统的FDI策略中，基于观测器的方法已得到广泛研究。例如，文献［4］中的研究提出了一种集中式 FDI 方案，其中一组非线性自适应估计器负责检测故障，而另一组估计器负责隔离故障。此外，在文献［5］中设计了一种集中式容错控制方案，其中引入了用于从可能的故障中恢复的 FDI 和调节方案。文献［6］中提出了一种强化学习方法，其中提出了一种具有离散时间系统的容错控制策略。

在分布式控制架构的情况下，FDI 策略更具挑战性，其中要求每个机器人仅根据从本地传感器和相邻机器人收集的信息来识别队友的故障，因此缺乏与整个机器人系统相关的全局信息知识。在这方面，传统上采用基于观测器的方法，包括定义通过比较测量值和估计值获得的残差信号，然后对其进行监测以识别和隔离故障。根据这种方法，文献［7］中设计了一种用于非线性不确定系统的 FDI 策略，该策略也依赖于自适应阈值来检测故障。文献［8］中分析了由非线性智能体组成的大规模系统，其中提出了将其分解为更小的重叠子系统，并对非重叠部分考虑了局部观测器，而为重叠部分设计了类似共识的策略。在文献［9］中可以找到用于智能体内部通信中可能的延迟和数据包丢失的扩展。作为一种不同的方法，文献［10］对二阶线性时不变系统采用了一组未知输入观测器，其中针对两类分布式控制规则提供这些观测器。在此架构基础上，删除系统中的通信链路或节点导致的模型不确定性已包含在文献［11］中。此外，在文献［12］中考虑了可能同时发生故障的异构线性智能体，但设计的策略只允许每个机器人检测其自身的故障或直接邻居的故障。类似地，在文献［13］中也存在相同的限制，其中提出了 H_∞/H_- 公式来解决线性系统的一致性任务，同时检测可能的故障。此外，在文献［14］中讨论了非线性系统的领导者跟踪任务，并设想了故障检测和调节策略；然而，与之前的工作类似，前者依赖于本地观测器，专门允许检测机器人本身的故障。最近，在文献［15］中分析了一类特定的受执行器故障影响的非线性系统，并设计了具有双向信息交换的故障估计和容错控制的分层架构。

尽管人们对分布式 FDI 方案进行了大量的研究，但对于非线性连续时间动力学特征的多机械手系统的研究却很少。在这方面，文献［16］中的工作侧重于同步设定点调节问题的多个欧拉－拉格朗日系统；为此，利用 H_∞ 理论，并在控制架构中引入执行器故障的 FDI 模块。假设后者可用，仅分析其可能的缺陷或不确定性的后果。文献［17］中讨论了可能存在通信链路故障和执行器故障的领导者跟踪任务，其中提出了一种不依赖于 FDI 方案的容错分布式控制协议。此外，在文献［18］中讨论了具有多个欧拉－拉格朗日系统的分布式编队控制问题，并设计了故障诊断策略。然而，后者是基于这样一个事实，即每个机器人都能够通过观测系统检测到自己可能出现的故障，并且在发生故障时，会向整个网络广播报警信号。

基于上述原因，与现有解决方案不同，本章研究了多个移动机械手系统的通用分布式框架，该框架允许每个机器人检测并隔离团队中任何其他机器人的可能故障，而无须与其直接通信。

值得注意的是，尤其是在紧密配合的情况下，每个机器人对整个团队的健康意识是一个关键特征，如果没有这个特征，一个机器人的故障甚至可能对其他机器人造成损害。为此，设计了一种观测器－控制器方案，基于该方案，每个机器人首先通过局部观测器估计整个系统状态，然后利用该估计来计算局部控制输入，以实现期望的协作任务。基于相同的局部观察器，还定义了残差信号，使人们能够检测和识别网络中可能的故障。本章所提出的解决方案建立在文献［19－20］中方案上，其中第一个方案侧重于连续时间单积分器动态系统，而后者则处理离散时间线性系统。此外，这些贡献通过以下方式进行了拓展：

（1）将观测器－控制器方案扩展到连续时间欧拉－拉格朗日系统，并对其进行形式化分析。

（2）在由三个协作移动机器人和机械手组成的真实装置上进行了实验，以验证所提出的方法。

本章的其余部分组织如下。7.2 节介绍数学背景并讨论问题设置；7.3 节介绍了分布式控制器－观测器架构；7.4 节介绍了故障诊断和隔离方案；7.5 节显示了使用一组移动机器人和机械手的实验结果；7.6 节得出结论并对未来工作做出展望。

7.2　数学背景和问题设置

7.2.1　机器人模型

让我们考虑一个具有 N 个移动机械手的工作单元，该机械手配备有腕式力/扭矩传感器并参与协作任务。第 i 个机械手的动力学模型可以表示为

$$\boldsymbol{M}_i(\boldsymbol{q}_i)\ddot{\boldsymbol{q}}_i+\boldsymbol{C}_i(\boldsymbol{q}_i,\dot{\boldsymbol{q}}_i)\dot{\boldsymbol{q}}_i+\boldsymbol{F}_i\dot{\boldsymbol{q}}_i+\boldsymbol{g}_i(\boldsymbol{q}_i)+\boldsymbol{d}_i(\boldsymbol{q}_i,\dot{\boldsymbol{q}}_i)=\boldsymbol{\tau}_i-\boldsymbol{J}_i^{\mathrm{T}}(\boldsymbol{q}_i)\boldsymbol{h}_i \tag{7.1}$$

式中：$\boldsymbol{q}_i(\dot{\boldsymbol{q}}_i,\ddot{\boldsymbol{q}}_i)\in\mathbb{R}^{n_i}$为关节位置（速度、加速度）向量；$\boldsymbol{M}_i\in\mathbb{R}^{n_i\times n_i}$为对称正定惯性矩阵；$\boldsymbol{C}_i\in\mathbb{R}^{n_i\times n_i}$为集合科里奥利项和离心项的矩阵；$\boldsymbol{F}_i\in\mathbb{R}^{n_i\times n_i}$为黏性摩擦矩阵；$\boldsymbol{g}_i\in\mathbb{R}^{n_i}$为广义重力向量；$\boldsymbol{d}_i\in\mathbb{R}^{n_i}$为建模不确定性和干扰（如

低速摩擦、电机电磁干扰、噪声）的向量集合；$\boldsymbol{\tau}_i \in \mathbb{R}^{n_i}$为联合扭矩向量；$\boldsymbol{J}_i \in \mathbb{R}^{6\times n_i}$为雅可比矩阵；$\boldsymbol{h}_i \in \mathbb{R}^6$ 为机器人末端执行器对环境施加的交互力旋量。式（7.1）中的动力学可以用紧凑的形式重写为

$$\boldsymbol{M}_i(\boldsymbol{q}_i)\ddot{\boldsymbol{q}}_i + \boldsymbol{n}_i(\boldsymbol{q}_i,\dot{\boldsymbol{q}}_i) + \boldsymbol{d}_i(\boldsymbol{q}_i,\dot{\boldsymbol{q}}_i) = \boldsymbol{\tau}_i - \boldsymbol{J}_i^{\mathrm{T}}(\boldsymbol{q}_i)\boldsymbol{h}_i \tag{7.2}$$

式中：向量$\boldsymbol{n}_i(\boldsymbol{q}_i,\dot{\boldsymbol{q}}_i) \in \mathbb{R}^{n_i}$包含科里奥利、离心、摩擦和重力项。考虑影响第 i 个机器人的关节执行器的故障，$\boldsymbol{\phi}_i \in \mathbb{R}^{n_i}$，因此，在故障存在的情况下，式（7.2）变为

$$\boldsymbol{M}_i(\boldsymbol{q}_i)\ddot{\boldsymbol{q}}_i + \boldsymbol{n}_i(\boldsymbol{q}_i,\dot{\boldsymbol{q}}_i) + \boldsymbol{d}_i(\boldsymbol{q}_i,\dot{\boldsymbol{q}}_i) = \boldsymbol{\tau}_i - \boldsymbol{J}_i^{\mathrm{T}}(\boldsymbol{q}_i)\boldsymbol{h}_i + \boldsymbol{\phi}_i \tag{7.3}$$

基于式（7.3），可以推导出末端执行器在笛卡儿空间中的运动方程[21]，即

$$\boldsymbol{\Lambda}_i(\boldsymbol{q}_i)\ddot{\boldsymbol{x}}_i + \boldsymbol{\mu}_i(\boldsymbol{x}_i,\dot{\boldsymbol{x}}_i) + \boldsymbol{\xi}_i(\boldsymbol{x}_i,\dot{\boldsymbol{x}}_i) = \boldsymbol{\gamma}_i - \boldsymbol{h}_i + \boldsymbol{J}_{M,i}^{\mathrm{T}}\boldsymbol{\phi}_i \tag{7.4}$$

式中：$\boldsymbol{x}_i(\dot{\boldsymbol{x}}_i,\ddot{\boldsymbol{x}}_i)$为第 i 个机器人的（6×1）末端执行器位姿（速度和加速度）向量，且

$$\boldsymbol{\Lambda}_i = [\boldsymbol{J}_i(\boldsymbol{q}_i)\boldsymbol{M}_i^{-1}(\boldsymbol{q}_i)\boldsymbol{J}^{\mathrm{T}}(\boldsymbol{q}_i)]^{-1},\ \boldsymbol{\gamma}_i = \boldsymbol{J}_{M,i}^{\mathrm{T}}\boldsymbol{\tau}_i$$

$$\boldsymbol{\mu}_i = \boldsymbol{J}_{M,i}^{\mathrm{T}}\boldsymbol{n}_i(\boldsymbol{q}_i,\dot{\boldsymbol{q}}_i) - \boldsymbol{\Lambda}_i\dot{\boldsymbol{J}}_i(\boldsymbol{q})\dot{\boldsymbol{q}}_i,\ \boldsymbol{\xi}_i = \boldsymbol{J}_{M,i}^{\mathrm{T}}\boldsymbol{d}_i(\boldsymbol{q}_i,\dot{\boldsymbol{q}}_i)$$

操作空间中的惯性矩阵$\boldsymbol{\Lambda}_i$ 和 $\boldsymbol{J}_i$ 的动态一致广义逆矩阵 $\boldsymbol{J}_{M,i}$由下式给出：

$$\boldsymbol{J}_{M,i} = \boldsymbol{M}_i^{-1}(\boldsymbol{q}_i)\boldsymbol{J}_i^{\mathrm{T}}(\boldsymbol{q}_i)\boldsymbol{\Lambda}_i \tag{7.5}$$

备注 7.1 值得注意的是，如果故障 $\boldsymbol{\phi}_i$ 属于矩阵 $\boldsymbol{J}_{M,i}$的零空间，则它不会影响末端执行器动力学。因此，本章所提出的方法检测到这种故障，因为它们会影响给定机械手的内部动力学，并且无法通过观察末端执行器的动力学对其机械手可见。

备注 7.2 设计的诊断方法还可用于检测和隔离影响力/扭矩传感器 $\boldsymbol{\phi}_h \in \mathbb{R}^6$ 的故障。在本章中，为简洁起见，不考虑它们。

考虑以下状态向量：

$$z_i = \begin{bmatrix} \boldsymbol{x}_i \\ \dot{\boldsymbol{x}}_i \end{bmatrix} \in \mathbb{R}^{12} \tag{7.6}$$

末端执行器运动方程式（7.4）可以写成状态空间形式，即

$$\begin{cases} \dot{z}_{i,1} = z_{i,2} \\ \dot{z}_{i,2} = \boldsymbol{\Lambda}_i^{-1}(z_i)(\boldsymbol{\gamma}_i - \boldsymbol{h}_i + \boldsymbol{J}_{M,i}^{\mathrm{T}}\boldsymbol{\phi}_i - \boldsymbol{\mu}_i(z_i) - \boldsymbol{\xi}_i(z_i)) \end{cases} \tag{7.7}$$

然后可以按矩阵形式重新排列如下：

$$\dot{z}_i = \boldsymbol{A}z_i + \boldsymbol{B}_i(z_i)(\boldsymbol{\gamma}_i - \boldsymbol{h}_i + \boldsymbol{J}_{M,i}^{\mathrm{T}}\boldsymbol{\phi}_i - \boldsymbol{\mu}_i(z_i) - \boldsymbol{\xi}_i(z_i)) \tag{7.8}$$

且

$$A = \begin{bmatrix} O_6 & I_6 \\ O_6 & O_6 \end{bmatrix},\ B_i(z_i) = \begin{bmatrix} O_6 \\ \Lambda_i^{-1}(z_i) \end{bmatrix}$$

O_m 和 I_m 分别为（$m \times m$）的零矩阵和单位矩阵。

本章对移动机械手进行了以下假设：

假设 7.1　对于每个机器人，收集操作空间中建模不确定性和扰动向量 $\boldsymbol{\xi}_i$，它是以正标量 $\bar{\xi}$ 为界的范数，即 $\|\boldsymbol{\xi}_i\| \leqslant \bar{\xi}$，$\forall i = 1, 2, \cdots, N$。

7.2.2　信息交互

多机器人系统中，通常通过连通图[22-23] $\mathcal{G}(\mathcal{E},\mathcal{V})$ 对机器人信息交互进行建模，其中 $\mathcal{V}$ 是一组标记机器人 N 个顶点（节点）的索引，$\mathcal{E} = \mathcal{V} \times \mathcal{V}$ 是一组表示机器人之间通信的边（弧）。具体来说，机器人 i 和机器人 j 只有在节点 i 和节点 j 之间存在弧线时才能进行通信。从数学上看，图的拓扑结构由（$N \times N$）邻接矩阵表示：

$$W = \{w_{ij}\} : w_{ii} = 0, w_{ij} = \begin{cases} 1, (j,i) \in \mathcal{E} \\ 0, 其他 \end{cases} \tag{7.9}$$

其中，如果存在从顶点 j 到顶点 i 的弧，则 $w_{ij} = 1$；这种矩阵在无向图的情况下是对称的，即机器人之间的所有通信链接都是双向的。通信拓扑也可以用（$N \times N$）拉普拉斯矩阵[24-25]定义为

$$\boldsymbol{L} = \{l_{ij}\} : l_{ii} = \sum_{j=1, j \neq i}^{N} w_{ij}, l_{ij} = -w_{ij}, i \neq j \tag{7.10}$$

由于以下性质，拉普拉斯矩阵在多智能体系统领域通常是首选。

性质 7.1　$\boldsymbol{L}$ 的所有特征值的实部都等于或大于零；此外，$\boldsymbol{L}$ 至少显示了一个零特征值，其对应的右特征向量是 $N \times 1$ 维的全 1 向量 $\mathbf{1}_N$。因此，$\mathrm{rank}(\boldsymbol{L}) \leqslant N-1$，$\mathrm{rank}(\boldsymbol{L}) = N-1$ 当且仅当图是强连通的，即图的任何两个不同节点可以通过有向路径连接，且 $\boldsymbol{L}\mathbf{1}_N = \mathbf{0}_N$，其中 $\mathbf{0}_N$ 是（$N \times 1$）维零向量。

以下关于信息交互的假设在本章的其余部分成立：

（1）第 i 个机器人仅从其邻居 $\mathcal{N}_i = \{j \in \mathcal{V} : (j,i) \in \mathcal{E}\}$ 接收信息。$\mathcal{N}_i$ 的基数是节点 i 的入度，即 $d_i = |\mathcal{N}_i| = \sum_{j=1}^{N} w_{ij}$。此外，从节点 i 接收信息的节点集的基数代表节点 i 的出度，即 $D_i = \sum_{k=1}^{N} w_{ki}$。

（2）假设图拓扑结构是固定的，即不存在随时间出现或消失的通信链路。

7.2.3 问题描述

现在可以正式说明这项工作中解决的问题。

问题 7.1 让我们考虑一组 N 个移动机械手，它们具有式（7.1）中的动力学，并为其分配了协作任务。假设中央控制单元不存在，且机器人 i 在某个时间 t_f 出现故障，即 $\|\phi_i(t_f)\|>0$。我们的目标是使团队中的每个机器人都能检测到故障的发生，以及确定哪个机器人出现故障。

7.3 观测器和控制器方案

假设工作单元中的机器人负责完成全局任务，具体取决于总体状态 $\boldsymbol{z}=[z_1^{\mathrm{T}} \quad z_2^{\mathrm{T}} \quad \cdots \quad z_N^{\mathrm{T}}]^{\mathrm{T}}\in\mathbb{R}^{12N}$。为解决问题 7.1 而提出的观测器 - 控制器方案认为，每个机器人首先通过基于与相邻机器人信息交互的观测器来估计单元的整体状态；其次，状态估计用于计算输入，以实现集中式配置中的全局任务。图 7.1 为第 i 个机器人的整体分布式控制架构，结合了观测器 - 控制器和故障检测方案。

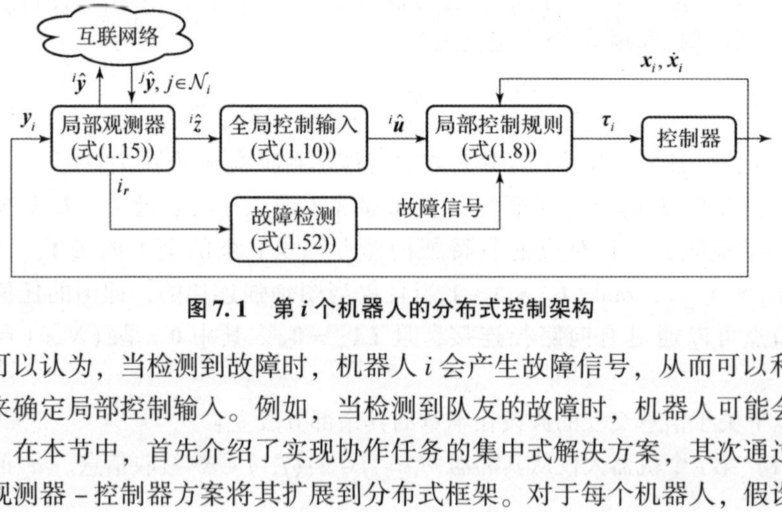

图 7.1 第 i 个机器人的分布式控制架构

可以认为，当检测到故障时，机器人 i 会产生故障信号，从而可以利用该故障来确定局部控制输入。例如，当检测到队友的故障时，机器人可能会停止工作。在本节中，首先介绍了实现协作任务的集中式解决方案，其次通过所提出的观测器 - 控制器方案将其扩展到分布式框架。对于每个机器人，假设采用以下控制规律：

$$\boldsymbol{\gamma}_i=\boldsymbol{\Lambda}_i(z_i)(u_i+\mu_i(z_i)+h_i) \tag{7.11}$$

式中：u_i 为依赖于整体状态 $\boldsymbol{z}$ 的辅助输入。在集中式系统的情况下，存在能够计算每个机器人控制输入的中央单元，即集体辅助输入：

$$\boldsymbol{u}=[\boldsymbol{u}_1^{\mathrm{T}} \quad \boldsymbol{u}_2^{\mathrm{T}} \quad \cdots \quad \boldsymbol{u}_N^{\mathrm{T}}] \in \mathbb{R}^{6N} \tag{7.12}$$

为实现全局任务将采用以下形式

$$\boldsymbol{u}=\boldsymbol{K}\boldsymbol{z}+\boldsymbol{u}_f \tag{7.13}$$

式中：$\boldsymbol{K}\in\mathbb{R}^{6N\times 12N}$为恒定增益矩阵；$\boldsymbol{u}_f\in\mathbb{R}^{6N}$为前馈项[26]。

在没有中央单元的情况下，控制规律（7.13）的计算要求第 i 个机器人估计整体元组状态，以便使用这样的估计，表示为 ${}^i\hat{z}$，代替 z（参见文献[27]）。更具体地，基于估计 ${}^i\hat{z}$，第 i 个机器人计算集体控制输入式（7.13）的估计 $\hat{\boldsymbol{U}}$，即

$${}^i\hat{\boldsymbol{u}}_g=\boldsymbol{K}{}^i\hat{z}+\boldsymbol{u}_f \tag{7.14}$$

此外，在分散解中，必须添加一个局部稳定项，以确保状态估计收敛到实际值。因此，通过考虑以下选择矩阵来获得有效的辅助控制输入：

$$\boldsymbol{\Gamma}_{u_i}=\{\boldsymbol{O}_6\cdots \underbrace{\boldsymbol{I}_6}_{\text{第}i\text{个节点}} \cdots\boldsymbol{O}_6\}\in\mathbb{R}^{6\times 6N} \tag{7.15}$$

以至

$$\boldsymbol{u}_i=\boldsymbol{u}_{g,i}+\boldsymbol{u}_{s,i}=\boldsymbol{\Gamma}_{u_i}{}^i\hat{\boldsymbol{u}}_g+\boldsymbol{K}_s z_i \tag{7.16}$$

式中：$\boldsymbol{K}_s\in\mathbb{R}^{6\times 12}$为恒定增益矩阵。基于式（7.11），式（7.10）可以重新排列为

$$\begin{aligned}\dot{z}_i&=\boldsymbol{A}z_i+\boldsymbol{C}(\boldsymbol{u}_{g,i}+\boldsymbol{u}_{s,i})+\boldsymbol{B}_i(-\boldsymbol{\xi}_i(z_i)+\boldsymbol{J}_{M,i}^{\mathrm{T}}\boldsymbol{\phi}_i)\\&=\boldsymbol{F}z_i+\boldsymbol{C}\boldsymbol{u}_{g,i}+\boldsymbol{B}_i(-\boldsymbol{\xi}_i(z_i)+\boldsymbol{J}_{M,i}^{\mathrm{T}}\boldsymbol{\phi}_i)\end{aligned} \tag{7.17}$$

式中：$\boldsymbol{C}=[\boldsymbol{O}_6\boldsymbol{I}_6]^{\mathrm{T}}$，$\boldsymbol{F}=\boldsymbol{A}+\boldsymbol{C}\boldsymbol{K}_s$，这导致以下集体状态的动力学方程为

$$\dot{z}=(\boldsymbol{I}_N\otimes\boldsymbol{F})z+(\boldsymbol{I}_N\otimes\boldsymbol{C})\boldsymbol{u}_g+\bar{\boldsymbol{B}}(\boldsymbol{\phi}_M-\boldsymbol{\xi})=\bar{\boldsymbol{F}}z+\bar{\boldsymbol{C}}\boldsymbol{u}_g+\bar{\boldsymbol{B}}(\boldsymbol{\phi}_M-\boldsymbol{\xi}) \tag{7.18}$$

式中：符号⊗表示克罗内克积，且

$$\boldsymbol{u}_g=\begin{bmatrix}\boldsymbol{u}_{g,1}\\ \vdots\\ \boldsymbol{u}_{g,N}\end{bmatrix},\ \bar{\boldsymbol{B}}=\begin{bmatrix}\boldsymbol{B}_1(z_1)\\ \vdots\\ \boldsymbol{B}_N(z_N)\end{bmatrix},\ \boldsymbol{\phi}_M=\begin{bmatrix}\boldsymbol{J}_{M,1}^{\mathrm{T}}\boldsymbol{\phi}_1\\ \vdots\\ \boldsymbol{J}_{M,N}^{\mathrm{T}}\boldsymbol{\phi}_N\end{bmatrix},\ \boldsymbol{\xi}=\begin{bmatrix}\boldsymbol{\xi}_1\\ \vdots\\ \boldsymbol{\xi}_N\end{bmatrix}$$

7.3.1　集体状态估计

为了估计集体状态 z，每个机器人运行一个观测器，只需要机器人传感器提供的局部信息和从相邻机器人接收的信息。此外，相同的观测系统用于控制目的和 FDI 策略，而不增加信息交互负担。

机器人 i 的观测器具有以下动力学特性：

$${}^i\dot{\hat{z}}=k_o\left(\sum_{j\in N_i}({}^j\hat{\boldsymbol{y}}-{}^i\hat{\boldsymbol{y}})+\boldsymbol{\Pi}_i(\boldsymbol{y}-{}^i\hat{\boldsymbol{y}})\right)+\bar{\boldsymbol{C}}{}^i\hat{\boldsymbol{u}}_g+\bar{\boldsymbol{F}}{}^i\hat{z} \tag{7.19}$$

式中：${}^{i}\dot{\hat{z}}$ 为机器人 i 对集体状态的估计；$\boldsymbol{\Pi}_i \in \mathbb{R}^{12N\times 12N}$ 为选择矩阵，定义如下：

$$\boldsymbol{\Pi}_i = \operatorname{diag}\{\boldsymbol{O}_{12}, \cdots, \underbrace{\boldsymbol{I}_{12}}_{\text{第}i\text{个机器人}}, \cdots, \boldsymbol{O}_{12}\} \tag{7.20}$$

它选择 $\boldsymbol{y}$ 和 ${}^{i}\hat{y}$ 相对于机器人 i 的部分，变量 $\boldsymbol{y}$ 是一个辅助状态，定义为

$$\boldsymbol{y} = z - \int_{t_0}^{t} (\bar{\boldsymbol{F}} z + \bar{\boldsymbol{C}} \boldsymbol{u}_g) \mathrm{d}\sigma \tag{7.21}$$

式中：t_0 为初始时刻。它在式（7.19）中的估计 ${}^{i}\hat{y}$ 为

$${}^{i}\hat{\boldsymbol{y}} = {}^{i}\hat{z} - \int_{t_0}^{t} (\bar{\boldsymbol{F}}\, {}^{i}\hat{z} + \bar{\boldsymbol{C}}\, {}^{i}\hat{\boldsymbol{u}}_g) \mathrm{d}\sigma \tag{7.22}$$

这仅取决于机器人 i 可用的局部信息。值得注意的是，每个观测器仅使用从直接邻居接收到的估计值 ${}^{j}\hat{y}$ 进行更新，这是邻居之间交换的唯一信息。

集体估计的动力学方程为

$$\dot{\hat{z}}^* = -k_o \boldsymbol{L}^* \hat{\boldsymbol{y}}^* + k_o \boldsymbol{\Pi}^* \tilde{\boldsymbol{y}}^* + \boldsymbol{I}_N \otimes \bar{\boldsymbol{C}} \hat{\boldsymbol{u}}_g^* + \boldsymbol{I}_N \otimes \bar{\boldsymbol{F}} \hat{z}^* \tag{7.23}$$

式中：

$$L^* = L \otimes I_{12N} \in \mathbb{R}^{12N^2 \times 12N^2}$$

$$\Pi^* = \operatorname{diag}\{\boldsymbol{\Pi}_1, \cdots, \boldsymbol{\Pi}_N\} \in \mathbb{R}^{12N^2 \times 12N^2}$$

$$\hat{z}^* = [{}^{1}\hat{\boldsymbol{z}}^{\mathrm{T}} \cdots {}^{N}\hat{\boldsymbol{z}}^{\mathrm{T}}]^{\mathrm{T}} \in \mathbb{R}^{12N^2}$$

$$\hat{\boldsymbol{y}}^* = [{}^{1}\hat{\boldsymbol{y}}^{\mathrm{T}} \cdots {}^{N}\hat{\boldsymbol{y}}^{\mathrm{T}}]^{\mathrm{T}} \in \mathbb{R}^{12N^2}$$

$$\hat{u}_g^* = [{}^{1}\hat{\boldsymbol{u}}_g^{\mathrm{T}} \cdots {}^{N}\hat{\boldsymbol{u}}_g^{\mathrm{T}}]^{\mathrm{T}} \in \mathbb{R}^{6N^2}$$

$$\tilde{\boldsymbol{y}}^* = \boldsymbol{1}_N \otimes \boldsymbol{y} - \hat{\boldsymbol{y}}^*$$

7.3.2 观测器收敛

基于拉格朗日矩阵的性质，并使用文献［19］中采用的相同参数，可以证明以下引理。

引理 7.1 在存在强连通有向通信图且不存在故障和模型不确定性（即 $\|\boldsymbol{\phi}_M\| = 0$ 和 $\|\boldsymbol{\xi}\| = 0$）的情况下，给定观测器方程（7.19）并且对于任何 $k_o > 0$，$\tilde{\boldsymbol{y}}^*$ 全局指数收敛到零。

证明：通过微分式（7.22）并经过一些简单的步骤，以下等式成立：

$$\dot{\hat{\boldsymbol{y}}}^* = \dot{\hat{z}}^* - \boldsymbol{I}_N \otimes \bar{\boldsymbol{C}} \hat{\boldsymbol{u}}_g^* - \boldsymbol{I}_N \otimes \bar{\boldsymbol{F}} \hat{z}^* \tag{7.24}$$

因此，由式（7.23）得

$$\dot{\hat{\boldsymbol{y}}}^* = -k_o \boldsymbol{L}^* \hat{\boldsymbol{y}}^* + k_o \boldsymbol{\Pi}^* \tilde{\boldsymbol{y}}^* \tag{7.25}$$

通过利用拉普拉斯矩阵的以下性质[24]，有

$$\boldsymbol{L}^*(\boldsymbol{1}_N \otimes \boldsymbol{y}) = (\boldsymbol{L}^* \otimes \boldsymbol{I}_{12N})(\boldsymbol{1}_N \otimes \boldsymbol{y}) = (\boldsymbol{L}\boldsymbol{1}_N) \otimes (\boldsymbol{I}_{12N}\boldsymbol{y}) = \boldsymbol{0}_{12N^2} \tag{7.26}$$

式（7.25）可以重新排列为

$$\dot{\hat{\boldsymbol{y}}}^* = -k_o(\boldsymbol{L}^* + \boldsymbol{\Pi}^*)\tilde{\boldsymbol{y}}^* = -k_o\tilde{\boldsymbol{L}}^*\tilde{\boldsymbol{y}}^* \tag{7.27}$$

由式（7.18）考虑 $\dot{\boldsymbol{y}} = \bar{\boldsymbol{B}}(z)(\boldsymbol{\phi}_M - \boldsymbol{\xi})$，以下等式成立：

$$\dot{\tilde{\boldsymbol{y}}}^* = \boldsymbol{1}_N \otimes \dot{\boldsymbol{y}} - \dot{\hat{\boldsymbol{y}}}^* = -k_o\tilde{\boldsymbol{L}}^*\tilde{\boldsymbol{y}}^* + \boldsymbol{\phi}^* - \boldsymbol{\xi}^* \tag{7.28}$$

式中：$\boldsymbol{\phi}^* = \boldsymbol{1}_N \otimes \bar{\boldsymbol{B}}(z)\boldsymbol{\phi}_M$，$\boldsymbol{\xi}^* = \boldsymbol{1}_N \otimes \bar{\boldsymbol{B}}(z)\boldsymbol{\xi}$。最后，在没有故障和不确定性的情况下，$\tilde{\boldsymbol{y}}^*$ 的动力学方程为

$$\dot{\tilde{\boldsymbol{y}}}^* = \boldsymbol{1}_N \otimes \dot{\boldsymbol{y}} - \dot{\hat{\boldsymbol{y}}}^* = -k_o\tilde{\boldsymbol{L}}^*\tilde{\boldsymbol{y}}^* \tag{7.29}$$

通过利用文献［28］中的结果，可以说 $-\tilde{\boldsymbol{L}}^*$ 是 Hurwitz，前提是通信图是强连接的。因此，在没有故障和模型不确定性的情况下，式（7.29）证明了引理，$\forall k_o > 0$。

在存在有界不确定性 $\boldsymbol{\xi}$ 的情况下，根据文献［29］中的结果，可以很容易地证明系统方程（7.23）是全局一致最终有界的（见文献［19]）。

基于引理 7.1，在相同的假设下，以下定理说明了集体状态估计误差 $\tilde{z}^* = \boldsymbol{1}_N \otimes z - \hat{z}^*$ 的收敛特性。

定理 7.1　在存在强连通有向通信图且不存在故障和模型不确定性（$\|\phi_M\| = 0$ 和 $\|\boldsymbol{\xi}\| = 0$）的情况下，给定观测器方程（7.19）对于任何 $k_o > 0$ 和式（7.16）中控制器增益矩阵 $\boldsymbol{K}$ 和 $\boldsymbol{K}_s$ 的适当选择，$\tilde{z}^*$ 收敛到零。

证明： 通过考虑式（7.18）中的 z 和式（7.23）中的 $\hat{z}^*$ 的动力学方程，以及拉普拉斯矩阵性质（7.26），在没有故障和不确定性的情况下，$\tilde{z}^*$ 的动力学方程可以写为

$$\dot{\tilde{z}}^* = -k_o\tilde{\boldsymbol{L}}^*\tilde{\boldsymbol{y}}^* + \boldsymbol{I}_N \otimes \bar{\boldsymbol{C}}\tilde{\boldsymbol{u}}_g^* + \boldsymbol{I}_N \otimes \bar{\boldsymbol{F}}\tilde{z}^* \tag{7.30}$$

式中：$\tilde{\boldsymbol{u}}_g^* = \boldsymbol{1}_N \otimes \boldsymbol{u}_g - \hat{u}_g^*$。

根据引理 7.1，$-k_o\tilde{\boldsymbol{L}}^*\tilde{\boldsymbol{y}}^*$ 项是在稳态下收敛到零的扰动；因此 $\tilde{z}^*$ 的收敛性质是非扰动系统的收敛性质：

$$\dot{\tilde{z}}^* = \boldsymbol{I}_N \otimes \bar{\boldsymbol{C}}\tilde{\boldsymbol{u}}_g^* + \boldsymbol{I}_N \otimes \bar{\boldsymbol{F}}\tilde{z}^* \tag{7.31}$$

基于式（7.12），辅助全局输入 $\boldsymbol{u}_g$ 可以写为

$$\boldsymbol{u}_g = \sum_{l=1}^{N} \boldsymbol{\Gamma}_{ul}^{\mathrm{T}}\boldsymbol{\Gamma}_{ul}\,{}^{l}\hat{\boldsymbol{u}}_g = \sum_{l=1}^{N} \boldsymbol{\Pi}_{ul}\,{}^{l}\hat{\boldsymbol{u}}_g \tag{7.32}$$

式中：$\boldsymbol{\Pi}_{ul} \in \mathbb{R}^{6N \times 6N}$为矩阵，它使${}^{l}\boldsymbol{u}_g$的所有元素无效，但$\boldsymbol{u}_{g,l}$除外。因此，$\tilde{\boldsymbol{u}}_g^*$的第$i$个元素可以写成

$$
\begin{aligned}
{}^{i}\tilde{\boldsymbol{u}}_g &= \sum_{l=1}^{N} \boldsymbol{\Pi}_{ul}(\boldsymbol{K}^{l}\hat{z} + \boldsymbol{u}_f) - \boldsymbol{K}^{i}\hat{z} - \boldsymbol{u}_f = \sum_{l=1}^{N} \boldsymbol{\Pi}_{ul}\boldsymbol{K}({}^{l}\hat{z} \pm z) - \boldsymbol{K}^{i}\hat{z} \\
&= -\sum_{l=1}^{N} \boldsymbol{\Pi}_{ul}\boldsymbol{K}^{l}\tilde{z} + \boldsymbol{K}^{i}\tilde{z}
\end{aligned}
\tag{7.33}
$$

对于任何适当维度的向量$\boldsymbol{v}$有性质$\sum_{l=1}^{N} \boldsymbol{\Pi}_{ul}\boldsymbol{v} = \boldsymbol{v}$已被利用。从式（7.33），$\tilde{\boldsymbol{u}}_g^*$计算公式为

$$
\tilde{\boldsymbol{u}}_g^* = (\boldsymbol{I}_N \otimes \boldsymbol{K})\tilde{z}^* - \boldsymbol{\Pi}_u^*(\boldsymbol{I}_N \otimes \boldsymbol{K})\tilde{z} = (\boldsymbol{I}_{6N^2} - \boldsymbol{\Pi}_u^*)(\boldsymbol{I}_N \otimes \boldsymbol{K})\tilde{z}^* \tag{7.34}
$$

式中：$\boldsymbol{\Pi}_u^* = \boldsymbol{1}_N \otimes [\boldsymbol{\Pi}_{u1}\boldsymbol{\Pi}_{u2}\cdots\boldsymbol{\Pi}_{uN}] \in \mathbb{R}^{6N^2 \times 6N^2}$。可以很容易地验证矩阵$\boldsymbol{I}_{6N^2} - \boldsymbol{\Pi}_u^*$有下列性质：

性质 7.2 矩阵$\boldsymbol{I}_{6N^2} - \boldsymbol{\Pi}_u^*$是幂等的，它的特征是$6N$个空行和$\mathrm{rank}(\boldsymbol{I}_{6N^2} - \boldsymbol{\Pi}_u^*) = 6N(N-1)$。

基于性质 7.2，存在一个非奇异置换矩阵$\boldsymbol{P} \in \mathbb{R}^{N^2 \times N^2}$，如

$$
(\boldsymbol{P} \otimes \boldsymbol{I}_6)(\boldsymbol{I}_{6N^2} - \boldsymbol{\Pi}_u^*) = \left[\frac{\boldsymbol{0}_{6N \times 6N^2}}{\boldsymbol{S}}\right] \tag{7.35}
$$

式中：$\boldsymbol{S} \in \mathbb{R}^{6N(N-1) \times 6N^2}$为行满秩矩阵，$\mathrm{rank}(\boldsymbol{S}) = 6N(N-1)$。从式（7.31）和式（7.34）得出$\tilde{z}^*$的动力学方程为

$$
\dot{\tilde{z}}^* = (\boldsymbol{I}_N \otimes \bar{\boldsymbol{F}})\tilde{z}^* + (\boldsymbol{I}_N \otimes \bar{\boldsymbol{C}})(\boldsymbol{I}_{6N^2} - \boldsymbol{\Pi}_u^*)(\boldsymbol{I}_N \otimes \boldsymbol{K})\tilde{z}^* \tag{7.36}
$$

然后，通过考虑状态变换$\tilde{\boldsymbol{\omega}}^* = (\boldsymbol{P} \otimes \boldsymbol{I}_{12})\tilde{z}^*$，系统方程式（7.36）可以重写为

$$
\begin{aligned}
\dot{\tilde{\boldsymbol{\omega}}}^* &= (\boldsymbol{P} \otimes \boldsymbol{I}_{12})(\boldsymbol{I}_N \otimes \bar{\boldsymbol{F}})(\boldsymbol{P} \otimes \boldsymbol{I}_{12})^{-1}\tilde{\boldsymbol{\omega}}^* \\
&\quad + (\boldsymbol{P} \otimes \boldsymbol{I}_{12})(\boldsymbol{I}_N \otimes \bar{\boldsymbol{C}})(\boldsymbol{I}_{6N^2} - \boldsymbol{\Pi}_u^*)(\boldsymbol{I}_N \otimes \boldsymbol{K})(\boldsymbol{P} \otimes \boldsymbol{I}_{12})^{-1}\tilde{\boldsymbol{\omega}}^*
\end{aligned}
\tag{7.37}
$$

通过利用 Kronecker 积的混合积特性[30]，有

$$
(\boldsymbol{D}_1 \otimes \boldsymbol{D}_2)(\boldsymbol{D}_3 \otimes \boldsymbol{D}_4) = (\boldsymbol{D}_1\boldsymbol{D}_3) \otimes (\boldsymbol{D}_2\boldsymbol{D}_4) \tag{7.38}
$$

对于具有适当维度的矩阵$\boldsymbol{D}_1$，$\boldsymbol{D}_2$，$\boldsymbol{D}_3$，和$\boldsymbol{D}_4$，以下等式链成立

$$
\begin{aligned}
(\boldsymbol{P} \otimes \boldsymbol{I}_{12})(\boldsymbol{I}_N \otimes \bar{\boldsymbol{F}})(\boldsymbol{P} \otimes \boldsymbol{I}_{12})^{-1} &= (\boldsymbol{P} \otimes \boldsymbol{I}_{12})(\boldsymbol{I}_{N^2} \otimes \boldsymbol{F})(\boldsymbol{P}^{-1} \otimes \boldsymbol{I}_{12}) \\
&= (\boldsymbol{P} \otimes \boldsymbol{F})(\boldsymbol{P}^{-1} \otimes \boldsymbol{I}_{12}) = \boldsymbol{I}_{N^2} \otimes \boldsymbol{F} = \boldsymbol{I}_N \otimes \bar{\boldsymbol{F}}
\end{aligned}
\tag{7.39}
$$

$$
(\boldsymbol{P} \otimes \boldsymbol{I}_{12})(\boldsymbol{I}_N \otimes \bar{\boldsymbol{C}})(\boldsymbol{I}_{6N^2} - \boldsymbol{\Pi}_u^*) = (\boldsymbol{P} \otimes \boldsymbol{I}_{12})(\boldsymbol{I}_{N^2} \otimes \boldsymbol{C})(\boldsymbol{I}_{6N^2} - \boldsymbol{\Pi}_u^*)
$$

$$
\begin{aligned}
&= (\boldsymbol{P}\otimes\boldsymbol{C})(\boldsymbol{I}_{6N^2} - \boldsymbol{\Pi}_u^*) \\
&= (\boldsymbol{I}_{N^2}\otimes\boldsymbol{C})(\boldsymbol{P}\otimes\boldsymbol{I}_6)(\boldsymbol{I}_{6N^2} - \boldsymbol{\Pi}_u^*) \\
&= (\boldsymbol{I}_{N^2}\otimes\boldsymbol{C})\begin{bmatrix}\boldsymbol{0}_{6N\times 6N^2} \\ \boldsymbol{S}\end{bmatrix} = \begin{bmatrix}\boldsymbol{0}_{12N\times 6N^2} \\ (\boldsymbol{I}_{N(N-1)}\otimes\boldsymbol{C})\boldsymbol{S}\end{bmatrix}
\end{aligned} \tag{7.40}
$$

通过考虑式（7.39）、式（7.40）和 $\boldsymbol{I}_N\otimes\bar{\boldsymbol{F}}$ 的结构，系统（7.37）可以划分为

$$
\begin{aligned}
\dot{\tilde{\boldsymbol{\omega}}}^* &= \begin{bmatrix}\boldsymbol{I}_N\otimes\boldsymbol{F} & \boldsymbol{O}_{12N,12N(N-1)} \\ \boldsymbol{O}_{12N(N-1),12N} & \boldsymbol{I}_{N(N-1)}\otimes\boldsymbol{F}\end{bmatrix}\tilde{\boldsymbol{\omega}}^* + \begin{bmatrix}\boldsymbol{O}_{12N\times 6N^2} \\ (\boldsymbol{I}_{N(N-1)}\otimes\boldsymbol{C})\boldsymbol{S}\end{bmatrix}(\boldsymbol{I}_N\otimes\boldsymbol{K})\tilde{z}^* \\
&= \begin{bmatrix}\boldsymbol{F}_\omega^u & \boldsymbol{O}_{12N,12N(N-1)} \\ \boldsymbol{O}_{12N\times 6N^2} & \boldsymbol{F}_\omega^c\end{bmatrix}\tilde{\boldsymbol{\omega}}^* + \begin{bmatrix}\boldsymbol{O}_{12N\times 6N^2} \\ \boldsymbol{C}_\omega^c\end{bmatrix}(\boldsymbol{I}_N\otimes\boldsymbol{K})\tilde{z}^*
\end{aligned} \tag{7.41}
$$

系统方程式（7.41）可视为具有输入$(\boldsymbol{I}_N\otimes K)\tilde{z}^*$的线性系统；这样的系统由显然不可控的子系统$\{\boldsymbol{F}_\omega^u,\boldsymbol{O}_{12N\times 6N^2}\}$和子系统$\{\boldsymbol{F}_\omega^c,\boldsymbol{C}_\omega^c\}$组成，如果系统$\{\boldsymbol{F},\boldsymbol{C}\}$可控，则子系统$\{\boldsymbol{F}_\omega^c,\boldsymbol{C}_\omega^c\}$可控，因为矩阵 $\boldsymbol{S}$ 是一个行满秩矩阵。为了使 $\tilde{\boldsymbol{\omega}}^*$ 收敛为零，必须满足以下条件：

条件 1：不可控部分$\{\boldsymbol{F}_\omega^u,\boldsymbol{O}_{6N\times 6N}\}$一定是渐近稳定的，很容易认识到这意味着系统方程式（7.17）的动力学是渐近稳定的。

条件 2：控制输入增益$(\boldsymbol{I}_N\otimes\boldsymbol{K})$必须以稳定子系统$\{\boldsymbol{F}_\omega^c,\boldsymbol{C}_\omega^c\}$的方式进行选择。

为了保证满足条件 1 和条件 2，必须做以下控制矩阵的选择：

（1）矩阵增益 $\boldsymbol{K}_s$ 的选择方式必须确保 $\boldsymbol{F}=\boldsymbol{A}+\boldsymbol{C}\boldsymbol{K}_s$ 是 Hurwitz 矩阵。值得注意的是，由于$(\boldsymbol{A},\boldsymbol{C})$代表一个可控系统，所以保证了这样一个矩阵的存在。

（2）矩阵增益 $\boldsymbol{K}$ 必须以稳定子系统$\{\boldsymbol{F}_\omega^c,\boldsymbol{C}_\omega^c\}$的方式选择。同样，$(\boldsymbol{A},\boldsymbol{C})$的可控性确保了这样的矩阵存在。

值得注意的是，$\boldsymbol{K}_s$ 和 $\boldsymbol{K}$ 的选择并不取决于特定的拓扑结构；因此，稳定性条件可以根据唯一系统方程式（7.17）的知识离线检查。

最后，通过使用与 $\tilde{\boldsymbol{y}}^*$ 相同的参数，在存在有界不确定性 $\boldsymbol{\xi}$ 的情况下，可以证明系统方程式（7.30）是全局一致最终有界的[29]。

7.4　故障诊断与隔离方案

当团队中的一个机器人出现故障时，第一步是设计合适的策略，使每个机

器人能够检测到故障的发生并隔离有故障的机器人，即使它们之间没有直接通信。7.3 节中设计的集体状态观察器可用于定义一组残差向量；这可以避免增加计算负担和队友之间的信息交互。

为此，将第 i 个机器人的残差向量定义为[19]

$$ {}^{i}\boldsymbol{r} = \sum_{j \in N_i} ({}^{j}\hat{\boldsymbol{y}} - {}^{i}\hat{\boldsymbol{y}}) + \boldsymbol{\Pi}_i(\boldsymbol{y} - \hat{\boldsymbol{y}}_i) \tag{7.42} $$

可以重新排列为堆叠向量${}^{i}\boldsymbol{r} = [{}^{i}\boldsymbol{r}_1^{\mathrm{T}}{}^{i}\boldsymbol{r}_2^{\mathrm{T}}\cdots{}^{i}\boldsymbol{r}_N^{\mathrm{T}}]^{\mathrm{T}} \in \mathbb{R}^{12N}$，其中每个分量${}^{i}\boldsymbol{r}_k \in \mathbb{R}^{12}$表示机器人 i 相对于机器人 k 计算的残差，这允许机器人 i 监测机器人 k 的健康状态。

7.4.1 无故障时的残差

引入集体残差向量 $\boldsymbol{r}^* \in \mathbb{R}^{12N^2}$，定义如下：

$$ \boldsymbol{r}^* = \begin{bmatrix} {}^{1}\boldsymbol{r} \\ {}^{2}\boldsymbol{r} \\ \vdots \\ {}^{N}\boldsymbol{r} \end{bmatrix} \in \mathbb{R}^{12N^2} \tag{7.43} $$

由式（7.23）得

$$ \boldsymbol{r}^* = \tilde{\boldsymbol{L}}^* \tilde{\boldsymbol{y}}^* \tag{7.44} $$

在引理 7.1 的假设下，可以说这样的向量以指数方式收敛到零，而在存在有界不确定性的情况下，它也是有界的。从式（7.40）中，可以选择收集所有与第 k 个机器人相关的残差向量，即 $\boldsymbol{r}_k^* = [{}^{i}\boldsymbol{r}_k^{*\mathrm{T}}, \cdots, {}^{N}\boldsymbol{r}_k^{*\mathrm{T}}]^{\mathrm{T}} \in \mathbb{R}^{12N}$，则

$$ \boldsymbol{r}_k^* = \mathrm{diag}\{\boldsymbol{\Gamma}_k, \boldsymbol{\Gamma}_k, \cdots, \boldsymbol{\Gamma}_k\}\boldsymbol{r}^* = \boldsymbol{\Gamma}_k^* \tilde{\boldsymbol{L}}^* \tilde{\boldsymbol{y}}^* = \tilde{\boldsymbol{L}}_k^* \tilde{\boldsymbol{y}}_k^* \tag{7.45} $$

式中：$\tilde{\boldsymbol{L}}_k^* = \boldsymbol{L} \otimes \boldsymbol{I}_{12} + \boldsymbol{\Pi}_k$ 和向量 $\tilde{\boldsymbol{y}}_k^* = \boldsymbol{\Gamma}_k^* \tilde{\boldsymbol{y}}^* [{}^{1}\tilde{\boldsymbol{y}}_k^{\mathrm{T}}, \cdots, {}^{N}\tilde{\boldsymbol{y}}_k^{\mathrm{T}}]^{\mathrm{T}} \in \mathbb{R}^{12N}$ 收集观测器${}^{i}\tilde{\boldsymbol{y}}_k$ 的估计误差。

从式（7.28），经过一些代数步骤后，在没有故障的情况下，$\tilde{\boldsymbol{y}}_k^*$ 的动力学方程为

$$ \dot{\tilde{\boldsymbol{y}}}_k^* = -k_o \boldsymbol{\Gamma}_k^* \tilde{\boldsymbol{L}}^* \tilde{\boldsymbol{y}}^* - \boldsymbol{\Gamma}_k^* \boldsymbol{\xi}^* = -k_o \tilde{\boldsymbol{L}}_k^* \tilde{\boldsymbol{y}}_k^* - \boldsymbol{1}_N \otimes \boldsymbol{B}_k(z_k)\boldsymbol{\xi}_k \tag{7.46} $$

由于在强连接通信图的情况下 $-\tilde{\boldsymbol{L}}^*$ 是 Hurwitz 矩阵[28]，可以很容易地证明以下性质：

性质 7.3　矩阵 $-\tilde{\boldsymbol{L}}_k^*$ 是 Hurwitz 矩阵，则

（1）式（7.46）中的动力学方程是渐近稳定的。

（2）存在两个正常数 κ，$\lambda>0$，使得[31]

$$\|e^{-k_o\tilde{\boldsymbol{L}}_k^* t}\|\leqslant\kappa e^{-\lambda t}\tag{7.47}$$

定理 7.2　在没有故障的情况下，残差${}^i\boldsymbol{r}_k$ 即机器人 i 相对于机器人 k 计算的残差，受时变阈值${}^iu_k(t)$的范数限制，具体取决于整个系统的初始状态和通信图。

证明：根据式（7.45）和性质 7.3，在没有故障的情况下，残差${}^i\boldsymbol{r}_k$ 可以写为

$${}^i\boldsymbol{r}_k=\boldsymbol{\Gamma}_i\tilde{\boldsymbol{L}}_k^*\tilde{\boldsymbol{y}}_k^*=\boldsymbol{\Gamma}_i\tilde{\boldsymbol{L}}_k^*\left[e^{-k_o\tilde{\boldsymbol{L}}_k^* t}\tilde{\boldsymbol{y}}_k^*(0)-\int_0^t e^{-k_o\tilde{\boldsymbol{L}}_k^*(t-\tau)}(\boldsymbol{1}_N\otimes\boldsymbol{B}_k(z_k)\boldsymbol{\xi}_k(\tau))\mathrm{d}\tau\right]\tag{7.48}$$

因此，它的上界为

$$\begin{aligned}\|{}^i\boldsymbol{r}_k\|&\leqslant\|\boldsymbol{\Gamma}_i\tilde{\boldsymbol{L}}_k^*\|\left[\|e^{-k_o\tilde{\boldsymbol{L}}_k^* t}\tilde{\boldsymbol{y}}_k^*(0)\|+\int_0^t\|e^{-k_o\tilde{\boldsymbol{L}}_k^*(t-\tau)}(\boldsymbol{1}_N\otimes\boldsymbol{B}_k(z_k)\boldsymbol{\xi}_k(\tau))\mathrm{d}\tau\|\right]\\&\leqslant\|\boldsymbol{\Gamma}_i\tilde{\boldsymbol{L}}_k^*\|\left[\|\tilde{\boldsymbol{y}}_k^*(0)\|\kappa e^{-\lambda t}+\frac{\kappa\sqrt{N}\bar{\xi}}{\lambda\varepsilon_m(\boldsymbol{\Lambda}_k)}(1-e^{-\lambda t})\right]\end{aligned}\tag{7.49}$$

式中：$\varepsilon_m(\boldsymbol{\Lambda}_k)$为 $\boldsymbol{\Lambda}_k$ 的最小特征值，而性质 7.3 及以下不等式：

$$\|\boldsymbol{1}_N\otimes\boldsymbol{B}_k(z_k)\boldsymbol{\xi}_k\|\leqslant\frac{\sqrt{N}}{\varepsilon_m(\boldsymbol{\Lambda}_k)}\bar{\xi}\tag{7.50}$$

已考虑在内。此外，它持有[19]

$$\|\boldsymbol{\Gamma}_i\tilde{\boldsymbol{L}}_k^*\|\leqslant\sqrt{12}d_i+{}^i\delta_k\tag{7.51}$$

节点 i 的入度为 d_i，如果 $i=k$，则${}^i\delta_k=0$，否则${}^i\delta_k=1$。因此，式（7.45）的右侧部分可以写成一个时变阈值：

$${}^i\mu_k(t)=(\sqrt{12}d_i+{}^i\delta_k)\left(\|\tilde{\boldsymbol{y}}_k^*(0)\|\kappa e^{-\lambda t}+\frac{\kappa\sqrt{N}\bar{\xi}}{\lambda\varepsilon_m(\boldsymbol{\Lambda}_k)}(1-e^{-\lambda t})\right)\tag{7.52}$$

不等式（7.45）和式（7.48）证明了该定理。

备注 7.3　阈值${}^i\mu_k$ 的计算需要$\|\tilde{\boldsymbol{y}}_k^*(0)\|$、$\lambda$ 和 κ 的可靠估计。通过假设机器人包含在已知的有界区域中，可以根据系统初始状态的近似信息估计常数$\|\tilde{\boldsymbol{y}}_k^*(0)\|$。关于 λ 和 κ，如果已知系统的拉普拉斯矩阵，则可以按文献［31］中的方法计算；否则，可以通过考虑最坏情况来估计拉普拉斯矩阵。

7.4.2　存在故障时的残差

考虑影响第 k 个机器人的故障 ϕ_k，有以下定理：

定理 7.3 第 k 个机器人在时间 $t_f>t_0$ 时发生的故障仅影响残差分量 ${}^i\boldsymbol{r}_k(\forall i=1,2,\cdots,N)$，而不影响残差分量 ${}^i\boldsymbol{r}_j(\forall i,j=1,2,\cdots,N$ 且 $j\neq k)$。

证明： 存在影响机器人 k 的故障时，保持 $\|\boldsymbol{\phi}_k\|>0$；因此式（7.46）$\tilde{\boldsymbol{y}}_k^*$ 的动力学方程变为

$$\dot{\tilde{\boldsymbol{y}}}_k^* = -k_o\tilde{\boldsymbol{L}}_k^*\tilde{\boldsymbol{y}}_k^* - \boldsymbol{1}_N\otimes\boldsymbol{B}_k(z_k)(\boldsymbol{\xi}_k+\boldsymbol{J}_{M,k}^{\mathrm{T}}\boldsymbol{\phi}_k) \tag{7.53}$$

因此，由于式（7.48），残差分量 ${}^i\boldsymbol{r}_k$ 变为

$$\begin{aligned}{}^i\boldsymbol{r}_k = \boldsymbol{\Gamma}_i\tilde{\boldsymbol{L}}_k^*\Big[&e^{-k_o\tilde{\boldsymbol{L}}_k^*}\tilde{\boldsymbol{y}}_k^*(0) - \int_0^t e^{-k_o\tilde{\boldsymbol{L}}_k^*(t-\tau)}(\boldsymbol{1}_N\otimes\boldsymbol{B}_k(z_k)\boldsymbol{\xi}_k(\tau))\,\mathrm{d}\tau + \\ &\int_0^t e^{-k_o\tilde{\boldsymbol{L}}_k^*(t-\tau)}(\boldsymbol{1}_N\otimes\boldsymbol{B}_k(z_k)\boldsymbol{J}_{M,k}^{\mathrm{T}}\boldsymbol{\phi}_k(\tau))\,\mathrm{d}\tau\Big]\end{aligned} \tag{7.54}$$

式（7.54）证明残差 ${}^i\boldsymbol{r}_k$ 受故障影响。另外，考虑矩阵 $\boldsymbol{\Gamma}_j^*$ 只选择了与第 j 个机器人相关联的向量 $\boldsymbol{\phi}_M$ 的分量（它们是空的），$j\neq k$ 时 ${}^i\boldsymbol{y}_j^*$ 的动力学方程为

$$\dot{\tilde{\boldsymbol{y}}}_j^* = -k_o\tilde{\boldsymbol{L}}_j^*\tilde{\boldsymbol{y}}_j^* - \boldsymbol{1}_N\otimes\boldsymbol{B}_j(z_j)\boldsymbol{\xi}_j \tag{7.55}$$

它不受故障机器人的影响，至此证明了定理 7.3。

7.4.3 检测和隔离策略

根据定理 7.2 和定理 7.3，可以实施以下策略，以检测影响机器人 k 的故障 ϕ_k 的发生，并隔离故障机器人。具体而言，当以下条件成立时，机器人 i 检测到机器人 k 上的故障为

$$\begin{cases}\exists t>t_f: & \|{}^i\boldsymbol{r}_k(t)\|>{}^i\mu_k(t)\\ \forall l\in(1,2,\cdots,N),l\neq k,\forall t>t_0, & \|{}^i\boldsymbol{r}_l(t)\|\leqslant{}^i\mu_l(t)\end{cases} \tag{7.56}$$

请注意，在存在非零初始观测器估计误差和模型不确定性的情况下，即使没有故障，残差也不为零。因此，为了避免误报的发生，根据定理 7.2，只有当残差超过式（7.52）中计算的自适应阈值时，才会做出故障发生的决定。此外，值得注意的是，定理 7.3 确保只有残差 ${}^i\boldsymbol{r}_k$ 受到故障 ϕ_k 的影响，而机器人 i 计算的其他残差对其不敏感。条件（7.56）确保单元中的所有机器人也可以检测到故障，即使没有与故障机器人直接通信。

此外，可以为故障 $\boldsymbol{\phi}_k$ 规定一个充分的可检测性条件，即

$$\exists t>t_f: \left\|\boldsymbol{\Gamma}_i\tilde{\boldsymbol{L}}_k^*\int_0^t e^{-k_o\tilde{\boldsymbol{L}}_k^*(t-\tau)}(\boldsymbol{1}_N\otimes\boldsymbol{B}_k(z_k)\boldsymbol{J}_{M,k}^{\mathrm{T}}\boldsymbol{\phi}_k(\tau))\,\mathrm{d}\tau\right\|\geqslant 2{}^i\mu_k \tag{7.57}$$

这样的条件可以通过以下不等式链推导出来：

$$\|{}^i\boldsymbol{r}_k\| = \left\|\boldsymbol{\Gamma}_i\tilde{\boldsymbol{L}}_k^*\left(e^{-k_o\tilde{\boldsymbol{L}}_k^*}\tilde{\boldsymbol{y}}_k^*(0) - \int_0^t e^{-k_o\tilde{\boldsymbol{L}}_k^*(t-\tau)}(\boldsymbol{1}_N\otimes\boldsymbol{B}_k(z_k)\boldsymbol{\xi}_k(\tau))\,\mathrm{d}\tau\right)\right.$$

$$
\begin{aligned}
&+\boldsymbol{\Gamma}_i \widetilde{\boldsymbol{L}}_k^* \left(\int_0^t e^{-k_o \widetilde{\boldsymbol{L}}_k^* (t-\tau)} (\mathbf{1}_N \otimes \boldsymbol{B}_k(\boldsymbol{z}_k) \boldsymbol{J}_{M,k}^{\mathrm{T}} \boldsymbol{\phi}_k(\tau)) \mathrm{d}\tau \right) \Bigg\| \\
\geqslant & \left\| \boldsymbol{\Gamma}_i \widetilde{\boldsymbol{L}}_k^* \left(\int_0^t e^{-k_o \widetilde{\boldsymbol{L}}_k^* (t-\tau)} (\mathbf{1}_N \otimes \boldsymbol{B}_k(\boldsymbol{z}_k) \boldsymbol{J}_{M,k}^{\mathrm{T}} \boldsymbol{\phi}_k(\tau)) \mathrm{d}\tau \right) \right\| \\
& - \left\| \boldsymbol{\Gamma}_i \widetilde{\boldsymbol{L}}_k^* \left(e^{-k_o \widetilde{\boldsymbol{L}}_k^* t} \widetilde{\boldsymbol{y}}_k^*(0) - \int_0^t e^{-k_o \widetilde{\boldsymbol{L}}_k^* (t-\tau)} (\mathbf{1}_N \otimes \boldsymbol{B}_k(\boldsymbol{z}_k) \boldsymbol{\xi}_k(\tau)) \mathrm{d}\tau \right) \right\| \\
\geqslant & \left\| \boldsymbol{\Gamma}_i \widetilde{\boldsymbol{L}}_k^* \left(\int_0^t e^{-k_o \widetilde{\boldsymbol{L}}_k^* (t-\tau)} (\mathbf{1}_N \otimes \boldsymbol{B}_k(\boldsymbol{z}_k) \boldsymbol{J}_{M,k}^{\mathrm{T}} \boldsymbol{\phi}_k(\tau)) \mathrm{d}\tau \right) \right\| - {}^i\mu_k \geqslant {}^i\mu_k
\end{aligned} \tag{7.58}
$$

值得注意的是，这个条件只是充分非必要条件。因此，即使不满足此条件，也可以检测到故障。

7.5 实验

为了验证设计的框架，在实际的多机械手装置上进行了实验。实验视频可在以下链接获得（http://webuser.unicas.it/lai/robotica/video/SMC19.html）。如图 7.2 所示，考虑一个由三个机器人（$N=3$）组成的异构团队，它由以下部分组成：

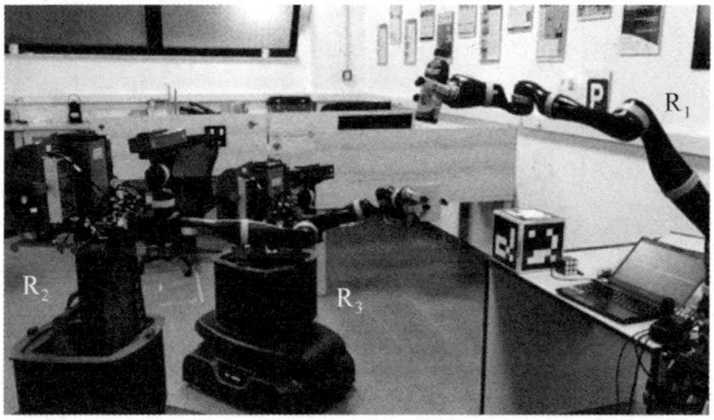

图 7.2 由 3 种异构机器人组成的实验设备

（1）固定底座 7 自由度 Kinova 超轻 Gen2 Jaco 手臂，可容纳 $n_1=7$。

（2）由全向底座（3 自由度）、可变高度躯干（1 自由度）和二连杆机械臂（2 自由度）组成的 Kinova Movo 移动机器人，其中 $n_2=11$。

（3）由全向底座（3 自由度）、可变高度躯干（1 自由度）和 Kinova Gen2 Jaco 机械臂（7 自由度）组成的 Kinova Movo 移动机器人，其中 $n_3=6$。

Kinova Movo 机器人还配备了 RGB-D 传感器，特别是 Microsoft Kinect v2，

它可以让人们尽可能地监控场景；该传感器是后一种机器人的末端执行器。在下文中，将上述机器人分别称为固定机械手、移动机械手和移动相机。

在硬件规格方面，Movo 移动机器人配备了两个专用的英特尔 NUC 套件 NUC5i7RYH，配备英特尔酷睿 i7 – 5557U 处理器和 16GB RAM；而固定机械手则由配备英特尔酷睿 i7 – 5500U 处理器和 8GB RAM 标准 PC 控制；此外，每个机器人都使用 Wi – Fi 模块 TP – Link TL – WN821N，通过 TP – Link TD – W8960N 路由器上设置的本地网络实现机器人内部通信。最后，软件架构依赖于 ROS 中间件，并且引入了 ArUco 标记[32]来初步定位环境中的移动机器人。

考虑合作服务任务，其中固定底座机械手负责将瓶子内的物体倒入玻璃杯中，而移动机械手负责拿着玻璃杯；最后，可以利用摄像机器人为场景监控提供不同的视角。

对于协作任务，采用文献［27］中提出的公式，在此基础上定义团队质心和编队。具体地，通过引入末端执行器配置的堆叠向量 $\boldsymbol{x}=[x_1^{\mathrm{T}}\cdots x_N^{\mathrm{T}}]^{\mathrm{T}}\in\mathbb{R}^{6N}$，质心 $\boldsymbol{\sigma}_c\in\mathbb{R}^6$，获得方式为

$$\boldsymbol{\sigma}_c(x)=\frac{1}{N}\sum_{i=1}^{N}\boldsymbol{x}_i=\frac{1}{N}[I_6\cdots I_6]\boldsymbol{x}=\boldsymbol{J}_c\boldsymbol{x} \tag{7.59}$$

$\boldsymbol{J}_c\in\mathbb{R}^{6\times 6N}$为质心任务雅可比矩阵，$\boldsymbol{\sigma}_f\in\mathbb{R}^{6(N-1)}$定义为

$$\begin{aligned}\boldsymbol{\sigma}_f(\boldsymbol{x})&=[(\boldsymbol{x}_2-\boldsymbol{x}_1)^{\mathrm{T}}(\boldsymbol{x}_2-\boldsymbol{x}_1)^{\mathrm{T}}\cdots(\boldsymbol{x}_N-\boldsymbol{x}_{N-1})^{\mathrm{T}}]^{\mathrm{T}}\\&=\begin{bmatrix}-\boldsymbol{I}_6 & \boldsymbol{I}_6 & \boldsymbol{O}_6 & \cdots & \boldsymbol{O}_6\\ \boldsymbol{O}_6 & -\boldsymbol{I}_6 & \boldsymbol{I}_6 & \cdots & \boldsymbol{O}_6\\ \vdots & \vdots & \vdots & & \vdots\\ \boldsymbol{O}_6 & \boldsymbol{O}_6\cdots & \boldsymbol{O}_6 & -\boldsymbol{I}_6 & \boldsymbol{I}_6\end{bmatrix}\boldsymbol{x}=\boldsymbol{J}_f\boldsymbol{x}\end{aligned} \tag{7.60}$$

$\boldsymbol{J}_f\in\mathbb{R}^{6(N-1)\times 6N}$为任务雅可比矩阵。通过式（7.59）和式（7.60）导出总任务函数 $\boldsymbol{\sigma}\in\mathbb{R}^6$，即

$$\boldsymbol{\sigma}(\boldsymbol{x})=\begin{bmatrix}\boldsymbol{\sigma}_c(\boldsymbol{x})\\ \boldsymbol{\sigma}_f(\boldsymbol{x})\end{bmatrix}=\begin{bmatrix}\boldsymbol{J}_c\\ \boldsymbol{J}_f\end{bmatrix}\boldsymbol{x}=\boldsymbol{J}_\sigma\boldsymbol{x}$$

$\boldsymbol{J}_\sigma\in\mathbb{R}^{6N\times 6N}$为整体任务雅可比矩阵。

在这一点上，本章考虑分配了期望的轨迹 $\boldsymbol{\sigma}_d(t)(\dot{\boldsymbol{\sigma}}_d(t),\ddot{\boldsymbol{\sigma}}_d(t))$。借助二阶闭环逆运动学定律，式（7.13）中协同任务空间轨迹跟踪的中心控制规律由下式给出：

$$\boldsymbol{u}=\boldsymbol{J}_\sigma^{-1}(\ddot{\boldsymbol{\sigma}}_d+\boldsymbol{K}_d(\dot{\boldsymbol{\sigma}}_d-\dot{\boldsymbol{\sigma}}(\dot{\boldsymbol{x}}))+\boldsymbol{K}_p(\boldsymbol{\sigma}_d-\boldsymbol{\sigma}(\boldsymbol{x}))) \tag{7.61}$$

$\boldsymbol{K}_d$，$\boldsymbol{K}_p\in\mathbb{R}^{6N\times 6N}$为正定增益矩阵，可以直接证明跟踪误差 $\boldsymbol{\sigma}_d-\boldsymbol{\sigma}$ 渐近收敛到原点。根据设计的策略，通过用各自的估计替换式（7.61）中的 $\boldsymbol{x}$ 和 $\dot{\boldsymbol{x}}$，每个

机器人 i 可以计算式（7.14）中估计的全局输入${}^{i}\hat{\boldsymbol{u}}_g$，进而可以导出式（7.16）中的局部辅助输入 $\hat{\boldsymbol{u}}_i$。

考虑以下一组增益：式（7.61）中的 $\boldsymbol{K}_p=\boldsymbol{I}_{18}$ 和 $\boldsymbol{K}_d=2\boldsymbol{I}_{18}$ 以及式（7.19）中的 $k_o=5$。关于通信图，采用了图 7.3 所示的有向强连通图。

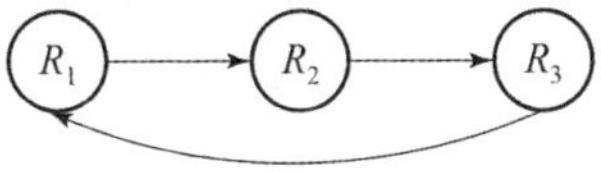

图 7.3　有向强连通图

从图 7.4（a）所示的初始配置开始，期望的任务包括以下步骤：

（1）移动机械手和相机机器人靠近固定底座机械手。

（2）如图 7.4（b）所示，移动机械手将玻璃杯挂在外面。

（3）固定底座机械手将瓶子内的物体倒入玻璃杯中，如图 7.4（c）所示。

（4）移动底座机械手传送玻璃杯，而固定底座机械手以瓶子垂直的配置返回。

在最后一个阶段，固定基座机械手（索引 $i=1$）发生故障。特别地，在时间 $t\approx 35\mathrm{s}$ 引入了以下故障项：

$$\boldsymbol{\phi}_1=\boldsymbol{J}_{M,1}^{+}\boldsymbol{\psi},\ \boldsymbol{\psi}=[0\quad 0\quad 1\quad 0\quad 0\quad 0]^{\mathrm{T}}\mathrm{m/s^2} \tag{7.62}$$

这会导致机械手的末端执行器向下运动，如图 7.4（d）所示。

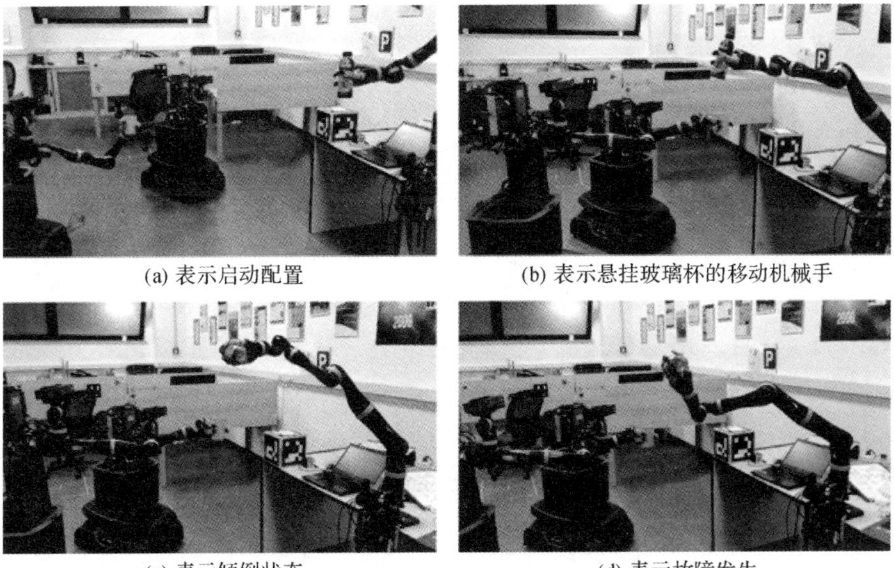

(a) 表示启动配置　　(b) 表示悬挂玻璃杯的移动机械手

(c) 表示倾倒状态　　(d) 表示故障发生

图 7.4　实验快照

在这个实验中，当一个机器人检测到团队中任何一个机器人的故障时，它会执行一个关机程序并停止其运动。

实验结果如图7.5～图7.8所示。更具体的，图7.5显示了任务跟踪误差的范数 $\tilde{\boldsymbol{\sigma}}=\boldsymbol{\sigma}_d-\boldsymbol{\sigma}$ 及其导数 $\dot{\boldsymbol{\sigma}}_d-\dot{\boldsymbol{\sigma}}$，以及辅助状态误差 $\tilde{\boldsymbol{y}}^*$ 的范数，增加了 $t\approx$ 35s故障发生的对应关系。图7.6报告了所有机器人计算的与故障机器人1（实线）相关的残差范数，即 $\|{}^i\boldsymbol{r}_1\|$，$\forall i$，与各自的自适应阈值（虚线）比较，即 ${}^i\boldsymbol{u}_1$，$\forall i$，根据式（7.52）通过考虑 $\bar{\boldsymbol{\xi}}=0.1$ 和不失一般性的 $\|\tilde{\boldsymbol{y}}_k^*(0)\|=0$ 计算得出。因此，从图中可以看到，所有机器人都能够检测到故障的发生，而无须与故障机器人直接通信，即所有机器人在故障发生后都验证了条件 $\|{}^i\boldsymbol{r}_1\|\geqslant{}^i\boldsymbol{u}_1$，$\forall i$。为完整起见，图7.7和图7.8分别报告了与健康机器人2和3（实线）相关的残差范数。此外，其还报告了相应的自适应阈值（虚线），它们总是大于残差信号；这验证了一个机器人的故障不会影响其他队友的残差。

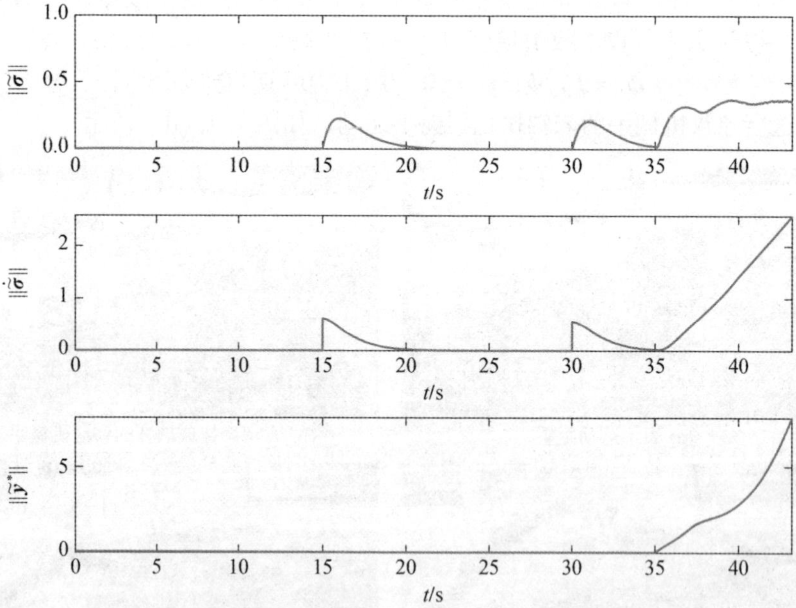

图7.5　任务误差 $\|\tilde{\boldsymbol{\sigma}}\|$ 的范数（上）、导数的范数（中）和辅助状态估计误差 $\|\tilde{\boldsymbol{y}}^*\|$ 的范数（下）的演化

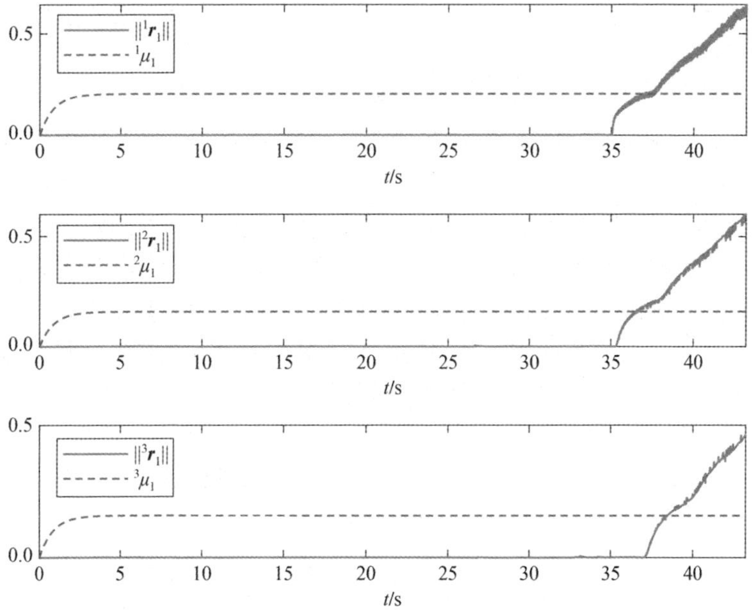

图 7.6　与相应自适应阈值$\boldsymbol{\mu}_1$（虚线）相比，三个机器人（实线）计算的相对于机器人 **1**（故障机器人）的残差分量范数$\|\boldsymbol{r}_1\|$的演变

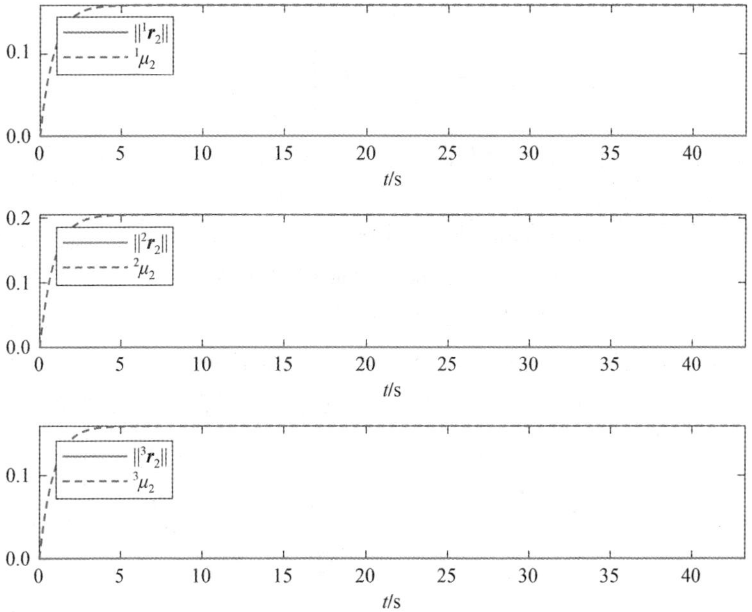

图 7.7　与相应自适应阈值$\boldsymbol{\mu}_2$（虚线）相比，三个机器人（实线）计算的相对于机器人 **2**（故障机器人）的残差分量范数$\|\boldsymbol{r}_2\|$的演变

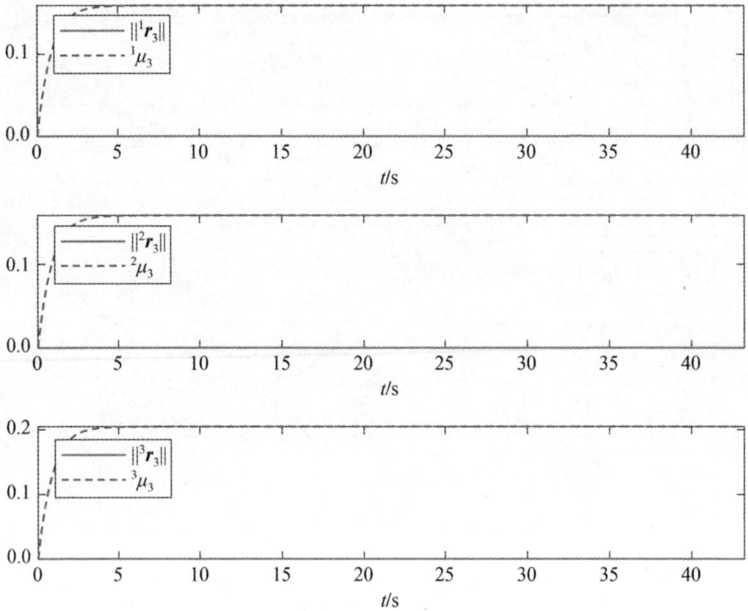

图 7.8 与相应自适应阈值$\boldsymbol{\mu}_3$（虚线）相比，三个机器人（实线）计算的相对于机器人 3（故障机器人）的残差分量范数$\|\boldsymbol{r}_3\|$的演变

7.6 结论

本章提出了一种用于检测和隔离多机械手机器人系统中的故障分布式框架。通过考虑向团队分配期望的合作任务，采用观测器－控制器架构，其中观测器层负责估计团队中所有机器人的状态，而控制器层在给出该估计的情况下，负责定义局部控制规律，以实现所需的全局任务。此外，基于观测器层的信息，定义了残差信号和自适应阈值，使每个机器人无须直接通信即可检测和识别任何队友的故障。在由三个异构机器人组成的装置上的实验结果证实了该理论。在未来的工作中，该方法将扩展到双臂移动机器人，并将包括一旦检测到故障就隔离的适应策略。

致　谢

本章得到了卡西诺大学和南拉齐奥大学 DIEI 系的 Dipartmenti di Eccellenza 项目支持。

参考文献

[1] D.K. Maczka, A.S. Gadre, and D.J. Stilwell. Implementation of a cooperative navigation algorithm on a platoon of autonomous underwater vehicles. In *Proceedings MTS/IEEE Conf. Oceans 2000*, pages 1–6, 2007.

[2] R.W. Beard, T.W. McLain, D.B. Nelson, D. Kingston, D. Johanson. Decentralized cooperative aerial surveillance using fixed-wing miniature UAVs. *Proceedings of the IEEE*, 94(7):1306–1324, 2006.

[3] A. Marino, F. Pierri. A two stage approach for distributed cooperative manipulation of an unknown object without explicit communication and unknown number of robots. *Robotics and Autonomous Systems*, 103:122–133, 2018.

[4] X. Zhang, M.M. Polycarpou, T. Parisini. A robust detection and isolation scheme for abrupt and incipient faults in nonlinear systems. *IEEE Transactions on Automatic Control*, 47(4):576–593, 2002.

[5] X. Zhang, T. Parisini, M.M. Polycarpou. Adaptive fault-tolerant control of nonlinear uncertain systems: An information-based diagnostic approach. *IEEE Transactions on Automatic Control*, 49(8):1259–1274, 2004.

[6] L. Liu, Z. Wang, H. Zhang. Adaptive fault-tolerant tracking control for MIMO discrete-time systems via reinforcement learning algorithm with less learning parameters. *IEEE Transactions on Automation Science and Engineering*, 14(1):299–313, 2017.

[7] X. Zhang, Q. Zhang. Distributed fault diagnosis in a class of interconnected nonlinear uncertain systems. *International Journal of Control*, 85(11):1644–1662, 2012.

[8] R.M.G. Ferrari, T. Parisini, M.M. Polycarpou. Distributed fault detection and isolation of large-scale discrete-time nonlinear systems: An adaptive approximation approach. *IEEE Transactions on Automatic Control*, 57(2):275–290, 2012.

[9] F. Boem, R. M. G. Ferrari, C. Keliris, T. Parisini, M.M. Polycarpou. A distributed networked approach for fault detection of large-scale systems. *IEEE Transactions on Automatic Control*, 62(1):18–33, 2017.

[10] I. Shames, A.M.H. Teixeira, H. Sandberg, K.H. Johansson. Distributed fault detection for interconnected second-order systems. *Automatica*, 47(12):2757–2764, 2011.

[11] A. Teixeira, I. Shames, H. Sandberg, K.H. Johansson. Distributed fault detection and isolation resilient to network model uncertainties. *IEEE Transactions on Cybernetics*, 44(11):2024–2037, 2014.

[12] M.R. Davoodi, K. Khorasani, H.A. Talebi, H.R. Momeni. Distributed fault detection and isolation filter design for a network of heterogeneous multiagent systems. *IEEE Transactions on Control Systems Technology*, 22(3):1061–1069, 2014.

[13] M. Davoodi, N. Meskin, K. Khorasani. Simultaneous fault detection and consensus control design for a network of multi-agent systems. *Automatica*, 66:185–194, 2016.

[14] M. Khalili, X. Zhang, M.M. Polycarpou, T. Parisini, Y. Cao. Distributed adaptive fault-tolerant control of uncertain multi-agent systems. *Automatica*, 87:142–151, 2018.

[15] C. Liu, B. Jiang, R.J. Patton, K. Zhang. Hierarchical-structure-based fault estimation and fault-tolerant control for multiagent systems. *IEEE Transactions on Control of Network Systems*, 6(2):586–597, 2019.

[16] A.R. Mehrabian, K. Khorasani. Distributed formation recovery control of heterogeneous multiagent Euler–Lagrange systems subject to network switching and diagnostic imperfections. *IEEE Transactions on Control Systems Technology*, 24(6):2158–2166, 2016.

[17] G. Chen, Y. Song, F.L. Lewis. Distributed fault-tolerant control of networked uncertain Euler–Lagrange systems under actuator faults. *IEEE Transactions on Cybernetics*, 47(7):1706–1718, 2017.

[18] L. Liu, J. Shan. Distributed formation control of networked Euler–Lagrange systems with fault diagnosis. *Journal of the Franklin Institute*, 352(3):952–973, 2015.

[19] F. Arrichiello, A. Marino, F. Pierri. Observer-based decentralized fault detection and isolation strategy for networked multirobot systems. *IEEE Transactions on Control Systems Technology*, 23(4):1465–1476, 2015.

[20] A. Marino, F. Pierri, F. Arrichiello. Distributed fault detection isolation and accommodation for homogeneous networked discrete-time linear systems. *IEEE Transactions on Automatic Control*, 62(9):4840–4847, 2017.

[21] O. Khatib. A unified approach for motion and force control of robot manipulators: The operational space formulation. *IEEE Journal on Robotics and Automation*, 3(1):43–53, 1987.

[22] J.A. Fax, R.M. Murray. Information flow and cooperative control of vehicle formations. *IEEE Transactions on Automatic Control*, 49(9):1465–1476, 2004.

[23] R. Olfati-Saber, R.M. Murray. Consensus problems in networks of agents with switching topology and time-delays. *IEEE Transactions on Automatic Control*, 49(9):1520–1533, 2004.

[24] M. Mesbahi, M. Egerstedt. *Graph theoretic methods in multiagent networks*. Princeton, NJ: Princeton University Press, 2010.

[25] W. Ren, R.W. Beard. *Distributed consensus in multi-vehicle cooperative control*. Communications and Control Engineering. Springer, Berlin, 2008.

[26] C. Lopez-Limon, J. Ruiz-Leon, A. Cervantes-Herrera, A. Ramirez-Trevino. Formation and trajectory tracking of discrete-time multi-agent systems using block control. In *IEEE 18th Conf. on Emerging Technologies Factory Automation (ETFA)*, Sep. 2013.

[27] G. Antonelli, F. Arrichiello, F. Caccavale, A. Marino. Decentralized time-varying formation control for multi-robot systems. *The International Journal of Robotics Research*, 33:1029–1043, 2014.

[28] G. Antonelli, F. Arrichiello, F. Caccavale, A. Marino. A decentralized controller-observer scheme for multi-agent weighted centroid tracking. *IEEE Transactions on Automatic Control*, 58(5):1310–1316, 2013.

[29] H.K. Khalil. *Nonlinear systems*. Upper Saddle River, NJ: Prentice-Hall, 2002.

[30] H. Roger, R.J. Charles. *Topics in matrix analysis*. Cambridge: Cambridge University Press, 1994.

[31] G. Hu, M. Liu. The weighted logarithmic matrix norm and bounds of the matrix exponential. *Linear Algebra and Its Applications*, 390:145–154, 2004.

[32] F. Romero Ramirez, R. Muñoz-Salinas, R. Medina-Carnicer. Speeded up detection of squared fiducial markers. *Image and Vision Computing*, 76:38–47, 2018.

第8章 空中机器人机械手的非线性优化控制

本章提出了一种用于空中机械手的非线性优化控制方法，即具有柔性关节机械臂的多自由度无人机。迄今为止，该方法已经在多种无人飞行器的控制问题上进行了成功的测试，本章表明，它也可以为五自由度空中机械手的控制问题提供最佳解决方案。为了实现这种控制方案，通过一阶泰勒级数展开和相关雅可比矩阵的计算，对空中机械手的状态空间模型在临时工作点进行第一次近似线性化。为了选择 $H-\infty$ 控制器的反馈增益，需要在控制方法的每个时刻重复求解代数 Riccati 方程。通过李雅普诺夫分析证明了控制回路的全局稳定性和鲁棒性。最后，为了实现基于状态估计的反馈控制，采用 $H-\infty$ 卡尔曼滤波器作为鲁棒状态估计器。

8.1 引言

空中机器人机械手，也称为旋翼飞行机械手，正迅速部署在救援、国防、弹药或运输任务中[1-4]。空中机器人机械手包括多旋翼无人机和安装在其上的机械手[5-8]。这种空中机器人的动力学和运动学模型集成了其组成部分（无人机和机械手）模型的复杂性。实际上，这种空中机器人的动力学模型是一个多变量强非线性系统，解决相关的控制问题是一项艰巨的任务[9-12]。此外，该系统是欠驱动的，这意味着该系统比其控制输入具有更多的自由度，因此相关控制问题的解决方案变得更加复杂[13-16]。施加在旋翼飞行机械手上的控制力和扭矩来自旋翼推力和旋转机械臂连杆的电机[17-20]。通常，此类机器人系统中的机械手使用刚性旋转关节。通过用柔性关节代替刚性关节，空中机械手可以更安全地执行抓取和服从任务，并降低相关的损坏风险。另外，柔性关节的使用在空中机械手的动态模型中引入了额外的自由度，并进一步增加了解决相关控制问题的难度[21-23]。

本章针对具有柔性关节的空中机器人机械手的控制问题，提出了一种非线性最优（$H-\infty$）控制方法[24-26]。为此，本章首先建立了机器人系统的动力学模型，该系统包括旋翼机无人机和带有柔性关节的机械手。这是通过计算机器人系统的拉格朗日量并应用欧拉-拉格朗日方法来完成的。由此，获得了空中机器人的非线性多自由度和欠驱动状态空间模型，该模型最终以输入仿射形式写入。其次，空中机器人的状态空间描述围绕时变操作点进行近似线性化，该操作点在控制方法的每个时刻更新。线性化点由机器人系统状态向量的当前值和控制输入向量的最后采样值定义。线性化依赖于泰勒级数展开和相关雅可比矩阵的计算[27-29]。针对空中机器人的近似线性化模型，设计了一种最优（$H-\infty$）反馈控制器。由于泰勒级数展开式中高阶项的忽略而产生的建模误差视为扰动，最终通过控制算法的鲁棒性进行补偿。

本章所提出的 $H-\infty$ 控制方法代表在模型不确定性和外部扰动下，空中机器人机械手非线性动力学的最优控制问题的解决方案。实际上，它代表了最小-最大微分博弈的解决方案，其中控制器试图最小化系统状态向量误差的二次代价函数，而模型不确定性和外部干扰项则试图最大化该代价函数。为了计算 $H-\infty$ 控制器的稳定反馈增益，在控制算法的每次迭代中重复求解代数 Riccati 方程[30-31]。通过李雅普诺夫分析证明了控制方案的稳定性。结果表明，空中机器人操纵器的控制回路满足 $H-\infty$ 跟踪性能标准[1,32]，这意味着提高了模型不确定性和外部扰动的鲁棒性。此外，在适当的条件下，证明该控制方案是全局渐近稳定的。最后，为了在不需要测量空中机器人系统的整个状态向量的情况下实现反馈控制，使用 $H-\infty$ 卡尔曼滤波器作为鲁棒状态估计器[1,33]。

8.2 节计算了空中机器人系统的拉格朗日量，并通过应用欧拉-拉格朗日方法获得了相关的状态空间模型。在 8.3 节中，通过泰勒级数展开和相关雅可比矩阵的计算，对具有柔性关节的空中机器人机械手的动力学模型进行近似线性化。在 8.4 节中，证明了空中机器人机械手动力学模型的微分平坦度特性。在 8.5 节中，为空中机器人机械手的动力学模型开发了 $H-\infty$（最优）控制器。在 8.6 节中，通过李雅普诺夫分析证明了空中机器人系统控制回路的稳定性。在 8.7 节中，将 $H-\infty$ 卡尔曼滤波器用作鲁棒状态估计器，用于实现基于状态估计的空中机器人机械手的反馈控制。在 8.8 节中，通过模拟实验测试控制方案的性能。在 8.9 节中进行总结。

8.2 空中机器人机械手的动力学模型

如图 8.1 和 8.2 所示，空中机器人机械手由四旋翼无人机和具有柔性关节的机械臂组成。空中机器人系统的动力学模型将使用欧拉－拉格朗日方法获得。

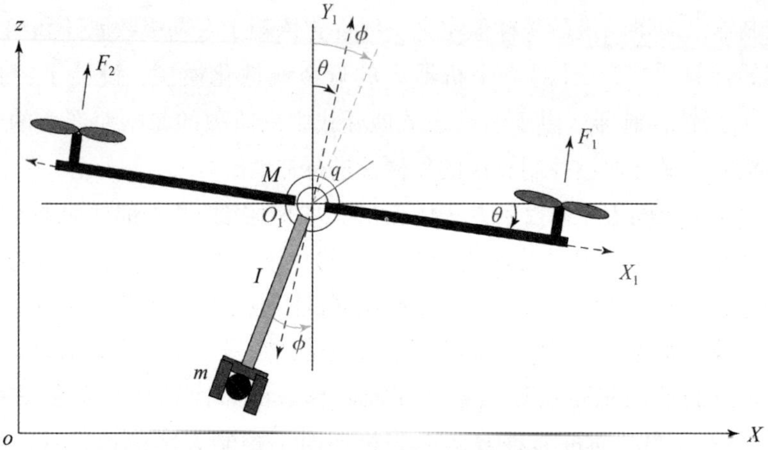

图 8.1 具有弹性关节的空中机器人机械手的参考坐标系

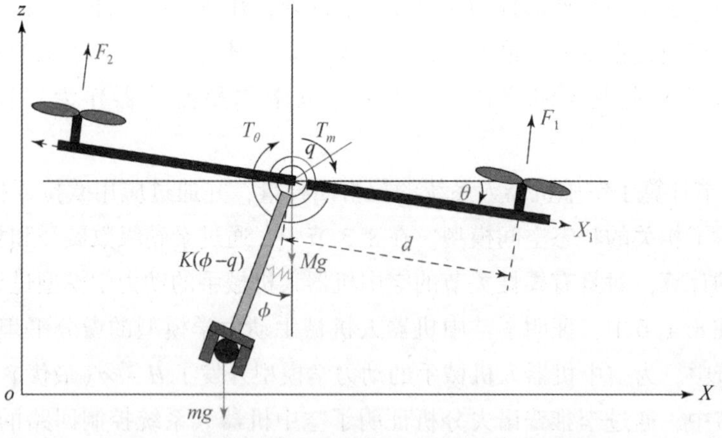

图 8.2 柔性关节空中机器人机械手的受力和力矩

空中机器人在 xoz 平面上移动，如图 8.1 和图 8.2 所示。惯性坐标系表示为 XOZ。体定坐标系表示为 $X_1O_1Z_1$。无人机的旋转（滚动）角表示为 θ。机器人机械手的连杆相对于惯性系统垂直轴的旋转角度表示为 ϕ。连杆基础处的关节具有灵活性。因此，为关节提供旋转的电机的转角不等于 ϕ，用 q 表示。

施加在空中机械手系统上的力和扭矩如图 8.2 所示：①无人机的旋翼产生升力；②当升力不均匀时，产生扭矩 T_θ，使无人机以滚转角 θ 转动；③安装在机器人机械手基础上的电机产生扭矩 T_m，使电机的转子转动角度 q。该旋转运动的传递通过弹性关节执行，机器人连杆最终旋转上述角度 ϕ。

通过将无人机的质量表示为 M，惯性矩表示为 $\boldsymbol{I}_U$，惯性参考系中的重心坐标表示为(x, z)，则无人机的动能为

$$\boldsymbol{K}_u = \frac{1}{2}\boldsymbol{I}_u\dot{\theta}^2 + \frac{1}{2}M\dot{\boldsymbol{x}}^2 + \frac{1}{2}M\dot{\boldsymbol{z}}^2 \tag{8.1}$$

考虑机器人连杆的惯性矩为 $\boldsymbol{I}_m$，其总质量 m 位于其末端执行器处，而末端执行器在惯性系中的坐标表示为(x_m, y_m)。此外，考虑转动柔性关节的电机惯性矩为 $\boldsymbol{J}$。那么，机器人机械手的动能为

$$\boldsymbol{K}_m = \frac{1}{2}\boldsymbol{I}_m\dot{\theta}^2 + \frac{1}{2}m\dot{\boldsymbol{x}}_m^2 + \frac{1}{2}m\dot{\boldsymbol{z}}_m^2 + \frac{1}{2}\boldsymbol{J}\dot{\boldsymbol{q}}^2 \tag{8.2}$$

考虑机器人连杆的长度为 l，机器人机械手末端执行器在惯性参考系中的位置坐标和速度为

$$\begin{cases} \boldsymbol{x}_m = \boldsymbol{x} - \boldsymbol{l}\sin\phi \Rightarrow \dot{\boldsymbol{x}}_m = \dot{\boldsymbol{x}} - \boldsymbol{l}\cos(\phi)\dot{\phi} \\ z_m = z - \boldsymbol{l}\cos\phi \Rightarrow \dot{\boldsymbol{z}}_m = \dot{\boldsymbol{z}} + \boldsymbol{l}\sin(\phi)\dot{\phi} \end{cases} \tag{8.3}$$

因此，空中机械手的总动能为

$$\begin{aligned} \boldsymbol{K} = {} & \frac{1}{2}\boldsymbol{I}_u\dot{\theta}^2 + \frac{1}{2}m\dot{\boldsymbol{x}}^2 + \frac{1}{2}m\dot{\boldsymbol{z}}^2 \\ & + \frac{1}{2}\boldsymbol{I}_m\dot{\phi}^2 + \frac{1}{2}m(\dot{x} - \boldsymbol{l}\cos(\phi)\dot{\phi})^2 + \frac{1}{2}m(\dot{z} + \boldsymbol{l}\sin(\phi)\dot{\phi})^2 + \frac{1}{2}\boldsymbol{J}\dot{q}^2 \end{aligned} \tag{8.4}$$

无人机的势能为

$$P_u = Mgz \tag{8.5}$$

考虑机械手的所有质量都集中在其末端执行器上，其势能为

$$P_m = Mgz + mgz_m + \frac{1}{2}k(\phi - q)^2 \Rightarrow P_m = mg(z - \boldsymbol{l}\cos\phi) + \frac{1}{2}k(\phi - q)^2 \tag{8.6}$$

空中机器人机械手的总势能为

$$P = Mgz + mg(z - \boldsymbol{l}\cos\phi) + \frac{1}{2}k(\phi - q)^2 \tag{8.7}$$

综上所述，空中机器人机械手的拉格朗日量为

$$L = K - P \Rightarrow$$

$$\begin{aligned} L = \Big[& \frac{1}{2}\boldsymbol{I}_H \dot{\theta}^2 + \frac{1}{2}m\dot{x}^2 + \frac{1}{2}m\dot{z}^2 \\ & + \frac{1}{2}\boldsymbol{I}_m \dot{\phi}^2 + \frac{1}{2}m(\dot{x} - \boldsymbol{l}\cos(\phi)\dot{\phi})^2 + \frac{1}{2}m(\dot{z} + \boldsymbol{l}\sin(\phi)\dot{\phi})^2 + \frac{1}{2}\boldsymbol{J}\dot{q}^2 \Big] \\ & - \Big[Mgz + mg(z - \boldsymbol{l}\cos\phi) + \frac{1}{2}k(\phi - q)^2 \Big] \end{aligned} \tag{8.8}$$

系统的状态变量是$[x, z, \theta, \phi, q]$，它们的时间导数是$[\dot{x}, \dot{z}, \dot{\theta}, \dot{\phi}, \dot{q}]$。通过欧拉－拉格朗日方法，有

$$\begin{gathered} \frac{\partial}{\partial t}\frac{\partial L}{\partial \dot{x}} - \frac{\partial L}{\partial x} = F_x,\quad \frac{\partial}{\partial t}\frac{\partial L}{\partial \dot{z}} - \frac{\partial L}{\partial z} = F_z \\ \frac{\partial}{\partial t}\frac{\partial L}{\partial \dot{\theta}} - \frac{\partial L}{\partial \theta} = T_\theta,\quad \frac{\partial}{\partial t}\frac{\partial L}{\partial \dot{\phi}} - \frac{\partial L}{\partial \phi} = 0 \\ \frac{\partial}{\partial t}\frac{\partial L}{\partial \dot{q}} - \frac{\partial L}{\partial q} = T_m \end{gathered} \tag{8.9}$$

式中：$F_x = (F_1 + F_2)\cos(\theta)$；$F_z = (F_1 + F_2)\sin(\theta)$；$T_\theta = (F_1 - F_2)d$，$d$ 代表旋翼距无人机重心的距离。

从关于 x 的欧拉－拉格朗日方程，经过中间运算，得

$$\frac{\partial}{\partial t}\frac{\partial L}{\partial \dot{x}} - \frac{\partial L}{\partial x} = F_x \Rightarrow \tag{8.10}$$

$$(M + m)\ddot{x} + m\boldsymbol{l}\sin(\phi)\dot{\phi}^2 - m\boldsymbol{l}\cos(\phi)\ddot{\phi} = F_x$$

从关于 z 的欧拉－拉格朗日方程，经过中间运算，得

$$\frac{\partial}{\partial t}\frac{\partial L}{\partial \dot{z}} - \frac{\partial L}{\partial z} = F_z \Rightarrow \tag{8.11}$$

$$(M + m)\ddot{z} + m\boldsymbol{l}\cos(\phi)\dot{\phi}^2 + m\boldsymbol{l}\sin(\phi)\ddot{\phi} - Mg - mg = F_z$$

从关于 θ 的欧拉－拉格朗日方程，经过中间运算，得

$$\frac{\partial}{\partial t}\frac{\partial L}{\partial \theta} - \frac{\partial L}{\partial \theta} = T_\theta \Rightarrow \tag{8.12}$$

$$\boldsymbol{I}_u\ddot{\theta} = T_\theta$$

从关于 ϕ 的欧拉－拉格朗日方程，经过中间运算，得

$$\frac{\partial}{\partial t}\frac{\partial L}{\partial \dot{\phi}} - \frac{\partial L}{\partial \phi} = 0 \Rightarrow$$

$$(\boldsymbol{I}_m + ml^2)\ddot{\phi} - m\ddot{x}\boldsymbol{l}\cos\phi + m\ddot{z}\boldsymbol{l}\sin\phi - mg\boldsymbol{l}\sin\phi - k(\phi - q) = 0 \tag{8.13}$$

从关于 q 的欧拉－拉格朗日方程，经过中间运算，得

$$\frac{\partial}{\partial t}\frac{\partial L}{\partial \dot{q}} - \frac{\partial L}{\partial q} = 0 \Rightarrow$$

$$J\ddot{q} + k(\phi - q) = T_m \tag{8.14}$$

方程式（8.12）独立于具有弹性关节的空中机器人机械手的其余状态空间方程。这意味着无人机的滚转角 θ 可以直接由控制输入 $T_\theta = (1/\boldsymbol{I}_u)[\ddot{\theta}_d - k_d(\dot{\theta} - \dot{\theta}_d) - k_p(\theta - \theta_d)]$控制，其中控制增益 $k_d > 0$，$k_p > 0$，特征多项式 $p(s) = s^2 + k_d s + k_p$ 为 Hurwitz 多项式。

因此，空中机器人系统的状态空间模型为

$$\begin{cases} (M+m)\ddot{x} + m\boldsymbol{l}\sin(\phi)\dot{\phi}^2 - m\boldsymbol{l}\cos(\phi)\ddot{\phi} = F_x \\ (M+m)\ddot{z} + m\boldsymbol{l}\cos(\phi)\dot{\phi}^2 + m\boldsymbol{l}\sin(\phi)\ddot{\phi} - Mg - mg = F_z \\ (\boldsymbol{I}_m + ml^2)\ddot{\phi} - m\ddot{x}\boldsymbol{l}\cos\phi + m\ddot{z}\boldsymbol{l}\sin\phi - mg\boldsymbol{l}\sin\phi - k(\phi - q) = 0 \\ \boldsymbol{J}\ddot{q} + k(\phi - q) = T_m \end{cases} \tag{8.15}$$

通过定义控制输入 $u_1 = F_x \Rightarrow u_1 = (F_1 + F_2)\cos\phi$，$u_2 = F_z + (M+m)g \Rightarrow u_2 = (F_1 + F_2)\sin\phi + (M+m)g$，$u_3 = T_m$，可以看出，通过求解空中机器人机械手的控制问题，对于升力 F_1、F_2 也有以下关系：

$$(F_1 + F_2) = \{u_1^2 + [u_2 - (M+m)g]^2\}^{1/2} \tag{8.16}$$

此外，利用无人机重心与其旋翼位置之间的距离等于 d，式（8.12）给出

$$(F_1 - F_2) = \frac{\boldsymbol{I}_u}{d}\ddot{\theta} \tag{8.17}$$

通过式（8.16）和式（8.17）可以得到旋翼升力的值。此外，根据 $u_3 = T_m$ 可以得到由机器人连杆电机提供的扭矩值。

根据式（8.15），以矩阵形式建立空中机器人机械手的状态空间模型。实际上

$$\begin{pmatrix} (M+m) & 0 & -m\boldsymbol{l}\cos\phi & 0 \\ 0 & (M+m) & m\boldsymbol{l}\sin\phi & 0 \\ -m\boldsymbol{l}\cos\phi & m\boldsymbol{l}\sin(\phi) & (\boldsymbol{I}_m + ml^2) & 0 \\ 0 & 0 & 0 & \boldsymbol{J} \end{pmatrix} \begin{pmatrix} \ddot{x} \\ \ddot{z} \\ \ddot{\phi} \\ \ddot{q} \end{pmatrix}$$

$$+\begin{pmatrix} m\boldsymbol{l}\sin(\phi)\dot{\phi}^2 \\ -m\boldsymbol{l}\cos(\phi)\dot{\phi}^2 \\ -mg\boldsymbol{l}\sin\phi-k(\phi-q) \\ k(\phi-q) \end{pmatrix}=\begin{pmatrix} 1 & 0 & 0 \\ 0 & 1 & 0 \\ 0 & 0 & 0 \\ 0 & 0 & 1 \end{pmatrix}\begin{pmatrix} u_1 \\ u_2 \\ u_3 \end{pmatrix} \tag{8.18}$$

通过将系统的状态向量表示为 $\tilde{\boldsymbol{q}}=[x,z,\theta,\phi,q]^{\mathrm{T}}$，空中机器人机械手的状态空间描述成简洁的形式，即

$$\boldsymbol{M}(\tilde{\boldsymbol{q}})\ddot{\tilde{\boldsymbol{q}}}+\boldsymbol{C}(\tilde{\boldsymbol{q}},\dot{\tilde{\boldsymbol{q}}})=\boldsymbol{G}_m u \tag{8.19}$$

式中：$\boldsymbol{M}(\tilde{\boldsymbol{q}})\in\mathbb{R}^{4\times4}$ 为惯性矩阵；$\boldsymbol{C}(\tilde{\boldsymbol{q}},\dot{\tilde{\boldsymbol{q}}})\in\mathbb{R}^{4\times1}$ 为科里奥利力和离心力矩阵；$\boldsymbol{G}_m\in\mathbb{R}^{4\times4}$ 为控制输入增益矩阵。惯性矩阵的逆 $\boldsymbol{M}(\tilde{\boldsymbol{q}})^{-1}$ 计算如下：

$$\boldsymbol{M}(\tilde{\boldsymbol{q}})^{-1}=\frac{1}{\det\boldsymbol{M}}\begin{pmatrix} M_{11} & -M_{21} & M_{31} & -M_{41} \\ -M_{12} & M_{22} & -M_{32} & M_{42} \\ M_{13} & -M_{23} & M_{33} & -M_{43} \\ -M_{14} & M_{24} & -M_{34} & M_{44} \end{pmatrix} \tag{8.20}$$

式中：$\det\boldsymbol{M}=\boldsymbol{J}[(\boldsymbol{M}+m)^2(\boldsymbol{I}_m+m\boldsymbol{l}^2)-(\boldsymbol{M}+m)m^2\boldsymbol{l}^2]$ 的子行列式定义为

$$M_{11}=\boldsymbol{J}[(\boldsymbol{M}+m)(\boldsymbol{I}_m)+m\boldsymbol{l}^2]-m^2\boldsymbol{l}^2\sin^2\phi$$

$$M_{12}=\boldsymbol{J}(m^2\boldsymbol{l}^2\sin\phi\cos\phi)$$

$$M_{13}=\boldsymbol{J}[(\boldsymbol{M}+m)m\boldsymbol{l}\cos\phi],\ M_{14}=0,\ M_{21}=\boldsymbol{J}(m^2\boldsymbol{l}^2\sin\phi\cos\phi)$$

$$M_{22}=\boldsymbol{J}[(\boldsymbol{M}+m)(\boldsymbol{I}_m+m\boldsymbol{l}^2)-m^2\boldsymbol{l}^2\cos^2\phi],$$

$$M_{23}=\boldsymbol{J}[(M+m)m\boldsymbol{l}\sin\phi]$$

$$M_{24}=0,\ M_{31}=\boldsymbol{J}[(\boldsymbol{M}+m)m\boldsymbol{l}\cos\phi],\ M_{32}=\boldsymbol{J}[(\boldsymbol{M}+m)m\boldsymbol{l}\sin\phi]$$

$$M_{33}=\boldsymbol{J}(\boldsymbol{M}+m)^2,\ M_{34}=0,\ M_{41}=0,\ M_{42}=0,\ M_{43}=0$$

$$M_{44}=(\boldsymbol{M}+m)[(\boldsymbol{M}+m)(\boldsymbol{I}_m+m\boldsymbol{l}^2)-m^2\boldsymbol{l}^2]$$

空中机器人机械手的状态空间模型写为

$$\boldsymbol{M}(\tilde{\boldsymbol{q}})\ddot{\tilde{\boldsymbol{q}}}+\boldsymbol{C}(\tilde{\boldsymbol{q}},\dot{\tilde{\boldsymbol{q}}})=\boldsymbol{G}_m u\Rightarrow \tag{8.21}$$

$$\ddot{\tilde{\boldsymbol{q}}}=-\boldsymbol{M}(\tilde{\boldsymbol{q}})^{-1}\boldsymbol{C}(\tilde{\boldsymbol{q}},\dot{\tilde{\boldsymbol{q}}})+\boldsymbol{M}(\tilde{\boldsymbol{q}})^{-1}\boldsymbol{G}_m u$$

使用 $\boldsymbol{C}(\tilde{\boldsymbol{q}},\cdot)=[c_{11},c_{21},c_{31},c_{41}]^{\mathrm{T}}$，乘积项变为 $-\boldsymbol{M}(\tilde{\boldsymbol{q}})^{-1}\boldsymbol{C}(\tilde{\boldsymbol{q}},\dot{\tilde{\boldsymbol{q}}})$

$$-\boldsymbol{M}(\tilde{\boldsymbol{q}})^{-1}\boldsymbol{C}(\tilde{\boldsymbol{q}},\dot{\tilde{\boldsymbol{q}}})=-\frac{1}{\det\boldsymbol{M}}\begin{pmatrix} M_{11}c_{11}-M_{21}c_{21}+M_{31}c_{31}-M_{41}c_{41} \\ -M_{12}c_{11}+M_{22}c_{21}-M_{32}c_{31}+M_{42}c_{41} \\ M_{13}c_{11}-M_{23}c_{21}+M_{33}c_{31}-M_{43}c_{41} \\ -M_{14}c_{11}+M_{24}c_{21}-M_{34}c_{31}+M_{44}c_{41} \end{pmatrix} \tag{8.22}$$

此外，关于乘积项$\boldsymbol{M}(\tilde{\boldsymbol{q}})^{-1}\boldsymbol{G}_m$有

$$\boldsymbol{M}(\tilde{\boldsymbol{q}})^{-1}\boldsymbol{G}_m=\frac{1}{\det\boldsymbol{M}}\begin{pmatrix} M_{11} & -M_{21} & -M_{41} \\ -M_{12} & M_{22} & M_{42} \\ M_{13} & -M_{23} & -M_{13} \\ -M_{14} & M_{24} & M_{44} \end{pmatrix} \tag{8.23}$$

通过定义空中机器人系统的状态变量$x_1=x$，$x_2=\dot{x}$，$x_3=z$，$x_4=\dot{z}$，$x_5=\phi$，$x_6=\dot{\phi}$，$x_7=q$，$x_8=\dot{q}$，得到状态空间为

$$\dot{x}_1=x_2 \tag{8.24}$$

$$\begin{aligned}\dot{x}_2=&-\frac{1}{\det\boldsymbol{M}}(M_{11}c_{11}-M_{21}c_{21}+M_{31}c_{31}-M_{41}c_{41})\\&+\frac{M_{11}}{\det\boldsymbol{M}}u_1-\frac{M_{21}}{\det\boldsymbol{M}}u_2-\frac{M_{41}}{\det}u_3\end{aligned} \tag{8.25}$$

$$\dot{x}_3=x_4 \tag{8.26}$$

$$\begin{aligned}\dot{x}_4=&-\frac{1}{\det\boldsymbol{M}}(-M_{12}c_{11}+M_{22}c_{21}-M_{32}c_{31}+M_{42}c_{41})\\&-\frac{M_{12}}{\det\boldsymbol{M}}u_1+\frac{M_{22}}{\det\boldsymbol{M}}u_2+\frac{M_{42}}{\det}u_3\end{aligned} \tag{8.27}$$

$$\dot{x}_5=x_6 \tag{8.28}$$

$$\begin{aligned}\dot{x}_6=&-\frac{1}{\det\boldsymbol{M}}(M_{13}c_{11}-M_{23}c_{21}+M_{33}c_{31}-M_{43}c_{41})\\&+\frac{M_{13}}{\det\boldsymbol{M}}u_1-\frac{M_{23}}{\det\boldsymbol{M}}u_2+\frac{M_{43}}{\det\boldsymbol{M}}u_3\end{aligned} \tag{8.29}$$

$$\dot{x}_7=x_8 \tag{8.30}$$

$$\begin{aligned}\dot{x}_8=&-\frac{1}{\det\boldsymbol{M}}(-M_{14}c_{11}+M_{24}c_{21}-M_{34}c_{31}+M_{44}c_{41})\\&-\frac{M_{14}}{\det\boldsymbol{M}}u_1+\frac{M_{24}}{\det\boldsymbol{M}}u_2+\frac{M_{44}}{\det\boldsymbol{M}}u_3\end{aligned} \tag{8.31}$$

等价地，空中机器人机械手的状态空间模型可以写成仿射输入形式，即

$$\begin{pmatrix} \dot{x}_1 \\ \dot{x}_2 \\ \dot{x}_3 \\ \dot{x}_4 \\ \dot{x}_5 \\ \dot{x}_6 \\ \dot{x}_7 \\ \dot{x}_8 \end{pmatrix} = \begin{pmatrix} f_1 \\ f_2 \\ f_3 \\ f_4 \\ f_5 \\ f_6 \\ f_7 \\ f_8 \end{pmatrix} + \begin{pmatrix} g_{11} \\ g_{21} \\ g_{31} \\ g_{41} \\ g_{51} \\ g_{61} \\ g_{71} \\ g_{81} \end{pmatrix} \boldsymbol{u}_1 + \begin{pmatrix} g_{12} \\ g_{22} \\ g_{32} \\ g_{42} \\ g_{52} \\ g_{62} \\ g_{72} \\ g_{82} \end{pmatrix} \boldsymbol{u}_2 + \begin{pmatrix} g_{13} \\ g_{23} \\ g_{33} \\ g_{43} \\ g_{53} \\ g_{63} \\ g_{73} \\ g_{83} \end{pmatrix} \boldsymbol{u}_3 \tag{8.32}$$

也可以简洁地写为

$$\dot{\boldsymbol{x}} = \boldsymbol{f}(x) + \boldsymbol{g}_1(x)\boldsymbol{u}_1 + \boldsymbol{g}_2(x)\boldsymbol{u}_2 + \boldsymbol{g}_3(x)\boldsymbol{u}_3 \tag{8.33}$$

式中：$\boldsymbol{x} \in \mathbb{R}^{8\times1}$，$\boldsymbol{u} \in \mathbb{R}^{3\times1}$，$\boldsymbol{f}(x) \in \mathbb{R}^{8\times1}$，$\boldsymbol{g}_1(x) \in \mathbb{R}^{8\times1}$，$\boldsymbol{g}_2(x) \in \mathbb{R}^{8\times1}$，$\boldsymbol{g}_3(x) \in \mathbb{R}^{8\times1}$，上述向量场的元素定位为

$$f_1(x) = \boldsymbol{x}_2,\ g_{11}(x) = 0,\ g_{12}(x) = 0,\ g_{13}(x) = 0$$

$$f_2(x) = -\frac{1}{\det\boldsymbol{M}}(M_{11}c_{11} - M_{21}c_{21} + M_{31}c_{31} - M_{41}c_{41}),\ g_{21}(x) = \frac{M_{11}}{\det\boldsymbol{M}}$$

$$g_{22}(x) = -\frac{M_{21}}{\det\boldsymbol{M}},\ g_{23}(x) = -\frac{M_{41}}{\det\boldsymbol{M}}$$

$$f_3(x) = x_4,\ g_{31}(x) = 0,\ g_{32}(x) = 0,\ g_{33}(x) = 0$$

$$f_4(x) = -\frac{1}{\det\boldsymbol{M}}(-M_{12}c_{11} + M_{22}c_{21} - M_{32}c_{31} + M_{42}c_{41}),\ g_{41}(x) = -\frac{M_{12}}{\det\boldsymbol{M}}$$

$$g_{42}(x) = \frac{M_{22}}{\det\boldsymbol{M}},\ g_{43}(x) = \frac{M_{42}}{\det\boldsymbol{M}}$$

$$f_5(x) = x_6,\ g_{51}(x) = 0,\ g_{52}(x) = 0,\ g_{53}(x) = 0$$

$$f_6(x) = -\frac{1}{\det\boldsymbol{M}}(M_{13}c_{11} - M_{23}c_{21} + M_{33}c_{31} - M_{43}c_{41}),\ g_{61}(x) = \frac{M_{13}}{\det\boldsymbol{M}}$$

$$g_{62}(x) = \frac{M_{23}}{\det\boldsymbol{M}},\ g_{63}(x) = \frac{M_{43}}{\det\boldsymbol{M}}$$

$$f_7(x) = x_8,\ g_{71}(x) = 0,\ g_{72}(x) = 0,\ g_{73}(x) = 0$$

$$f_8(x) = -\frac{1}{\det\boldsymbol{M}}(-M_{14}c_{11} + M_{24}c_{21} - M_{34}c_{31} + M_{44}c_{41}),\ g_{81}(x) = -\frac{M_{14}}{\det\boldsymbol{M}}$$

$$g_{82}(x) = \frac{M_{24}}{\det\boldsymbol{M}},\ g_{83}(x) = \frac{M_{44}}{\det\boldsymbol{M}}$$

8.3　空中机器人机械手模型的近似线性化

空中机器人机械手的动力学模型，之前以状态空间形式写为

$$\dot{\boldsymbol{x}} = f(x) + \boldsymbol{g}_1(x)\boldsymbol{u}_1 + \boldsymbol{g}_2(x)\boldsymbol{u}_2 + \boldsymbol{g}_3(x)\boldsymbol{u}_3 \tag{8.34}$$

围绕时变操作点$(\boldsymbol{x}^*, \boldsymbol{u}^*)$进行近似线性化，其中$\boldsymbol{x}^*$是系统状态向量的当前值，$\boldsymbol{u}^*$是控制输入向量的最后一个采样值。线性化依赖于泰勒级数展开和相关雅可比矩阵的计算。线性化过程给出以下模型：

$$\dot{\boldsymbol{x}} = \boldsymbol{A}x + \boldsymbol{B}\boldsymbol{u} + \tilde{d} \tag{8.35}$$

式中：$\tilde{d}$ 为由建模误差引起的累积扰动项。这是由泰勒级数展开式中高阶项的截断引起的。它还可能包括外部扰动的影响。关于矩阵$\boldsymbol{A}$和$\boldsymbol{B}$，有

$$\begin{aligned}\boldsymbol{A} = &[\nabla_x f(x)]\mid_{(\boldsymbol{x}^*, \boldsymbol{u}^*)} \\ &+ [\boldsymbol{g}_1(x)]u_1\mid_{(\boldsymbol{x}^*, \boldsymbol{u}^*)} + [\boldsymbol{g}_2(x)]u_1\mid_{(\boldsymbol{x}^*, \boldsymbol{u}^*)} + [\boldsymbol{g}_3(x)]u_3\mid_{(\boldsymbol{x}^*, \boldsymbol{u}^*)}\end{aligned} \tag{8.36}$$

$$\boldsymbol{B} = [\boldsymbol{g}_1(x)\boldsymbol{g}_2(x)\boldsymbol{g}_3(x)]\mid_{(\boldsymbol{x}^*, \boldsymbol{u}^*)} \tag{8.37}$$

为了计算上述雅可比矩阵，首先给出以下偏导数：

$$\frac{\partial M_{11}}{\partial x_i} = 0, i = 1,2,3,4,5,6,7,8,\ \frac{\partial M_{11}}{\partial x_5} = -2x_i^2\boldsymbol{l}^2\sin\phi\cos\phi$$

$$\frac{\partial M_{11}}{\partial x_i} = 0, i = 1,2,3,4,5,6,7,8,\ \frac{\partial M_{12}}{\partial x_5} = \boldsymbol{J}m^2\boldsymbol{l}^2[\cos\phi - \sin\phi]$$

$$\frac{\partial M_{13}}{\partial x_i} = 0, i = 1,2,3,4,5,6,7,8,\ \frac{\partial M_{13}}{\partial x_5} = \boldsymbol{J}(M+m)m\boldsymbol{l}(-\sin\phi)$$

$$\frac{\partial M_{14}}{\partial x_i} = 0, i = 1,2,3,4,5,6,7,8$$

$$\frac{\partial M_{21}}{\partial x_i} = 0, i = 1,2,3,4,5,6,7,8,\ \frac{\partial M_{21}}{\partial x_5} = \boldsymbol{J}m^2\boldsymbol{l}^2[\cos\phi - \sin^2\phi]$$

$$\frac{\partial M_{22}}{\partial x_i} = 0, i = 1,2,3,4,5,6,7,8,\ \frac{\partial M_{22}}{\partial x_5} = \boldsymbol{J}m^2\boldsymbol{l}^2 2\cos\phi\sin\phi$$

$$\frac{\partial M_{23}}{\partial x_i} = 0, i = 1,2,3,4,5,6,7,8,\ \frac{\partial M_{23}}{\partial x_5} = \boldsymbol{J}(M+m)m\boldsymbol{l}\cos\phi$$

$$\frac{\partial M_{24}}{\partial x_i} = 0, i = 1,2,3,4,5,6,7,8$$

$$\frac{\partial M_{31}}{\partial x_i}=0,i=1,2,3,4,5,6,7,8,\ \frac{\partial M_{31}}{\partial x_5}=\boldsymbol{J}(M+m)m\boldsymbol{l}(-\sin\phi)$$

$$\frac{\partial M_{32}}{\partial x_i}=0,i=1,2,3,4,5,6,7,8,\ \frac{\partial M_{32}}{\partial x_5}=\boldsymbol{J}(M+m)m\boldsymbol{l}\cos\phi$$

$$\frac{\partial M_{33}}{\partial x_i}=0,i=1,2,3,4,5,6,7,8,\ \frac{\partial M_{34}}{\partial x_i}=0,i=1,2,3,4,5,6,7,8$$

$$\frac{\partial M_{41}}{\partial x_i}=0,i=1,2,3,4,5,6,7,8,\ \frac{\partial M_{42}}{\partial x_i}=0,i=1,2,3,4,5,6,7,8$$

$$\frac{\partial M_{43}}{\partial x_i}=0,i=1,2,3,4,5,6,7,8,\ \frac{\partial M_{44}}{\partial x_i}=0,i=1,2,3,4,5,6,7,8$$

以类似的方式计算：

$$\frac{\partial c_{11}}{\partial x_i}=0,i=1,2,3,4,5,6,7,8,\ \frac{\partial c_{11}}{\partial x_5}=m\boldsymbol{l}\cos(\phi)\dot{\phi}^2,$$

$$\frac{\partial c_{11}}{\partial x_6}=2m\boldsymbol{l}\sin(\phi)\dot{\phi}$$

$$\frac{\partial c_{21}}{\partial x_i}=0,i=1,2,3,4,5,6,7,8,\ \frac{\partial c_{21}}{\partial x_5}=m\boldsymbol{l}\sin(\phi)\dot{\phi}^2,$$

$$\frac{\partial c_{21}}{\partial x_6}=-2m\boldsymbol{l}\cos(\phi)\dot{\phi}$$

$$\frac{\partial c_{31}}{\partial x_i}=0,i=1,2,3,4,5,6,7,8,\ \frac{\partial c_{31}}{\partial x_5}=-mg\boldsymbol{l}\cos\phi-k,\ \frac{\partial c_{31}}{\partial x_7}=k$$

$$\frac{\partial c_{41}}{\partial x_i}=0,i=1,2,3,4,5,6,7,8,\ \frac{\partial c_{41}}{\partial x_5}=k,\ \frac{\partial c_{31}}{\partial x_7}=-k$$

雅可比矩阵$\boldsymbol{\nabla}_x\boldsymbol{f}(x)\mid_{(x^*,u^*)}$，$\boldsymbol{\nabla}_x\boldsymbol{g}_1(x)\mid_{(x^*,u^*)}$，$\boldsymbol{\nabla}_x\boldsymbol{g}_2(x)\mid_{(x^*,u^*)}$，$\boldsymbol{\nabla}_x\boldsymbol{g}_3(x)\mid_{(x^*,u^*)}$的计算如下：

雅可比矩阵$\boldsymbol{\nabla}_x\mid_{(x^*,u^*)}$的第 1 行：$\frac{\partial f_1}{\partial x_1}=0$，$\frac{\partial f_1}{\partial x_2}=1$，$\frac{\partial f_1}{\partial x_3}=0$，$\frac{\partial f_1}{\partial x_4}=0$，$\frac{\partial f_1}{\partial x_5}=0$，$\frac{\partial f_1}{\partial x_6}=0$，$\frac{\partial f_1}{\partial x_7}=0$，$\frac{\partial f_1}{\partial x_8}=0$。

雅可比矩阵$\boldsymbol{\nabla}_x\mid_{(x^*,u^*)}$的第 2 行，$i=1,2,3,4,5,6,7,8$

$$\frac{\partial f_2}{\partial x_i}=-\frac{1}{\det M}\cdot\left[\frac{\partial M_{11}}{\partial x_i}c_{11}+M_{11}\frac{\partial c_{11}}{\partial x_i}-\frac{\partial M_{21}}{\partial x_i}c_{21}-M_{21}\frac{\partial c_{21}}{\partial x_i}\right.$$
$$\left.+\frac{\partial M_{31}}{\partial x_i}c_{31}+M_{31}\frac{\partial c_{31}}{\partial x_i}-\frac{\partial M_{41}}{\partial x_i}c_{41}-M_{41}\frac{\partial c_{41}}{\partial x_i}\right] \tag{8.38}$$

雅可比矩阵$\boldsymbol{\nabla}_x\mid_{(x^*,u^*)}$的第 3 行：$\frac{\partial f_3}{\partial x_1}=0$，$\frac{\partial f_3}{\partial x_2}=0$，$\frac{\partial f_3}{\partial x_3}=0$，$\frac{\partial f_3}{\partial x_4}=1$，$\frac{\partial f_3}{\partial x_5}=$

0，$\frac{\partial f_3}{\partial x_6}=1$，$\frac{\partial f_3}{\partial x_7}=0$，$\frac{\partial f_3}{\partial x_8}=0$。

雅可比矩阵$\nabla_x|_{(x^*,u^*)}$的第 4 行，$i=1,2,3,4,5,6,7,8$

$$\frac{\partial f_4}{\partial x_i}=-\frac{1}{\det M}\cdot\left[-\frac{\partial M_{12}}{\partial x_i}c_{11}-M_{12}\frac{\partial c_{11}}{\partial x_i}+\frac{\partial M_{22}}{\partial x_i}c_{21}+M_{22}\frac{\partial c_{21}}{\partial x_i}\right.$$
$$\left.-\frac{\partial M_{32}}{\partial x_i}c_{31}-M_{32}\frac{\partial c_{31}}{\partial x_i}+\frac{\partial M_{42}}{\partial x_i}c_{41}+M_{42}\frac{\partial c_{41}}{\partial x_i}\right] \tag{8.39}$$

雅可比矩阵$\nabla_x|_{(x^*,u^*)}$的第 5 行：$\frac{\partial f_5}{\partial x_1}=0$，$\frac{\partial f_5}{\partial x_2}=0$，$\frac{\partial f_5}{\partial x_3}=0$，$\frac{\partial f_5}{\partial x_4}=0$，$\frac{\partial f_5}{\partial x_5}=$ 0，$\frac{\partial f_5}{\partial x_6}=0$，$\frac{\partial f_5}{\partial x_7}=0$，$\frac{\partial f_5}{\partial x_8}=0$。

雅可比矩阵$\nabla_x|_{(x^*,u^*)}$的第 6 行，$i=1,2,3,4,5,6,7,8$

$$\frac{\partial f_6}{\partial x_i}=-\frac{1}{\det M}\cdot\left[\frac{\partial M_{13}}{\partial x_i}c_{11}+M_{13}\frac{\partial c_{11}}{\partial x_i}-\frac{\partial M_{23}}{\partial x_i}c_{21}-M_{23}\frac{\partial c_{21}}{\partial x_i}\right.$$
$$\left.+\frac{\partial M_{33}}{\partial x_i}c_{31}+M_{33}\frac{\partial c_{31}}{\partial x_i}-\frac{\partial M_{44}}{\partial x_i}c_{41}+M_{43}\frac{\partial c_{41}}{\partial x_j}\right] \tag{8.40}$$

雅可比矩阵$\nabla_x|_{(x^*,u^*)}$的第 7 行：$\frac{\partial f_7}{\partial x_1}=0$，$\frac{\partial f_7}{\partial x_2}=0$，$\frac{\partial f_7}{\partial x_3}=0$，$\frac{\partial f_7}{\partial x_4}=0$，$\frac{\partial f_7}{\partial x_5}=$ 0，$\frac{\partial f_7}{\partial x_6}=0$，$\frac{\partial f_7}{\partial x_7}=0$，$\frac{\partial f_7}{\partial x_8}=1$。

雅可比矩阵$\nabla_x|_{(x^*,u^*)}$的第 8 行，$i=1,2,3,4,5,6,7,8$

$$\frac{\partial f_8}{\partial x_i}=-\frac{1}{\det M}\cdot\left[-\frac{\partial M_{14}}{\partial x_i}c_{11}-M_{14}\frac{\partial c_{11}}{\partial x_i}+\frac{\partial M_{24}}{\partial x_i}c_{21}-M_{24}\frac{\partial c_{21}}{\partial x_i}\right.$$
$$\left.-\frac{\partial M_{34}}{\partial x_i}c_{31}-M_{34}\frac{\partial c_{31}}{\partial x_i}+\frac{\partial M_{44}}{\partial x_i}c_{41}+M_{44}\frac{\partial c_{41}}{\partial x_j}\right] \tag{8.41}$$

雅可比矩阵$\nabla_x \boldsymbol{f}(x)|_{(x^*,u^*)}$的简写形式为

$$\nabla_x \boldsymbol{f}(x)=\begin{pmatrix}\frac{\partial f_1}{\partial x_1} & \frac{\partial f_1}{\partial x_2} & \cdots & \frac{\partial f_1}{\partial x_8}\\ \frac{\partial f_2}{\partial x_1} & \frac{\partial f_2}{\partial x_2} & \cdots & \frac{\partial f_2}{\partial x_8}\\ \cdots & \cdots & & \cdots\\ \frac{\partial f_8}{\partial x_1} & \frac{\partial f_8}{\partial x_2} & \cdots & \frac{\partial f_8}{\partial x_8}\end{pmatrix} \tag{8.42}$$

计算雅可比矩阵$\nabla_x \boldsymbol{g}_1(x)|_{(x^*,u^*)}$：

第 1 行：$\dfrac{\partial g_{11}(x)}{\partial x_i}=0,i=1,2,3,4,5,6,7,8$

第 2 行：$\dfrac{\partial \boldsymbol{g}_{21}(x)}{\partial x_i}=\dfrac{\partial M_{11}}{\partial x_i},i=1,2,3,4,5,6,7,8$

第 3 行：$\dfrac{\partial g_{31}(x)}{\partial x_i}=0,i=1,2,3,4,5,6,7,8$

第 4 行：$\dfrac{\partial \boldsymbol{g}_{41}(x)}{\partial x_i}=-\dfrac{\partial M_{12}}{\partial x_i},i=1,2,3,4,5,6,7,8$

第 5 行：$\dfrac{\partial \boldsymbol{g}_{51}(x)}{\partial x_i}=0,i=1,2,3,4,5,6,7,8$

第 6 行：$\dfrac{\partial \boldsymbol{g}_{61}(x)}{\partial x_i}=\dfrac{\partial M_{13}}{\partial x_i},i=1,2,3,4,5,6,7,8$

第 7 行：$\dfrac{\partial \boldsymbol{g}_{71}(x)}{\partial x_i}=0,i=1,2,3,4,5,6,7,8$

第 8 行：$\dfrac{\partial \boldsymbol{g}_{81}(x)}{\partial x_i}=-\dfrac{\partial M_{14}}{\partial x_i},i=1,2,3,4,5,6,7,8$

雅可比矩阵$\boldsymbol{\nabla}_x\boldsymbol{g}_1(x)\mid_{(\boldsymbol{x}^*,\boldsymbol{u}^*)}$的简写形式为

$$\boldsymbol{\nabla}_x\,\boldsymbol{g}_1(x)=\begin{pmatrix}\dfrac{\partial g_{11}}{\partial x_1} & \dfrac{\partial g_{11}}{\partial x_2} & \cdots & \dfrac{\partial g_{11}}{\partial x_8}\\ \dfrac{\partial g_{21}}{\partial x_1} & \dfrac{\partial g_{21}}{\partial x_2} & \cdots & \dfrac{\partial g_{21}}{\partial x_8}\\ \cdots & \cdots & & \cdots\\ \dfrac{\partial g_{81}}{\partial x_1} & \dfrac{\partial g_{81}}{\partial x_2} & \cdots & \dfrac{\partial g_{81}}{\partial x_8}\end{pmatrix} \tag{8.43}$$

计算雅可比矩阵$\boldsymbol{\nabla}_x\boldsymbol{g}_2(x)\mid_{(\boldsymbol{x}^*,\boldsymbol{u}^*)}$：

第 1 行：$\dfrac{\partial \boldsymbol{g}_{12}(x)}{\partial x_i}=0,i=1,2,3,4,5,6,7,8$

第 2 行：$\dfrac{\partial \boldsymbol{g}_{22}(x)}{\partial x_i}=-\dfrac{\partial M_{21}}{\partial x_i},i=1,2,3,4,5,6,7,8$

第 3 行：$\dfrac{\partial \boldsymbol{g}_{32}(x)}{\partial x_i}=0,i=1,2,3,4,5,6,7,8$

第 4 行：$\dfrac{\partial \boldsymbol{g}_{42}(x)}{\partial x_i}=\dfrac{\partial M_{22}}{\partial x_i},i=1,2,3,4,5,6,7,8$

第 5 行：$\dfrac{\partial \boldsymbol{g}_{52}(x)}{\partial x_i}=0, i=1,2,3,4,5,6,7,8$

第 6 行：$\dfrac{\partial \boldsymbol{g}_{62}(x)}{\partial x_i}=-\dfrac{\partial M_{23}}{\partial x_i}, i=1,2,3,4,5,6,7,8$

第 7 行：$\dfrac{\partial \boldsymbol{g}_{72}(x)}{\partial x_i}=0, i=1,2,3,4,5,6,7,8$

第 8 行：$\dfrac{\partial \boldsymbol{g}_{82}(x)}{\partial x_i}=-\dfrac{\partial M_{24}}{\partial x_i}, i=1,2,3,4,5,6,7,8$

雅可比矩阵 $\boldsymbol{\nabla}_x \boldsymbol{g}_2(x)|_{(\boldsymbol{x}^*,\boldsymbol{u}^*)}$ 的简写形式为

$$\boldsymbol{\nabla}_x \boldsymbol{g}_2(x)=\begin{pmatrix} \dfrac{\partial g_{12}}{\partial x_1} & \dfrac{\partial g_{12}}{\partial x_2} & \cdots & \dfrac{\partial g_{12}}{\partial x_8} \\ \dfrac{\partial g_{22}}{\partial x_1} & \dfrac{\partial g_{22}}{\partial x_2} & \cdots & \dfrac{\partial g_{22}}{\partial x_8} \\ \cdots & \cdots & & \cdots \\ \dfrac{\partial g_{82}}{\partial x_1} & \dfrac{\partial g_{82}}{\partial x_2} & \cdots & \dfrac{\partial g_{82}}{\partial x_8} \end{pmatrix} \tag{8.44}$$

计算雅可比矩阵 $\boldsymbol{\nabla}_x \boldsymbol{g}_3(x)|_{(\boldsymbol{x}^*,\boldsymbol{u}^*)}$：

第 1 行：$\dfrac{\partial \boldsymbol{g}_{13}(x)}{\partial x_i}=0, i=1,2,3,4,5,6,7,8$

第 2 行：$\dfrac{\partial \boldsymbol{g}_{23}(x)}{\partial x_i}=-\dfrac{\partial M_{41}}{\partial x_i}, i=1,2,3,4,5,6,7,8$

第 3 行：$\dfrac{\partial \boldsymbol{g}_{33}(x)}{\partial x_i}=0, i=1,2,3,4,5,6,7,8$

第 4 行：$\dfrac{\partial \boldsymbol{g}_{43}(x)}{\partial x_i}=\dfrac{\partial M_{42}}{\partial x_i}, i=1,2,3,4,5,6,7,8$

第 5 行：$\dfrac{\partial \boldsymbol{g}_{53}(x)}{\partial x_i}=0, i=1,2,3,4,5,6,7,8$

第 6 行：$\dfrac{\partial \boldsymbol{g}_{63}(x)}{\partial x_i}=-\dfrac{\partial M_{43}}{\partial x_i}, i=1,2,3,4,5,6,7,8$

第 7 行：$\dfrac{\partial \boldsymbol{g}_{73}(x)}{\partial x_i}=0, i=1,2,3,4,5,6,7,8$

第 8 行：$\dfrac{\partial \boldsymbol{g}_{83}(x)}{\partial x_i}=\dfrac{\partial M_{44}}{\partial x_i}, i=1,2,3,4,5,6,7,8$

雅可比矩阵 $\boldsymbol{\nabla}_x \boldsymbol{g}_3(x)|_{(\boldsymbol{x}^*,\boldsymbol{u}^*)}$ 的简写形式为

$$\nabla_x \boldsymbol{g}_3(x)=\begin{pmatrix}\dfrac{\partial g_{13}}{\partial x_1} & \dfrac{\partial g_{13}}{\partial x_2} & \cdots & \dfrac{\partial g_{13}}{\partial x_8}\\ \dfrac{\partial g_{23}}{\partial x_1} & \dfrac{\partial g_{23}}{\partial x_2} & \cdots & \dfrac{\partial g_{23}}{\partial x_8}\\ \cdots & \cdots & & \cdots\\ \dfrac{\partial g_{83}}{\partial x_1} & \dfrac{\partial g_{83}}{\partial x_2} & \cdots & \dfrac{\partial g_{83}}{\partial x_8}\end{pmatrix} \tag{8.45}$$

需要注意的是，不失一般性，在上述空中机器人系统动力学模型中，机械手由一个连杆和一个柔性关节组成。整个机器人系统已经表现出五自由度，由其状态变量$[x,z,\theta,\phi,q]^{\mathrm{T}}$表示。可以将非线性优化控制器的建模方法和相关设计直接推广到具有更多连杆和柔性关节的机器人机械手的情况。

8.4 空中机器人机械手的微分平坦度特性

空中机器人机械手的平面输出向量取$\boldsymbol{y}=[y_1,y_2,y_3,y_4]^{\mathrm{T}}$或$\boldsymbol{y}=[y_1,y_2,\phi,q]^{\mathrm{T}}$。最初由$\boldsymbol{u}_i,i=1,2,3$组成的控制输入向量现在扩展为包含关节弹性参数$k$作为附加控制输入。因此，扩展控制输入向量是$\boldsymbol{u}_1$、$\boldsymbol{u}_2$、$\boldsymbol{u}_3$、$\boldsymbol{k}$。这使以下条件得到满足：在多变量微分平坦系统中，平坦输出的数量应等于控制输入的数量[31]。

由式（8.24）得

$$x_2=\dot{x}_1\Rightarrow x_2=\dot{y}_1 \tag{8.46}$$

因此，状态变量x_2是系统平坦输出的微分函数。由式（8.26）得

$$x_4=\dot{x}_3\Rightarrow x_2=\dot{y}_2 \tag{8.47}$$

因此，状态变量x_4是系统平坦输出的微分函数。由式（8.28）得

$$x_6=\dot{x}_5\Rightarrow x_6=\dot{y}_3 \tag{8.48}$$

因此，状态变量x_6是系统平坦输出的微分函数。由式（8.30）得

$$x_8=\dot{x}_7\Rightarrow x_8=\dot{y}_4 \tag{8.49}$$

因此，状态变量x_8是系统平坦输出的微分函数。此外，从式（8.25）、式（8.27）、式（8.29）和式（8.31）可以得到一个由4个方程组成的系统，其中控制输入向量的元素未知。因此，空中机器人机械手的控制输入也可以写成系统平面输出的微分函数：

$$\boldsymbol{u}_i = f_u(\boldsymbol{y}, \dot{y}) \tag{8.50}$$

这表明具有柔性关节的空中机器人机械手是一个微分平面系统。

8.5　非线性 $H-\infty$ 控制

8.5.1　跟踪误差动力学

本节将为具有柔性关节的空中机器人机械手开发非线性最优（$H-\infty$）控制器。空中机器人系统的初始非线性模型为

$$\dot{x} = f(x, u),\ x \in \mathbb{R}^n,\ u \in \mathbb{R}^m \tag{8.51}$$

在控制算法的每次迭代中围绕其当前操作点$(\boldsymbol{x}^*, \boldsymbol{u}^*) = (x(t), u(t-T_s))$执行线性化。空中机器人系统的等价线性化描述为

$$\dot{x} = \boldsymbol{A}x + \boldsymbol{B}u + \boldsymbol{L}\tilde{\mathbf{d}}\quad x \in \mathbb{R}^n,\ u \in \mathbb{R}^m, \tilde{\boldsymbol{d}} \in \mathbb{R}^q \tag{8.52}$$

因此，在对其当前工作点进行线性化后，具有柔性关节的空中机器人机械手的模型写为

$$\dot{x} = \boldsymbol{A}x + \boldsymbol{B}u + d_1 \tag{8.53}$$

式中：d_1为空中机器人模型中的线性化误差。系统的参考设定点由 $\boldsymbol{x}_d = [x_1^d, \cdots, x_4^d]$表示。在应用控制输入 $\boldsymbol{u}^*$ 之后，实现对该轨迹的跟踪。在每个时刻，假设控制输入 $\boldsymbol{u}^*$ 与出现在式（8.53）中的控制输入 u 相差一个等于 Δu 的量，即 $\boldsymbol{u}^* = u + \Delta u$，所以有

$$\dot{x}_d = \boldsymbol{A}\boldsymbol{x}_d + \boldsymbol{B}\boldsymbol{u}^* + d_2 \tag{8.54}$$

式（8.54）中描述的受控系统的动力学方程也可以写成

$$\dot{x} = \boldsymbol{A}x + \boldsymbol{B}u + \boldsymbol{B}\boldsymbol{u}^* - \boldsymbol{B}\boldsymbol{u}^* + d_1 \tag{8.55}$$

并且定义$d_3 = -\boldsymbol{B}\boldsymbol{u}^* + d_1$表示为总扰动项，可以得

$$\dot{x} = \boldsymbol{A}x + \boldsymbol{B}u + \boldsymbol{B}\boldsymbol{u}^* + d_3 \tag{8.56}$$

通过从式（8.56）中减去式（8.54），有

$$\dot{x} - \dot{x}_d = \boldsymbol{A}(x - \boldsymbol{x}_d) + \boldsymbol{B}u + d_3 - d_2 \tag{8.57}$$

通过定义跟踪误差 $e = x - \boldsymbol{x}_d$，并将总扰动项表示为 $\tilde{d} = d_3 - d_2$，跟踪误差动力学方程变为

$$\dot{e} = \boldsymbol{A}e + \boldsymbol{B}u + \tilde{\boldsymbol{d}} \tag{8.58}$$

在应用 $H-\infty$ 反馈控制方案后，上述线性化形式的柔性关节空中机器人机械手模型可以得到有效控制。

8.5.2 最小－最大控制和干扰抑制

具有柔性关节的空中机器人机械手的初始非线性模型为

$$\dot{x}=f(x,u)\ \ x\in\mathbb{R}^n,\ u\in\mathbb{R}^m \tag{8.59}$$

空中机器人操纵器模型的线性化在控制算法围绕其当前操作点$(\boldsymbol{x}^*,\boldsymbol{u}^*)=(x(t),u(t-T_s))$的每次迭代中执行。系统的等价线性化描述为

$$\dot{x}=\boldsymbol{A}x+\boldsymbol{B}u+\boldsymbol{L}\tilde{\boldsymbol{d}},\ x\in\mathbb{R}^n,\ u\in\mathbb{R}^m,\ \tilde{\boldsymbol{d}}\in\mathbb{R}^q \tag{8.60}$$

式中：矩阵 $\boldsymbol{A}$ 和 $\boldsymbol{B}$ 是从先前定义的雅可比矩阵的计算中获得的，向量 $\tilde{\boldsymbol{d}}$ 表示由于线性化误差引起的干扰项。线性化模型的干扰抑制问题描述为

$$\begin{cases}\dot{x}=\boldsymbol{A}x+\boldsymbol{B}u+\boldsymbol{L}\tilde{\boldsymbol{d}}\\ \boldsymbol{y}=\boldsymbol{C}x\end{cases} \tag{8.61}$$

如果应用经典的线性二次调节器（LQR）控制方案，则无法有效处理 $x\in\mathbb{R}^n,u\in\mathbb{R}^m,\tilde{\boldsymbol{d}}\in\mathbb{R}^q,y\in\mathbb{R}^p$。这是因为扰动项 $\tilde{\boldsymbol{d}}$ 的存在。扰动项 $\tilde{\boldsymbol{d}}$ 可以表示：(1) 影响空中机器人系统的建模（参数）不确定性和外部扰动项；(2) 任何分布的噪声项。

在 $H-\infty$ 控制方法中，考虑扰动对系统的影响最为严重，本节设计了一种基于系统状态向量和同时抑制扰动的跟踪反馈控制方案。扰动对空中机器人机械手的影响包含在以下二次代价函数中：

$$\boldsymbol{J}(t)=\frac{1}{2}\int_0^{\mathrm{T}}[\boldsymbol{y}^{\mathrm{T}}(t)\boldsymbol{y}(t)+r\boldsymbol{u}^{\mathrm{T}}(t)\boldsymbol{u}(t)-\rho^2\tilde{\boldsymbol{d}}^{\mathrm{T}}(t)\tilde{\boldsymbol{d}}(t)]\mathrm{d}t,r,\rho>0 \tag{8.62}$$

方程式（8.62）表示干扰和控制输入之间发生的最小－最大微分博弈。实际上，控制输入试图最小化这个代价函数，而干扰输入试图使其最大化。那么，最优反馈控制规律由下式给出（图 8.3）：

$$u(t)=-\boldsymbol{K}x(t) \tag{8.63}$$

$\boldsymbol{K}=(1/r)\boldsymbol{B}^{\mathrm{T}}\boldsymbol{P}$，而 $\boldsymbol{P}$ 是半正定对称矩阵，它由形式为 Riccati 方程的解得

$$\boldsymbol{A}^{\mathrm{T}}\boldsymbol{P}+\boldsymbol{P}\boldsymbol{A}=-\boldsymbol{Q}+\boldsymbol{P}\left(\frac{2}{r}\boldsymbol{B}\boldsymbol{B}^{\mathrm{T}}-\frac{1}{\rho^2}\boldsymbol{L}\boldsymbol{L}^{\mathrm{T}}\right)\boldsymbol{P} \tag{8.64}$$

控制算法的瞬态由矩阵 $\boldsymbol{Q}$ 以及增益 r 和 ρ 确定。后一个增益是 $H-\infty$ 衰减系数，其允许式（8.64）解的最小值是为空中机器人机械手的控制算法提供最大鲁棒性的值。

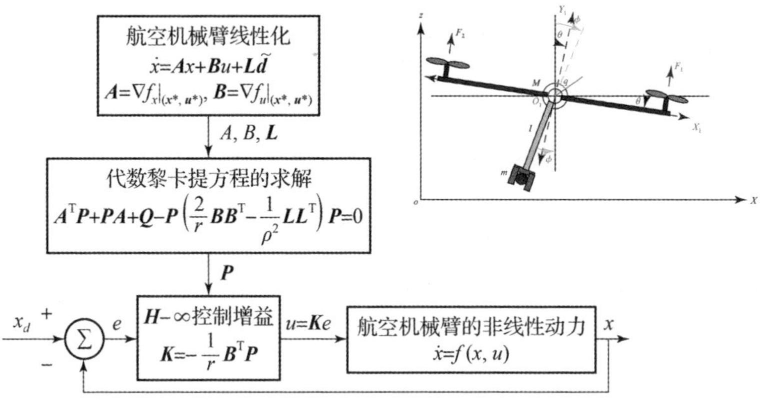

图 8.3　弹性关节空中机器人机械手控制方案示意图

8.6　李雅普诺夫稳定性分析

通过李雅普诺夫稳定性分析，所提出的非线性控制方案保证了空中机器人机械手的 $H-\infty$ 跟踪性能，并且在适当的干扰项条件下，能够渐近收敛到参考设定点。空中机器人机械手的跟踪误差动力学方程为

$$\dot{e}=Ae+Bu+L\tilde{d} \tag{8.65}$$

式中：在空中机器人机械手的情况下，$L=I\in\mathbb{R}^{8\times 8}$，$I$ 为单位矩阵。变量 $\tilde{d}$ 表示模型的不确定性和外部干扰。考虑以下李雅普诺夫方程：

$$V=\frac{1}{2}e^{\mathrm{T}}Pe \tag{8.66}$$

式中：$e=x-x_d$ 为跟踪误差。通过对时间进行微分，可以得

$$\dot{V}=\frac{1}{2}\dot{e}^{\mathrm{T}}Pe+\frac{1}{2}eP\dot{e}\Rightarrow \tag{8.67}$$

$$\dot{V}=\frac{1}{2}[Ae+Bu+L\tilde{d}]^{\mathrm{T}}P+\frac{1}{2}e^{\mathrm{T}}P[Ae+Bu+L\tilde{d}]\Rightarrow$$

$$\dot{V}=\frac{1}{2}[e^{\mathrm{T}}A^{\mathrm{T}}+u^{\mathrm{T}}B^{\mathrm{T}}+\tilde{d}^{\mathrm{T}}L^{\mathrm{T}}]Pe \tag{8.68}$$

$$+\frac{1}{2}e^{\mathrm{T}}P[Ae+Bu+L\tilde{d}]\Rightarrow$$

$$\dot{V}=\frac{1}{2}e^{\mathrm{T}}A^{\mathrm{T}}Pe+\frac{1}{2}u^{\mathrm{T}}B^{\mathrm{T}}Pe+\frac{1}{2}\tilde{d}^{\mathrm{T}}L^{\mathrm{T}}Pe \tag{8.69}$$

$$+\frac{1}{2}\boldsymbol{e}^{\mathrm{T}}\boldsymbol{PAe}+\frac{1}{2}\boldsymbol{e}^{\mathrm{T}}\boldsymbol{PB}u+\frac{1}{2}\boldsymbol{e}^{\mathrm{T}}\boldsymbol{PL}\tilde{\boldsymbol{d}}$$

前面的方程改写为

$$\dot{V}=\frac{1}{2}\boldsymbol{e}^{\mathrm{T}}(\boldsymbol{A}^{\mathrm{T}}\boldsymbol{P}+\boldsymbol{PA})\boldsymbol{e}+\left(\frac{1}{2}\boldsymbol{u}^{\mathrm{T}}\boldsymbol{B}^{\mathrm{T}}\boldsymbol{Pe}+\frac{1}{2}\boldsymbol{e}^{\mathrm{T}}\boldsymbol{PB}u\right)+\left(\frac{1}{2}\tilde{\boldsymbol{d}}^{\mathrm{T}}\boldsymbol{L}^{\mathrm{T}}\boldsymbol{Pe}+\frac{1}{2}\boldsymbol{e}^{\mathrm{T}}\boldsymbol{PL}\tilde{\boldsymbol{d}}\right) \tag{8.70}$$

假设 8.1 对于给定的正定矩阵 $\boldsymbol{Q}$、系数 r 和 ρ，存在一个正定矩阵 $\boldsymbol{P}$，它是以下矩阵方程的解：

$$\boldsymbol{A}^{\mathrm{T}}\boldsymbol{P}+\boldsymbol{PA}=-\boldsymbol{Q}+\boldsymbol{P}\left(\frac{2}{r}\boldsymbol{BB}^{\mathrm{T}}-\frac{1}{\rho^2}\boldsymbol{LL}^{\mathrm{T}}\right)\boldsymbol{P} \tag{8.71}$$

此外，以下反馈控制规律适用于系统：

$$\boldsymbol{u}=-\frac{1}{r}\boldsymbol{B}^{\mathrm{T}}\boldsymbol{Pe} \tag{8.72}$$

代入式（8.71）和式（8.72），得

$$\dot{V}=\frac{1}{2}\boldsymbol{e}^{\mathrm{T}}\left[-\boldsymbol{Q}+\boldsymbol{P}\left(\frac{2}{r}\boldsymbol{BB}^{\mathrm{T}}-\frac{1}{2\rho^2}\boldsymbol{LL}^{\mathrm{T}}\right)\boldsymbol{P}\right]\boldsymbol{e}+\boldsymbol{e}^{\mathrm{T}}\boldsymbol{PB}\left(-\frac{1}{r}\boldsymbol{B}^{\mathrm{T}}\boldsymbol{Pe}\right)+\boldsymbol{e}^{\mathrm{T}}\boldsymbol{PL}\tilde{\boldsymbol{d}}\Rightarrow \tag{8.73}$$

$$\dot{V}=-\frac{1}{2}\boldsymbol{e}^{\mathrm{T}}\boldsymbol{Qe}+\left(\frac{1}{r}\boldsymbol{e}^{\mathrm{T}}\boldsymbol{PBB}^{\mathrm{T}}\boldsymbol{Pe}-\frac{1}{2\rho^2}\boldsymbol{e}^{\mathrm{T}}\boldsymbol{PLL}^{\mathrm{T}}\boldsymbol{Pe}-\frac{1}{r}\boldsymbol{e}^{\mathrm{T}}\boldsymbol{PBB}^{\mathrm{T}}\boldsymbol{Pe}\right)+\boldsymbol{e}^{\mathrm{T}}\boldsymbol{PL}\tilde{\boldsymbol{d}} \tag{8.74}$$

在中间操作之后，有

$$\dot{V}=-\frac{1}{2}\boldsymbol{e}^{\mathrm{T}}\boldsymbol{Qe}-\frac{1}{2\rho^2}\boldsymbol{e}^{\mathrm{T}}\boldsymbol{PLL}^{\mathrm{T}}\boldsymbol{Pe}+\boldsymbol{e}^{\mathrm{T}}\boldsymbol{PL}\tilde{\boldsymbol{d}} \tag{8.75}$$

或者，等效地

$$\dot{V}=-\frac{1}{2}\boldsymbol{e}^{\mathrm{T}}\boldsymbol{Qe}-\frac{1}{2\rho^2}\boldsymbol{e}^{\mathrm{T}}\boldsymbol{PLL}^{\mathrm{T}}\boldsymbol{Pe}+\frac{1}{2}\boldsymbol{e}^{\mathrm{T}}\boldsymbol{PL}\tilde{\boldsymbol{d}}+\frac{1}{2}\tilde{\boldsymbol{d}}^{\mathrm{T}}\boldsymbol{L}^{\mathrm{T}}\boldsymbol{Pe} \tag{8.76}$$

引理 1 以下不等式成立：

$$\frac{1}{2}\boldsymbol{e}^{\mathrm{T}}\boldsymbol{PL}\tilde{\boldsymbol{d}}+\frac{1}{2}\tilde{\boldsymbol{d}}\boldsymbol{L}^{\mathrm{T}}\boldsymbol{Pe}-\frac{1}{2\rho^2}\boldsymbol{e}^{\mathrm{T}}\boldsymbol{PLL}^{\mathrm{T}}\boldsymbol{Pe}\leqslant\frac{1}{2}\rho^2\tilde{\boldsymbol{d}}^{\mathrm{T}}\tilde{\boldsymbol{d}} \tag{8.77}$$

证明：考虑二项式$\left(\rho\alpha-\frac{1}{\rho}b\right)^2$。展开上述不等式的左边部分得

$$\rho^2 a^2 + \frac{1}{\rho^2} b^2 - 2ab \geqslant 0 \Rightarrow \frac{1}{2}\rho^2 a^2 + \frac{1}{2\rho^2} b^2 - ab \geqslant 0 \Rightarrow \tag{8.78}$$

$$ab - \frac{1}{2\rho^2} b^2 \leqslant \frac{1}{2}\rho^2 a^2 \Rightarrow \frac{1}{2} ab + \frac{1}{2} ab - \frac{1}{2\rho^2} b^2 \leqslant \frac{1}{2}\rho^2 a^2$$

执行以下替换：$\boldsymbol{a} = \tilde{\boldsymbol{d}}$ 和 $b = \boldsymbol{e}^{\mathrm{T}}\boldsymbol{PL}$，先前的关系则变为

$$\frac{1}{2}\tilde{\boldsymbol{d}}^{\mathrm{T}}\boldsymbol{L}^{\mathrm{T}}\boldsymbol{Pe} + \frac{1}{2}\boldsymbol{e}^{\mathrm{T}}\boldsymbol{PL}\tilde{\boldsymbol{d}} - \frac{1}{2\rho^2}\boldsymbol{e}^{\mathrm{T}}\boldsymbol{PLL}^{\mathrm{T}}\boldsymbol{Pe} \leqslant \frac{1}{2}\rho^2 \tilde{\boldsymbol{d}}^{\mathrm{T}}\tilde{\boldsymbol{d}} \tag{8.79}$$

将式（8.79）代入式（8.76）并强制执行不等式，从而给出：

$$\dot{\boldsymbol{V}} \leqslant -\frac{1}{2}\boldsymbol{e}^{\mathrm{T}}\boldsymbol{Qe} + \frac{1}{2}\rho^2\,\tilde{\boldsymbol{d}}^{\mathrm{T}}\tilde{\boldsymbol{d}} \tag{8.80}$$

方程式（8.80）表明满足 $H-\infty$ 跟踪性能标准。$\dot{V}$ 从 $0 \sim T$ 的积分为

$$\int_0^{\mathrm{T}} \dot{\boldsymbol{V}}(t)\,\mathrm{d}t \leqslant -\frac{1}{2}\int_0^{\mathrm{T}} \|\boldsymbol{e}\|_Q^2 \mathrm{d}t + \frac{1}{2}\rho^2 \int_0^{\mathrm{T}} \|\tilde{\boldsymbol{d}}\|^2 \mathrm{d}t \Rightarrow \tag{8.81}$$

$$2\boldsymbol{V}(T) + \int_0^{\mathrm{T}} \|\boldsymbol{e}\|_Q^2 \mathrm{d}t \leqslant 2\boldsymbol{V}(0) + \rho^2 \int_0^{\mathrm{T}} \|\tilde{\boldsymbol{d}}\|^2 \mathrm{d}t$$

此外，如果存在正常数 $M_d > 0$ 使得

$$\int_0^{\infty} \|\tilde{\boldsymbol{d}}\|^2 \mathrm{d}t \leqslant M_d \tag{8.82}$$

然后得

$$\int_0^{\infty} \|\boldsymbol{e}\|_Q^2 \mathrm{d}t \leqslant 2V(0) + \rho^2 M_d \tag{8.83}$$

因此积分 $\int_0^{\infty} \|\boldsymbol{e}\|_Q^2 \mathrm{d}t$ 是有界的。此外，$\boldsymbol{V}(T)$是有界的，从式（8.66）中李雅普诺夫函数 V 的定义可以清楚地看出 $e(t) \in \Omega_e = \{\boldsymbol{e} \mid \boldsymbol{e}^{\mathrm{T}}\boldsymbol{Pe} \leqslant 2\boldsymbol{V}(0) + \rho^2 \boldsymbol{M}_d\}$ 也是有界的，因为根据以上内容并使用 Barbalat 引理得到 $\lim\limits_{t\to\infty} e(t) = 0$。

全局稳定性证明的要点是，在控制算法的每次迭代中，空中机器人机械手的状态向量向临时平衡收敛，而临时平衡又向参考轨迹收敛[1]。因此，该控制方案表现出全局渐近稳定性而不是局部稳定性。假设控制算法的第 i 次迭代和第 i 个时间间隔，从式（8.71）中出现的 Riccati 方程的解中获得的正定对称矩阵 $\boldsymbol{P}$。通过遵循稳定性证明的阶段，可以得出式（8.80），这表明 $H-\infty$ 跟踪性能准则成立。通过选择足够小的衰减系数 $\boldsymbol{\rho}$，特别是满足 $\rho^2 < \|e\|_Q^2 / \|\tilde{\boldsymbol{d}}\|^2$，可以确定李雅普诺夫函数一阶导数的上限为0。因此，对于第 i 个时间间隔，证明了式（8.66）中定义的李雅普诺夫函数是一个递减函数。这意味着在第 i 个时间间隔的开始和结束之间，李雅普诺夫函数的值将下降，并且

由于矩阵 $\boldsymbol{P}$ 是正定矩阵，因此发生这种情况的唯一方法是状态向量误差 e 的欧几里得范数减小。这意味着与每个时间间隔的开始相比，状态向量误差与时间间隔结束时的 0 之间的距离已减小。因此，随着控制算法的迭代推进，跟踪误差将趋近于 0，这是一个全局渐近稳定条件。

8.7 使用 $H-\infty$ 卡尔曼滤波器的鲁棒状态估计

控制回路可以通过使用少量传感器提供的信息和仅处理少量状态变量来实现。为了重建空中机器人机械手状态向量的缺失信息，建议使用滤波方案，并在此基础上应用基于状态估计的控制[31,33]。对于空中机器人系统的模型，$H-\infty$ 卡尔曼滤波器的递归可通过测量更新和时间更新部分来表示。

测量更新公式为

$$\begin{cases}\boldsymbol{D}(k)=[\boldsymbol{I}-\theta\boldsymbol{W}(k)\boldsymbol{P}^-(k)+\boldsymbol{C}^{\mathrm{T}}(k)\boldsymbol{R}(k)^{-1}\boldsymbol{C}(k)\boldsymbol{P}^-(k)]^{-1}\\ \boldsymbol{K}(k)=\boldsymbol{P}^-(k)\boldsymbol{D}(k)\boldsymbol{C}^{\mathrm{T}}(k)\boldsymbol{R}(k)^{-1}\\ \hat{\boldsymbol{x}}(k)=\hat{\boldsymbol{x}}^-(k)+\boldsymbol{K}(k)[y(k)-\boldsymbol{C}\hat{\boldsymbol{x}}^-(k)]\end{cases} \tag{8.84}$$

时间更新公式为

$$\begin{cases}\hat{\boldsymbol{x}}^-(k+1)=\boldsymbol{A}(k)x(k)+\boldsymbol{B}(k)u(k)\\ \boldsymbol{P}^-(k+1)=\boldsymbol{A}(k)\boldsymbol{P}^-(k)\boldsymbol{D}(k)\boldsymbol{A}^{\mathrm{T}}(k)+\boldsymbol{Q}(k)\end{cases} \tag{8.85}$$

式中：假设参数 θ 足够小，以确保协方差矩阵 $\boldsymbol{P}^-(k)^{-1}-\theta\boldsymbol{W}(k)+\boldsymbol{C}^{\mathrm{T}}(k)\boldsymbol{R}(k)^{-1}\boldsymbol{C}(k)$ 是正定的。当 $\theta=0$ 时，$H-\infty$ 卡尔曼滤波器等效于标准卡尔曼滤波器。可以仅测量无人机和悬挂载荷系统的状态向量的一部分，如状态变量 $x_1=y$，$x_3=z$，$x_5=\theta$，$x_7=\phi$，并可以通过过滤其余的状态向量元素来估计。此外，所提出的卡尔曼滤波方法可用于传感器融合。

8.8 模拟测试

本章通过仿真实验，验证了所提出的五自由度空中机器人机械手模型的非线性最优（$H-\infty$）控制方法的性能。为了计算控制器的反馈增益，必须在控制算法的每个时间步长求解式（8.71）中给出的代数 Riccati 方程。获得的结果如图 8.4 ~ 图 8.15 所示，证实了对参考设定点的快速和准确跟踪，同时还确保控制输入保持在允许的范围内，并避免执行器饱和。在获得的结果中，系统状态向量变量的实际值用黑色表示，由 $H-\infty$ 卡尔曼滤波器提供的估计值用虚线表示，而相关的参考设定点用灰色表示。

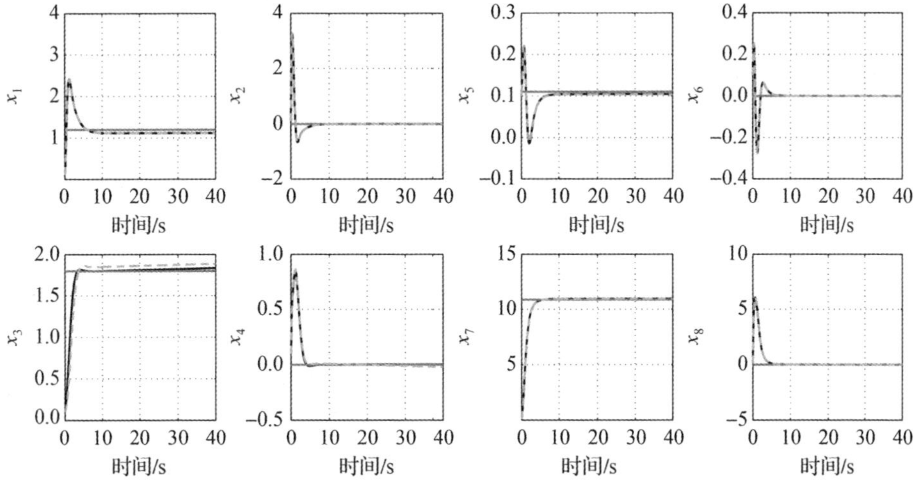

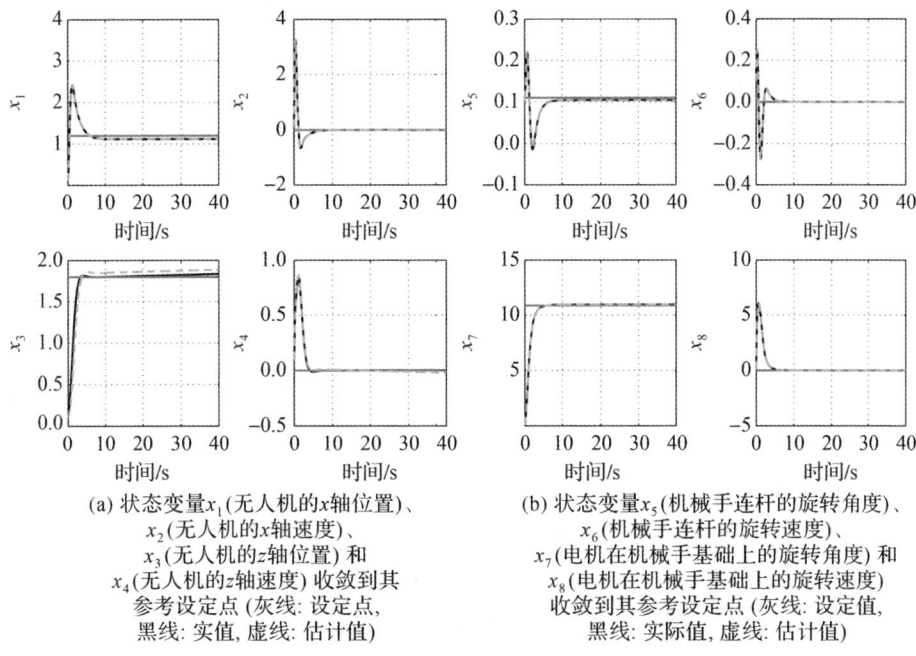

(a) 状态变量x_1(无人机的x轴位置)、x_2(无人机的x轴速度)、x_3(无人机的z轴位置) 和 x_4(无人机的z轴速度) 收敛到其参考设定点 (灰线: 设定点, 黑线: 实值, 虚线: 估计值)

(b) 状态变量x_5(机械手连杆的旋转角度)、x_6(机械手连杆的旋转速度)、x_7(电机在机械手基础上的旋转角度) 和 x_8(电机在机械手基础上的旋转速度) 收敛到其参考设定点 (灰线: 设定值, 黑线: 实际值, 虚线: 估计值)

图 8.4　空中机器人机械手设定点 1 的跟踪（1）

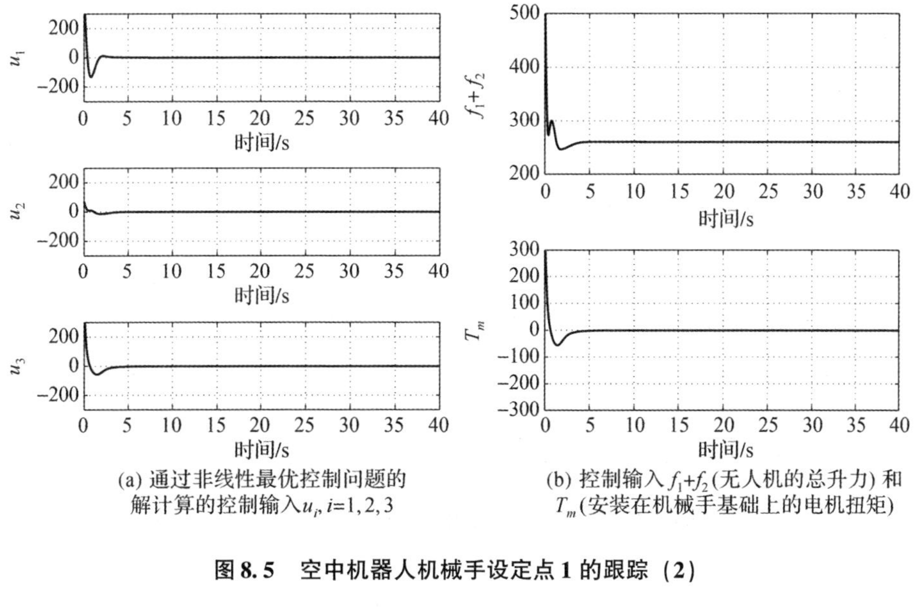

(a) 通过非线性最优控制问题的解计算的控制输入u_i, i=1, 2, 3

(b) 控制输入 f_1+f_2(无人机的总升力) 和 T_m(安装在机械手基础上的电机扭矩)

图 8.5　空中机器人机械手设定点 1 的跟踪（2）

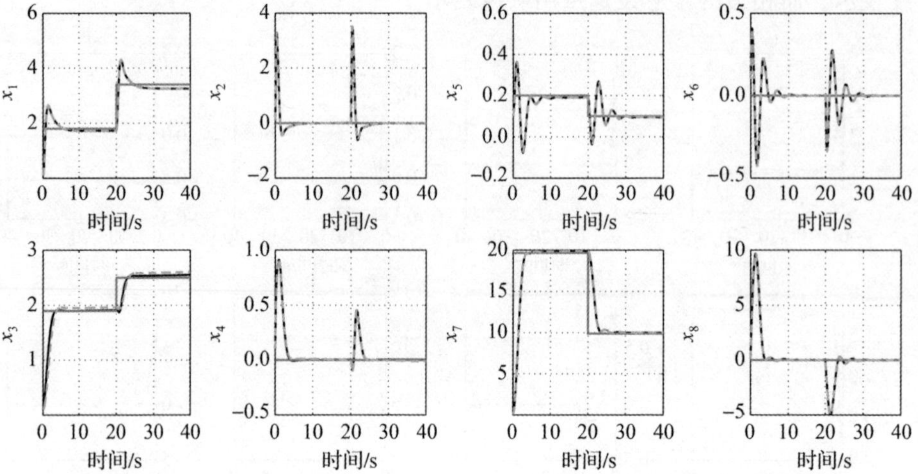

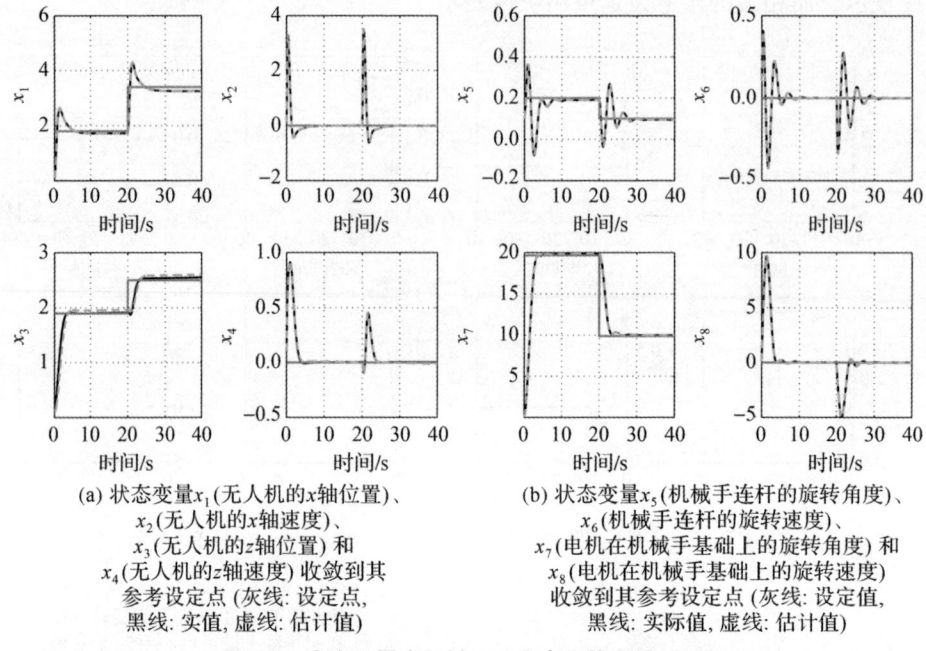

(a) 状态变量x_1(无人机的x轴位置)、x_2(无人机的x轴速度)、x_3(无人机的z轴位置) 和x_4(无人机的z轴速度) 收敛到其参考设定点 (灰线: 设定点, 黑线: 实值, 虚线: 估计值)

(b) 状态变量x_5(机械手连杆的旋转角度)、x_6(机械手连杆的旋转速度)、x_7(电机在机械手基础上的旋转角度) 和x_8(电机在机械手基础上的旋转速度) 收敛到其参考设定点 (灰线: 设定值, 黑线: 实际值, 虚线: 估计值)

图 8.6　空中机器人机械手设定点 2 的跟踪（1）

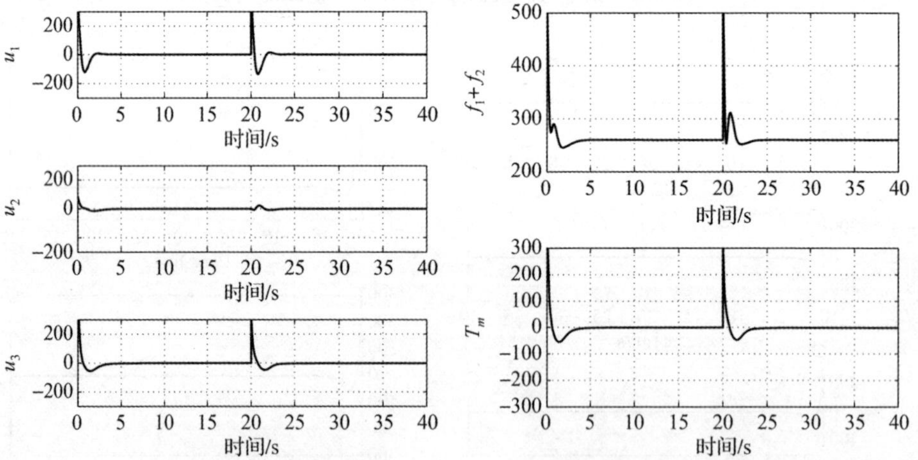

(a) 通过非线性最优控制问题的解计算的控制输入u_i, i=1, 2, 3

(b) 控制输入 f_1+f_2(无人机的总升力) 和T_m(安装在机械手基础上的电机扭矩)

图 8.7　空中机器人机械手设定点 2 的跟踪（2）

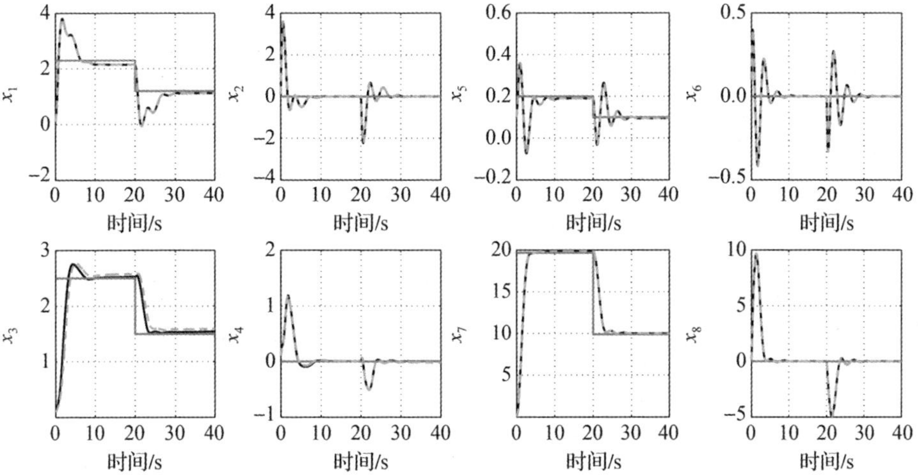

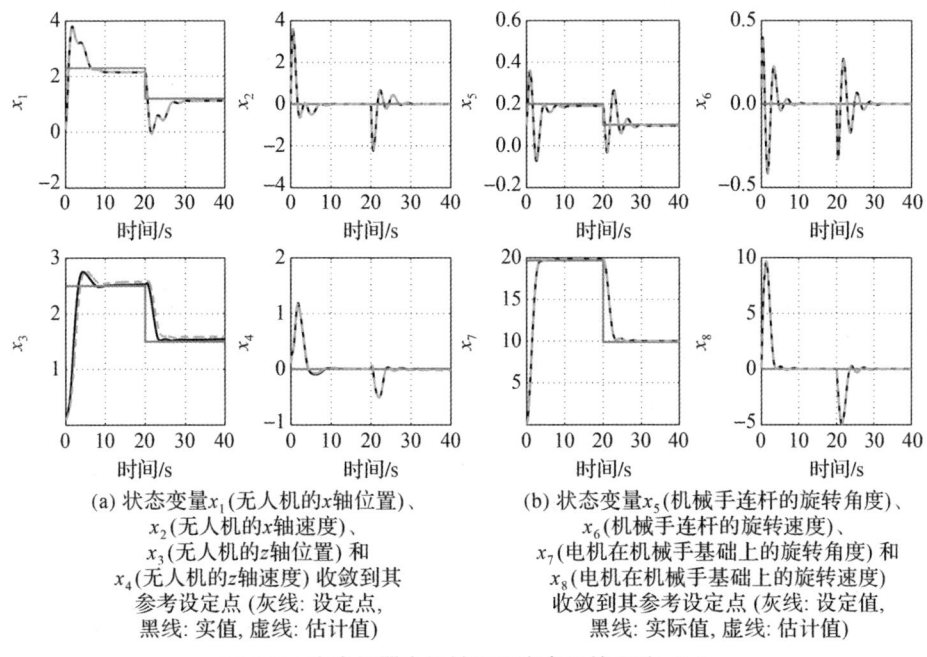

(a) 状态变量x_1(无人机的x轴位置)、x_2(无人机的x轴速度)、x_3(无人机的z轴位置)和x_4(无人机的z轴速度)收敛到其参考设定点(灰线: 设定点, 黑线: 实值, 虚线: 估计值)

(b) 状态变量x_5(机械手连杆的旋转角度)、x_6(机械手连杆的旋转速度)、x_7(电机在机械手基础上的旋转角度)和x_8(电机在机械手基础上的旋转速度)收敛到其参考设定点(灰线: 设定值, 黑线: 实际值, 虚线: 估计值)

图 8.8　空中机器人机械手设定点 3 的跟踪（1）

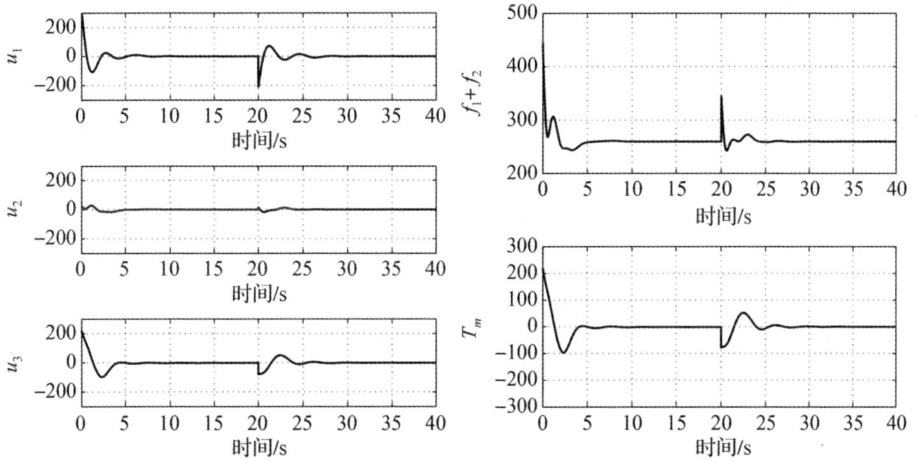

(a) 通过非线性最优控制问题的解计算的控制输入u_i, i=1, 2, 3

(b) 控制输入f_1+f_2(无人机的总升力)和T_m(安装在机械手基础上的电机扭矩)

图 8.9　空中机器人机械手设定点 3 的跟踪（2）

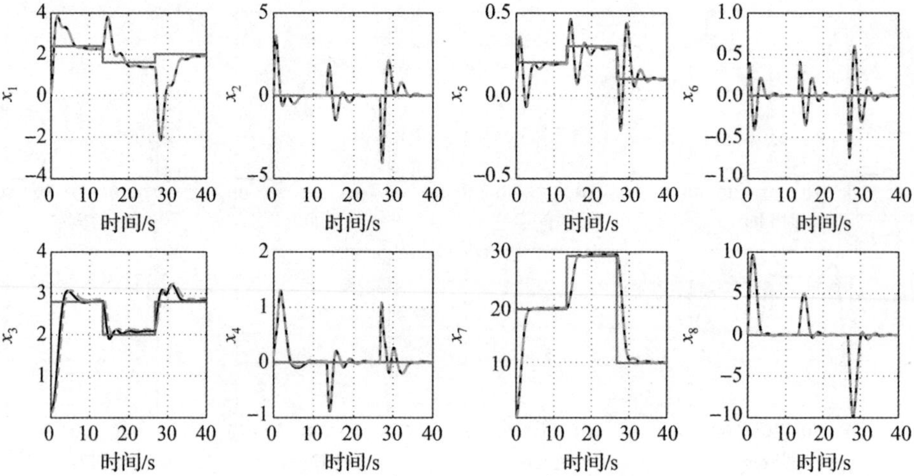

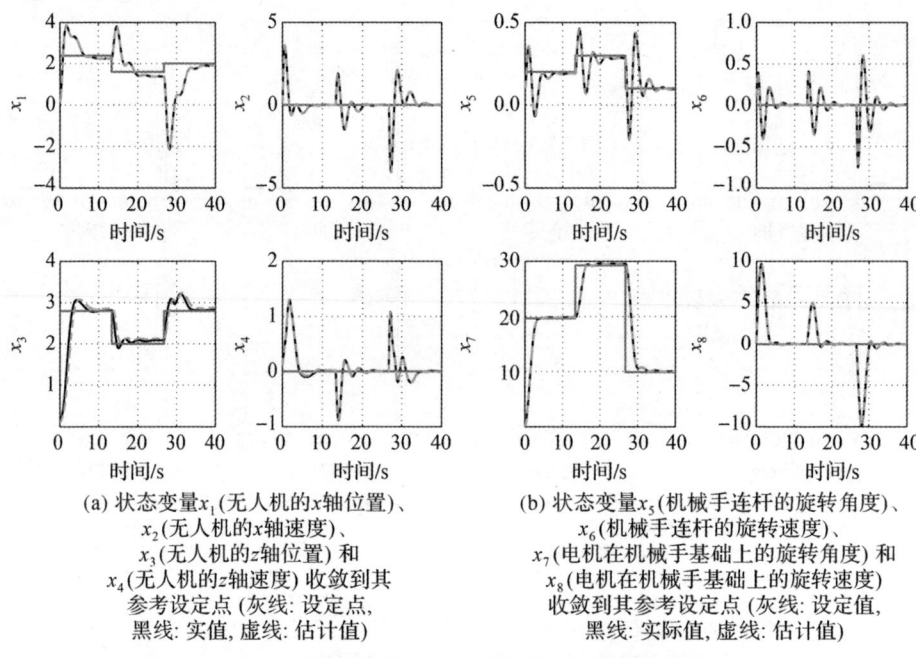

(a) 状态变量x_1(无人机的x轴位置)、x_2(无人机的x轴速度)、x_3(无人机的z轴位置) 和 x_4(无人机的z轴速度) 收敛到其参考设定点 (灰线: 设定点, 黑线: 实值, 虚线: 估计值)

(b) 状态变量x_5(机械手连杆的旋转角度)、x_6(机械手连杆的旋转速度)、x_7(电机在机械手基础上的旋转角度) 和 x_8(电机在机械手基础上的旋转速度) 收敛到其参考设定点 (灰线: 设定值, 黑线: 实际值, 虚线: 估计值)

图 8.10　空中机器人机械手设定点 4 的跟踪 (1)

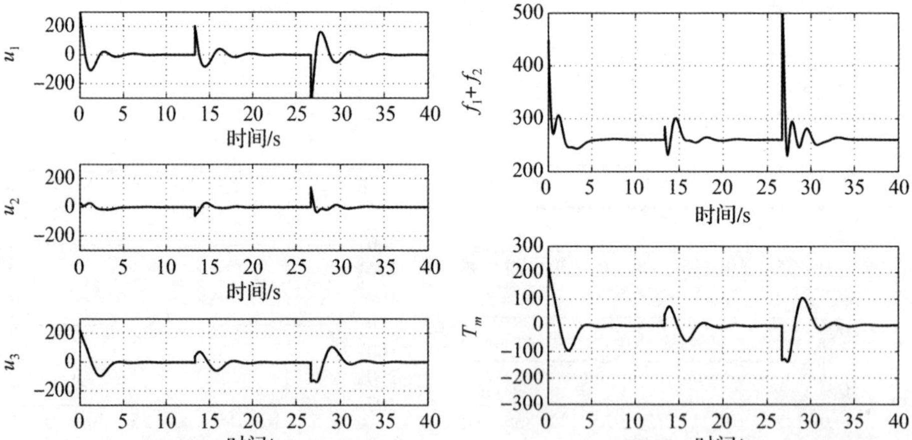

(a) 通过非线性最优控制问题的解计算的控制输入u_i, $i=1,2,3$

(b) 控制输入 f_1+f_2(无人机的总升力) 和 T_m(安装在机械手基础上的电机扭矩)

图 8.11　空中机器人机械手设定点 4 的跟踪 (2)

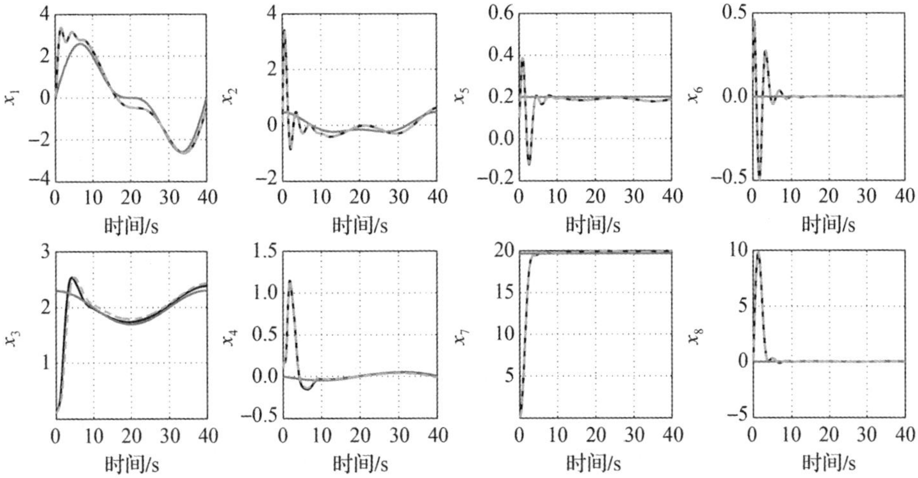

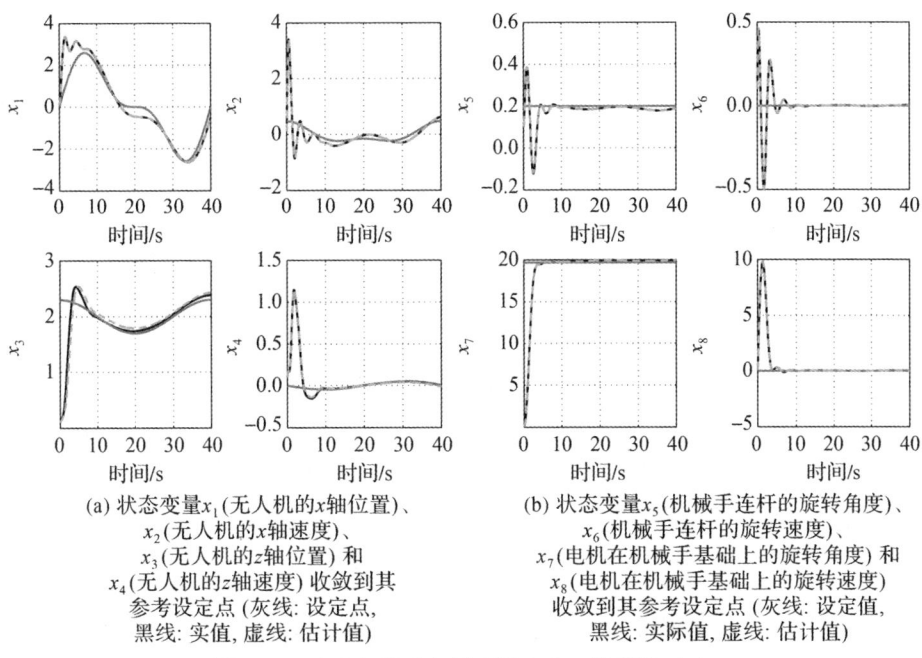

(a) 状态变量x_1(无人机的x轴位置)、x_2(无人机的x轴速度)、x_3(无人机的z轴位置) 和 x_4(无人机的z轴速度) 收敛到其参考设定点 (灰线: 设定点, 黑线: 实值, 虚线: 估计值)

(b) 状态变量x_5(机械手连杆的旋转角度)、x_6(机械手连杆的旋转速度)、x_7(电机在机械手基础上的旋转角度) 和 x_8(电机在机械手基础上的旋转速度) 收敛到其参考设定点 (灰线: 设定值, 黑线: 实际值, 虚线: 估计值)

图 8.12 空中机器人机械手设定点 5 的跟踪 (1)

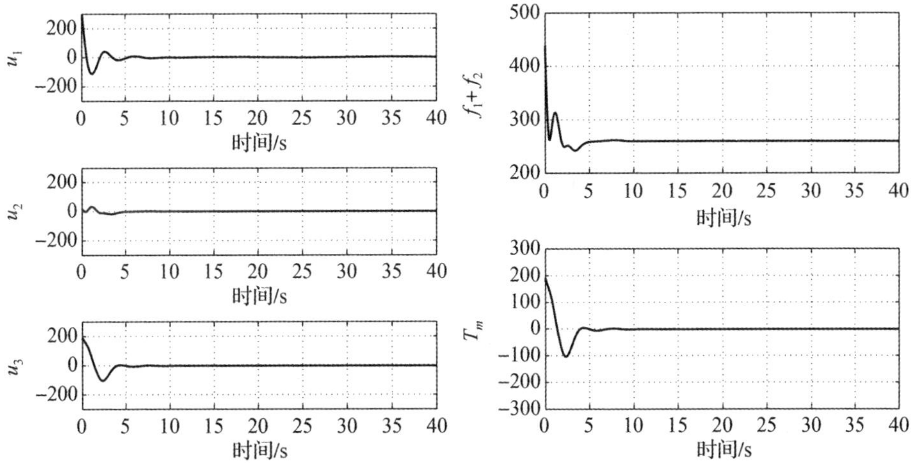

(a) 通过非线性最优控制问题的解计算的控制输入u_i, $i=1, 2, 3$

(b) 控制输入 f_1+f_2(无人机的总升力) 和 T_m(安装在机械手基础上的电机扭矩)

图 8.13 空中机器人机械手设定点 5 的跟踪 (2)

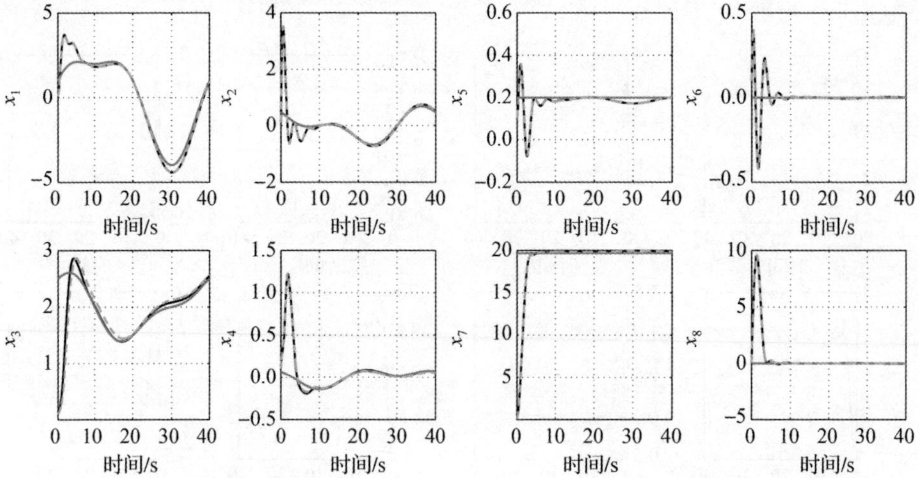

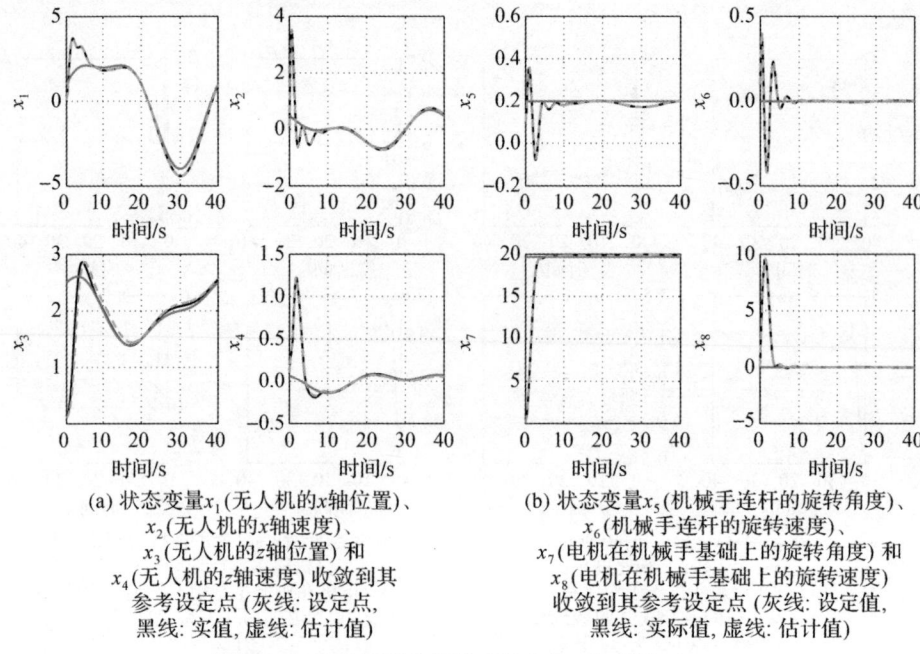

(a) 状态变量x_1(无人机的x轴位置)、x_2(无人机的x轴速度)、x_3(无人机的z轴位置) 和 x_4(无人机的z轴速度) 收敛到其参考设定点 (灰线: 设定点, 黑线: 实值, 虚线: 估计值)

(b) 状态变量x_5(机械手连杆的旋转角度)、x_6(机械手连杆的旋转速度)、x_7(电机在机械手基础上的旋转角度) 和 x_8(电机在机械手基础上的旋转速度) 收敛到其参考设定点 (灰线: 设定值, 黑线: 实际值, 虚线: 估计值)

图 8.14　空中机器人机械手设定点 6 的跟踪（1）

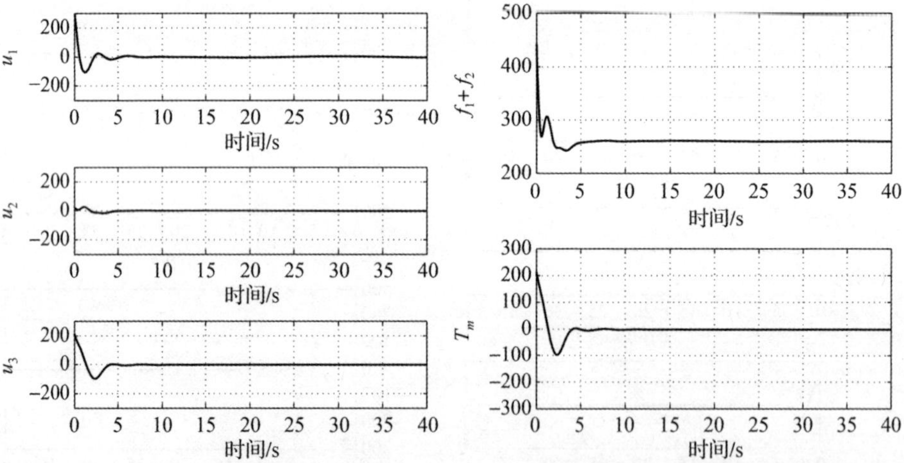

(a) 通过非线性最优控制问题的解计算的控制输入u_i, $i=1,2,3$

(b) 控制输入 f_1+f_2(无人机的总升力) 和 T_m(安装在机械手基础上的电机扭矩)

图 8.15　空中机器人机械手设定点 6 的跟踪（2）

控制算法的瞬态性能取决于前面提到的代数 Riccati 方程中的参数 r、ρ 和 Q。r 和 Q 的值决定了收敛到参考设定点的速度，而 ρ 的值决定了控制算法的鲁棒性。实际上，上述 Riccati 方程允许正定矩阵 $\boldsymbol{P}$ 作为解的 ρ 的最小值是为控制回路提供最大鲁棒性的值。此外，使用 $H-\infty$ 卡尔曼滤波器作为一种鲁棒的状态估计器，可以实现反馈控制，而无须测量空中机器人机械手的整个状态向量。实际上，只能测量状态变量 $x_1=x$，$x_3=z$，$x_5=\phi$，并可以通过滤波器的递归来估计系统的其余 5 个状态变量。

与空中机器人机械手模型的其他控制方案相比，本章所提出的非线性最优控制方法评估如下：①避免了基于全局线性化的控制方法中遇到的复杂状态变量转换；②它直接应用于空中机器人机械手的非线性状态空间模型，从而避免了基于全局线性化的控制方法中遇到的逆变换和相关的奇异问题；③它保留了典型最优控制的优点，即在控制输入的适度变化下快速准确地跟踪参考设定点；④与 PID 控制不同，它具有全局稳定性，并确保即使在操作点发生变化的情况下，控制回路也能可靠运行（如无人机的笛卡儿坐标和方位角设定点或机器人机械手连杆的转角）；⑤与实现最优控制的常用方法（如 MPC、模型预测控制）不同，控制方法的应用不受系统非线性的阻碍；⑥与非线性模型预测控制（NMPC）等实现最优控制的常用方法不同，已证明收敛到最优而不依赖于任何初始化；⑦与滑模控制或反向步进控制不同，即使先前没有将状态空间转换为方便形式，使用所提出的控制方法也是可行的。

8.9　结论

本章提出了一种用于柔性关节空中机器人机械手的非线性最优（$H-\infty$）控制方法，即用于由多旋翼无人机和柔性关节机器人机械手组成的空中机器人系统。首先，利用欧拉 - 拉格朗日原理计算机器人系统的拉格朗日量，得到相应的五自由度动力学模型。其次，在控制算法每次迭代时重新计算的时变工作点周围，对空中机器人系统的非线性动力学模型进行近似线性化，线性化点由系统状态向量的当前值和控制输入向量的最后采样值定义。线性化过程依赖于泰勒级数展开和系统雅可比矩阵的计算。由于泰勒级数展开式中高阶项的截断而产生的建模误差是一种扰动，最终由控制算法的鲁棒性进行补偿。

针对空中机器人机械手的近似线性化模型，设计了 $H-\infty$ 最优反馈控制器。该控制器实现了在模型不确定性和外部扰动下的空中机器人系统的最优控制问题的求解。为了找到控制器的稳定反馈增益，必须在控制方法的每个时间步长重复求解代数 Riccati 方程。通过李雅普诺夫分析证明了控制方案的稳定性。首先，证明了控制回路满足 $H-\infty$ 跟踪性能准则，这意味着提高了对模型不确定性和外部扰动的鲁棒性。其次，在适当的条件下，证明了该控制方案是全局渐近稳定的。最后，为了实现基于状态估计的控制而不需要测量系统的整个状态向量，$H-\infty$卡尔曼滤波器用作鲁棒状态估计器。

参考文献

[1] Rigatos G., Busawon K. Robotic manipulators and vehicles: Control, Estimation and Filtering. Cham: Springer. 2018.

[2] Acosta J.A., de Cos C.R., Ollero A. A robust decentralized strategy for multi-task control of unmanned aerial systems: Application on underactuated aerial manipulator. 2016 Intl. Conf. on Unmanned Aircraft Systems. IEEE ICUAS 2016. Jun. 2016, Arlington, VA.

[3] de Cos C.R., Acosta J.A., Ollero A. Relation-pose optimization for robust and nonlinear control of unmanned aerial manipulators. IEEE ICUAS 2017, IEEE 2017 Intl. Conf. on Unmanned Aerial Systems. Jun. 2017, Miami, FL.

[4] Lumni D., Santamariti-Navarro A., Rossi R., Rocco P., Bascetta L., Andrade-Cetto T. Nonlinear model predictive control for aerial manipulation. IEEE ICUAS 2017, IEEE 2017 Intl. Conf. on Unmanned Aerial Systems. Jun. 2017, Miami, FL.

[5] Beikzadeh H., Liu G. Trajectory tracking of quadrotor flying manipulators using L_1 adaptive control. Journal of the Franklin Institute. 2018, 355(4):6239–6261.

[6] Jimenez-Cano A.E., Martin J., Heredia G., Ollero A., Cano R. Control of an aerial robot with multi-link arm for assembly tasks. IEEE ICRA 2013, IEEE 2013 Intl. Conf. on Robotics and Automation. Oct. 2013, Karlsruhe, Germany.

[7] Forte F., Naldi R., Macchelli A., Marconi L. Impedance control of an aerial manipulator. IEEE ACC 2012, IEEE 2012 American Control Conference. Jun. 2012, Montreal, Canada.

[8] Lippiello V., Ruggiero F. Cartesian impedance control of a UAV with a robotic arm. IFAC SYROCO 2012, 10th IFAC Symposium on Robot Control. Sep. 2012, Dubrovnik, Croatia.

[9] Suarez A., Jimenez-Cano A.E., Vega V.M., Heredia G., Rodriguez-Castano A., Ollero A. Design of a lightweight dual-arm system for aerial manipulation. Mechatronics. 2018, 50:30–44.

[10] Acosta J.A., Sanchez M.I., Ollero A. Robust control of underactuated aerial manipulators via IDA-PBC. IEEE CDC 2014, 53rd IEEE Conf. on Decision and Control. Dec. 2014, Los Angeles, CA.

[11] Rugierro F., Trajillo M.A., Cano R., et al. A multi-layer control for multi-rotor UAVs equipped with a servo robot arm. IEEE ICRA 2015, IEEE 2015 Intl. Conf. on Robotics and Automation. May 2015, Seattle, WA.

[12] Meng X., He Y., Gu F., et al. Design and implementation of rotor aerial manipulator system. IEEE 2016 Intl. Conf. on Robotics and Biomimetics. Dec. 2016, Qingdao, China.

[13] Orsag M., Corpela C., Bogdan S., Oh P. Dexterous aerial robots in mobile manipulation using unmanned aerial systems. IEEE Transactions on Robotics. 2017, 33(6):1453–1476.

[14] Yang, B., He, Y., Han J., Liu, G. Modelling and control of rotor-flying multi-joint manipulator. Proc. 19th IFAC World Congress. Aug. 2014, Cape Town, South Africa.

[15] Caccavale F., Giglio G., Muscio G., Pierri F. Adaptive control for UAVs equipped with a robotic arm. Proc. IFAC World Congress. Aug. 2014, Cape Town, South Africa.

[16] Escareno J., Castillo J., Abassi W., Flores G., Camarillo K. Navigation strategy in flight retrieving and transportation for a rotorcraft MAV. 4th Workshop on Research, Education and Development of Unmanned Aerial Systems, REF-UAS 2017. Oct. 2017, Linköping, Sweden.

[17] Suarez A., Heredia G., Ollero A. Physical virtual impedance control in ultra-lightweight and compliant dual-arm aerial manipulators. IEEE Robotics and Automation Letters. 2018, 3:2553–2560.

[18] Khalifa A., Fanni M., Namerikawa T. MPC and DOb-based robust optimal control of a new quadrotor manipulation system. ECC 2016, European Control Conference 2016. Jun. 2016, Aalborg, Denmark.

[19] Garimella G., Kobilarov M. Towards model-predictive control for aerial pick and place. IEEE ICRA 2015, IEEE 2015 Intl. Conf. on Robotics and Automation. Jul. 2013, Seattle, WA.

[20] Lippiello V., Ruggiero F. Cartesian impedance control of a UAV with a robotic arm. 10th IFAC Symposium on Robot Control. Sep. 2012, Dubrovnik, Croatia.

[21] Yuksel B., Mahboubi S., Secchi C., Buhthoff H.H., Franchi A. Design, identification and experimental testing of a light-weight flexible-joint arm for aerial physical interaction. IEEE ICRA 2015, IEEE 2015 Intl. Conf. on Robotics and Automation. May 2015, Seattle, WA.

[22] Yuksel B., Buondonno G., Franchi A. Differential flatness and control of protocentric aerial manipulators with any number of arms and mixed rigid/flexible joints. IEEE IROS 2016, IEEE 2016 Intl. Conf. on Intelligent Robots and Systems. Oct. 2016, Daejeon, South Korea.

[23] Yuksel B., Staub N. Franchi A. Aerial robots with rigid/elastic joint arms: Single joint controllability study and preliminary experiments. IEEE IROS 2016, IEEE 2016 Intl. Conf. on Intelligent Robots and Systems. Oct. 2016, Daejeon, South Korea.

[24] Rigatos G. Intelligent renewable energy systems: Modelling and control. Cham: Springer. 2016.

[25] Rigatos G., Siano P., Cecati C. A new non-linear H-infinity feedback control approach for three-phase voltage source converters. Electric Power Components and Systems. 2015, 44(3):302–312.

[26] Rigatos G., Siano P., Wira P., Profumo F. Nonlinear H-infinity feedback control for asynchronous motors of electric trains. Journal of Intelligent Industrial Systems. 2015, 1(2):85–98.

[27] Rigatos G.G., Tzafestas S.G. Extended Kalman filtering for fuzzy modelling and multi-sensor fusion. Mathematical and Computer Modelling of Dynamical Systems. 2007, 13:251–266.

[28] Basseville M., Nikiforov I. Detection of abrupt changes: Theory and Applications. Upper Saddle River, NJ: Prentice-Hall. 1993.

[29] Rigatos G., Zhang Q. Fuzzy model validation using the local statistical approach. Fuzzy Sets and Systems. 2009, 60(7):882–904.

[30] Rigatos G. Modelling and control for intelligent industrial systems: Adaptive algorithms in robotics and industrial engineering. Berlin, Heidelberg: Springer. 2011.

[31] Rigatos G. Nonlinear control and filtering using differential flatness theory approaches: Applications to electromechanical systems. Cham: Springer. 2015.

[32] Toussaint G.J., Basar T., Bullo F. H_∞ optimal tracking control techniques for nonlinear underactuated systems. Proc. IEEE CDC 2000, 39th IEEE Conference on Decision and Control. 2000, Sydney, Australia.

[33] Gibbs B.P. Advanced Kalman filtering, least squares and modelling: A practical handbook. Hoboken, NJ: John Wiley & Sons, Inc. 2011.

第9章　飞机系统的故障诊断与容错控制技术

本章分析和讨论用于航空电子应用的主动容错控制（FTC）系统。该方法适用于存在影响系统执行器故障的飞机纵向自动驾驶仪。所开发的 FTC 方案的关键在于其主动特性，因为故障诊断模块提供了对故障信号的鲁棒可靠估计，从而对其进行了补偿。该设计技术依赖于非线性几何方法（Nonlinear Geometry Approach，NLGA），即微分几何工具，可实现自适应滤波器（Adaptive Filters，AF），该滤波器可提供干扰解耦故障估计和故障隔离功能。本章还阐述了如何利用这些故障估计进行控制调节。特别是，通过这种 NLGA，可以获得与所考虑的飞机应用的风分量解耦的故障重构，展示了该解决方案如何为整个系统提供非常好的鲁棒性特性和性能。最后，通过高保真飞行模拟器，在不同条件下，以及存在执行器故障、湍流、测量噪声和建模误差的情况下，分析所考虑方案的有效性。

9.1　引言

如果发生影响执行器、传感器或其他系统部件的故障，复杂系统的传统反馈控制设计可能会导致性能不理想，甚至不稳定。这对于安全关键系统尤其重要，如飞机应用。在这些情况下，系统部件（尤其是执行器）中的轻微故障可能会导致灾难性后果。

为了克服这些缺点，现已开发了 FTC 系统，以便在保持理想的稳定性和性能的同时，解决部件故障。一般来说，FTC 方法分为两类，即被动容错控制方案（PFTCS）和主动容错控制方案（AFTCS）[1-3]。在 PFTCS 中，控制器是固定的，并且设计为对一类假定的故障具有鲁棒性。这种方法仅提供有限的容错能力，不需要任何故障估计（或检测）或控制器重新配置。与 PFTCS 相比，AFTCS 通过重新配置控制动作来主动对故障做出反应，从而保持整个系统的稳定性和可接受的性能。AFTCS 严重依赖实时故障检测和诊断方案，利用该方案可提供有关系统真实状态的最新信息。通常，这些信息可以在基于逻辑的开关控制器或故障估计的反馈中使用。本章提出的方法依赖于后一种策略。

在过去的几十年中，已经开发了许多 FDD 技术，可参见最重要的调研工作[4-7]。关于 AFTCS 设计，有人认为需要有效的 FDD[1,3]。此外，据称，为了使系统对故障做出正确反应，需要及时准确地检测和定位故障本身。故障检测和隔离（FDI）是研究最多的领域。另外，FDD 方案是一个具有挑战性的课题，因为它们还必须提供故障估计。不幸的是，影响系统的干扰可能会导致误报、遗漏故障和错误的隔离，因此 FDI 和 FDD 方案的稳健性是一个关键因素[2,4-5,8]。

本章总结了航空航天系统 AFTCS 领域的 NLGA 结果，其中文献［9］中介绍的标准 NLGA 程序已扩展到存在故障估计反馈的输入故障场景。

滤波器结构是使用文献［9］中开发的 NLGA 理论的坐标变化导出的，这只是滤波器设计的起点。研究了 NLGA 在飞机纵向模型中的应用，以获得与干扰和（或）其他故障解耦的故障估计。在本章中，执行器故障估计由 AF 完成，其中 AF 使用 NLGA 设计，通过从相关的风分量解析解耦。对于通过 NLGA 设计 FDI（非 FDD）模块的情况，请参阅文献［10］。

通过上述干扰解耦，NLGA - AF 提供的故障估计是无偏的。不使用 NLGA 方法的 AF 不会从干扰和（或）其他故障中解耦。因此，FDD 模块提高了整个 AFTCS 的可靠性。

AFTCS 是通过向内置的控制器添加进一步的反馈回路来获得的，该控制器以前是在标称无故障设备上设计的。这种方法一旦正确调整到比设备动力学更快，就不会降低标称控制器设计所保证的稳定性。

微分几何工具和基于 NLGA 的飞机 AFTCS 已经在高保真模拟器上进行了测试。它实现了真实的干扰，如传感器测量噪声和风，从而显示了所提出的 AFTCS 的有效性和良好的性能。

9.3 节描述了所提出的 AFTCS 结构：9.3.1 节提供了 NLGA - AF 的理论和实际设计、估计属性和收敛证明。9.3.2 节还考虑了完整 AFTCS 的稳定性特性。9.2 节提供了有关飞行模拟器的更多详细信息，而 9.4 节通过大量仿真显示了 AFTCS 策略的有效性和鲁棒性。9.5 节进行了本章总结。

9.2 飞机模型模拟器

模拟的飞机为 Piper PA - 30，其详细的 NASA 和 Lycoming 技术数据是可用的。描述飞机和螺旋桨空气动力学的 NASA 技术说明[11-13]以及用于发动机建模的发动机手册[14]已用于仿真目的。此外，传感器的模型与文献［15］一致。

本章考虑的飞机模拟器如图9.1所示，并列出了代表其块的数学表达式，以帮助感兴趣的读者再现本章所提出的模拟。

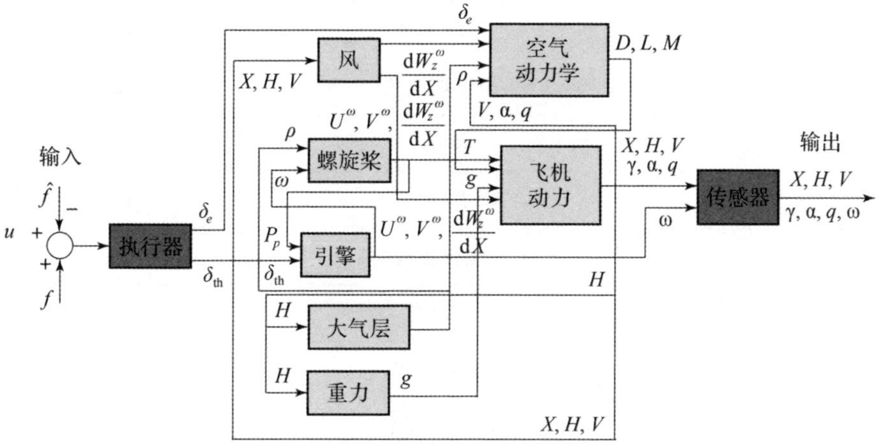

图9.1　飞机模拟器及其功能子系统示意图

飞机模型由式（9.1）[16]的关系描述，其中省略了时间依赖性：

$$
\begin{cases}
\dot{X} = V\cos\gamma + U^{w} \\
\dot{H} = V\sin\gamma - W^{w} \\
\dot{V} = \dfrac{1}{m_1}[T\cos\alpha - D - mg\sin\gamma] + V\sin\gamma\cos\gamma\dfrac{\partial W^{w}}{\partial X} \\
\dot{\gamma} = \dfrac{1}{mV}[T\sin\alpha + L - mg\cos\gamma] + \cos^2\gamma\dfrac{\partial W^{w}}{\partial X} \\
\dot{\alpha} = q - \dot{\gamma} \\
\dot{q} = \dfrac{d_T}{\boldsymbol{I}_y}T + \dfrac{M}{\boldsymbol{I}_y}
\end{cases}
\tag{9.1}
$$

飞机模型的变量总结在表9.1中。飞机模型的动力学系数总结在表9.2中。

表9.1　飞机模型的参数

变量	描述	单位
X	X惯性坐标	m
H	海拔	m

续表

变量	描述	单位
V	空气速度	m/s
γ	空气坡道角	rad
U^w	水平风	m/s
W^w	垂直风	m/s
m	飞机质量	kg
α	攻角	rad
g	重力常数	m/s^2
q	机体俯仰率	rad/s
d_T	推力臂	m
$\boldsymbol{I}_y$	y 惯性动量	$kg \cdot m^2$

表 9.2　飞机模型的动力学系数

变量	描述	单位
D	阻力	N
L	升力	N
M	俯仰动量	N · m
ρ	空气密度	kg/m^3
$\bar{c}$	平均气动弦长	m
$C_{D_\#}$	阻力系数	—
$C_{L_\#}$	升力系数	—
$C_{m_\#}$	动量系数	—
δ_e	升降舵	rad

表 9.2 的关系描述为[16]

$$
\begin{cases}
D = \dfrac{1}{2}\rho V^2 S C_{\mathrm{D}} \\
L = \dfrac{1}{2}\rho V^2 S C_{\mathrm{L}} \\
M = \dfrac{1}{2}\rho V^2 S \bar{c}\, C_{\mathrm{m}} \\
C_{\mathrm{D}} = C_{\mathrm{D0}} + C_{\mathrm{D}\alpha}\alpha \\
C_{\mathrm{L}} = C_{\mathrm{L0}} + C_{\mathrm{L}\alpha}\alpha + C_{\mathrm{L}q}\dfrac{\bar{c}}{2V}\left(q + \dfrac{\partial W^w}{\partial X}\right) + C_{\mathrm{L}_{\delta e}}\delta_e \\
C_{\mathrm{m}} = C_{\mathrm{m0}} + C_{\mathrm{m}\alpha}\alpha + C_{\mathrm{m}q}\dfrac{\bar{c}}{2V}\left(q + \dfrac{\partial W^w}{\partial X}\right) + C_{\mathrm{m}_{\delta e}}\delta_e
\end{cases}
\tag{9.2}
$$

对于飞机发动机，由式（9.3）[14]的关系式描述，其参数汇总在表 9.3 中。

$$
\begin{cases}
\dot{\omega} = -\dfrac{\boldsymbol{Q}_f}{\boldsymbol{I}} + \dfrac{P_E}{\boldsymbol{I}\omega} - \dfrac{P_\rho}{\boldsymbol{I}\omega} \\
P_E = C_1 H + C_2\omega[\delta_{th}(C_3 - C_4 H) - C_5] \\
Q_f = J_v\omega^3
\end{cases}
\tag{9.3}
$$

表 9.3　飞机系统的发动机模型

变量	描述	单位
ω	螺旋桨角速率	rad/s
$\boldsymbol{Q}_f$	轴摩擦力矩	N · m
P_E	发动机功率	W
$\boldsymbol{I}$	发动机 - 螺旋桨惯性	kg · m^2
$C_\#$	发动机系数	不定
δ_{th}	油门	—
J_v	轴摩擦系数	kg · m^2 · s

飞机螺旋桨的模型参数在表 9.4 中。

表 9.4　飞机系统的螺旋桨模型

变量	描述	单位
P_P	螺旋桨功率	W

续表

变量	描述	单位
T	推力	N
C_P	螺旋桨功率系数	rad^{-3}
D_{PR}	螺旋桨直径	m
η	螺旋桨效率	—

最后，飞机螺旋桨的模型由式（9.4）[13]的关系描述，其参数在表9.4中。

$$\begin{cases} P_P = C_P\left(\dfrac{V\cos\alpha}{\omega D}\right)\rho\omega^3 D_{PR}^5 \\ T = \dfrac{2}{V\cos\alpha}\eta\left(\dfrac{V\cos\alpha}{\omega D}\right)P_P \end{cases} \tag{9.4}$$

阵风 U^w、W^w 和 $\partial W^w/\partial X$ 是通过 MATLAB® 和 Simulink® 环境中提供的离散阵风模块生成的。特别地，在惯性系统中描述了模拟的垂直阵风 W^w。此外，可变垂直风总是意味着旋转风场，即引起俯仰力矩的 $\partial W^w/\partial X$，在模拟过程中也考虑了这种影响。最后，利用 MATLAB 环境下的航空航天模块实现了 Dryden 湍流模型（平移和旋转）。

如图9.1中突出显示的，飞机模拟器还实现了由以下模块组成的测量系统模型：

（1）指令偏转角 δ_e 和 δ_{th} 由电位计获取，其误差由白噪声建模。

（2）角速率测量值 q 由陀螺仪给出。相应的建模误差如下：非统一比例因子、对准误差（随机）、g 灵敏度、加性白噪声和陀螺仪漂移。

（3）爬升角 γ 测量由基于数字信号处理器（Digital Signal Processor，DSP）的数字滤波系统提供，该系统处理 IMU 提供的角速率和加速度。相应的误差如下：由视垂直面产生的系统误差。由于系统结构和环境影响而产生的有色噪声。

（4）提供速度 V、高度 H 和攻角 α 的空气数据计算机受以下因素影响：

①影响空速确定的误差（V）：压差传感器的校准误差，阵风和大气湍流引起的加性有色噪声，加性白噪声。

②影响高度的误差（H）：静压传感器的校准误差，加性白噪声。

③影响攻角的误差（α）：影响翼臂传感器的校准误差，加性白噪声。

（5）地面位置 X 由 GPS 接收器提供，误差通过白噪声建模。

（6）发动机轴速度 ω 是通过音轮测量的，音轮通常会受到包含白噪声的误差的影响。

关于所考虑的测量系统的更多细节可以在文献［15］中找到。

最后，如图 9.2 所示，本章中考虑的飞机模拟器包括文献［17－18］中给出的无故障设备的高度和空速自动驾驶仪。该控制器保证了任何巡航平衡点在李雅普诺夫意义上的局部渐近稳定性。

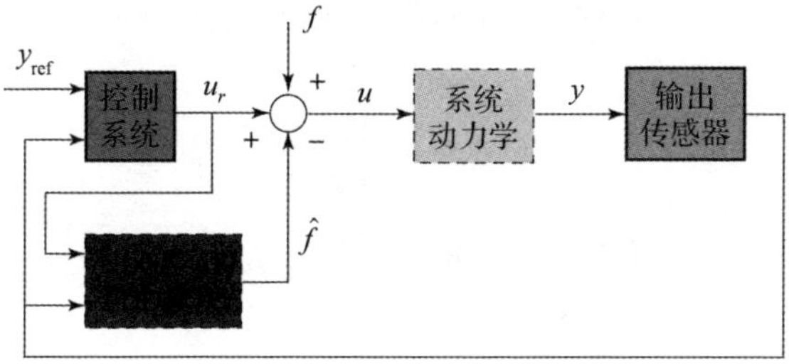

图 9.2　提出的 AFTC 逻辑图

9.3　主动容错控制系统设计

图 9.2 描述了 AFTCS 采用的结构。特别地，u_r 为参考输入，u 为驱动输入，y 为测量输出，f 为执行器故障，而 $\hat{f}$ 为估计的执行器故障。

图 9.2 显示的 AFTCS 是通过将 FDD 模块与原始控制系统集成而获得的。该估计信号注入控制回路，以补偿执行器故障的影响。

FDD 模块由一组 NLGA－AF 组成，以保证一致的收敛速度渐近地提供正确的故障估计[15,19]。

总之，由于解耦原理的有效性，考虑无故障设备，可以很容易地设计控制器，这是所采用的容错技术的一个重要优点。

9.3.1　故障诊断模块

基于式（9.1）~式（9.4）的飞机模型可以改写为式（9.5）的紧凑形式：

$$\begin{cases} \dot{\boldsymbol{x}} = \boldsymbol{n}(\boldsymbol{x}) + \boldsymbol{g}(\boldsymbol{x})(\boldsymbol{u}_r - \hat{\boldsymbol{f}} + \boldsymbol{f}) + \boldsymbol{p}_d(\boldsymbol{x})\boldsymbol{d} \\ \boldsymbol{y} = \boldsymbol{h}(\boldsymbol{x}) \end{cases} \tag{9.5}$$

式中：状态向量 $\boldsymbol{x} \in \mathcal{X} \subseteq \mathbb{R}^7$；$\boldsymbol{u}_r \in \mathcal{U} \subseteq \mathbb{R}^2$ 为控制输入向量；$\boldsymbol{f} \in \mathcal{F} \subseteq \mathbb{R}^2$ 为故障向量；$\boldsymbol{d} \in \mathbb{R}^3$ 为干扰向量；$\boldsymbol{y} \in \mathbb{R}^7$ 为输出向量；$\boldsymbol{n}(x)$ 为 $\boldsymbol{g}(x)$ 的列，$\boldsymbol{p}_d(\boldsymbol{x})$ 为平滑向量场，是平滑映射：

$$
\begin{cases}
\boldsymbol{x}=\mathrm{col}(X,H,V,\gamma,\alpha,q,\omega)\\
\boldsymbol{u}=\mathrm{col}(\delta_e,\delta_{\mathrm{th}})\\
\boldsymbol{f}=\mathrm{col}(f_{\delta e},f_{\delta_{\mathrm{th}}})\\
\boldsymbol{d}=\mathrm{col}\left(U^{\mathrm{w}},W^{\mathrm{w}},\dfrac{\partial W^{\mathrm{w}}}{\partial X}\right)\\
\boldsymbol{y}=\mathrm{col}(X,H,V,\gamma,\alpha,q,\omega)
\end{cases}
\tag{9.6}
$$

且

$$
\boldsymbol{n}(\boldsymbol{x})=\begin{bmatrix}
V\cos\gamma\\
V\sin\gamma\\
\dfrac{1}{m}\left[T\cos\alpha-\dfrac{\rho V^2 S}{2}(C_{\mathrm{D0}}+C_{\mathrm{D}\alpha}\alpha)-mg\sin\gamma\right]\\
\dfrac{1}{mV}\left[T\sin\alpha+\dfrac{\rho V^2 S}{2}\left(C_{\mathrm{L0}}+C_{\mathrm{L}\alpha}\alpha+C_{\mathrm{L}q}\dfrac{\overline{c}}{2V}q\right)-mg\cos\gamma\right]\\
q-\dfrac{1}{mV}\left[T\sin\alpha+\dfrac{\rho V^2 S}{2}\left(C_{\mathrm{L0}}+C_{\mathrm{L}\alpha}\alpha+C_{\mathrm{L}q}\dfrac{\overline{c}}{2V}q\right)-mg\cos\gamma\right]\\
\dfrac{d_T}{\boldsymbol{I}_y}T+\dfrac{\rho V^2 S\,\overline{c}}{2\boldsymbol{I}_y}\left(C_{\mathrm{m0}}+C_{\mathrm{m}\alpha}\alpha+C_{\mathrm{m}q}\dfrac{\overline{c}}{2V}q\right)\\
-\dfrac{J_V\omega^3}{\boldsymbol{I}}+\dfrac{C_1H-C_5C_2\omega}{\boldsymbol{I}\omega}-\dfrac{P_P}{\boldsymbol{I}\omega}
\end{bmatrix}
\tag{9.7}
$$

$$
\boldsymbol{g}(x)=\begin{bmatrix}
0 & 0\\
0 & 0\\
0 & 0\\
\dfrac{\rho SVC_{\mathrm{L}_{\delta e}}}{2m} & 0\\
-\dfrac{\rho SVC_{\mathrm{L}_{\delta e}}}{2m} & 0\\
\dfrac{\rho SV^2\,\overline{c}\,C_{m_{\delta e}}}{2\boldsymbol{I}_y} & 0\\
0 & \dfrac{C_2(C_3-C_4H)}{I}
\end{bmatrix},\quad
\boldsymbol{p}(x)=\begin{bmatrix}
1 & 0 & 0\\
0 & -1 & 0\\
0 & 0 & V\sin\gamma\cos\gamma\\
0 & 0 & \dfrac{\rho SC_{\mathrm{L}q}\overline{c}}{4m}+\cos^2\gamma\\
0 & 0 & -\dfrac{\rho SC_{\mathrm{L}q}\overline{c}}{4m}-\cos^2\gamma\\
0 & 0 & \dfrac{\rho VS\,\overline{c}^{\,2}C_{mq}}{4\boldsymbol{I}_y}\\
0 & 0 & 0
\end{bmatrix}
\tag{9.8}
$$

本章介绍的 FDI 方案是在这两种情况下的基于对一组残差的评估。这些残差的设计始于识别应该隔离的故障，即应该影响残差的故障。给定故障向量

$\boldsymbol{f}$，选择第 j 个分量 $\boldsymbol{f}_j$ 并重写式（9.5）的系统如下：

$$\begin{cases}\dot{\boldsymbol{x}}=\boldsymbol{n}(\boldsymbol{x})+\boldsymbol{g}(\boldsymbol{x})(\boldsymbol{u}_r-\hat{\boldsymbol{f}})+\boldsymbol{g}_j(\boldsymbol{x})\boldsymbol{f}_j+\boldsymbol{p}_j(\boldsymbol{x})\boldsymbol{d}_j\\ \boldsymbol{y}=\boldsymbol{h}(\boldsymbol{x})\end{cases} \tag{9.9}$$

式中：$\boldsymbol{g}_j(\boldsymbol{x})$ 为 $\boldsymbol{g}(\boldsymbol{x})$ 的第 j 列；$\boldsymbol{p}_j(\boldsymbol{x})=[\boldsymbol{p}(\boldsymbol{x}),\boldsymbol{g}_k(\boldsymbol{x})]$ 和 $\boldsymbol{d}_k(\boldsymbol{x})=\mathrm{col}(\boldsymbol{d},\boldsymbol{f}_k)$，$k\neq j$，$j,k\in 1,2$。通过 NLGA 扰动解耦方法诊断故障 $\boldsymbol{f}_s$ 的设计策略如文献［9］，总结如下：

（1）Σ_*^P 的计算，即包含 P 的最小条件不变分布（其中 P 是由 $p_j(x)$ 的列构成的分布）。

（2）Ω^* 的计算，即 $(\Sigma_*^P)^\perp$ 中包含的最大可观测性共分布。

（3）如果满足 $g_s(x)\notin(\Sigma_*^P)^\perp$ 的故障可检测性条件，则尽管存在 d_j，故障 f_j 仍是可检测的。

如果（且仅当）验证了故障可检测性条件，则可以分别确定状态空间和输出空间中的坐标变化 $\boldsymbol{\Phi}(\boldsymbol{x})$ 和 $\boldsymbol{\Psi}(\boldsymbol{y})$。它们由满射 $\boldsymbol{\Psi}_1$ 和函数 $\boldsymbol{\Phi}_1$ 组成，使得 $\Omega^*\cap\mathrm{span}\{\boldsymbol{d},\boldsymbol{h}\}=\mathrm{span}\{\boldsymbol{d}(\boldsymbol{\Psi}_1\circ\boldsymbol{h})\}$ 和 $\Omega^*=\mathrm{span}\{\boldsymbol{d\Phi}_1\}$，其中

$$\begin{cases}\boldsymbol{\Phi}(\boldsymbol{x})=\mathrm{col}(\bar{\boldsymbol{x}}_1,\bar{\boldsymbol{x}}_2,\bar{\boldsymbol{x}}_3)=\mathrm{col}(\boldsymbol{\Phi}_1(\boldsymbol{x}),\boldsymbol{H}_2\boldsymbol{h}(\boldsymbol{x}),\boldsymbol{\Phi}_3(\boldsymbol{x}))\\ \boldsymbol{\Psi}(\boldsymbol{y})=\mathrm{col}(\bar{\boldsymbol{y}}_1,\bar{\boldsymbol{y}}_2)=\mathrm{col}(\boldsymbol{\Psi}_1(\boldsymbol{y}),\boldsymbol{H}_2\boldsymbol{y})\end{cases} \tag{9.10}$$

是（局部）微分同态，而 $\boldsymbol{H}_2$ 是一个选择矩阵，即它的行是单位矩阵行的子集。值得一提的是，第一个子系统（其动力学由 $\bar{\boldsymbol{x}}_1$ 捕获），始终与扰动向量 $\boldsymbol{d}_s$ 解耦，并受故障 $\boldsymbol{f}_j$ 的影响，即

$$\begin{cases}\dot{\bar{\boldsymbol{x}}}_1=\boldsymbol{n}_1(\bar{\boldsymbol{x}}_1,\bar{\boldsymbol{x}}_2)+\boldsymbol{g}_1(\bar{\boldsymbol{x}}_1,\bar{\boldsymbol{x}}_2)(\boldsymbol{u}_r-\hat{\boldsymbol{f}})+l_1(\bar{\boldsymbol{x}}_1,\bar{\boldsymbol{x}}_2,\bar{\boldsymbol{x}}_3)\boldsymbol{f}_j\\ \bar{\boldsymbol{y}}_1=\boldsymbol{h}_1(\bar{\boldsymbol{x}}_1)\end{cases} \tag{9.11}$$

NLGA 的第二个重要优点是通过 $\bar{\boldsymbol{y}}_2$ 在输出处直接可用 $\bar{\boldsymbol{x}}_2$，即 $\bar{\boldsymbol{y}}_2=\bar{\boldsymbol{x}}_2$。第三个值得注意的方面是，在状态 $\boldsymbol{x}$ 和测量 $\boldsymbol{y}$ 完全可用的情况下，没有组件 $\bar{\boldsymbol{x}}_3$。事实上，如果式（9.9）的输出图映射为 $\boldsymbol{h}(\boldsymbol{x})=\boldsymbol{x}$，即如果 $\boldsymbol{y}=\boldsymbol{x}+\boldsymbol{\nu}$，则 NLGA 算法会产生：

（1）包含在 P，$\Sigma_*^P=\bar{P}$ 的最小条件不变分布。

（2）包含在 $(\Sigma_*^P)^\perp$，$\Omega^*=(\bar{P})^\perp$ 中的最大可观测性共分布。

（3）如果 $\boldsymbol{g}_s(\boldsymbol{x})\notin\bar{P}$，则满足故障可检测性条件。

（4）输入和输出变换 $\boldsymbol{\Phi}(\boldsymbol{x})=\boldsymbol{\Psi}(\boldsymbol{y})$，因此意味着不存在子系统 $\bar{\boldsymbol{x}}_3$。

（5）坐标的变化 $\mathrm{span}\{\boldsymbol{d\Phi}_1\}=\mathrm{span}\{\boldsymbol{d\Psi}_1\}$ 意味着 $\bar{\boldsymbol{y}}_1=\bar{\boldsymbol{x}}_1$。

（6）一个新的 $\bar{x}_1$ 子系统，其动力学方程表示为

$$\begin{cases} \dot{\bar{\boldsymbol{x}}}_1 = \boldsymbol{n}_1(\bar{\boldsymbol{x}}_1, \bar{\boldsymbol{y}}_2) + \boldsymbol{g}_1(\bar{\boldsymbol{x}}_1, \bar{\boldsymbol{y}}_2)(\boldsymbol{u}_r - \hat{\bar{\boldsymbol{f}}}) + l_1(\bar{\boldsymbol{x}}_1, \bar{\boldsymbol{y}}_2)\boldsymbol{f}_j \\ \bar{\boldsymbol{y}}_1 = \bar{\boldsymbol{x}}_1 \end{cases} \tag{9.12}$$

给定状态 $\bar{\boldsymbol{x}}_1 \in \mathbb{R}^{n1}$ 和输出 $\bar{\boldsymbol{y}}_2 \in \mathbb{R}^{n2}$，选择 $\bar{\boldsymbol{x}}_1$ 的第 s 个分量，使得

$$\max_{i=1,\cdots,n_1} |l_{1i}(\bar{\boldsymbol{x}}_1, \bar{\boldsymbol{y}}_2)| = |l_{1s}(\bar{\boldsymbol{x}}_1, \bar{\boldsymbol{y}}_2)| > 0, \ \forall\ \bar{\boldsymbol{x}}_1, \bar{\boldsymbol{y}}_2 \in \mathbb{R}^{n1} \times \mathbb{R}^{n2}$$

式中：l_{1i} 为 l_1 的第 i 行。状态 $\bar{\boldsymbol{x}}_{1s}$ 的动力学方程由以下等式描述[19]：

$$\begin{cases} \dot{\bar{\boldsymbol{x}}}_{1s} = \boldsymbol{M}_1(\boldsymbol{f}_j - \hat{\boldsymbol{f}}_j) + \boldsymbol{M}_2 \\ \bar{\boldsymbol{y}}_{1s} = \bar{\boldsymbol{x}}_{1s} \end{cases} \tag{9.13}$$

其中

$$\begin{cases} \boldsymbol{M}_1 = l_{1s}(\bar{\boldsymbol{y}}_1, \bar{\boldsymbol{y}}_2) \\ \boldsymbol{M}_2 = \boldsymbol{n}_{1s}(\bar{\boldsymbol{y}}_1, \bar{\boldsymbol{y}}_2) + \boldsymbol{g}_{1s}(\bar{\boldsymbol{y}}_1, \bar{\boldsymbol{y}}_2)(\boldsymbol{u}_r - \hat{\bar{\boldsymbol{f}}}) \end{cases} \tag{9.14}$$

式中：$\bar{\boldsymbol{f}}_j$ 定义为列向量 $\bar{\boldsymbol{f}}_j = \mathrm{col}(f_1, f_2)$，其中第 j 个分量为空。值得注意的是，$\boldsymbol{M}_1$ 和 $\boldsymbol{M}_2$ 项对于每个时刻都是已知的，因为状态 $\bar{\boldsymbol{x}}_1$ 和 $\bar{\boldsymbol{x}}_2$ 的输出分别通过测量 $\bar{\boldsymbol{y}}_1$ 和 $\bar{\boldsymbol{y}}_2$ 直接可用，这可以认为是时间的直接函数。此外，控制输入 $\boldsymbol{u}_r$ 以及故障估计 $\hat{\bar{\boldsymbol{f}}}_j$ 是可测量的（或已知的）并描述为时间的函数。由于选择了 l_{1s}，项 $\boldsymbol{M}_1 \neq \boldsymbol{0}$，$\forall t \geqslant 0$。参考式（9.13）的系统模型，实现 NLGA – AF 的设计，以提供故障估计 $\hat{\bar{\boldsymbol{f}}}_j(t)$，其渐近收敛到故障 $\boldsymbol{f}_j$ 的大小。因此，信号 $\boldsymbol{f}_j$ 是通过基于具有遗忘因子的最小二乘算法的 AF 来估计的[19]。下面将省略函数对时间 t 的依赖。

AF 的表达式为

$$\begin{cases} \dot{\boldsymbol{P}} = \beta \boldsymbol{P} - \dfrac{\check{\boldsymbol{M}}_1^2}{1 + \check{\boldsymbol{M}}_1^2} P^2, \boldsymbol{P}(0) = P_0 > 0 \\ \dot{\hat{\boldsymbol{f}}}_j = \boldsymbol{P} \dfrac{\check{\boldsymbol{M}}_1}{1 + \check{\boldsymbol{M}}_1^2}(\bar{\boldsymbol{y}}_{1s} - \check{\boldsymbol{M}}_1 \hat{\boldsymbol{f}}_j - \check{\boldsymbol{M}}_3 - \lambda \check{\bar{\boldsymbol{y}}}_{1s}), \hat{\boldsymbol{f}}_j(0) = \boldsymbol{0} \\ \dot{\check{\boldsymbol{M}}}_1 = -\lambda \check{\boldsymbol{M}}_1 + \boldsymbol{M}_1, \check{\boldsymbol{M}}_1(0) = \boldsymbol{M}_1(0) \\ \dot{\check{\boldsymbol{M}}}_3 = -\lambda \check{\boldsymbol{M}}_3 + \boldsymbol{M}_2 - \boldsymbol{M}_1 \hat{\boldsymbol{f}}_j, \check{\boldsymbol{M}}_3(0) = 0 \\ \dot{\check{\bar{\boldsymbol{y}}}}_{1s} = -\lambda \check{\bar{\boldsymbol{y}}}_{1s} + \bar{\boldsymbol{y}}_{1s}, \check{\bar{\boldsymbol{y}}}_{1s}(0) = \bar{\boldsymbol{y}}_{1s}(0) \end{cases} \tag{9.15}$$

在文献［19］中已经证明，估计误差定义为 $\boldsymbol{e}_f = \boldsymbol{f}_j - \hat{\boldsymbol{f}}_j$，以保证收敛速度的情况下渐近收敛到零。为了证明这个结果，需要证明：

$$\lim_{t\to\infty}(\bar{\boldsymbol{y}}_{1s} - \check{\boldsymbol{M}}_1\hat{\boldsymbol{f}}_j - \check{\boldsymbol{M}}_3 - \lambda\,\hat{\bar{\boldsymbol{y}}}_{1s}) = \lim_{t\to\infty}(\hat{\boldsymbol{M}}_1\boldsymbol{e}_f) \tag{9.16}$$

事实上，给定一个辅助系统，定义如下：

$$\begin{cases}\dot{\boldsymbol{y}}_1 = -\lambda\boldsymbol{y}_1 + \dot{\bar{\boldsymbol{y}}}_{1s}, y_1(0)=0\\ \dot{\boldsymbol{y}}_2 = -\lambda\boldsymbol{y}_2 + \lambda\,\bar{\boldsymbol{y}}_{1s}, y_2(0)=0\\ \boldsymbol{y} = \boldsymbol{y}_1 + \boldsymbol{y}_2\end{cases} \tag{9.17}$$

以下等式的关系成立：

$$\begin{cases}\boldsymbol{y}_1 = \hat{\boldsymbol{M}}_1\boldsymbol{f}_s + \hat{\boldsymbol{M}}_3\\ \boldsymbol{y}_2 = \lambda\hat{\boldsymbol{y}}_{1s}\end{cases} \tag{9.18}$$

现在考虑以下函数：

$$\boldsymbol{V} = \frac{1}{2}(\boldsymbol{y} - \bar{\boldsymbol{y}}_{1s})^2 \tag{9.19}$$

它是正定的，并且径向无界。此外，它的一阶导数形式为

$$\dot{\boldsymbol{V}} = -\lambda(\boldsymbol{y} - \bar{\boldsymbol{y}}_{1s})^2 \tag{9.20}$$

由于 $\dot{\boldsymbol{V}}$ 是负定的，$\forall\,\boldsymbol{y} \neq \bar{\boldsymbol{y}}_{1s}$，所以 $\boldsymbol{V}$ 表示全局渐近趋于零的李雅普诺夫函数。此外，根据式（9.20）的关系，以下关系成立：

$$\lim_{t\to\infty}\bar{\boldsymbol{y}}_{1s} = \lim_{t\to\infty}\boldsymbol{y} = \lim_{t\to\infty}(\check{\boldsymbol{M}}_1\boldsymbol{f}_s + \check{\boldsymbol{M}}_3 + \lambda\,\check{\bar{\boldsymbol{y}}}_{1s}) \tag{9.21}$$

借助式（9.21）的表达式，以下等式的关系成立：

$$\lim_{t\to\infty}(\bar{\boldsymbol{y}}_{1s} - \hat{\boldsymbol{M}}_1\hat{\boldsymbol{f}}_j - \hat{\boldsymbol{M}}_3 - \lambda\,\check{\bar{\boldsymbol{y}}}_{1s}) = \lim_{t\to\infty}(\hat{\boldsymbol{M}}_1(\boldsymbol{f}_s - \hat{\boldsymbol{f}}_s)) = \lim_{t\to\infty}(\hat{\boldsymbol{M}}_1\boldsymbol{e}_f) \tag{9.22}$$

这个结果表明，故障估计误差 $\boldsymbol{e}_f$ 的动力学方程渐近行为表示为

$$\lim_{t\to\infty}\dot{\boldsymbol{e}}_f = -\lim_{t\to\infty}\boldsymbol{P}\frac{\hat{\boldsymbol{M}}_1^2}{1+\hat{\boldsymbol{M}}_1^2}\boldsymbol{e}_f \tag{9.23}$$

故障估计误差的渐近动力学方程由稳定的线性时变自治系统表示，并且由于 $\boldsymbol{P}$ 和 $\check{\boldsymbol{M}}_1^2/(1+\check{\boldsymbol{M}}_1^2/)$ 为正，确保故障估计误差渐近收敛到原点。事实上，$\boldsymbol{P}(t)>0\,\forall\,t>0$，而且，以下性质成立：

$$\lim_{t\to\infty}\boldsymbol{P}^{-1}(t) = \lim_{t\to\infty}\boldsymbol{e}^{-\beta t}\int_0^t \boldsymbol{e}^{\beta\tau}\frac{\check{\boldsymbol{M}}_1^2(\tau)}{1+\hat{\boldsymbol{M}}_1^2(\tau)}\mathrm{d}\tau \tag{9.24}$$

式（9.14）的滤波器动力学方程可以调整得比设备的动力学快得多。详细地，$\check{\boldsymbol{M}}_1$ 和 $\boldsymbol{P}$ 的动力学方程可以通过参数 λ 和 β 加速，考虑准静态设备和准

静态 $\boldsymbol{M}_1$。在这些条件下，估计误差的动力学与设备无关：

$$\lim_{t\to\infty}\dot{\boldsymbol{e}}_f \approx -\lim_{t\to\infty}\frac{e^{\beta t}(\boldsymbol{M}_1^2/(\lambda^2+\boldsymbol{M}_1^2))}{\int_0^t e^{\beta\tau}(\boldsymbol{M}_1^2/(\lambda^2+\boldsymbol{M}_1^2))\mathrm{d}\tau}\boldsymbol{e}_f = -\lim_{t\to\infty}\frac{e^{\beta t}}{\int_0^t e^{\beta\tau}\mathrm{d}\tau}\boldsymbol{e}_f = -\beta\boldsymbol{e}_f \tag{9.25}$$

9.3.2 容错策略

本小节通过选择 λ 和 β 使得式（9.25）的极限有效，并由已经就位的控制器保证设备的局部渐近稳定性有效。故障估计误差 $\dot{\boldsymbol{e}}_f=-\beta\boldsymbol{e}_f$ 的自主动力学解释为驱动设备的外源性消失信号：

$$\dot{\boldsymbol{x}}=\boldsymbol{n}(x)+\boldsymbol{g}(x)(u+\boldsymbol{e}_f)+\boldsymbol{p}(x)\boldsymbol{d} \tag{9.26}$$

这是在某个 x_0处的 0 输入局部渐近稳定（根据假设）。由于文献［20］中的定理 10.3.1，整个系统在$(x,\boldsymbol{e}_f)=(x_0,0)$处得到了一个局部渐近稳定点。

9.4 仿真结果

本节分为三个部分。9.4.1 节说明了用于 FDD 的 NLGA - AF 的分析计算。9.4.2 节显示了 NLGA - AF 的实现性能。9.4.3 节分析了整个 AFTCS 开发的性能，包括在 9.2 节中回顾的控制系统和 9.3 节中报告的 NLGA - AF 方案。

9.4.1 故障诊断滤波器设计

9.3.1 节中显示的 NLGA 方法仅直接适用于对输入和干扰均为仿射的系统。此外，如果可以确定可观测子系统，则可以将单个故障与干扰和其他故障隔离。因此，本节展示了如何将 NLGA - AF 方法应用于飞机案例。此外，还强调了飞机模型的近似假设，并显示了由此获得的 AF。

为了确定影响直升机故障的估计滤波器$\hat{f}_{\delta e}$，定义了以下变量：

（1）故障$f_j=f_{\delta e}$。

（2）故障$f_k=f_{\delta_{\mathrm{th}}}$。

（3）普遍的干扰 $\boldsymbol{d}_j=\mathrm{col}(d,f_{\delta_{\mathrm{th}}})$。

（4）与f_k相关联的输入向量场 $\boldsymbol{g}_k(x)=\mathrm{col}(0,0,0,0,0,0,(\boldsymbol{C}_2(\boldsymbol{C}_3-\boldsymbol{C}_4\boldsymbol{H})/\boldsymbol{I}))$。

（5）与广义扰动相关的输入向量场 $\boldsymbol{p}_j(x)=[\boldsymbol{p}(x),\boldsymbol{g}_k(x)]$。

（6）$p_j(x)$的对合闭包，即 $\bar{\boldsymbol{P}}(x)=\boldsymbol{p}_j(x)$。

由于输出映射是 $\boldsymbol{h}(x)=x$，坐标的变化是通过确定与 $\bar{\boldsymbol{P}}(x)$ 正交的 $\boldsymbol{\Phi}_1(x)$ 的精确微分来找到的。特别是，考虑标准巡航以小爬升角下进行的，即 $\cos\gamma\approx 1-\gamma^2/2$ 和 $\sin\gamma\approx\gamma$，发现以下微分同态性：

$$\boldsymbol{\Phi}_1(x)=\frac{\rho S\bar{c}^2C_{m_q}}{4\boldsymbol{I}_y}V\frac{\gamma}{2}-q\frac{1+(\rho SC_{L_q}\bar{c}/4m)}{2} \tag{9.27}$$

采用 $\boldsymbol{\Phi}_1(x)$ 作为坐标变化的滤波器设计，与空气动力扰动和其他故障（即油门）解耦。对于 $f_s=f_{\delta_e}$，指定式（9.13）的故障动力学特定表达式：

$$\begin{cases}\dot{\bar{\boldsymbol{y}}}_{1s,\delta_e}=\boldsymbol{M}_{1,\delta_e}f_{\delta_e}+\boldsymbol{M}_{2,\delta_e}\\ \bar{\boldsymbol{y}}_{1s,\delta_e}=\dfrac{\rho S\bar{c}^2\boldsymbol{C}_{m_q}}{8\boldsymbol{I}_y}\boldsymbol{V}\gamma-q\left(\dfrac{1}{2}+\dfrac{\rho S\boldsymbol{C}_{L_q}\bar{c}}{8m}\right)\\ \boldsymbol{M}_{1,\delta_e}=\dfrac{V^2\rho S\bar{c}}{4\boldsymbol{I}_y}\left(\dfrac{\rho S\bar{c}^2(\boldsymbol{C}_{L_{\delta_e}}\boldsymbol{C}_{m_q}-\boldsymbol{C}_{L_q}\boldsymbol{C}_{m_{\delta_e}})}{4m}-\boldsymbol{C}_{m_{\delta_e}}\right)\\ \boldsymbol{M}_{2,\delta_e}=\dfrac{\rho S\bar{c}^2\boldsymbol{C}_{m_q}}{8\boldsymbol{I}_y}\gamma\boldsymbol{n}_3(x)+\dfrac{\rho S\bar{c}^2\boldsymbol{C}_{m_q}}{8\boldsymbol{I}_y}\boldsymbol{V}\boldsymbol{n}_4(x)-\left(\dfrac{1}{2}+\dfrac{\rho S\boldsymbol{C}_{L_q}\bar{c}}{8m}\right)\boldsymbol{n}_6(x)\end{cases} \tag{9.28}$$

式中：$\boldsymbol{n}_i(x)$ 为式（9.7）中 $\boldsymbol{n}(x)$ 的第 i 行。值得观察的是 $\boldsymbol{M}_{1,\delta e}\neq\boldsymbol{0}$，$\forall t\geqslant 0$，因为 $\boldsymbol{V}$ 在所有飞行条件下始终严格为正。

另外，为了确定用于诊断和隔离油门故障 $f_{\delta_{th}}$ 与其他故障（即直升机）和干扰（即阵风）的滤波器，必须考虑以下模型：为了确定影响直升机故障的估计滤波器 f_{δ_e}，定义了以下变量：

（1）故障 $f_j=f_{\delta_{th}}$。

（2）故障 $f_k=f_{\delta_e}$。

（3）普遍的干扰 $\boldsymbol{d}_j=\mathrm{col}(d,f_{\delta_e})$。

（4）与 f_k 相关联的输入向量场 $\boldsymbol{g}_k(x)=(\rho SV/2)\,\mathrm{col}\left(0,0,0,\dfrac{C_{L_{\delta_e}}}{m},-\dfrac{C_{L_{\delta_e}}}{m},\dfrac{V\bar{c}C_{m_{\delta_e}}}{2\boldsymbol{I}_y},0\right)$。

（5）与广义扰动相关的输入向量场 $\boldsymbol{p}_j(x)=[\boldsymbol{p}(x),\boldsymbol{g}_k(x)]$。

（6）$\boldsymbol{p}_j(x)$ 的对合闭包，即 $\bar{\boldsymbol{P}}(x)=\boldsymbol{p}_j(x)$。

通过遵循用于确定直升机故障 f_{δ_e} 滤波器的相同程序，获得诊断 $f_{\delta_{th}}$ 的滤波器。但是，这种情况不需要任何模型近似。该滤波器的关系描述公式为

$$\begin{cases} \dot{\bar{\boldsymbol{y}}}_{1s,\delta_{\text{th}}} = \boldsymbol{M}_{1,\delta_{\text{th}}} \boldsymbol{f}_{\delta_{\text{th}}} + \boldsymbol{M}_{2,\delta_{\text{th}}} \\ \bar{\boldsymbol{y}}_{1s,\delta_{\text{th}}} = \omega \\ \boldsymbol{M}_{1,\delta_{\text{th}}} = \dfrac{\boldsymbol{C}_2(\boldsymbol{C}_3 - \boldsymbol{C}_4\boldsymbol{H})}{\boldsymbol{I}} \\ \boldsymbol{M}_{2,\delta_{\text{th}}} = -\dfrac{\boldsymbol{Q}_f}{\boldsymbol{I}} + \dfrac{\boldsymbol{P}_E}{\boldsymbol{I}\omega} - \dfrac{\boldsymbol{P}_P}{\boldsymbol{I}\omega} \end{cases} \tag{9.29}$$

注意，对于 9.2 节的飞机模型中模拟的高度，$\boldsymbol{M}_{1,\delta_{\text{th}}}$项的结果总是大于零。

9.4.2 NLGA－AF 仿真结果

在本章案例研究中，NLGA－AF 的仿真结果如 9.3.1 节所述，与空气动力扰动（即风）和其他故障分离。特别是，图 9.3 显示了大小为 $f_{\delta_e}=1^{\circ}$ 的升降舵（虚线）上的故障及其在高度保持飞行阶段的估计（灰色实线）。图 9.4 显示了影响大小为 $f_{\delta_{\text{th}}}=-10\%$ 的节流阀 δ_{th} 的故障情况。

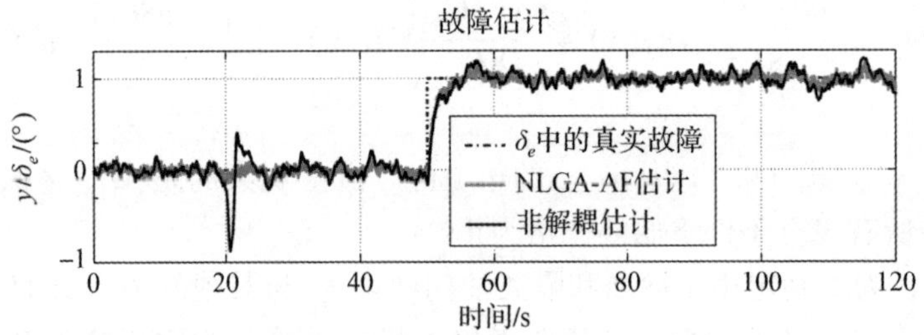

图 9.3　故障 f_{δ_e} 的估计 $\hat{f}_{\delta_e}$

图 9.3 显示，故障检测和估计的时间延迟小于特征飞行动力学周期，并且可以观察到估计与实际故障大小的收敛。故障开始于时间 $t=50$s。此外，图 9.3 还突出了 NLGA－AF 设计的特点，它提供了与风干扰解耦的故障估计。事实上，在没有任何干扰解耦的情况下，从 $t=20$s 开始的阵风会影响故障估计 $\hat{f}_{\delta_e}$（红色粗线）。

图 9.4 也有同样的考虑，它显示了影响大小为 $f_{\delta_{\text{th}}}=-10\%$ 的节流阀 δ_{th} 的故障情况。

9.4.3 AFTCS 性能

本节总结了应用于拟议的飞机模拟器时，关于整个 AFTCS 性能的仿真结果。比较有无估计故障反馈的受控飞机的性能。这样，所提出的 AFTCS 策略所带来的优势就得以凸显。

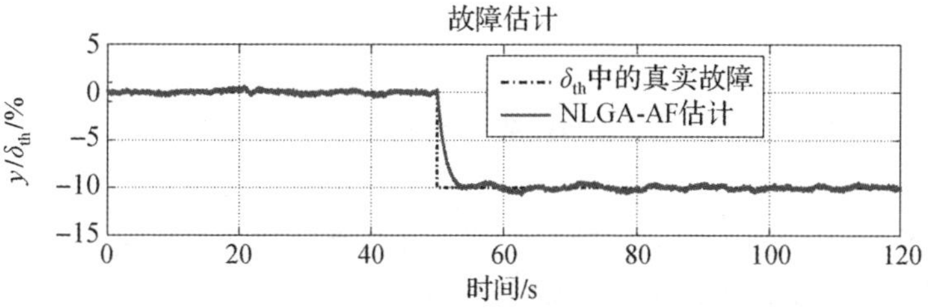

图 9.4　故障 $f_{\delta_{th}}$ 的估计 $\hat{f}_{\delta_{th}}$

在输入和输出传感器上存在风和噪声的情况下，执行的模拟主要用于强调使用故障估计反馈获得的故障恢复程序的优点。事实上，由于以小于特征飞行动力学周期的时间延迟来检测和估计故障，因此可以保持无故障飞行条件，而不会导致任何性能下降。

特别是，图 9.5 比较了阵风和直升机故障 f_{δ_e} 对高度变量 H 的影响，从而突出了所提出的 AFTCS 策略的有效性。

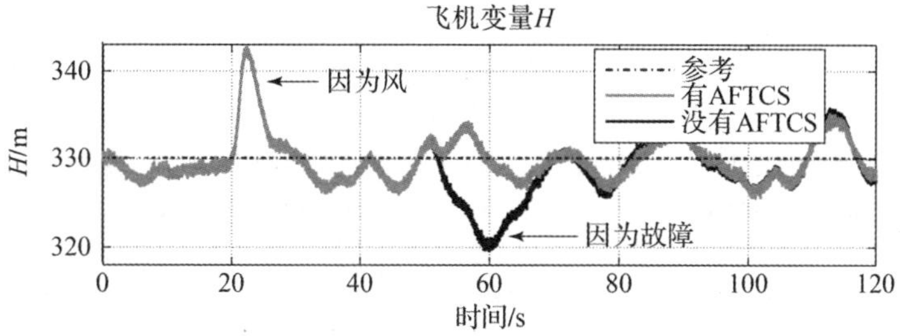

图 9.5　有无 AFTCS 时的飞机高度 H

另外，图 9.6 描述了故障 $f_{\delta_{th}}$ 发生后瞬态期间的飞机变量 V。值得注意的是，结果参考了图 9.5 相同的条件（噪声、干扰等）。

最后，由于存在干扰和不确定性，拟议的仿真强调了开发的 FDD 和 AFTCS 解决方案在应用于高保真飞机模拟器时的鲁棒性。

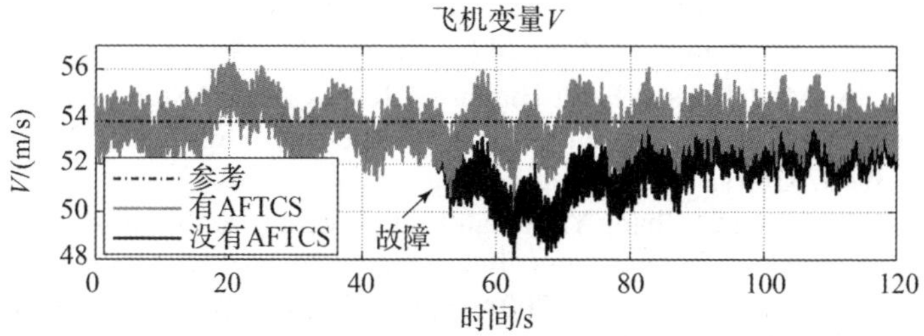

图 9.6　有无 AFTCS 时的飞机高度 V

9.5 结论

本章提出了一种主动容错控制系统，并将其应用于飞机模型。特别是，开发的解决方案基于提供故障估计的 FDD 模块，并用于故障调节。这样，就可以在无故障模型上设计控制器。本章的主要特点是设计的解决方案基于微分几何工具。对于 FDD 模块，由于 NLGA 提供的分析解耦，故障估计对于干扰和其他故障具有鲁棒性，因此是无偏的。当考虑应用于飞机模型时，故障与空气动力干扰（如垂直阵风）解耦。研究还表明，通过提供渐近故障恢复的回路，自动驾驶仪在出现故障的瞬态阶段的性能得到改善。仿真基于高保真飞机模型，通过大量的模拟对其特性进行了测试。结果表明，所设计的非线性主动容错方案是可靠的。

参考文献

[1] Mahmoud M, Jiang J, Zhang Y. Active Fault Tolerant Control Systems: Stochastic Analysis and Synthesis. Lecture Notes in Control and Information Sciences. Berlin, Germany: Springer-Verlag; 2003. ISBN: 3540003185.

[2] Blanke M, Kinnaert M, Lunze J, et al. Diagnosis and Fault-Tolerant Control. Berlin, Germany: Springer-Verlag; 2006.

[3] Zhang Y, Jiang J. Bibliographical review on reconfigurable fault-tolerant control systems. Annual Reviews in Control. 2008;32:229–252.

[4] Isermann R. Fault-Diagnosis Systems: An Introduction from Fault Detection to Fault Tolerance. 1st ed. Weinheim, Germany: Springer-Verlag; 2005. ISBN: 3540241124.

[5] Witczak M. Modelling and Estimation Strategies for Fault Diagnosis of Non-Linear Systems: From Analytical to Soft Computing Approaches. 1st ed. Lecture Notes in Control & Information Sciences. Berlin and Heidelberg: Springer-Verlag GmbH & Co.; 2007. ISBN: 978-3540711148.

[6] Ding SX. Model-based Fault Diagnosis Techniques: Design Schemes, Algorithms, and Tools. 1st ed. Berlin, Heidelberg: Springer; 2008. ISBN: 978-3540763031.

[7] Theilliol D, Join C, Zhang Y. Actuator fault tolerant control design based on a reconfigurable reference input. International Journal of Applied Mathematics and Computer Science. 2008;18(4):553–560. ISSN: 1641-876X. DOI: 10.2478/v10006-008-0048-1.

[8] Chen J, Patton RJ. Robust Model-Based Fault Diagnosis for Dynamic Systems. Boston, MA, USA: Kluwer Academic Publishers; 1999.

[9] De Persis C, Isidori A. A geometric approach to nonlinear fault detection and isolation. IEEE Transactions on Automatic Control. 2001;46(6):853–865.

[10] Bonfè M, Castaldi P, Geri W, et al. Design and performance evaluation of residual generators for the FDI of an aircraft. International Journal of Automation and Computing. 2007;4(2):156–163. Special Issue on FDD and FTC. ISSN: 1476-8186. DOI: 10.1007/s11633-007-0156-7.

[11] Fink MP, Freeman DCJ. Full-Scale Wind-Tunnel Investigation of Static Longitudinal and Lateral Characteristics of a Light Twin-Engine Airplane. N.A.S.A.; 1969. TN D-4983.

[12] Koziol J. Simulation Model for the Piper PA–30 Light Maneuverable Aircraft in the Final Approach. N.A.S.A.; 1971. DOT-TSC-FAA-71-11.

[13] Gray H. Wind-tunnel Tests of Eight-blade Single and Dual-rotating Propellers in the Tractor Position. Washington, DC, USA: National Advisory Committee for Aeronautics; 1943. NACA-WR-L-384.

[14] Lycoming. O–320 Operator's Manual. Williamsport, PA, USA: Lycoming; 2006.

[15] Bonfè M, Castaldi P, Geri W, et al. Fault detection and isolation for onboard sensors of a general aviation aircraft. International Journal of Adaptive Control and Signal Processing. 2006;20(8):381–408. ISSN: 0890-6327. DOI: 10.1002/acs.906.

[16] Stevens BL, Lewis FL. Aircraft Control and Simulation. 2nd ed. Hoboken, NJ: John Wiley and Son; 2003.

[17] Farrell JA, Sharma M, Polycarpou M. Longitudinal flight-path control using online function approximation. Journal of Guidance, Control, and Dynamics. 2003;26(6):885–897. DOI: 10.2514/2.6932.

[18] Castaldi P, Mimmo N, Simani S. Differential Geometry Based Active Fault Tolerant Control for Aircraft. Control Engineering Practice. 2014;32:227–235. Invited Paper. DOI:10.1016/j.conengprac.2013.12.011.

[19] Castaldi P, Geri W, Bonfè M, et al. Design of residual generators and adaptive filters for the FDI of aircraft model sensors. Control Engineering Practice. 2010;18(5):449–459. ACA'07 – 17th IFAC Symposium on Automatic Control in Aerospace Special Issue. Elsevier Science. ISSN: 0967-0661. DOI: 10.1016/j.conengprac.2008.11.006.

[20] Isidori A. Nonlinear Control Systems II. Berlin and Heidelberg: Springer-Verlag; 1999.

第10章　具有节能转向和扭矩分配的轮毂电机容错轨迹跟踪控制

随着传统的汽油和柴油动力汽车逐渐被污染更少、能源效率更高的混合动力和全电动汽车所取代，轮毂汽车由于其诸多优势而成为汽车公司的研究范围。轮毂车辆架构的动力学优势和固有的精确扭矩矢量控制能力已经得到广泛研究，参见文献［1-2］。特别是，四轮独立驱动（Four-Wheel Independently Actuated，4WIA）车辆能够使用最先进的技术来进一步改善车辆的动力学行为、安全性或经济性，参见文献［3-4］。

对于所有纯电动汽车而言，有限的续航里程是轮毂汽车运行的最关键方面之一。因此，本章提出了几种方法来扩展4WIA车辆的续航能力。这些方法大多基于更有效的轮毂车辆再生制动[5]、车轮扭矩分配的多目标优化[6]，或者整合电动汽车补充能源的方法[7]。本章介绍的方法的最大优点之一是，它可以根据广泛的先验分析结果选择能量最优执行器，从而减少在线计算量。此外，它只需要易于访问的道路和车辆速度数据。

本章的目标是为具有4个独立控制轮毂电机的自主4WIA电动汽车设计一种新的容错和节能扭矩分配方法。在正常运行条件下，本章所提出的高级可重构控制器和低级车轮扭矩优化方法使轮式车辆能够建立更好的能源效率。因此，在电池正常运行条件下，与传统控制方法相比，荷电状态（State of Charge，SOC）值会增加，因此电动汽车可以实现更大的航程。本章设计的集成车辆控制策略允许组合和监控影响车辆动态响应的所有控制组件。因此，如果由于执行器故障或性能下降，四轮电机无法实现所需的偏航扭矩，高级控制器会重新配置以使用更多转向，以便将车辆稳定在预定轨迹上。另外，在线控转向系统发生故障时，高级控制器也会重新配置，为车辆施加更大的偏航扭矩。

本章设计的主要目标是最大限度地提高电池SOC，以提高自动驾驶电动汽车的续航里程，同时在发生故障事件时保持安全行驶。先前的研究已经表明，通过适当的执行器选择，可以节省大量能源，参见文献［8-9］。在这里，该方法基于车道跟踪可重构线性参数变化（LPV）控制器，其中转向干预和偏航力矩生成之间的高级控制分配旨在最大化电池SOC。为了模拟4WIA电动汽车的运行并计算电池 SOC，实现了锂离子电池模型和具有再生制动能力的永磁同步电机（Permanent Magnet Synchronous Motor，PMSM）模型。控制重构基于对电机和电池系统在不同路况和车辆状态下的初步分析，并考虑再生制动。此外，还设计了多目标低级轮毂电机扭矩优化，以考虑电机效率特性以及车辆运动的安全方面。最后，在 CarSim 仿真环境下，在真实数据驱动场景中验证了可重构控制方法。

10.1 轨迹跟踪控制器设计

10.1.1 车辆建模

为了设计一个有效的轨迹跟踪控制器，必须建立车辆的横向和纵向动力学方程。这里，自行车模型用于车辆建模，如图 10.1 所示。纵向和横向动力学的运动方程如下：

$$J\ddot{\psi}=c_1l_1(\delta-\beta-\dot{\psi}l_1/\dot{\xi})-c_2l_2(-\beta+\dot{\psi}l_2/\dot{\xi})+M_z \tag{10.1a}$$

$$m\ddot{y}_v=c_1(\delta-\beta-\dot{\psi}l_1/\dot{\xi})+c_2(-\beta+\dot{\psi}l_2/\dot{\xi}) \tag{10.1b}$$

$$m\ddot{\xi}=F_l-F_{\mathrm{d}} \tag{10.1c}$$

式中：J 为车辆的偏航惯量；m 为质量；l_1 和 l_2 为几何参数；c_1 和 c_2 为转弯刚度，可以在文献［10］中确定。车辆的偏航角用 ψ 表示，β 为侧滑角，$\ddot{y}_v=\dot{\xi}(\dot{\psi}+\dot{\beta})$ 为横向加速度；$\ddot{\xi}$ 为纵向加速度。由于纵向速度 $\dot{\xi}$，系统是非线性的。系统的输入是纵向力（F_l）、制动横摆力矩（M_z）和前转向角（δ）。

在式（10.1a）~式（10.1c）中，纵向扰动力 F_{d} 包含道路坡度、车辆的滚动阻力和气动阻力。因此，扰动由以下非线性方程描述：$F_{\mathrm{d}}=0.5C_{\mathrm{d}}\sigma A_{\mathrm{F}}\dot{\xi}^2+mg\sin\alpha_s+mgf\cos\alpha_s$，其中 C_{d} 为阻力系数，A_{F} 为前表面，假设已知，σ 为空气质量密度，α_s 为道路斜角，f 为道路摩擦，g 为引力常数。

在设计高级控制器时，必须保证横向和纵向位置跟踪。期望的道路曲线和横向位置之间的误差控制所需的横向运动，而所需的纵向运动由速度跟踪确定。世界坐标系（X_{gl}和 Y_{gl}）用于定义道路几何形状的参考，其中车辆的坐标系系统与车辆一起旋转。

在两个坐标系中计算的车辆横向位置如图 10.1 所示。因此，车辆在参考道路几何计算中的旋转是 $y_{v,r}=-\sin(\psi)x_{gl,r}+\cos(\psi)y_{gl,r}$，其中 $x_{gl,r}$和 $y_{gl,r}$是参

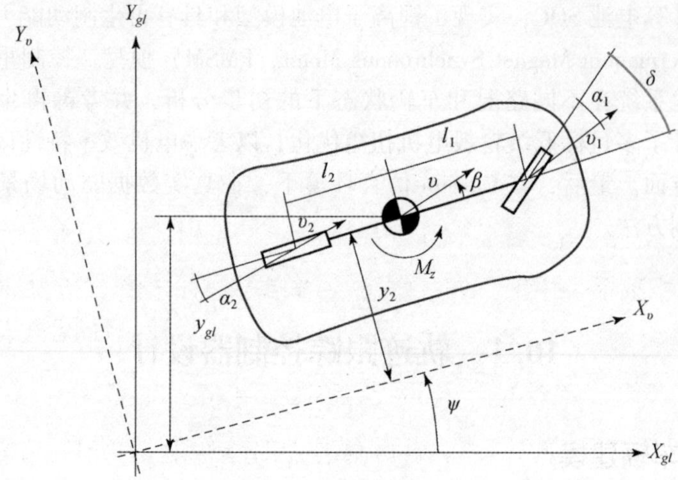

图 10.1　单轨自行车模型

考道路几何体在世界坐标系中的纵向和横向坐标，$y_{v,r}$是参考道路几何体在车辆坐标系中的横向位置。假设 $x_{gl,r}$和 $y_{gl,r}$在不同的道路路线 的查找表中给出，并且可以根据所选道路的 GPS 数据进行计算。这里，GPS 大地测量数据使用文献中详述的坐标变换转换为本地的东 - 北 - 天坐标系。同时，根据车辆 x_{gl}和 y_{gl}的当前位置（假设由高精度 GPS 定位系统测量），车辆在其自身坐标系中的横向位置计算为 $y_v = -\sin(\psi)x_{gl} + \cos(\psi)y_{gl}$。因此，横向误差 $e_y = |y_{v,r} - y_v|$可计算并定义为 LPV 控制器设计的性能标准，详见下节。

10.1.2　可重新配置的 LPV 控制器设计

根据式（10.1a）~式（10.1c），车辆运动方程的状态空间表示形式可以表示如下：

$$\dot{x} = A(\rho)x + B_1 w + B_2(\rho)u \tag{10.2a}$$

$$z = Cx + Dw \tag{10.2b}$$

$$y = Cx + Dw \tag{10.2c}$$

系统的状态向量可以写为

$$\boldsymbol{x} = [\dot{\xi} \quad \xi \quad \dot{\varphi} \quad \beta \quad \dot{y}_v \quad y_v]^{\mathrm{T}} \tag{10.3}$$

包含车辆位移、纵向速度、侧滑角、横摆角速度、横向速度和车辆位置。系统的控制输入是纵向力、前转向角和制动偏航力矩，其在输入向量中给出如下：

$$\boldsymbol{u} = [F_l \quad \delta \quad M_z]^{\mathrm{T}} \tag{10.4}$$

轨迹跟踪必须同时考虑横向和纵向动力学，即车辆必须同时跟踪两个参考

信号。首先，必须在纵向方向上提供精确的速度跟踪：$z_\xi = |\dot{\xi}_{\text{ref}} - \dot{\xi}|$，该要求可以作为优化标准：$z_\xi \to 0$。其次，需要最小化车辆横向位置和参考位置之间的差异 $z_y = |y_{v,r} - y_v|$，可以制定为以下优化标准 $z_y \to 0$。这些性能是在性能矢量中构建的：

$$\boldsymbol{z}_1 = [z_\xi \quad z_y]^{\mathrm{T}} \tag{10.5}$$

同时，必须处理执行器饱和状态。物理结构限制和轮胎路面附着条件决定了制动系统和传动系统的最大作用力。在控制设计中，它们被制定为性能标准：

$$\boldsymbol{z}_2 = [\delta \quad M_z]^{\mathrm{T}} \tag{10.6}$$

车辆的速度 $\dot{\xi}$ 非线性地影响系统矩阵。假设速度是估计或测量的，参见文献 [11]。因此，可以使用调度变量 $\rho_1 = \dot{\xi}$ 将非线性模型转换为 LPV 模型。速度和横向位置作为系统的输出进行测量，即 $\boldsymbol{y} = [\dot{\xi} \quad y_v]^{\mathrm{T}}$。

控制器的设计基于加权策略，该策略通过闭环互连结构配制，参见图 10.2。通常，输入和输出加权函数是根据输出规格与干扰规格的反比来选择的。加权函数 W_p 的目的是定义性能规格，以确保它们之间的适当平衡。加权函数 W_w 和 W_n 的目的是考虑传感器和干扰噪声。

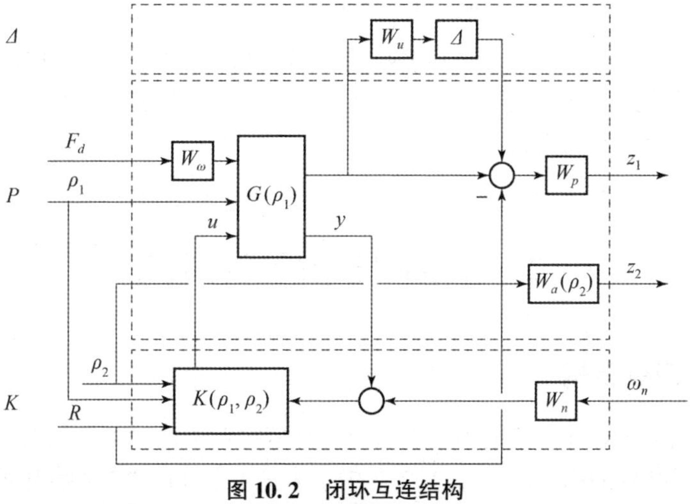

图 10.2　闭环互连结构

系统的不确定性如未建模动力学和参数不确定性，位于 **Δ** 块中。加权函数 W_u 处理忽略动态的大小。

表达两个性能信号，以确保在允许的最小误差下跟踪参考速度和横向位移。以二阶比例形式选择加权函数：

$$W_p = \gamma \frac{\alpha_2 s^2 + \alpha_1 s + 1}{T_1 s^2 + T_2 s + 1} \tag{10.7}$$

式中：$T_{1,2}$、$\alpha_{1,2}$和γ为设计参数。

注意，尽管加权函数是在频域中表示的，但在控制设计中使用了它们的状态空间表示形式。在图 10.2 用 W_a 标注的加权函数设计中，转向和差动扭矩产生之间的分配可根据车辆状态进行改变。因此，给出了转向角输入 $W_{a\delta} = (\delta_{\max}\chi_1)/(\rho_2)$和横摆力矩输入 $W_{aM_z} = (\rho_2)/(M_{z\max}\chi_2)$的加权函数，其中$\chi_1$和$\chi_2$是为实现控制再分配而选择的设计参数，$\delta_{\max}$是转向角的最大值，$M_{z\max}$是最大偏航力矩，而$\rho_2 \in [0.01, 1]$是一个监控变量，表示转向干预和横摆力矩之间的分离。因此，通过选择$\rho_2 = 1$，在转弯操纵过程中仅应用转向，而选择$\rho_2 = 0.01$时，车辆的轮内电机仅产生差动扭矩。定义ρ_2的值基于最小化转弯能量的优化过程。控制设计基于 LPV 方法，该方法使用参数相关的李雅普诺夫函数参见文献［12－13］。

二次型 LPV 性能问题是选择参数变化的控制器，使得所得到的闭环系统是二次稳定的，并且由扰动导致的 L－2 范数和性能小于值γ。最小化声明如下：

$$\inf_K \sup_{\rho \in F_P} \sup_{\|w\|_2 \neq 0, w \in L_2} \frac{\|z\|_2}{\|\boldsymbol{w}\|_2} \tag{10.8}$$

式中：$\boldsymbol{w}$为干扰，求解二次型 LPVγ－性能问题的控制器的存在可以被预测为一组可数值识别的线性矩阵不等式的适用性。最后，建立了 LPV 控制$K(\rho)$的状态空间表示，参见文献［13］。

10.2 容错和能量最优控制合成

10.2.1 控制架构

考虑能量优化和容错能力的多层重新配置控制方法的架构如图 10.3 所示。

在分层结构的第一层，10.1.2 节中引入的高级 LPV 控制器根据多个信号计算 4WIA 车辆的输入。首先，车辆的路径通过路线图的预定轨迹给出，而参考速度也与给定道路的速度限制一致。其次，速度误差$e_{\dot{\xi}} = \dot{\xi}_{\text{ref}} - \dot{\xi}$和横向偏差$e_{y,v} = y_{v,r} - y_v$根据车辆当前位置$(x_{gl,v}, y_{gl,v})$和速度计算参考值：

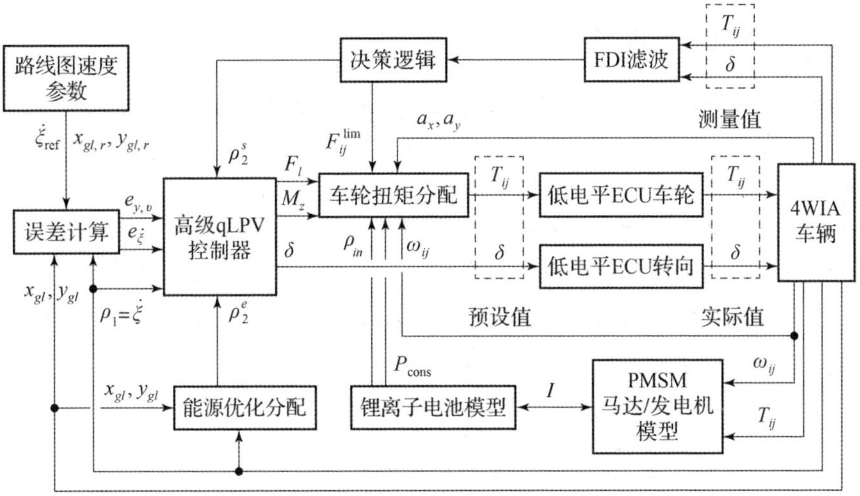

图 10.3　控制系统架构

$$\rho_1 = \dot{\xi} \tag{10.9}$$

这些误差信号 $e_{\dot{\xi}}$ 和 $e_{y,v}$ 以及调度变量 $\rho_1 = \dot{\xi}$ 和 ρ_2 被馈送到 LPV 控制器。注意，ρ_2 的值由容错重新配置的结果和 10.2.2 节和 10.2.3 节中引入的最佳能量决定。

为此，通过优先考虑轮式车辆的安全性，创建决策逻辑。因此，ρ_2 定义如下：

$$\rho_2 = \begin{cases} \rho_2^e, & \rho_2^s = 0 \\ \rho_2^s, & \rho_2^s \neq 0 \end{cases} \tag{10.10}$$

第二层负责分配高级控制信号，即纵向力、横摆力矩和转向角。该分配方法基于当前的车辆动力学，以避免车轮打滑，轮内电机的特性可以最大限度地提高效率，同时还考虑检测到的故障，以确保在电机性能严重下降的情况下对车辆进行参考跟踪。在 10.2.4 节中给出了车轮扭矩分配方法的详细描述。

第三层模拟低级控制器的操作，即它表示分布式电动机扭矩和规定转向角的跟踪。这里，线控转向系统的动力学建模为文献［14］中提出的一阶系统。在文献［15］中提出的该层中，轮毂内电机的电流控制被简化，因此以下等式描述了规定的车轮扭矩和所产生的扭矩之间的关系：

$$T_{\text{motor}}(s) = \frac{T(s)(1+\eta)}{1+2\zeta+2\zeta^2} \tag{10.11}$$

式中：T_{motor} 为电机扭矩；T 为规定的扭矩；ζ 和 η 为轮毂电机的动态响应和稳态误差。

10.2.2 容错重新配置

由于机械故障、发动机过热或与电机控制系统相连的故障，轮毂电机的性能可能会降低。轮毂车辆的复杂性和故障事件潜在危险的增加使得容错控制设计成为必要。文献［16］研究了轮毂电机，其重点是在发生故障后实现高扭矩密度和维持足够性能水平的能力。参考文献［17］提出了一种容错控制系统，该系统旨在通过其他健康车轮之间自动重新分配控制力来适应轮毂电机故障。参考文献［18］设计了一种基于车轮最大可传递扭矩估计的容错控制。文献［19］开发了一种滑模控制，通过故障位置重新排列转向几何结构来处理故障的轮毂电机。

尽管与轮毂电机的性能下降或故障相比，很少发生转向故障，但是处理此类事件以保证车辆稳定性也很重要。多位作者研究了线控转向系统的容错控制设计，参见文献［20－21］。此外，在4WIA车辆中，通过使用差速器驱动辅助转向，可以更有效地处理线控转向系统故障，如文献［22］所述。转向系统和轮毂电机的性能退化在文献［23］中以更一般的方式进行了说明。

这里，为了消除或至少减轻与线控转向系统和轮毂电机相连的执行器故障的影响，提出了一种高级控制再分配方法。在转向系统故障的情况下，目的是通过重新配置高级控制器，为车辆规定额外的差分扭矩来替代转向的影响。根据文献［24］的建议，假定转向系统的故障由FDI滤波器检测。当检测到故障时，施加调度变量$\rho_2^s=0.01$以覆盖实际ρ_2的值。因此，对高级LPV控制器进行修改，使其仅规定4WIA车辆的横摆力矩信号。在转向系统故障的情况下，仅使用车辆的精确扭矩矢量来评估转弯操纵。

以更复杂的方式处理一个或多个轮毂电机的故障。它的检测也假定由FDI滤波器完成，如文献［25］中提出的基于卡尔曼滤波的算法。在轮毂电机故障的情况下，设定调度变量$\rho_2^s=1$以替代实际ρ_2值。因此，对LPV控制器的加权函数W_a进行修改，使高级控制器仅规定4WIA车辆的转向干预，以评估转弯操纵。注意，为了避免无意中产生横摆力矩，还需要修改10.2.4节中讨论的车轮扭矩分布算法以处理轮毂电机的故障。因此，在式（10.14）中针对有故障的轮毂电机，修改了作为车轮扭矩优化方法约束条件给出的上限和下限。

本方法的新颖性在于基于加权函数的特定设计和执行器选择的高级LPV控制重新配置策略。所提出的方法使车辆能够动态地修改最适合实际车辆状态和相应安全优先级的规定控制值。

10.2.3　能量最优重新配置

能量最优重新配置的目的是延长 4WIA 电动车的续航里程。为此，现已介绍了不同的方法。在文献［8－9］中，高级控制重新配置基于转弯能量的最小化，而不考虑电池 SOC 和电机特性。因此，已经实施了锂离子电池模型和具有再生制动能力的 PMSM 模型，以考虑文献［26］中的电池 SOC。仿真结果表明，虽然两种方法都提供了提高效率的有效解决方案，但它们应联系起来以最大限度地提高车辆的续航里程。为此，本章引入了一种新的方法，在该方法中，为了考虑不同弯曲和车辆速度的电池 SOC 变化，设计了用于高层控制重构的调度变量 ρ_2^s。因此，目标是创建一种能效图，显示给定曲线半径和车辆速度的最佳调度变量选择。考虑 10.3 节中引入的电池和电机模型，通过 CarSim 仿真研究确定了能量图。图 10.4 展示了 Waterford Michigan 赛道上 5 种不同类型曲线的曲率特征。

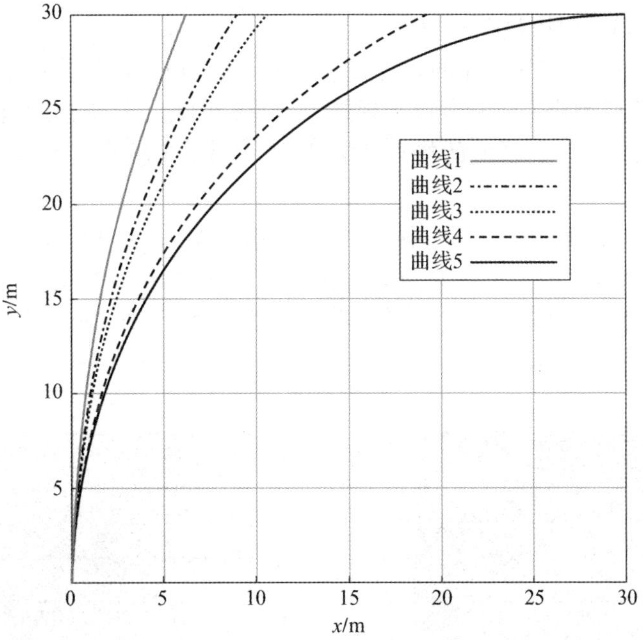

图 10.4　用于分析的选择曲线

在分析中还考虑了更尖锐的弯曲和更柔和的曲线，以便创建全面的能效图。注意，为简单起见，分析中未考虑道路标高，且假设道路附着力为常数，表示干沥青的附着力。模拟的 4WIA 车辆速度必须在 10～60km/h，并在每条曲线上执行轨迹跟踪，同时调度变量 $\rho_2 \in [0.01,1]$ 设置为不同的值，表示转向和横摆力矩之间的不同分配。同时，监控电池特性，包括电池 SOC。对于每个模拟情况，比较 SOC 值的降低，如图 10.5 所示。其中，图 10.5（a）中的曲线 1 表示温和的曲线，图 10.5（e）中的曲线 5 代表最尖锐的弯曲。从模拟结果中，可以得出以下结论：

（1）当在所选范围内增加车辆速度时，电池 SOC 在选定曲线中的下降幅度较小。这种现象是由多种原因造成的，如电动车载电机在更有效的转速范围内运行、摩擦阻力更优等。

（2）随着车辆速度的增加，$\rho_2 \in [0.01,1]$ 的选择对降低电池 SOC 的影响较小。这种现象在更尖锐的曲线中更加明显。

（3）对于 40km/h 以下的较小速度，选择较大的 $\rho_2 \approx 1$ 值（选择转向超过横摆力矩生成）会导致更好的电池 SOC，因此对车辆而言更节能。请注意，随着曲线更尖锐，这种现象变得不那么明显。

（4）对于 45～55km/h 的速度，根据曲率，必须将 $\rho_2 = 1$ 的默认值降低到 $0.5 < \rho_2 < 0.75$，以增强电池 SOC。

（5）对于 55～65km/h 的较高速度，随着道路曲率变得更大（转弯更锐利），ρ_2 的值必须进一步减少以实现最大效率。因此，在该速度范围内，对于更尖锐的曲线，产生更大的横摆力矩会使 4WIA 车辆产生更多的能量最优运动。

（6）分析还表明，仅通过扭矩矢量控制车辆（$\rho_2 \approx 0.01$）会对车辆稳定性产生不利影响，因为车轮的侧滑值较大，并且在 10.1.1 节中详述的车辆建模中忽略的相应非线性效应，因此在重新配置设计中，$\rho_2^s = 0.25$ 设置为最小值。

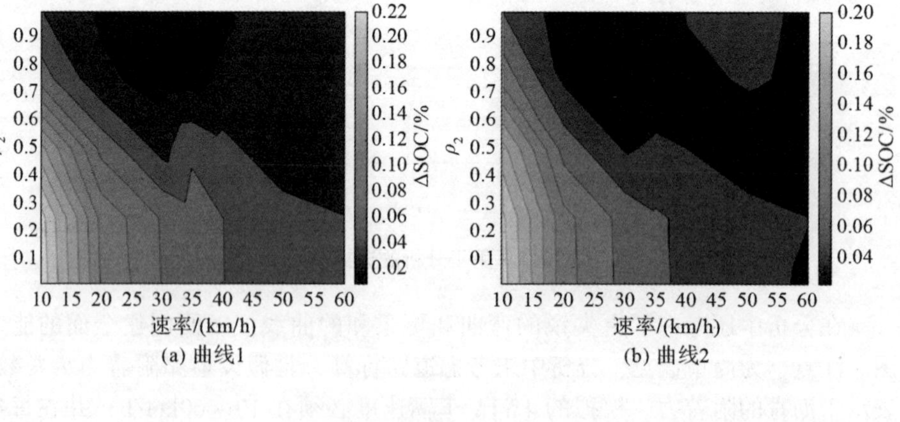

(a) 曲线1　　(b) 曲线2

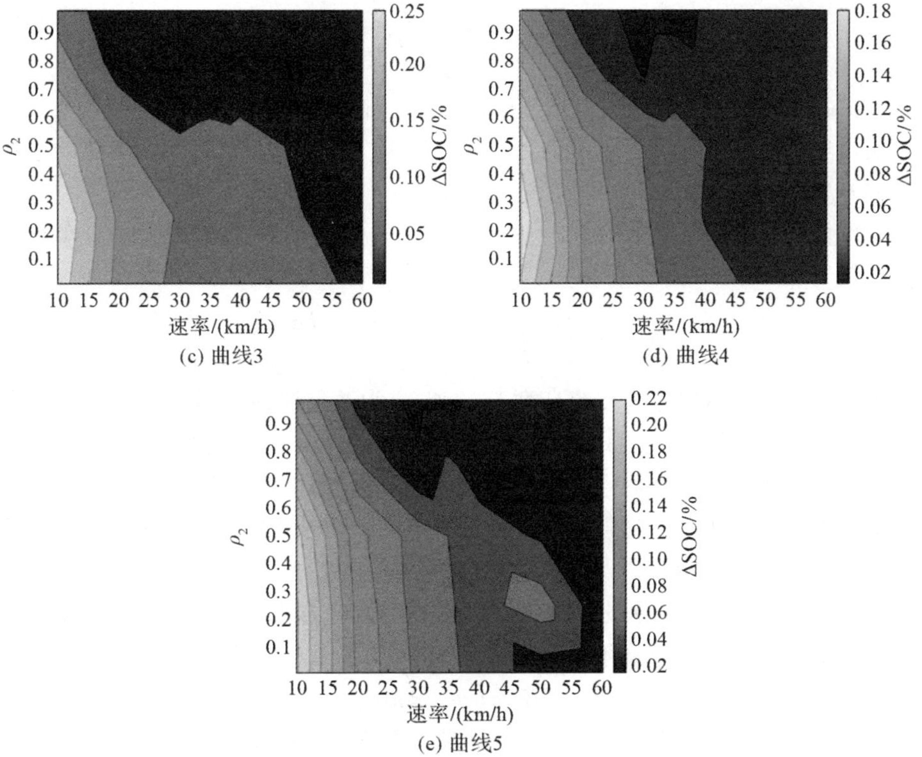

图 10.5　能效图

仿真研究的结果用于创建查找表，以便在 4WIA 车辆运行期间在线确定 ρ_2^s。因此，基于当前的车速和道路曲率，从预定义的能效图中选择 ρ_2^s 的值。注意，可以根据预定义路径的坐标轻松计算道路曲率，详见文献［27］。通过这种方式，可以重新配置高级控制器，以适应道路和车辆动力学条件，从而提高 4WIA 车辆的整体效率和里程。

10.2.4　高效车轮扭矩分布

轮毂电动车辆可以直接驱动，因此不需要离合器、变速器或其他驱动系统。因此，动力传动效率得到提高，每个车轮都可以控制[28]。每个轮毂电机独立驱动车轮，因此车轮之间驱动力分布的自由度增加[29]。轮毂电机驱动系统力分配的主要目的是提高车辆的能效和性能，如动态性能、安全性、经济性等。模式搜索算法用于在满足横摆力矩和纵向力的同时最小化电机的功耗。轮毂电机的功率与其扭矩直接相关。因此，轮毂电机的总功耗 P_{total} 计算为[6]

$$P_{\text{total}} = \sum_{\substack{i=\text{f},\text{r},\\ j=\text{L},\text{R}}} \frac{F_{ij} w_{ij} P_{\text{in}}}{P_{ij}} \tag{10.12}$$

式中：$w_{ij}(i\in[\text{f}=前,\text{r}=后],j\in[\text{L}=左,\text{R}=右])$为电机的旋转速度；$P_{\text{in}}$为等效输入功率，其被定义为电机的分配均衡功率。其计算方法为每台电机的总功耗相等。

可传输到$F_{z,ij}(i\in[\text{f}=前,\text{r}=后],j\in[\text{L}=左,\text{R}=右])$的最大垂直车轮载荷计算为[30]

$$F_{z,ij} = m\left(\frac{l_{[1;2]}g}{L} \pm \frac{ha_x}{L}\right)\left(0.5 \pm \frac{ha_y}{b_{[j;r]}g}\right) \tag{10.13}$$

式中：$L=l_1+l_2$；h为质心的高度；a_y和a_x为通过惯性传感器测量的横向和纵向加速度；g为重力常数。注意，前轮负载（$i=\text{f}$）是通过使用l_2和b_f计算的，在第一个括号中带负号。而后轮载荷（$i=\text{r}$）用l_1和b_r计算，第一个括号中带正号。此外，左轮载荷（$j=\text{L}$）由第二个括号中的负号定义，而右轮负载（$j=\text{R}$）由正号定义。

每个车轮可传递的最大和最小纵向牵引轮力表示为$|F_{ij}^{\max}|=\mu F_{z,ij}$和$|F_{ij}^{\text{mim}}|=-\mu F_{z,ij}$。上限和下限可以表示为

$$-\mu F_{z,ij} \leqslant F_{z,ij} \leqslant \mu F_{z,ij} \tag{10.14}$$

请注意，在轮毂电机故障或性能下降的情况下，故障电机的上限和下限修改为有限值F_{ij}^{lim}，与FDI滤波器检测的故障一致。

同时，M_z是由高级控制器提供的横摆力矩，由轮毂电机产生的车轮力实现。因此，由纵向车轮力F_{ij}产生的横摆力矩为

$$M_z^{\text{veh}} = (-F_{\text{fL}} + F_{\text{fR}})\frac{b_{\text{f}}}{2} + (-F_{\text{rL}} + F_{\text{rR}})\frac{b_{\text{r}}}{2} \tag{10.15}$$

两个等式需要满足高级控制器的要求，包括所需的纵向力基准和横摆力矩基准，则

$$M_z^{\text{veh}} = M_z \tag{10.16}$$

同时，为了保证速度跟踪的性能，提出了一种非线性约束。因此，车轮力的总和必须等于高级控制器给出的纵向力F_l：

$$\sum F_{ij} - F_l = 0 \tag{10.17}$$

目标函数为

$$J = \min(P_{\text{cons}} - P_{\text{total}}) \tag{10.18}$$

式中：P_{cons}为电池模型给出的总功耗。因此，解决了车轮力分布优化问题，其中式（10.18）中给出的目标函数通过式（10.14）和式（10.16）计算的下限

和上限最小化，并且满足式（10.17）。图 10.6 给出了模式搜索算法的方法和公式。最后，轮毂电机的扭矩可以表示为

$$T_{ij}=R_{\mathrm{eff}}F_{ij} \tag{10.19}$$

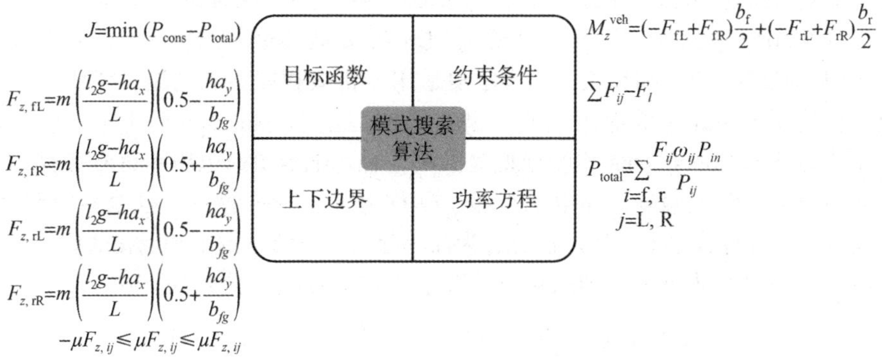

图 10.6　模式搜索算法方法

10.3　电机和电池模型

10.3.1　锂离子电池

电池是电动车辆的主要元件，它储存了大量的能量，在必要时释放出来。电池允许再生制动，并补充缓慢的动态能源[31]。锂离子电池（锂离子）是一种可充电电池，其中锂离子从负极移动到正极。锂离子电池采用嵌锂化合物作为电极材料。与其他电池类型相比，锂离子电池具有许多优点[32]：

（1）增加了标称电压。

（2）高效率和高能量密度。

（3）对外部条件的高阻力。

（4）体积小，重量轻。

（5）不需要维护。

（6）快速、高效充电，更长的使用寿命。

锂离子电池不能完全放电，这是它们最重要的缺点。完全放电会缩短电池的使用寿命。因此，用大电流对电池放电是有害和危险的。汽车市场偏好锂电池的主要原因是能量密度。目前，它们在作为移动电源的便携式电子设备、手机和笔记本电脑中占据优势[33]。

10.3.2 电池组

文献中可以找到几种广泛使用的电池模型，包括含有化学反应的详细模型、简化等效电路和多项式模型。在文献［34］中，详细的化学反应收集在镍氢（NiMH）电池的状态空间模型中。在文献［35］中，可以找到估计NiMH电池SOC的详细算法，该方法也适用于铅酸和锂离子电池。锂离子电池组模型使用Simulink的通用电池模型，该模型基于Simscape库下的Shepherd模型[36]。SimPowersystems电池模型提供m个输出的电流、电压和SOC数据，并可能轻松修改许多偏好，如电池类型、标称电压、额定容量、电池响应时间、最大容量、标称放电电压等。注意，为简单起见，不考虑温度和老化效应。

电池充电和放电基于Shepherd模型，充电和放电的公式如下：

$$f_1(i_t,i^*,i)=E_0-K\cdot\frac{Q}{Q-i_t}\cdot i^*-K\cdot\frac{Q}{Q-i_t}\cdot i_t+A\cdot\exp(-B\cdot i_t) \tag{10.20}$$

$$f_2(i_t,i^*,i)=E_0-K\cdot\frac{Q}{i_t+0.1\cdot Q}\cdot i^*-K\cdot\frac{Q}{Q-i_t}\cdot i_t+A\cdot\exp(-B\cdot i_t) \tag{10.21}$$

式中：i为电池电流；i_t为提取的容量；$\boldsymbol{i}^*$为低频电流动力学；E_0为恒定电压；K为极化常数；Q为最大电池容量；A为指数电压；B为指数容量。在电池模型中，电池的标称电压为400V，额定容量为58.5A·h，初始SOC为80%，电池响应时间为30s。

DC－DC转换器是使用高频开关和指示器、电容器和变压器将开关噪声平滑到调节直流电压的电路。采用Buck转换器类型，研究电池模型和电机模型之间的转换，以转换400～500V，即轮毂电机模型的工作电压。

10.3.3 电机模型

永磁同步电机是一种具有定子相绕组和转子永磁体的电机。三相定子绕组通过三相交流电产生旋转磁场[37]。转子表面装有优质永磁体，内部装有铁磁性材料，如钕铁、硼或罕见的地球磁性材料，以获得固体磁场[37]。

Simulink Simscape库中的永磁同步电机块在发电机或电机模式下工作。工作模式由机械扭矩符号确定（发动机模式为正，发电机模式为负）。在该研究中，由于这一特点，可以应用再生能量。

下面的等式在转子参考坐标系中表示。转子参考系中的所有值均为定子：

$$\frac{\mathrm{d}}{\mathrm{d}t}i_d=\frac{1}{L_d}V_d-\frac{R}{L_d}i_d+\frac{L_q}{L_d}pw_m\,i_q \tag{10.22a}$$

$$\frac{\mathrm{d}}{\mathrm{d}t}i_d = \frac{1}{L_d}V_d - \frac{R}{L_d}i_d + \frac{L_q}{L_d}p\,w_m\,i_q - \frac{\lambda p w_d}{L_q} \tag{10.22b}$$

$$T_e = 1.5p[\lambda i_q + (L_d - L_q)i_d i_q] \tag{10.22c}$$

式中：L_q和 L_d为 q 和 d 轴的电感；R 为定子绕组的电阻；i_q 和 i_d 为 q 和 d 轴的电流；V_q 和 V_d为 q 和 d 轴的电压；w_m 为转子的角速度；λ 为定子相位中转子永磁体的磁通感应振幅 P 极对数；T_e为电磁扭矩。

圆形电机的相位电感没有变化。凸极圆形电机的 d 和 q 电感公式为

$$L_q = L_d = \frac{L_a b}{2} \tag{10.23a}$$

$$L_q = \frac{\min(L_a b)}{2} \tag{10.23b}$$

$$L_d = \frac{\max(L_a b)}{2} \tag{10.23c}$$

对于三相永磁同步电机的机械系统，转子的角速度为

$$\frac{\mathrm{d}}{\mathrm{d}t}w_m = \frac{1}{\boldsymbol{J}}(\boldsymbol{T}_e - \boldsymbol{T}_f - Fw_m - \boldsymbol{T}_m) \tag{10.24a}$$

$$\frac{\mathrm{d}\theta}{\mathrm{d}t} = w_m \tag{10.24b}$$

式中：$\boldsymbol{J}$ 为转子的惯性和负载；F 为转子黏性摩擦和负载；θ 为转子角位置；$\boldsymbol{T}_m$ 为轴的机械扭矩，$\boldsymbol{T}_f$ 为轴的静电摩擦扭矩；w_m 为转子的角速度。

完整的电机模型由 8 个电机组成，其中 4 个用于充电过程，其他 4 个用于负扭矩情况下的充电过程。充电电机能够增加电池的 SOC。同时，Simscape 库用于电机模型中逆变器、速度和矢量控制器。

10.4　仿真结果

本节所选模拟车辆是一个小型的 4WIA 车辆，主要物理和动态参数如表 10.1 所示。

表 10.1　4WIA 车辆的参数

参数	值	单位
车身质星（m）	830	kg
转子的横摆力矩（$\boldsymbol{J}$）	11109	kg · m^2
齿轮到前轴的距离（l_1）	1.103	m

续表

参数	值	单位
齿轮到后轴的距离（l_2）	1.244	m
前轮距（b_f）	1416	m
后轮距（b_r）	1.375	m
齿轮的高度（h_{COG}）	0.54	m
前侧偏刚度（c_1）	22	kN/rad
后侧偏刚度（c_2）	85	kN/rad
空气动力学阻力系数（c_w）	0.343	—
前接触面（A）	1.6	m^2

自动4WIA 车辆的仿真任务是沿着 Waterford Michigan 赛道。跑道的几何形状如图 10.7 所示。图 10.7（a）、（b）所示为车辆路径包含不同类型的弯曲和道路斜坡。注意，在仿真过程中，自动4WIA 车辆的参考速度也会改变，请参见图 10.7（c）。

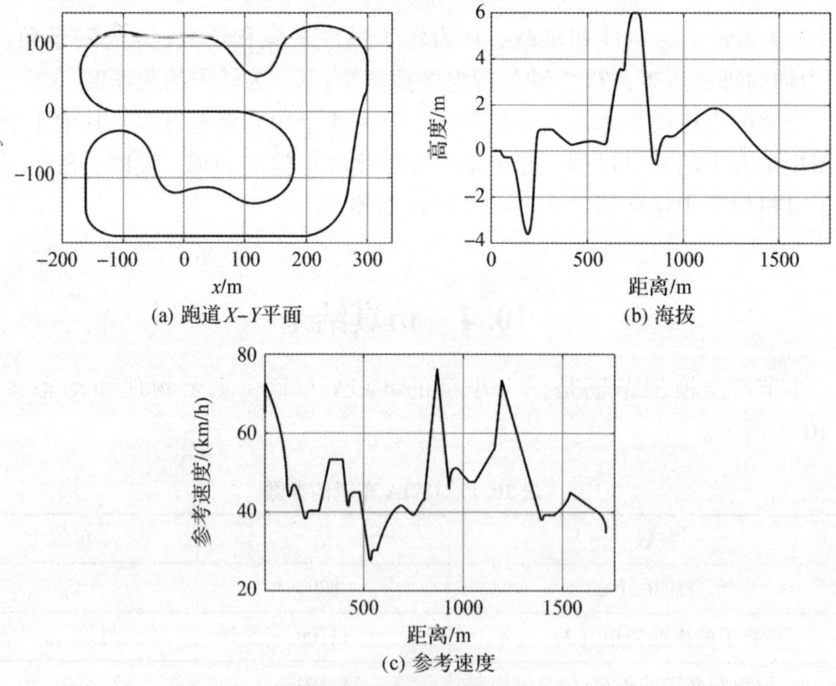

图 10.7　参考速度和路径

仿真的目的是验证所提出的容错和能量最优重新配置控制方法的有效性。因此，执行两个仿真：在第一个仿真中，车辆由 $\rho_2=0.5$ 的固定高级控制器设置和文献［38］（正常情况）中给出的分析轮扭矩分配方法控制，而在第二个仿真中，根据基于电池 SOC 的分析结果和前一章中（能量最佳情况）详述的能量最优扭矩分配方法重新配置控制。

使用广泛使用的轮速度传感器和陀螺仪，可以在真实车辆中测量多个车辆动态信号，从而在 CarSim 中测量车速、横摆率、纵向和横向加速度。如图 10.8（a）所示，自动 4WIA 车辆受高横向加速度和高横摆率值的影响，如图 10.8（b）所示。

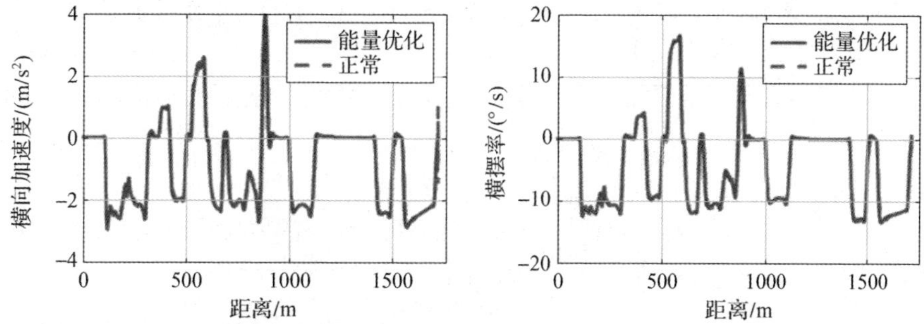

(a) 横向加速度　　(b) 横摆率

图 10.8　4WIA 车辆的动力学

LPV 控制器的调度变量如图 10.9 所示。调度变量 ρ_1 是 4WIA 车辆的速度，在两种情况下类似，如图 10.9（a）所示。然而，如图 10.9（b）所示，在选择调度变量 ρ_2 时可以看出显著的差异，该变量负责转向干预和偏航力矩产生之间的分离。在默认情况下（正常），选择了一个固定 $\rho_2 = 0.5$，表示由转向的转弯，并辅以显著的扭矩矢量控制。通过基于道路曲率和车辆速度，考虑电池 SOC 的拟议重构，ρ_2 随着车辆状态和当前道路曲率的变化而变化。

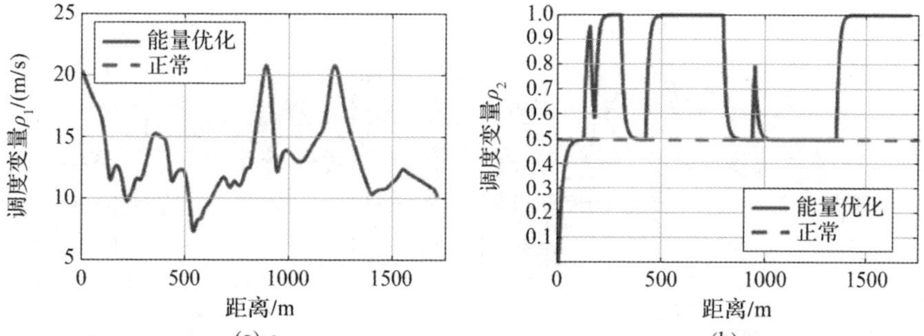

(a) ρ_1　　(b) ρ_2

图 10.9　LPV 控制器的调度变量

图 10.10 显示了两种情况下自动 4WIA 车辆的高级控制信号。注意，图 10.10（a）描绘的纵向力在正常和能量最佳情况下彼此类似。另外，通过所提出的能量最佳重新配置，转向在大多数弯道中更加明显，如图 10.10（b）所示。此外，横摆力矩的产生已经显著降低，如图 10.10（c）所示。因此，可以说，对于所选道路的规定速度，重新配置算法设计了更具转向的执行器选择。

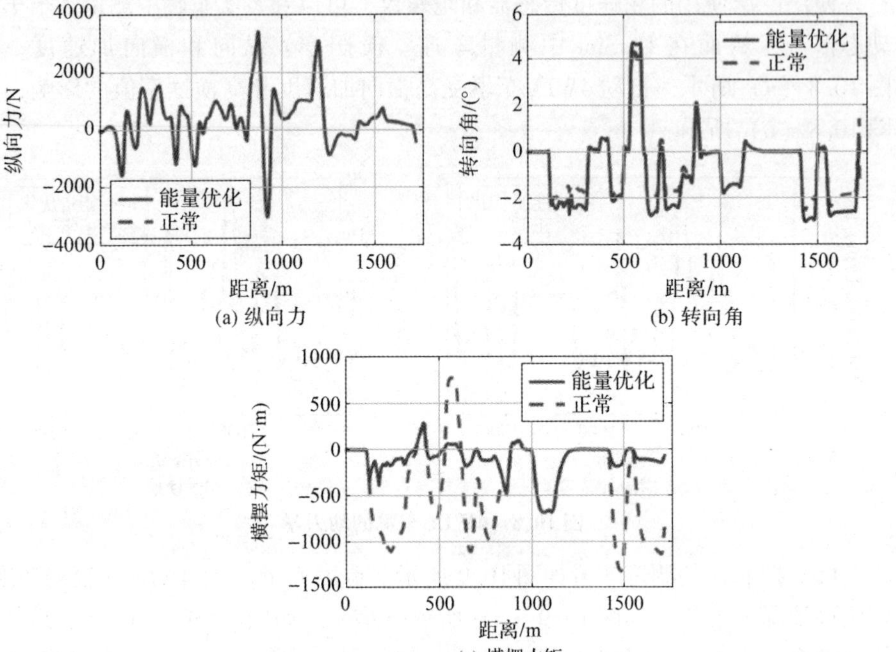

(a) 纵向力
(b) 转向角
(c) 横摆力矩

图 10.10 高级控制信号

相应地，在能量最佳控制中，图 10.11（b）所示的轮毂制动和驱动扭矩小于图 10.11（a）所示的正常控制中的制动扭矩。

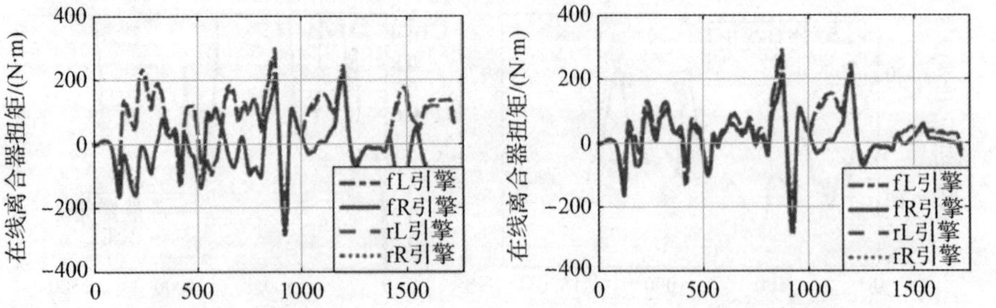

(a) 无重新配置
(b) 有能量优化重新配置

图 10.11 在线离合器扭矩

本章所提出方法的性能如图 10.12 所示。据证明，4WIA 自动车辆在两种情况下均遵循规定的变化速度曲线，具有较小的偏差，如图 10.12（a）所示。尽管赛道的道路环境具有挑战性，且有几种不同类型的弯道，但 4WIA 车辆能够在较小的横向误差下沿着路径行驶，如图 10.12（b）所示。良好的结果说明，通过能量最佳重新配置控制方法和考虑车辆的横摇与纵摇动力学的车轮扭矩分配方法，可以减小横向误差。如图 10.12（c）所示，通过比较电池 SOC 值来证明本章所提出方法的效率。利用所提出的能量最优重新配置方法，80% 的初始 SOC 值下降到仅约 79.4%，而在正常情况下，电池 SOC 值下降至约 79.2%，可见差异显著。

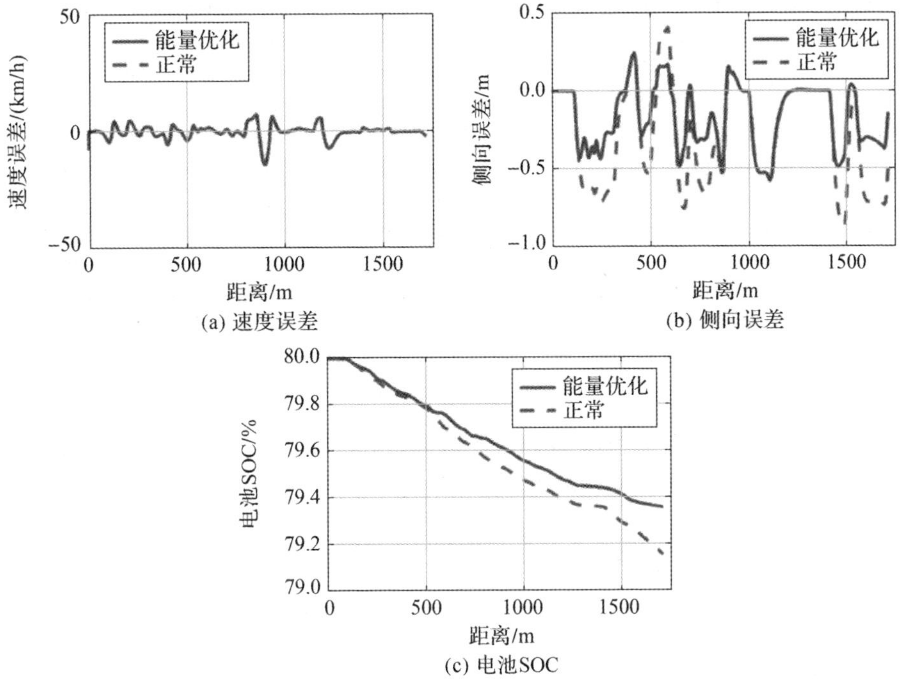

(a) 速度误差　(b) 侧向误差

(c) 电池SOC

图 10.12　不同方法的性能

10.5　结论

本章提出了一种可重构轨迹跟踪控制设计方法，适用于轮毂电机和线控转向系统独立控制的自助式轮毂电动汽车。通过使用 LPV 框架设计调度变量实现了高级控制重新配置，以便处理故障事件，而在正常运行条件下，重新配置的目的是最大化电池 SOC，从而提高轮毂电动汽车的续航里程。根据高保真车辆和电气模型在不同道路条件下的初步仿真结果，设计了能量最优控制重构。最后，在真实数据 CarSim 仿真中验证了所提出方法的有效性，表明了所提出方法具有显著的节能效果。

参考文献

[1] Wu FK, Yeh TJ, Huang CF. Motor control and torque coordination of an electric vehicle actuated by two in-wheel motors. Mechatronics. 2013;23:46–60.

[2] Castro R, Araújo RE, Tanelli M, et al. Torque blending and wheel slip control in EVs with in-wheel motors. Vehicle System Dynamics. 2012;50:71–94.

[3] Xiong L, Yu Z, Wang Y, et al. Vehicle dynamics control of four in-wheel motor drive electric vehicle using gain scheduling based on tyre cornering stiffness estimation. Vehicle System Dynamics. 2012;50:831–846.

[4] Shuai Z, Zhang H, Wang J, et al. Lateral motion control for four-wheel-independent-drive electric vehicles using optimal torque allocation and dynamic message priority scheduling. Control Engineering Practice. 2013;24:55–66.

[5] Wang R, Chen Y, Feng D, et al. Development and performance characterization of an electric ground vehicle with independently actuated in-wheel motors. Journal of Power Sources. 2011;196:3962–3971.

[6] Cheng CL, Xu Z. Wheel torque distribution of four-wheel-drive electric vehicles based on multi-objective optimization. Energies. 2015;8:3815–3831.

[7] Ocran TA, Cao J, Cao B, et al. Artificial neural network maximum power point tracker for solar electric vehicle. Tsinghua Science and Technology. 2005;10:204–208.

[8] Mihály A, Gáspár P. Robust and fault-tolerant control of in-wheel vehicles with cornering resistance minimization. European Control Conference (ECC). 2016;p. 2590–2595.

[9] Mihály A, Gáspár P, Németh B. Robust fault-tolerant control of in-wheel driven bus with cornering energy minimization. Strojniški Vestnik – Journal of Mechanical Engineering. 2017;63(1):35–44.

[10] Szabó B. Vehicle test based validation of a tire brush model using an optical velocity sensor. Periodica Polytechnica. 2012;40:33–38.

[11] Song CK, Uchanski M, Hedrick JK. Vehicle speed estimation using accelerometer and wheel speed measurements. Proc of the SAE Automotive Transportation Technology, Paris. 2002.

[12] Bokor J, Balas G. Linear parameter varying systems: A geometric theory and applications. 16th IFAC World Congress, Prague. 2005.

[13] Wu F, Yang XH, Packard A, et al. Induced L2-norm control for LPV systems with bounded parameter variation rates. International Journal of Nonlinear and Robust Control. 1996;6:983–998.
[14] Takanori F, Shogo M, Kenji M, et al. Active steering systems based on model reference adaptive nonlinear control. Vehicle System Dynamics: International Journal of Vehicle Mechanics and Mobility. 2004;42:301–318.
[15] Tahami F, Kazemi R, Farhanghi S. A novel driver assist stability system for all-wheel-drive electric vehicles. IEEE Transactions on Vehicular Technology. 2003;52:683–692.
[16] Ifedi CJ, Mecrow BC, Brockway STM, et al. Fault tolerant in-wheel motor topologies for high performance electric vehicles. IEEE Transactions on Industry Applications. 2013;49:1249–1257.
[17] Wang R, Wang J. Fault-tolerant control for electric ground vehicles with independently-actuated in-wheel motors. Journal of Dynamic Systems, Measurement, and Control. 2012;134(2):021014.
[18] Hu JS, Yin D, Hori Y. Fault-tolerant traction control of electric vehicles. Control Engineering Practice. 2011;19(2):204–213.
[19] Li B, Du H, Li W. Fault-tolerant control of electric vehicles with in-wheel motors using actuator-grouping sliding mode controllers. Mechanical Systems and Signal Processing. 2016;19:72–73:462–485.
[20] Tian C, Zong C, He L, et al. Fault tolerant control method for steer-by-wire system. Proceedings of the 2009 IEEE International Conference on Mechatronics and Automation. 2009;p. 291–295.
[21] Zheng B, Altemare C, Anwar S. Fault tolerant steer-by-wire road wheel control system. American Control Conference. 2005;p. 1619–1624.
[22] Hu C, Jing H, Wang R, et al. Fault-tolerant control of FWIA electric ground vehicles with differential drive assisted steering. 9th IFAC Symposium on Fault Detection, Supervision and Safety for Technical Processes (Safeprocess'15). 2015;48;p. 1180–1185.
[23] Jing H, Wang R, Chadli M, et al. Fault-tolerant control of four-wheel independently actuated electric vehicles with active steering systems. 9th IFAC Symp Fault Detection, Supervision and Safety for Technical Processes. 2015;48; p. 1165–1172.
[24] Im JS, Ozaki F, Yeu TK, et al. Model-based fault detection and isolation in steer-by-wire vehicle using sliding mode observer. Journal of Mechanical Science and Technology. 2009;23:1991–1999.
[25] Nguyen TH, Chen BC, Yin D, et al. Active fault tolerant torque distribution control of 4 in-wheel motors electric vehicles based on Kalman filter approach. International Conference on System Science and Engineering (ICSSE). 2017;p. 1619–1624.
[26] Mihály A, Gáspár P. Reconfiguration control of in-wheel electric vehicle based on battery state of charge. European Control Conference (ECC). 2018;p. 243–248.
[27] Mihály A, Németh B, Gáspár P. Look-ahead control of road vehicles for safety and economy purposes. Control Conference (ECC), 2014 European. 2014;

p. 714–719.

[28] Al Emran Hasan MM, Ektesabi M, Kapoor A. Pollution control and sustainable urban transport system-electric vehicle. International Journal of Transport and Vehicle Engineering. 2011;5(6):374–379.

[29] Papelis YE, Watson GS, Brown TL. An empirical study of the effectiveness of electronic stability control system in reducing loss of vehicle control. Accident Analysis & Prevention. 2010;42(3):929–934.

[30] Kiencke U, Nielsen L. Automotive Control Systems. Berlin, Heidelberg: Springer Verlag; 2005.

[31] Tremblay O, Dessaint LA. Experimental validation of a battery dynamic model for EV applications. World Electric Vehicle Journal. 2009;3(2):289–298.

[32] Han X, Ouyang M, Lu L, et al. Cycle life of commercial lithium-ion batteries with lithium titanium oxide anodes in electric vehicles. Energies. 2014;7(8):4895–4909.

[33] Deng D, Kim MG, Lee JY, et al. Green energy storage materials: Nanostructured TiO_2 and Sn-based anodes for lithium-ion batteries. Energy & Environmental Science. 2009;2(8):818–837.

[34] Barbarisi O, Vasca F, Glielmo L. State of charge Kalman filter estimator for automotive batteries. Control Engineering Practice. 2006;14:264–275.

[35] Verbrugge M, Tate E. Adaptive state of charge algorithm for nickel metal hydride including hysteresis phenomena. Journal of Power Sources. 2004;126:236–249.

[36] Shepherd CM. Design of primary and secondary cells II. An equation describing battery discharge. Journal of the Electrochemical Society. 1965;112(7):657–664.

[37] Boby K, Kottalil AM, Ananthamoorthy N. Mathematical modelling of PMSM vector control system based on SVPWM with PI controller using Matlab. International Journal of Advanced Research in Electrical, Electronics and Instrumentation Engineering. 2013;2(1):689–695.

[38] Gáspár P, Bokor J, Mihály A, et al. Robust reconfigurable control for in-wheel electric vehicles. 9th IFAC Symposium on Fault Detection, Supervision and Safety for Technical Processes (Safeprocess'15). 2015;p. 36–41.

第 11 章　用于过驱动飞行器的基于零空间的输入重构架构

本章提出了一种适用于过驱动飞行器的动态输入重构架构，以适应执行器故障。该方法基于工厂动力学的线性参数变化模型计算动态零空间。如果系统中没有不确定性，那么通过零空间过滤的任何信号都不会对设备输出产生影响。这使得重新配置输入成为可能，而且不会影响标称控制回路和标称控制性能。由于输入分配机制与基线控制器的结构无关，因此即使基线控制器不具有解析形式，也可以应用该机制。通过为罗克韦尔 B－1 Lancer 飞机设计容错控制器的案例研究，证明了所提出算法的适用性。

只有通过最先进的容错控制（FTC）技术才能满足安全关键飞行控制系统的可靠性和环境可持续性的最严格要求[1-2]。FTC 系统需要检测和识别故障，然后通过重新配置控制系统来补偿其影响[3]。对飞机环境影响的关注引发了对更高性能飞行控制系统的需求，这导致了从鲁棒被动 FTC 到主动方法的范式转变，该方法依赖于具有可认证算法的切换、增益计划或线性参数变化（LPV）方法[4]。在过去几年中，已经提出了各种各样的 FTC 设计方法[5-6]。

本章重点介绍执行器故障情况下的重新配置任务。这里考虑的方法是控制输入再分配[7]，其目的是通过重新配置剩余的飞行控制面来补偿执行器故障，从而使故障引起的性能下降尽可能小。解决此问题的一种可能方法是基于飞机动力学的零空间（或内核）。只有在系统中具有控制输入冗余的情况下才能应用这些算法[8]。由于在航空航天应用中经常出现这种情况[9]，这种方法是容错飞行控制设计的一种很有前景的方法。

经典的基于内核的算法假设输入方向矩阵不变，因此使用静态矩阵内核[7-8]。这个概念在文献［10－11］中通过使用动态零空间生成器进行了扩展。尽管这些论文中提出的概念与此处讨论的概念相似，但文献［10－11］中的算法高度依赖于线性时不变（LTI）框架，因此将其扩展到参数变化的情况会引发一些理论问题。本章提出了一种不同的方法，该方法也适用于 LPV 应用。

本章所提出的重构架构的主要组成部分是受控 LPV 对象模型的零空间。尽管动态系统的零空间在其他几个控制领域也具有重要意义[12-14]，但到目前为止，其数值计算仅得到部分解决。在文献［15］中，提出了一种基于矩阵铅笔的算法来计算 LTI 系统的动态内核。尽管这种方法计算效率高，但它基于频域公式，这阻止了它扩展到 LPV 系统。在文献［12］中，参数相关的无记忆矩阵的零空间与控制器设计相关。本章采用线性分数表示（LFR），但不考虑动态核的情况。此外，没有对文献［12］中的方法进行分析，因此不能保证内核基础的明确定义，这也是在任何进一步设计过程中使用内核所必需的。LFR－Toolbox[16]还提供了一种计算零空间的方法。该方法类似于文献［12］中给出的算法，也适用于动力系统，但它不适用于一般情况，因为它需要满足某些秩条件。本章修改了现有方法，并构建了一个完整的核计算工具，该工具也可应用于参数相关矩阵和 LTI/LPV 动力系统。

本章结构如下：11.1 节和 11.2 节专门讨论了参数变化零空间的数值计算。在 11.3 节中讨论了提出的执行器重构架构。11.4 节介绍了使用 B－1 飞机的仿真示例，11.5 节对本章进行总结。

11.1 参数变化系统的基于反演的零空间计算

在本节中，定义线性映射的零空间，并解决与其数值计算相关的问题。

11.1.1 线性映射的零空间

定义 11.1（零空间及其生成器） 令 L 表示线性映射，将线性输入空间 $\mathcal{U}$ 的元素分配给线性输出空间 $\mathcal{Y}$ 的元素。L 的（右）零空间（核），用 $\mathcal{N}(L)$ 表示，是 $\boldsymbol{\mathcal{U}}$ 映射到 0 的子集（子空间），即 $\mathcal{N}(L)=\{u\in\mathcal{U}\mid Lu=0\}$。如果对于某个线性映射 $\boldsymbol{N}:\mathcal{W}\to\mathcal{U},\boldsymbol{N}(\boldsymbol{L})=\boldsymbol{I}\mathrm{m}(N)$，则 N 称为零空间的生成器。

以下引理给出了之后推导的零空间构造算法的基础。

引理 11.1 令 $\boldsymbol{L}:\mathcal{U}\to\mathcal{Y}$ 和 $\boldsymbol{Q}:\mathcal{U}\to\mathcal{Z}$ 是两个线性映射，使得 $\begin{bmatrix}\boldsymbol{L}\\ \boldsymbol{Q}\end{bmatrix}:\mathcal{U}\to\mathcal{Y}\times\mathcal{Z}$ 是可逆的。则 $\boldsymbol{\mathcal{N}}(\boldsymbol{L})=\mathbf{Im}\left(\begin{bmatrix}\boldsymbol{L}\\ \boldsymbol{Q}\end{bmatrix}^{-1}\begin{bmatrix}\boldsymbol{0}\\ \boldsymbol{I}\end{bmatrix}\right)$。

证明：（必要性）令 $z\in\mathrm{Im}\left(\begin{bmatrix}\boldsymbol{L}\\ \boldsymbol{Q}\end{bmatrix}^{-1}\begin{bmatrix}\boldsymbol{0}\\ \boldsymbol{I}\end{bmatrix}\right)$，如 $z=\begin{bmatrix}\boldsymbol{L}\\ \boldsymbol{Q}\end{bmatrix}^{-1}\begin{bmatrix}\boldsymbol{0}\\ \boldsymbol{I}\end{bmatrix}\boldsymbol{r}$。若 $[\boldsymbol{M}\ \boldsymbol{N}]=$

$\begin{bmatrix} \boldsymbol{L} \\ \boldsymbol{Q} \end{bmatrix}^{-1}$，则 $\boldsymbol{L}z = \boldsymbol{L}[\boldsymbol{M}\ \boldsymbol{N}]\begin{bmatrix} 0 \\ \boldsymbol{I} \end{bmatrix}\boldsymbol{r} = [\boldsymbol{I}\ 0]\begin{bmatrix} 0 \\ \boldsymbol{I} \end{bmatrix}\boldsymbol{r} = 0$。

（充分性）令 z 使得 $\boldsymbol{L}z = \boldsymbol{0}$，有 $\boldsymbol{r} = \boldsymbol{Q}z$，$\begin{bmatrix} \boldsymbol{L} \\ \boldsymbol{Q} \end{bmatrix}z = \begin{bmatrix} \boldsymbol{0} \\ \boldsymbol{Q}z \end{bmatrix} = \begin{bmatrix} \boldsymbol{0} \\ \boldsymbol{I} \end{bmatrix}\boldsymbol{r}$，表明 $z \in \mathrm{Im}\left(\begin{bmatrix} \boldsymbol{L} \\ \boldsymbol{Q} \end{bmatrix}^{-1}\begin{bmatrix} 0 \\ \boldsymbol{I} \end{bmatrix}\right)$。

由于引理 11.1 中的零空间是使用扩展映射$\begin{bmatrix} \boldsymbol{L} \\ \boldsymbol{Q} \end{bmatrix}$的逆生成的，因此基于该公式的算法称为基于逆的算法。现在考虑参数变化的无记忆矩阵和 LPV 系统两类特殊的线性映射，并使用引理 11.1 构造它们的零空间。

11.1.2　无记忆矩阵

设 $\boldsymbol{M}(\rho)$是依赖参数的无记忆矩阵，使得 $\boldsymbol{M}:\Omega\rightarrow\mathbb{R}^{n_y\times n_u}$，式中 ρ 收集n_ρ随时间变化的参数，其取值来自集合 $\Omega\subseteq\mathbb{R}^{n_\rho}$。对于简洁的表示法，本节作如下约定：$\rho$ 通常表示时变参数，但当用 $\rho\in\Omega$ 来指代 ρ 时，指的是参数向量的所有可能值。假设 $0\in\Omega$，$n_y<n_u$，还假设 $\boldsymbol{M}(\rho)$对所有 $\rho\in\Omega$ 都具有完整的行秩。（我们只关注这种情况，因为在下一节中它足以构造 LPV 系统的零空间）如果参数依赖是线性分数的，那么在 LFR 中可以给出 $\boldsymbol{M}(\rho)$如下：

$$\boldsymbol{M}(\rho) = \boldsymbol{M}_{21}\boldsymbol{\Delta}(\rho)(\boldsymbol{I}-\boldsymbol{M}_{11}\boldsymbol{\Delta}(\rho))^{-1}\boldsymbol{M}_{12} + \boldsymbol{M}_{22} = \mathcal{F}_u\left(\begin{bmatrix} \boldsymbol{M}_{11} & \boldsymbol{M}_{12} \\ \boldsymbol{M}_{21} & \boldsymbol{M}_{22} \end{bmatrix}, \boldsymbol{\Delta}\right) \tag{11.1}$$

式中：$\boldsymbol{M}_{ij}$为常数矩阵；Δ：$\Omega\rightarrow\Delta_{\mathrm{set}}\subset\mathbb{R}^{r_\Delta\times c_\Delta}$为一个参数相关矩阵，其条目在 ρ 中是线性的，$\boldsymbol{M}_{22}$是行满秩。如果 $\boldsymbol{I}-\boldsymbol{M}_{11}\Delta(\rho)$ 对所有 $\rho\in\Omega$ 是可逆的，则表示是明确定义的。

根据定义 11.1，$\boldsymbol{M}(\rho)$的核是满足 $\boldsymbol{M}(\rho)\boldsymbol{u} = \boldsymbol{0}$，$\forall\rho\in\Omega$ 的所有输入向量 $\boldsymbol{u}\subseteq\mathbb{R}^{n_u}$的集合。基于引理 11.1，零空间的生成器可以通过找到一个（通常）依赖于参数的矩阵 $\boldsymbol{Q}(\rho)$来构造，使得$[\boldsymbol{M}(\rho)^{\mathrm{T}}\ \boldsymbol{Q}(\rho)^{\mathrm{T}}]^{\mathrm{T}}$ 对于所有 $\rho\in\Omega$ 是可逆的。由于通常还为零空间生成器的参数相关性规定了一些额外的平滑特性，因此在实践中很难找到可接受的 $\boldsymbol{Q}(\rho)$。因此，基于文献［16］中的思想，可以应用以下算法：选择某个参数值 ρ^* 并找到（与参数无关的）$\boldsymbol{Q}$，使得$[\boldsymbol{M}(\rho^*)^{\mathrm{T}}\boldsymbol{Q}^{\mathrm{T}}]^{\mathrm{T}}$ 是可逆的。（不失一般性，可以选择 $\rho^* = 0$，即 $\boldsymbol{M}(\rho^*) = \boldsymbol{M}_{22}$，$\boldsymbol{Q}$ 可以选为 $\boldsymbol{M}_{22}$ 零空间的基）然后在整个参数域上使用 $\boldsymbol{Q}$，即考虑矩阵

$[\boldsymbol{M}(\rho)^{\mathrm{T}}\boldsymbol{Q}^{\mathrm{T}}]^{\mathrm{T}}$。基于文献［16］，可得$[\boldsymbol{M}(\rho)^{\mathrm{T}}\boldsymbol{Q}^{\mathrm{T}}]^{\mathrm{T}}$的正式逆，因此根据引理11.1，可以LFR形式获得$\mathcal{N}(\boldsymbol{M}(\rho))$的正式生成器，即

$$\boldsymbol{N}(\rho)=\mathcal{F}_u\left(\begin{bmatrix}\boldsymbol{M}_{11}-\boldsymbol{M}_{12}\boldsymbol{X}\boldsymbol{M}_{21} & \boldsymbol{M}_{12}\boldsymbol{Y}\\ -\boldsymbol{X}\boldsymbol{M}_{21} & \boldsymbol{Y}\end{bmatrix},\Delta\right) \tag{11.2}$$

式中：$\begin{bmatrix}\boldsymbol{M}_{22}\\ \boldsymbol{Q}\end{bmatrix}^{-1}=[\boldsymbol{X}\ \boldsymbol{Y}]$，使得$\boldsymbol{M}_{22}\boldsymbol{X}=\boldsymbol{I}$，$\boldsymbol{M}_{22}\boldsymbol{Y}=0$。

我们称之为逆函数和生成器形式，因为如果$[\boldsymbol{M}(\rho)^{\mathrm{T}}\boldsymbol{Q}^{\mathrm{T}}]^{\mathrm{T}}$对于所有$\rho\in\Omega$不可逆，则式（11.2）没有明确定义。通过找到因子分解$\boldsymbol{N}(\rho)=\boldsymbol{N}_r(\rho)\boldsymbol{M}_r(\rho)^{-1}$使得$\boldsymbol{N}_r(\rho)$是明确定义的，可以实现明确定义和可逆性。很明显，$\boldsymbol{N}_r(\rho)$与$\boldsymbol{N}(\rho)$跨越相同的零空间，因此$\boldsymbol{N}(\rho)$可以用$\boldsymbol{N}_r(\rho)$代替。不幸的是，没有通用算法可以在所有情况下找到上述因式分解。相反，有些方法通常适用于实际情况。

（1）在尝试任何分解方法之前，建议先实现$\boldsymbol{N}(\rho)$的最小化。这意味着用较小的$\boldsymbol{\Delta}$找到$\boldsymbol{N}(\rho)$的等效表示。文献［17］和文献［18］中提出并由LFR工具箱[16]的minlfr函数实现的可观测性和可达性分解是一种可能的算法，以最小化实现。尽管该算法在多种情况下是有效的，但它具有不可忽略的局限性：它只能处理对角线Δ，并且只寻求与参数块相关的变换。

（2）找到一个矩阵$\boldsymbol{F}$，使得$\boldsymbol{N}_r(\rho)$和$\boldsymbol{M}_r(\rho)$定义明确。

$$\begin{bmatrix}\boldsymbol{M}_r(\rho)\\ \boldsymbol{N}_r(\rho)\end{bmatrix}=\mathcal{F}_{\mathrm{u}}\left(\left[\begin{array}{cc}\boldsymbol{N}_{11}+\boldsymbol{N}_{12}\boldsymbol{F} & \boldsymbol{N}_{12}\\ \hline \boldsymbol{F} & \boldsymbol{I}\\ \\ \boldsymbol{N}_{21}+\boldsymbol{N}_{22}\boldsymbol{F} & \boldsymbol{N}_{22}\end{array}\right],\boldsymbol{\Delta}\right) \tag{11.3}$$

根据构造，$\boldsymbol{N}(\rho)=\boldsymbol{N}_r(\rho)\boldsymbol{M}_r(\rho)^{-1}$，因此式（11.3）是核的合适因式分解。不幸的是，这种方法不能适用于所有情况：存在定义不明确的系统（即使在最小实现中），对于这些系统，不存在合适的$\boldsymbol{F}$，但仍然可以找到定义良好的左右分解。请参见文献［19］中的示例。

（3）显然，$\boldsymbol{N}(\rho)$的项是δ_i-s的有理函数。如果$p(\rho)$表示负责$\boldsymbol{N}(\rho)$的极点的项的乘积，则可以通过选择$\boldsymbol{N}_r(\rho)=N(\rho)(p(\rho)/q(\rho))$和$\boldsymbol{M}_r(\rho)=(p(\rho)/q(\rho))$来获得可能的因式分解，其中$q(\rho)$是任意多项式，在$\Omega$中没有零。这样就可以完全消除不明确的情况。该算法的唯一弱点是在较大维度的情况下难以找到$\boldsymbol{N}(\rho)$的极点。

11.1.3 LPV 系统

现在考虑通常状态空间形式的 LPV 系统：

$$G:\begin{aligned}\dot{\boldsymbol{x}} &= \boldsymbol{A}(\rho)\boldsymbol{x}+\boldsymbol{B}(\rho)\boldsymbol{u}\\ \boldsymbol{y} &= \boldsymbol{C}(\rho)\boldsymbol{x}+\boldsymbol{D}(\rho)\boldsymbol{u}\end{aligned} \tag{11.4}$$

式中：ρ 从 $\Omega\subseteq\mathbb{R}^{n_\rho}$ 中收集随时间变化的调度参数；$\boldsymbol{u}$：$\mathbb{R}_+\to\mathbb{R}^{n_u}$，$\boldsymbol{y}$：$\mathbb{R}_+\to\mathbb{R}^{n_y}$，$\boldsymbol{x}$：$\mathbb{R}_+\to\mathbb{R}^{n_x}$分别是输入、输出和状态向量。如果 $\boldsymbol{x}(0)=0$，式（11.4）定义了一个线性映射，该映射唯一分配给任何输入信号 $\boldsymbol{u}(t)$ 输出信号 $\boldsymbol{y}(t)$。此外，这个映射，用 $G(\rho,\mathcal{I})$ 表示，可以在 LFR 中给出如下：

$$\boldsymbol{G}(\rho,\mathcal{I})=\mathcal{F}_u\left(\begin{bmatrix}\boldsymbol{A}(\boldsymbol{\rho}) & \boldsymbol{B}(\boldsymbol{\rho})\\ \boldsymbol{C}(\boldsymbol{\rho}) & \boldsymbol{D}(\boldsymbol{\rho})\end{bmatrix},\mathcal{I}\right) \tag{11.5}$$

式中：$\mathcal{I}$ 用于表示积分运算符的 n_x 维对角矩阵，使得 $\boldsymbol{v}=\mathcal{I}\boldsymbol{z}$ 表示 $\boldsymbol{v}_i(t)=\int_0^t \boldsymbol{z}_i(t)\,\mathrm{d}t, i=1,2,\cdots,n_x$ 且 $\boldsymbol{v}(0)=\boldsymbol{x}(0)=0$。使用定义 11.1，现在可以将 $G(\rho,\mathcal{I})$ 的零空间定义为映射到常数 0 输出的所有输入信号的集合。由于零初始条件，即使 G 是一个不稳定系统，零空间的定义也是有意义的。在本节的剩余部分，将给出了一个算法来构造零空间的生成器。

为了继续，对 $\boldsymbol{G}$ 进行了两个额外的假设：①$D(\rho)$ 的项是参数的线性分数函数；②$D(\rho)$ 是所有 $\rho\in\Omega$ 的行满秩矩阵。假设①对使用 LFR 公式没有限制性和必要性。假设②有助于讨论，并将在本节结束时放宽。这两个假设意味着存在一个定义良好的生成器 $\boldsymbol{N}_D(\rho)$ 对于 $D(\rho)$ 的零空间使得 $\boldsymbol{D}'(\rho)=\begin{bmatrix}\boldsymbol{D}(\rho)\\ \boldsymbol{N}_D(\rho)\end{bmatrix}=\mathcal{F}_u\left(\begin{bmatrix}\boldsymbol{D}'_{11} & \boldsymbol{D}'_{12}\\ \boldsymbol{D}'_{21} & \boldsymbol{D}'_{22}\end{bmatrix},\boldsymbol{\Delta}'\right)$ 对于所有 $\rho\in\Omega$ 是可逆的。可以通过应用以下公式[16]来确定逆，并考虑与上一节类似的因素：

$$\begin{cases}\boldsymbol{D}'(\rho)^{-1}=\mathcal{F}_u\left(\begin{bmatrix}\boldsymbol{D}''_{11} & \boldsymbol{D}''_{12}\\ \boldsymbol{D}''_{21} & \boldsymbol{D}''_{22}\end{bmatrix},\boldsymbol{\Delta}'\right)\\ D''_{11}=D'_{11}-D'_{12}(D'_{22})^{-1}D'_{21},\quad D''_{12}=D'_{12}(D'_{22})^{-1}\\ D''_{21}=-(D'_{22})^{-1}D'_{21},\quad D''_{22}=(D'_{22})^{-1}\end{cases} \tag{11.6}$$

$\boldsymbol{D}'_{22}$的可逆性由以下事实保证：$\boldsymbol{D}'(\rho)$ 对于所有 $\rho\in\Omega$ 都是可逆的，并且假设为 $0\in\Omega$。令 $\boldsymbol{D}'(\rho)^{-1}$ 划分为 $[\boldsymbol{X}(\rho)\boldsymbol{Y}(\rho)]$ 使得 $\boldsymbol{D}(\rho)\boldsymbol{X}(\rho)=\boldsymbol{I}$ 和 $\boldsymbol{D}(\rho)\boldsymbol{Y}(\rho)=0$。然后，通过使用式（11.2），生成器 $\mathcal{N}(\boldsymbol{G}(\rho,\mathcal{I}))$ 可以计算为

$$\begin{cases} \boldsymbol{N}(\rho,\mathcal{S}) = \mathcal{F}_u\left(\begin{bmatrix} \boldsymbol{A}_o(\boldsymbol{\rho}) & \boldsymbol{B}_o(\boldsymbol{\rho}) \\ \boldsymbol{C}_o(\boldsymbol{\rho}) & \boldsymbol{D}_o(\boldsymbol{\rho}) \end{bmatrix}, \boldsymbol{\mathcal{I}}\right) \\ A_o(\rho) = A(\rho) - B(\rho)X(\rho)C(\rho), \quad B_o(\rho) = B(\rho)Y(\rho) \\ C_o(\rho) = -X(\rho)C(\rho), \quad D_o(\rho) = Y(\rho) \end{cases} \tag{11.7}$$

注意：$\boldsymbol{N}(\rho,\boldsymbol{\mathcal{I}})$为积分器的一个 LFR，因此它总是被很好地定义[19]。通过构造，线性映射$\boldsymbol{v}=\boldsymbol{N}(\rho,I)\boldsymbol{w}$将动态（LPV）系统的输出响应$\boldsymbol{v}(t)$分配给输入信号$\boldsymbol{w}(t)$：

$$N: \begin{matrix} \dot{\boldsymbol{x}}_o = \boldsymbol{A}_o(\rho)\boldsymbol{x}_o + \boldsymbol{B}_o(\rho)\boldsymbol{w} \\ \boldsymbol{v} = \boldsymbol{C}_o(\rho)\boldsymbol{x}_o + \boldsymbol{D}_o(\rho)\boldsymbol{w} \end{matrix} \tag{11.8}$$

式中：$\boldsymbol{x}_o(0)=0$。由于实用性，我们对稳定的零空间生成器感兴趣，因此如果$\boldsymbol{N}$不稳定，则必须使其稳定。为此，可以使用与式（11.3）类似的因式分解。接下来，假设 3：存在稳定状态反馈增益$\boldsymbol{F}(\rho)$，使得$\boldsymbol{A}_o(\rho)+\boldsymbol{B}_o(\rho)\boldsymbol{F}(\rho)$渐近稳定。然后

$$\begin{bmatrix} \boldsymbol{M}_r(\rho,\boldsymbol{\mathcal{I}}) \\ \boldsymbol{N}_r(\rho,\boldsymbol{\mathcal{I}}) \end{bmatrix} = \mathcal{F}_u\left(\begin{bmatrix} \boldsymbol{A}_o(\boldsymbol{\rho}) + \boldsymbol{B}_o(\boldsymbol{\rho})\boldsymbol{F}(\boldsymbol{\rho}) & \boldsymbol{B}_o(\boldsymbol{\rho}) \\ \boldsymbol{F}(\boldsymbol{\rho}) & \boldsymbol{\mathcal{I}} \\ \boldsymbol{C}_o(\boldsymbol{\rho}) + \boldsymbol{D}_o(\boldsymbol{\rho})\boldsymbol{F}(\boldsymbol{\rho}) & \boldsymbol{D}_o(\boldsymbol{\rho}) \end{bmatrix}, \boldsymbol{\mathcal{I}}\right)$$

等式$\boldsymbol{N}(\rho,\boldsymbol{\mathcal{I}})=\boldsymbol{N}_r(\rho,\boldsymbol{\mathcal{I}})\boldsymbol{M}_r(\rho,\boldsymbol{\mathcal{I}})^{-1}$成立，所以$\boldsymbol{N}_r(\rho,\boldsymbol{\mathcal{I}})$定义了一个稳定的生成器系统。

在 FTC 框架中，$\boldsymbol{N}$的作用是为$\boldsymbol{G}$生成一个不影响其输出的输入重新配置信号。一般互连如图 11.1 所示。假设$\boldsymbol{G}$连接在一个闭环中，使得$\boldsymbol{u}_s$是由某个（基线）控制器生成的稳定输入。接下来研究实际情况下的系统行为，当$\boldsymbol{G}$的初始状态不同于零且也未知时，假设$\boldsymbol{N}$是稳定的，并且从零初始状态开始。由于系统是线性的，$\boldsymbol{G}$通过$\boldsymbol{u}_s(t)$稳定，$\boldsymbol{N}$稳定，由非零初始条件产生的状态瞬变消失，$\boldsymbol{G}$的输出收敛到对应于$\boldsymbol{u}_s(t)$的响应，因此$\boldsymbol{w}(t)$会影响$\boldsymbol{y}(t)$。

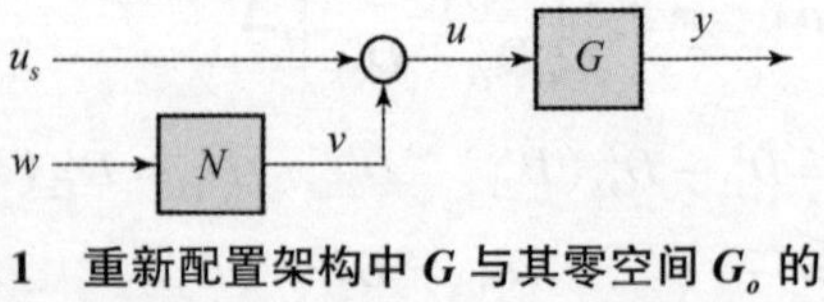

图 11.1　重新配置架构中 G 与其零空间 G_o 的互连

最后，假设条件①不成立，即$\boldsymbol{D}(\rho)$不是一个行满秩矩阵。在这种情况下，仍然可以通过迭代将导致秩不足的输出替换为它们的时间导数来实现行矩阵$\boldsymbol{D}'$的满秩属性。这个想法与文献［20］中用于构造线性系统的逆的想法相

同。以下算法总结了该过程的主要步骤。为简单起见，我们给出了 LTI 系统的程序，可以类似地处理参数变化的情况。

算法 1：为简单起见，假设 $[\boldsymbol{C}\ \boldsymbol{D}]$ 为行满秩，即排除了琐碎的输出冗余。设 $\boldsymbol{C}_1=\boldsymbol{C}$，$\boldsymbol{D}_1=\boldsymbol{D}$，$\boldsymbol{y}_1=\boldsymbol{y}$，$k=1$。
（1）如果 $\boldsymbol{D}_k\neq 0$，则按 $\boldsymbol{D}_k=[\boldsymbol{U}_{k,1}\quad \boldsymbol{U}_{k,2}]\begin{bmatrix}\Sigma_k & 0\\ 0 & 0\end{bmatrix}\begin{bmatrix}\boldsymbol{V}_k^*,1\\ \boldsymbol{V}_{k,2}^*\end{bmatrix}$ 的方式对 $\boldsymbol{D}_k$ 进行奇异值分解，并使用可逆矩阵 $\boldsymbol{U}_k^*$ 进行线性变换，此时 $\tilde{\boldsymbol{y}}_k=\boldsymbol{U}_k^*\boldsymbol{y}_k=\begin{bmatrix}\boldsymbol{U}_{k,1}^*\boldsymbol{C}_k\boldsymbol{x}+\boldsymbol{\Sigma}_k\boldsymbol{V}_{k,1}^*\boldsymbol{u}\\ \boldsymbol{U}_{k,2}^*\boldsymbol{C}_k\boldsymbol{x}\end{bmatrix}=\begin{bmatrix}\boldsymbol{C}_{k,11}\boldsymbol{x}+\boldsymbol{D}_{k,1}\boldsymbol{u}\\ \boldsymbol{C}_{k,2}\boldsymbol{x}\end{bmatrix}=\begin{bmatrix}\tilde{\boldsymbol{y}}_{k,1}\\ \tilde{\boldsymbol{y}}_{k,2}\end{bmatrix}$，如果 $\boldsymbol{D}_k=0$，则 $\tilde{\boldsymbol{y}}_{k,2}=\boldsymbol{y}_k$ 且不存在 $\tilde{\boldsymbol{y}}_{k,1}$。 （2）将 $\tilde{y}_{k,2}$ 替换为其时间导数，即新的输出方程定义如下： $$\boldsymbol{y}_{k+1}=\begin{bmatrix}\boldsymbol{C}_{k,1}\\ \boldsymbol{C}_{k,2}\boldsymbol{A}\end{bmatrix}\boldsymbol{x}+\begin{bmatrix}\boldsymbol{D}_{k,1}\\ \boldsymbol{C}_{k,2}\boldsymbol{B}\end{bmatrix}\boldsymbol{u}=\boldsymbol{C}_{k+1}\boldsymbol{x}+\boldsymbol{D}_{k+1}\boldsymbol{u}$$ （3）设 $k:=k+1$。如果 $\boldsymbol{D}_k$ 行满秩，则终止并转至步骤（4），否则转至步骤（1）。 （4）将转换后的系统定义如下： $$\boldsymbol{G}':\begin{matrix}\dot{\boldsymbol{x}} & =\boldsymbol{A}\boldsymbol{x}+\boldsymbol{B}\boldsymbol{u}\\ \boldsymbol{y} & =\boldsymbol{C}_k\boldsymbol{x}+\boldsymbol{D}_k\boldsymbol{u}\end{matrix} \tag{11.9}$$

如果算法在有限步中终止，则可以构造 $\boldsymbol{G}'$。由于在每一步中只应用推导和可逆变换，$\boldsymbol{G}'$具有与 $\boldsymbol{G}$ 相同的内核，并且通过构造，$\boldsymbol{D}_k$ 行满秩。因此，可以应用式（11.7）。该算法的主要概念可以扩展到 LPV 系统，但在这种情况下，转换后的系统也将取决于调度参数的时间导数。由于从 $\boldsymbol{G}'$计算的生成器继承了这种相关性，因此必须利用（测量或精确计算）参数的时间导数来评估生成器系统。

11.2　基于几何的零空间构造

上一节中介绍的基于反演的方法并不是计算参数变化系统零空间的唯一方法。使用系统论的几何观点可以推导出一种根本不同的方法。本节简要概述基于几何的算法，并指出它们的优点和主要局限性。

20 世纪 70 年代初，Basile、Marro 和 Wonham 开始将控制的基本概念嵌入几何系统，以及使用几何方法解释（和重新解释）数学系统理论的结果。到目前为止，该方法是分析和设计控制系统的有效手段，并且该思想获得了一定的普及，许多作者成功地遵循了这一思想（如文献［10－11］）。在文献［21－22］的可以找到对该主题的良好总结。

线性几何系统理论在 20 世纪 80 年代扩展到非线性系统，如文献［23－24］。在非线性理论中，底层的基本概念几乎相同，但数学原理不同。对于非线性系统，主要使用微分几何和 Lie 理论的工具。由于所涉及的计算复杂性，这些通用非线性方法在实践中的适用性有限。

通过引入参数变化不变子空间的概念，从 LTI 系统几何理论中已知的不变子空间概念扩展到 LPV 动力学，参见文献［25］。本章强调，尽管这些子空间的名称不同，但它们并不依赖于参数。在引入各种随参数变化的不变子空间时，一个重要的目标是为系统矩阵的参数依赖性是仿射时设置概念，从而产生可计算的算法。这些不变子空间在解决基本问题（如干扰解耦、未知输入观测器设计、故障检测）的解决方案中发挥时变环境中的相应子空间相同的作用，参见文献［26－27］。

11.2.1 参数变化的不变子空间

不变子空间概念是经典 LTI 几何框架的基石，可扩展到 LPV 系统。

定义 11.2 子空间 $\mathcal{V}$ 称为线性映射族 $\boldsymbol{A}(\rho)$（或简称为 A 不变子空间）的参数变化不变子空间：

$$\boldsymbol{A}(\rho)\mathcal{V}\subset\mathcal{V},\ \rho\in\Omega \tag{11.10}$$

定义 11.3 令 $\mathcal{B}(\rho)$ 表示 $\mathrm{Im}B(\rho)$。那么子空间 $\mathcal{V}$ 称为参数变化（$\boldsymbol{A}$，$\boldsymbol{B}$）不变子空间（或简称为（$\mathcal{A}$，$\mathcal{B}$）不变子空间），如果对于所有 $\rho\in\Omega$：

$$\boldsymbol{A}(\rho)\mathcal{V}\subset\mathcal{V}+\mathcal{B}(\rho) \tag{11.11}$$

与经典情况一样，该定义等价于存在映射 $\boldsymbol{F}\circ\rho:[0,T]\rightarrow\mathbb{R}^{m\times n}$，使得 $(\boldsymbol{A}(\rho)+\boldsymbol{B}(\rho)\boldsymbol{F}(\rho))\mathcal{V}\subset\mathcal{V}$。给定集合中包含的（$\mathcal{A}$，$\mathcal{B}$）不变子空间集合是关于子空间加法的上半格，因此它有一个极大元素。在 LTI 的情况下，用 $\mathcal{V}^*$ 表示包含在 $\ker\boldsymbol{C}$ 中的最大（$\mathcal{A}$，$\mathcal{B}$）不变子空间。

本章用 $\langle\mathcal{K}\mid\boldsymbol{A}(\rho)\rangle$ 表示包含在常数子空间 $\mathcal{K}$ 中的最大 $\mathcal{A}$ 不变子空间。对于 LPV 情况，可以得到以下定义：

定义 11.4 如果存在常数矩阵 $\boldsymbol{K}$ 和变参数矩阵 $\boldsymbol{F}:[0,T]\rightarrow\mathbb{R}^{m\times n}$ 使得子空间 $\mathcal{R}$ 称为变参数可控性子空间，即

$$\mathcal{R}=\langle\mathcal{A}+\boldsymbol{B}\mathcal{F}\mid\mathrm{Im}\boldsymbol{B}\boldsymbol{K}\rangle \tag{11.12}$$

式中：$\mathcal{A}+\boldsymbol{B}\mathcal{F}$ 表示系统 $\boldsymbol{A}(\rho)+\boldsymbol{BF}(\rho)$。

与经典情况一样，包含在给定子空间 $\mathcal{K}$ 中的可控子空间族具有极大元。本章用 $\mathcal{R}^*$ 表示对应于 $\mathcal{K}=\ker\boldsymbol{C}$ 的最大可控性子空间。

从实用的角度来看，通过有限数量的条件来表征这些子空间是一个重要的问题。如果参数依赖是仿射的，那么这些子空间可以通过有效的算法在有限的步骤中进行计算，详情参见文献［25，28］。

11.2.2 LPV 系统的零空间构造

本节为 LPV 系统构造一个零空间生成器，其形式为

$$\begin{cases}\dot{x}(t)=\boldsymbol{A}(\rho)x(t)+\boldsymbol{B}u(t)\\ y(t)=Cx(t)+Du(t)\end{cases}\tag{11.13}$$

假设 $\boldsymbol{A}(\rho)$ 仿射依赖于参数。请注意，结果也可以扩展到 $\boldsymbol{B}$ 也是参数变化的情况。用 $\mathcal{V}^*$ 表示弱不可观测的子空间，即存在一个输入函数的初始条件集，使得随后的输出完全为零。$\mathcal{V}^*$ 是最大的子空间，使得存在静态反馈增益 $\boldsymbol{F}(\rho)$，确保

$$(\boldsymbol{A}(\rho)+\boldsymbol{BF}(\rho))\mathcal{V}\subset\mathcal{V},(\boldsymbol{C}+\boldsymbol{DF}(\rho))\mathcal{V}=0,\rho\in\Omega\tag{11.14}$$

这些增益 $\boldsymbol{F}$ 称为 $\mathcal{V}$ 的朋友。回想一下，可控弱不可观测子空间 $\mathcal{R}^*\subset\mathcal{V}^*$，即存在一个输入函数的初始条件集，该函数能够在有限时间内将状态控制为零，同时保持输出恒为零，与 $\mathcal{V}$ 具有相同的朋友 $\mathcal{V}^*$。此外，在 LTI 情况下，$\mathcal{R}^*$ 的频谱可自由分配。选择可逆输入混合映射

$$\boldsymbol{T}_u=[V_1\quad V_2\quad V_3]\tag{11.15}$$

以至

$$\mathrm{im}\boldsymbol{V}_1=\boldsymbol{B}^{(-1)}\mathcal{R}^*,\mathrm{im}[V_1\quad V_2]=\ker\boldsymbol{D}\tag{11.16}$$

可逆输出混合映射 $T_y=\begin{bmatrix}W_1\\W_2\end{bmatrix}$分别使得 $W_1\boldsymbol{D}V_3=\boldsymbol{0}$ 和 $W_2\boldsymbol{D}V_3=\boldsymbol{I}$。选择状态变换矩阵($\boldsymbol{\xi}=\boldsymbol{T}^{-1}\boldsymbol{x}$)。

$$\boldsymbol{T}=[T_1\quad T_2\quad T_3]\tag{11.17}$$

以至

$$\mathrm{Im}\boldsymbol{T}_1=\mathcal{R}^*,\mathrm{Im}[T_1\quad T_2]=\mathcal{V}^*\tag{11.18}$$

请注意，这些矩阵不依赖于参数。文献［22，29］有在 LPV 系统上应用所有这些变换。

$$\dot{\boldsymbol{\xi}}=\bar{\boldsymbol{A}}(\rho)\boldsymbol{\xi}+\bar{\boldsymbol{B}}\bar{\boldsymbol{u}},\ \bar{\boldsymbol{u}}=\boldsymbol{T}_u^{-1}\boldsymbol{u},\tag{11.19}$$

$$\bar{\boldsymbol{y}}=\bar{\boldsymbol{C}}\boldsymbol{\xi}+\bar{\boldsymbol{D}}\bar{\boldsymbol{u}},\ \bar{\boldsymbol{y}}=\boldsymbol{T}_y\boldsymbol{y}\tag{11.20}$$

且

$$\bar{\boldsymbol{A}}(\rho)=\begin{bmatrix}\bar{\boldsymbol{A}}_{11} & \bar{\boldsymbol{A}}_{12} & \bar{\boldsymbol{A}}_{13}\\ \bar{\boldsymbol{A}}_{21} & \bar{\boldsymbol{A}}_{22} & \bar{\boldsymbol{A}}_{23}\\ \bar{\boldsymbol{A}}_{31} & \bar{\boldsymbol{A}}_{32} & \bar{\boldsymbol{A}}_{33}\end{bmatrix}(\rho),\quad \bar{\boldsymbol{B}}=\begin{bmatrix}\bar{\boldsymbol{B}}_{11} & \bar{\boldsymbol{B}}_{12} & \bar{\boldsymbol{B}}_{13}\\ \boldsymbol{0} & \bar{\boldsymbol{B}}_{22} & \bar{\boldsymbol{B}}_{23}\\ \boldsymbol{0} & \bar{\boldsymbol{B}}_{32} & \bar{\boldsymbol{B}}_{33}\end{bmatrix}$$

$$\bar{\boldsymbol{C}}=\begin{bmatrix}\boldsymbol{0} & \boldsymbol{0} & \bar{\boldsymbol{C}}_{13}\\ \bar{\boldsymbol{C}}_{21} & \bar{\boldsymbol{C}}_{22} & \bar{\boldsymbol{C}}_{23}\end{bmatrix},\quad \bar{\boldsymbol{D}}=\begin{bmatrix}\boldsymbol{0} & \boldsymbol{0} & \boldsymbol{0}\\ \boldsymbol{0} & \boldsymbol{0} & \boldsymbol{I}\end{bmatrix}$$

应该采用满足条件的 $\bar{\boldsymbol{F}}_1(\rho)$（如通过考虑 $\mathcal{V}^*$ 的友元的第一个块列）

$$\bar{C}_{21}+\bar{F}_{13}(\rho)=0 \tag{11.21}$$

$$\bar{A}_{21}(\rho)+\bar{B}_{22}\bar{F}_{12}(\rho)+\bar{B}_{23}\bar{F}_{13}(\rho)=0 \tag{11.22}$$

$$\bar{A}_{31}(\rho)+\bar{B}_{32}\bar{F}_{12}(\rho)+\bar{B}_{33}\bar{F}_{13}(\rho)=0 \tag{11.23}$$

并使参数变化矩阵 $\bar{\boldsymbol{A}}_0(\rho)=\bar{A}_{11}(\rho)+\bar{B}_{11}\bar{F}_{11}(\rho)+\bar{B}_{12}\bar{F}_{12}(\rho)+\bar{B}_{13}\bar{F}_{13}(\rho)$稳定（如二次方）。请注意，对于严格正确的系统，条件（11.21）消失。

完成所有这些准备步骤后，准备为 LPV 系统设计零空间发生器 Γ:

$$\dot{\boldsymbol{\zeta}}=\bar{\boldsymbol{A}}_0(\rho)\boldsymbol{\zeta}+\bar{B}_{11}\boldsymbol{v},\boldsymbol{\zeta}(0)=0 \tag{11.24}$$

$$\boldsymbol{u}=\boldsymbol{T}_u(\bar{\boldsymbol{F}}_1(\rho)\boldsymbol{\zeta}+\boldsymbol{E}\boldsymbol{v}) \tag{11.25}$$

$\boldsymbol{E}=[I\ 0\ 0]^{\mathrm{T}}$ 和 $\bar{\boldsymbol{F}}(\rho)$的第一个块列 $\bar{\boldsymbol{F}}_1(\rho)$。请注意,虽然矩阵的维度遵循不变子空间的维度,但可以计算 $\boldsymbol{v}(t)\in\mathbb{R}^{m-p}$，对于基于反演的方法。可以检查由式（11.24）和式（11.25）定义的 Γ 是否确实是零空间生成器。将式（11.25）代入式（11.19），取新状态为 $\boldsymbol{e}=[\boldsymbol{\xi}_1^{\mathrm{T}}-\boldsymbol{\zeta}^{\mathrm{T}}\boldsymbol{\xi}_2^{\mathrm{T}}\boldsymbol{\xi}_3^{\mathrm{T}}]^{\mathrm{T}}$，得

$$\begin{cases}\dot{\boldsymbol{e}}=\bar{\boldsymbol{A}}\boldsymbol{e},\boldsymbol{e}(0)=\boldsymbol{0}\\ \dot{\boldsymbol{\zeta}}=\bar{\boldsymbol{A}}_0\boldsymbol{\zeta}+\bar{B}_{11}\boldsymbol{v}\\ \bar{\boldsymbol{y}}=\begin{bmatrix}\boldsymbol{0} & \boldsymbol{0} & \bar{\boldsymbol{C}}_{13}\\ \boldsymbol{0} & \bar{\boldsymbol{C}}_{22} & \bar{\boldsymbol{C}}_{23}\end{bmatrix}\boldsymbol{e}\end{cases} \tag{11.26}$$

即 $\bar{\boldsymbol{y}}=\boldsymbol{0}$。

评论 11.1 为了在弱不可观测性子空间 $\mathcal{R}^*$ 上实现上面的算法，必须首先

确定 $\mathcal{V}^*$。参考文献［25，28］为 $D=0$ 的情况提供了有效的算法。如果 $D \neq 0$，则可以使用等效的严格适当的系统[22,29]来计算 $\mathcal{R}^*$ 和 $\mathcal{V}^*$。那么 $\mathcal{V}^*$ 是包含在 $\ker C$ 中的最大（$\mathcal{A}$，$\mathcal{B}$）不变子空间，$\mathcal{R}^*$ 是相应的最大可控性子空间。

我们通过对两种方法的简短比较来结束本节。显然，基于几何的方法有严重的局限性：首先，它只能应用于具有仿射参数相关性的 LPV 系统；其次，参数不变的子空间是经典方法的鲁棒对应物，这意味着基于这些概念的方法仅提供充分条件。请注意，该方法的关键要素是由一个常量矩阵定义状态转换。

如果可以进行基于几何的设计，则可以通过使用“一次性”算法获得零空间的非常经济的描述，从而避免基于反演方法的复杂性。

然而，这两种方法揭示了一个更微妙的问题。基于反演的方法依赖于从外部（输入 - 输出）角度考虑系统的技术，即使我们通过使用特定的状态空间描述来表示系统（这对于 LPV 系统来说是必不可少的）。

问题出现在该系统被“等效”系统替换且需要重新参数化（可能会出现调度变量的导数）时。显然，基于几何的方法中不存在这种参数化，该方法总是在同一系统上工作，并且在这种情况下非常重要，它只使用与参数无关的变换，因此不会出现参数的导数。需要更多研究且远远超出本章范围的一般问题是，如何从输入 - 输出角度比较两个 LPV 系统（如当两个系统相等时）。

11.3　用于补偿执行器故障的控制输入重新配置架构

本节提出了一种输入重构方法来补偿执行器故障。该概念将文献［8］的主要思想扩展到不一定具有静态零空间的参数变化系统。图 11.2 所示的架构类似于文献［10］中提出的架构，但本章遵循的概念不同。

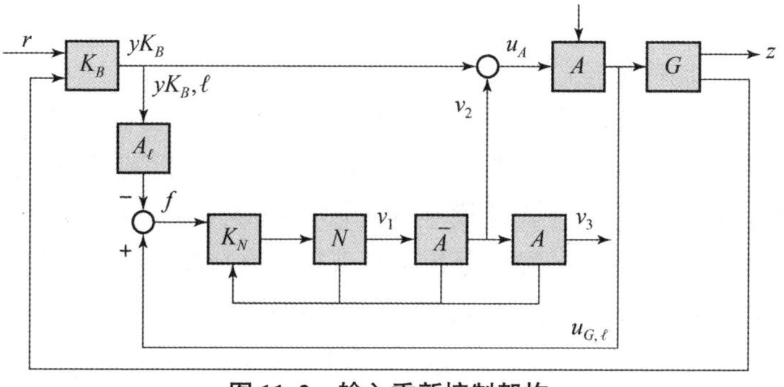

图 11.2　输入重新控制架构

在继续之前，本章引入以下符号约定：如果 **S** 表示一个动力系统，那么它的第 l 个输入和输出将分别用 $u_{S,l}$ 和 $y_{S,l}$ 表示。假设 n_u 输入 $-n_y$ 输出 LPV 设备由 $\boldsymbol{G}$ 表示。假设驱动 $\boldsymbol{G}$ 输入的执行器由在 n_u 输入 $-n_y$ 输出块 $\boldsymbol{A}$ 中收集的 LTI 系统建模。令 $\boldsymbol{K}_B$ 表示设计用于保证无故障情况下稳定性和控制性能的基线控制器。为简单起见，现在考虑一个影响第 l 个控制输入的执行器故障情况，如 $u_{G,l}=y_{A,l}+f=\boldsymbol{A}_l(y_{K_B,l})+f$，其中 f 是外部故障信号，$\boldsymbol{A}_l$ 是第 l 个执行器动态。假设 $u_{G,l}$（或等效的 f）可用于测量，或可通过合适的 FDI 滤波器重建，如文献［30］。设 $\bar{\boldsymbol{A}}$ 是稍后定义的 n_u 输入 $-n_y$ 输出 LTI 整形滤波器，并令 $\boldsymbol{N}$ 是 $\boldsymbol{G}\cdot\boldsymbol{A}\cdot\bar{\boldsymbol{A}}$ 零空间的（稳定）生成器。输入重新配置的过程如下：如果 $\boldsymbol{K}_N$ 控制器的设计使得 $\boldsymbol{v}_{3,l}$（$\boldsymbol{v}_3$ 的第 l 个分量）跟踪故障信号 f，则 $u_{A,l}=y_{K_B,l}+v_{2,l}$，即 $y_{A,l}=\boldsymbol{A}_l(y_{K_B,l})+\boldsymbol{A}_l(y_{K_B,l})=\boldsymbol{A}_l(y_{K_B,l})+f=u_{G,l}$，即执行器块的第 l 个输出等于设备的故障输入。因此，故障输入是由基线控制器生成的。输入重新配置通过 $\boldsymbol{v}_{2,l}$ 执行，因为它修改了其他控制输入，使其适应故障输入。由于 $\boldsymbol{v}_2$ 是从零空间生成的，因此它对设备的行为没有任何影响，即基线控制回路保持完整，并且保持标称控制性能。

为了完成讨论，整形滤波器 $\bar{\boldsymbol{A}}$ 的作用仍有待澄清。设计人员可以选择该动态模块来塑造执行器动力学，以简化零空间计算。例如，如果 $\boldsymbol{A}$ 是可逆的，那么可以选择 $\bar{\boldsymbol{A}}=\boldsymbol{A}^{-1}$，因此执行器从重新配置过程中消除。如果 $\boldsymbol{A}$ 不可逆，则有可能找到一个可逆的 $\hat{\boldsymbol{A}}$，它在其带宽的频率范围内近似于 $\boldsymbol{A}$，则可以选择 $\hat{\boldsymbol{A}}=\hat{\boldsymbol{A}}^{-1}$。如果近似也不起作用，仍然可以选择 $\bar{\boldsymbol{A}}$ 来“有利地塑造”执行器动力学。例如，文献［10］建议选择 $\bar{\boldsymbol{A}}$ 使得 $\boldsymbol{A}\cdot\bar{\boldsymbol{A}}=\kappa(s)\boldsymbol{I}$，其中 $\kappa(s)$ 是用户定义的传递函数。这种统一简化了生成器系统，并可改善与构造 $\boldsymbol{N}$ 相关的数值计算条件。

最后，对上面的架构添加几个注释和备注。

（1）显然，只有当被控对象的精确模型已知时，该方法才能完美的实现，因为内核和被控对象应该完美匹配，以便可以完美地消除输入重新配置对控制性能的影响。如果系统中存在建模不确定性，则必须通过仿真或使用基于 $\mathcal{L}_2$ 增益计算和积分二次约束的经典分析工具来检查重新配置系统的鲁棒性，如文献［31］。通过调整跟踪控制器 $\boldsymbol{K}_N$ 来提高重构系统的鲁棒性也是一个可能的选择。

（2）轨迹跟踪控制器 $\boldsymbol{K}_N$ 的设计一般不难，因为重构块中每个动力学模型的状态（即 $\boldsymbol{N}$、$\bar{\boldsymbol{A}}$ 和 $\boldsymbol{A}$）都是完全可用的。这使得设计受约束（如模型预测[32-33]）控制器以满足硬输入限制成为可能。此外，当存在建模不确定性时，跟踪控制器还可用于衰减（标称）零空间和（不确定）对象不匹配导致的性能下降。为了实现这个额外的目标，必须将这一需求转化为 $\boldsymbol{K}_N$ 设计中考虑的性能目标。

（3）该方法能够补偿故障的数量和类型取决于内核空间的维数和动力学特性。如果动力学特性不合适（如内核动力学包含太快或太慢的动力学分量），则可使用稳定状态反馈增益 $\boldsymbol{F}(\rho)$ 或跟踪控制器 $\boldsymbol{K}_N$ 来塑造这些动力学方程并设置所需的行为。

（4）请注意，如果要控制的系统是非线性的，则可以用准 LPV 形式重写为 $\dot{\boldsymbol{x}} = \boldsymbol{A}(\boldsymbol{\rho}(x))\boldsymbol{x} + \boldsymbol{B}(\boldsymbol{\rho}(x))\boldsymbol{u}, \boldsymbol{y} = \boldsymbol{C}(\boldsymbol{\rho}(x))\boldsymbol{x} + \boldsymbol{D}(\boldsymbol{\rho}(x))\boldsymbol{u}$，其中 $\boldsymbol{\rho}(x)$ 的幅度和速率是有界的，并可测量，则可以应用所提出的重构框架。在这种情况下，调度变量是状态的函数，但对于重新配置块，它是一个外部信号，因为它不依赖于零空间动态的状态。因此，上面的推导和重新配置框架仍然适用。

11.4　B-1 飞机的可重构容错控制

罗克韦尔 B-1 Lancer 是一种超声速轰炸机，于 20 世纪 70 年代推出。它有 4 个涡扇发动机和可变翼后掠角。为了分析在亚声速下发生的气动弹性问题，在文献［34］中开发了一个高保真仿真器。

11.4.1　非线性飞行仿真器

为了在真实环境中测试可重构架构，本章使用了高保真数学模型。该模拟器由以下主要部件组成：B-1 飞机的非线性动力学、执行器的动力学和增稳系统（SAS）。在本案例研究中，忽略了柔性组件；只使用了刚体动力学。模拟器的简化结构如图 11.3 所示。

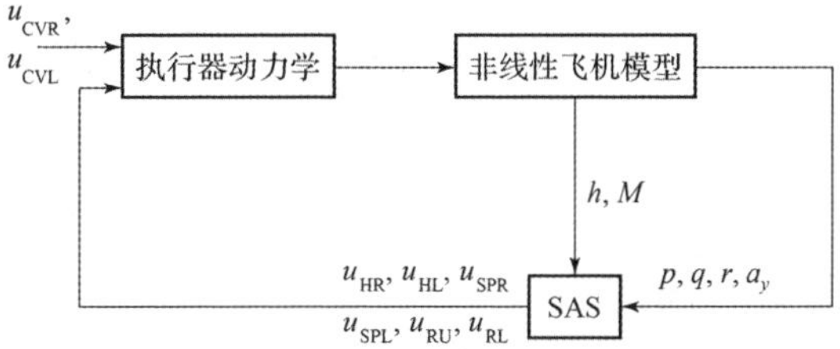

图 11.3　闭环系统的基本配置

非线性模型的输入为左（L）和右（R）水平尾翼（u_{HR}，u_{HL}），机翼上表面扰流板（u_{SPR}，u_{SPL}），分离上（RU）、下（RL）方向舵（u_{RU}，u_{RL}）和控制叶片（u_{CVR}，u_{CVL}）。所有这些都是以度数来衡量的。由于忽略了柔性部分，控制叶片显示为自由输入，可用于执行器重新定位。此配置对应于亚声速、清洁的配置情况。该模型有 10 种状态：$x=[\varphi,\theta,\psi,p,q,r,u,v,w,h]$，其中 φ、θ、ψ 是以弧度表示的滚转、俯仰和偏航角，p，q，r 是以弧度每秒为单位的相应角速率，u、v、w 表示以英尺/s 为单位的机体轴速度，h 是以英尺为单位的高度。该模型按高度和马赫数 Ma 进行调度。内环系统有 4 个输出，$y=[p,q,r,a_y]^{\mathrm{T}}$，其中 a_y 是以克为单位测量的侧向加速度，通常称为侧向负载系数 n_y。动力学的结构如下：

$$\begin{cases}\dot{\boldsymbol{x}}=\boldsymbol{F}(\boldsymbol{\rho},\boldsymbol{x},\boldsymbol{u})\\ \boldsymbol{y}=\begin{bmatrix}\boldsymbol{E}_{4,5,6}\boldsymbol{x}\\ \boldsymbol{h}(\boldsymbol{\rho},\boldsymbol{x})\end{bmatrix}+\begin{bmatrix}\boldsymbol{0}\\ \boldsymbol{l}(\boldsymbol{\rho},\boldsymbol{x})\end{bmatrix}\boldsymbol{u}\end{cases}\tag{11.27}$$

式中：矩阵 $\boldsymbol{E}_{4,5,6}$ 从状态向量中选择 p、q、r，并且 $h(\boldsymbol{\rho},\boldsymbol{x})$，$l(\boldsymbol{\rho},\boldsymbol{x})$ 为定义 a_y 的非线性函数。调度变量 $\boldsymbol{\rho}$ 是一个二维向量，包括高度和马赫数，即 $\boldsymbol{\rho}[\boldsymbol{h},\boldsymbol{M}]$。假设飞行包线的定义使得 $\boldsymbol{\rho}$ 仅取自多面体 Ω 的值，由 [10,000,0.55]，[10,000,0.7]，[20,000,0.65]，[20,000,0.8] 4 个顶点定义。

执行器由具有输出饱和的一阶线性系统建模。LTI 模型的极点和饱和极限如表 11.1 所示。由于其高带宽，本章忽略了传感器的动态特性。

表 11.1　执行器特性

促进器	极点	下限/（°）	上限/（°）
水平尾翼	-10，-57.14	-20	10
机翼 u/s 扰流板	-10，-20	0	45
下舵	-20，-80	-10	10
上舵	-10	-10	10
控制叶片	-50	-20	20

SAS 负责飞机的内环刚体控制，使用上面定义的测量值和飞行员发出的参考操纵杆命令提供俯仰和滚转率跟踪以及偏航阻尼器功能。在本章框架中，SAS 视为基线控制器 $\boldsymbol{K}_B$。

11.4.2　LPV 模型的构建

为了构建 LPV 模型，在由 Ω 表征的飞行包线的 12 个等距点处对非线性动力学进行修整和线性化。从模型中去除不稳定螺旋模式后，使用最小二乘插值将 12 个 LTI 系统连接成仿射 LPV 模型，即

$$G(\boldsymbol{\rho},\mathcal{O})=\boldsymbol{F}_u\left(\begin{bmatrix}\boldsymbol{A}(\boldsymbol{\rho}) & \boldsymbol{B}(\boldsymbol{\rho})\\ \boldsymbol{C}(\boldsymbol{\rho}) & \boldsymbol{D}(\boldsymbol{\rho})\end{bmatrix},\mathcal{I}\right) \tag{11.28}$$

其中

$$\boldsymbol{A}(\boldsymbol{\rho})=\boldsymbol{A}_0+\boldsymbol{A}_1h+\boldsymbol{A}_1\boldsymbol{M}\ \boldsymbol{B}(\boldsymbol{\rho})=\boldsymbol{B}_0+\boldsymbol{B}_1\boldsymbol{h}+\boldsymbol{B}_1\boldsymbol{M}$$
$$\boldsymbol{C}(\boldsymbol{\rho})=\boldsymbol{C}_0+\boldsymbol{C}_1\boldsymbol{h}+\boldsymbol{C}_1\boldsymbol{M}\ \boldsymbol{D}(\boldsymbol{\rho})=\boldsymbol{D}_0+\boldsymbol{D}_1h+\boldsymbol{D}_1\boldsymbol{M}$$

通过计算 14 个网格点处式（11.28）和线性化模型之间的间隙和 ν 间隙度量[35-36]来验证结果。由于各点之间的间隙指标均不超过 0.025，因此 LPV 模型可视为原始动力学的良好近似值。

11.4.3　执行器反演和零空间计算

由于执行器动力学是稳定的，它们可以通过适当快速的左半平面零点来增强，使其具有双特性，因此是可逆的。为了获得良好的近似值并避免高瞬态，选择的零点比每个执行器的极点快 4 倍。

下一步是计算 $\boldsymbol{G}(\boldsymbol{\rho},\mathcal{I})$ 的零空间。为此，必须导出前三个输出 p、q、r，因为 $\boldsymbol{D}(\boldsymbol{\rho})$ 不是行满秩矩阵。推导后，满足秩条件，因此不再需要推导来确定核。输出方程既不依赖于 $\boldsymbol{\rho}$，也不依赖于核动力学。另外，得到的 $\boldsymbol{N}(\boldsymbol{\rho},\mathcal{I})$ 是不稳定的，而它必须是稳定的。为此，按照正式的互质因数分解方法，通过求解可行性问题，设计稳定状态反馈 $\boldsymbol{F}(\boldsymbol{\rho})$ 如下：

$$\boldsymbol{A}(\boldsymbol{\rho})\boldsymbol{Q}+\boldsymbol{Q}\boldsymbol{A}(\boldsymbol{\rho})^{\mathrm{T}}+\boldsymbol{B}(\boldsymbol{\rho})\boldsymbol{Y}+\boldsymbol{Y}^{\mathrm{T}}+\boldsymbol{B}^{\mathrm{T}}(\boldsymbol{\rho})+2c\boldsymbol{Q}<0,\begin{bmatrix}\boldsymbol{u}_{\mathrm{lim}}^2\boldsymbol{I} & \boldsymbol{Y}\\ \boldsymbol{Y}^{\mathrm{T}} & \boldsymbol{Q}\end{bmatrix}>0 \tag{11.29}$$

式中：$\boldsymbol{Q}=\boldsymbol{P}^{-1}$，$V(x)=\boldsymbol{x}^{\mathrm{T}}\boldsymbol{P}\boldsymbol{x}$ 为李雅普诺夫函数，常数 c，u_{lim} 分别用于控制极点的位置（固定 $\boldsymbol{\rho}$ 值）和反馈增益矩阵的范数[37]。式（11.29）中的自由变量是 $\boldsymbol{Q}$ 和 $\boldsymbol{Y}$，由此计算的反馈增益 $\boldsymbol{F}:=\boldsymbol{Y}\boldsymbol{Q}^{-1}$，现在与参数无关（参数相关的反馈增益也可以通过选择 $\boldsymbol{Q}$ 和 $\boldsymbol{Y}$ 参数相关来构建）。为了求解式（11.29），通过在文献［38］中合适的密集网格 Ω 上对矩阵不等式进行评估，将矩阵不等式简化为一组有限的线性矩阵不等式（LMI）。

在这个特定示例中，我们发现可以选择参数 c 和 u_{lim}，使得内核动力学变得明显慢于由设备和基线控制器形成的闭环。这使得截断状态并用静态的、依赖于参数的馈通增益代替动态内核，即 $\boldsymbol{N}(\boldsymbol{\rho}):=\boldsymbol{D}_o(\boldsymbol{\rho})$。为了分析 $\boldsymbol{N}(\boldsymbol{\rho})$ 如何"逼近"真实的生成器系统，针对不同 $\boldsymbol{\rho}$ 值计算 $\boldsymbol{G}(\boldsymbol{\rho},\mathcal{I})\boldsymbol{N}(\boldsymbol{\rho},\mathcal{I})$ 和 $\boldsymbol{G}(\boldsymbol{\rho},\mathcal{I})\boldsymbol{N}(\boldsymbol{\rho})$ 的波特图。从内核的第一个输入到输出 $\boldsymbol{q}$ 得到最差的结果。这种输入－

输出组合如图 11.4 所示。可以看出，在这种情况下，$\boldsymbol{G}(\boldsymbol{\rho},\mathcal{I})\boldsymbol{N}(\boldsymbol{\rho})$也非常接近于零，因此$\boldsymbol{N}(\boldsymbol{\rho})$是零空间的合适近似值。需要强调的是，$\boldsymbol{N}(\boldsymbol{\rho})$不能在没有动态核的情况下确定，因为增广输入矩阵$[\boldsymbol{B}(\boldsymbol{\rho})^{\mathrm{T}}\boldsymbol{D}(\boldsymbol{\rho})^{\mathrm{T}}]^{\mathrm{T}}$对所有$\boldsymbol{\rho}\in\Omega$具有列满秩，因此它没有零空间。

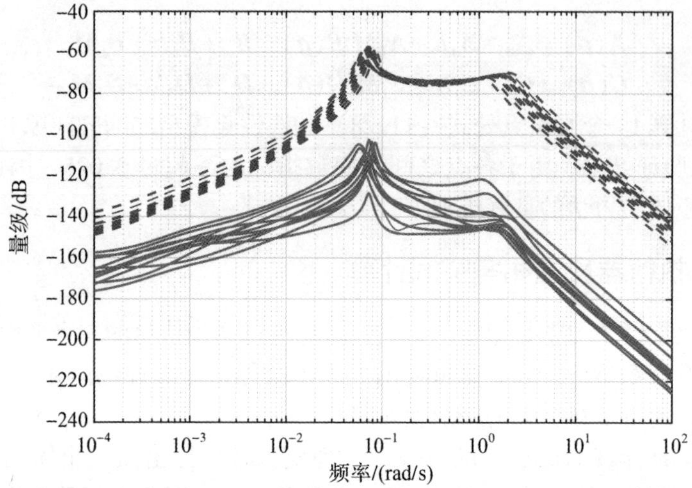

图 11.4 系统 $G(\boldsymbol{\rho},\mathcal{I})N(\boldsymbol{\rho},\mathcal{I})$（实线）和 $G(\boldsymbol{\rho},\mathcal{I})N(\boldsymbol{\rho})$（虚线）从第一个输入到输出 q 的波特图。不同的线对应不同的飞行速度和高度

11.4.4 故障信号跟踪

可重构控制架构的下一个组成部分是 $\boldsymbol{K}_N$ 控制器的构造，它负责跟踪故障信号 $f=u_l-\boldsymbol{A}_l(s)y_{K_B,l}$，其中 u_l 是第 l 个（故障）执行器的输出，$y_{K_B,l}$是基线控制器的第 l 个输出。由于内核是静态的，这个轨迹跟踪问题相当于为每个时间 t 找到一个合适的 $u_N(t)$，使得$\boldsymbol{N}(\boldsymbol{\rho}(t))u_N(t)$的第 l 项等于$f(t)$。由于我们对执行器输出有严格和不对称的约束（表 11.1），该问题通过参数相关二次规划来解决：

$$\begin{cases}\min\limits_{u_N(t)}(\boldsymbol{r}(t)-\boldsymbol{N}(\boldsymbol{\rho}(t))u_N(t))^{\mathrm{T}}\boldsymbol{W}(\boldsymbol{r}(t)-\boldsymbol{N}(\boldsymbol{\rho}(t))u_N(t))\\ \text{w. r. t. } \boldsymbol{N}(\boldsymbol{\rho}(t))u_N(t)\geqslant\boldsymbol{L}-\boldsymbol{y}_{K_B}\\ \boldsymbol{N}(\boldsymbol{\rho}(t))u_N(t)\leqslant\boldsymbol{U}-\boldsymbol{y}_{K_B}\end{cases}\tag{11.30}$$

式中：如果 $i\neq l$ 且 $r_l=f$，则参考信号的向量 $\boldsymbol{r}$ 定义为 $\boldsymbol{r}_i=0$。矢量 $\boldsymbol{L}$ 和 $\boldsymbol{U}$ 收集执行器的下限和上限，对角矩阵 $\boldsymbol{W}$ 用于加权跟踪误差[8,13]。通过以上述方式定义 $\boldsymbol{r}$，为非故障输入规定了 0 参考。这表达了我们打算保持健康的输入从而接近由基线控制器确定的值的意图。通过改变 $\boldsymbol{W}$ 的输入，可以调整每个控制输入对重新配置信号 $\boldsymbol{y}_N$ 的贡献。在以下数值模拟中，$\boldsymbol{W}=\mathrm{diag}(w_1,\cdots,w_{n_u})$，$w_l=1000$，$w_i=1, i\neq l$，即要求对故障信号进行精确跟踪，但对其他控制输入的使用不作偏好规定。

11.4.5　仿真结果

为了证明所提出的控制重新配置方法的适用性，本章提出了以下故障场景：飞行员通过给出图 11.5 所示的 q_{ref} 命令来执行俯仰率双倍动作。机动从 $t=0\mathrm{s}$ 开始，假设在 $t=1\mathrm{s}$ 时，右侧水平尾翼在其实际位置被卡住。通过假设理想的故障检测和隔离算法，重新配置也在 $t=1\mathrm{s}$ 时开始。

图 11.5 中显示了正常、故障和重新配置情况下的仿真结果。

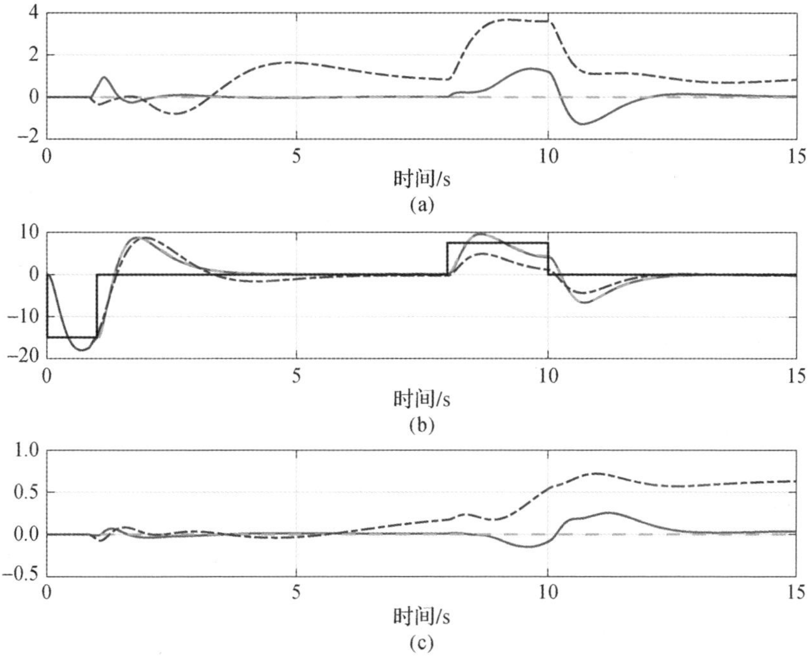

图 11.5　三种不同情况下角速率（p、q、r）的仿真结果
无故障（虚线）、故障和重新配置（实线）和故障（虚线点）
参考信号 q_{ref}在图（b）上用蓝色实线绘制

在理想（正常）情况下，p 始终为零，由于操纵面的不对称偏转，故障会导致 4°/s 的横滚率偏移。所提出的控制分配方案能够将其减少到原来的 1/4，稳态误差为 0，表明了所提出方法的明显优势。非零瞬态误差是由非线性飞机模型引起的。通过在 LPV 模型上测试该方法，由于模拟的数值不准确和使用近似执行器，只能出现可忽略的小值误差（小于 10^{-5}）。

考虑到俯仰率（q）的变化，可以看出，正常和重新配置的响应彼此非常接近，而未补偿的情况下有超过 50% 的误差和非零稳态误差。这表明，虽然没有失去稳定性，但性能却显著下降。

三种情况的偏航率（r）响应显示在图 11.5（c）中。如果没有故障，r 不会离开纵向平面，而在未补偿的情况下，可以观察到很小但不可忽略的偏航率响应。当应用重新配置方案时，稳态误差提高了一个数量级（非零误差也是由于模拟的非线性特性造成的）。

图 11.6 显示了重新配置和不重新配置的输入 u_{HR}、u_{HL}、u_{SPR}、u_{SPL}。在所有模拟场景中，其他输入的贡献很小。可见，补偿右水平尾翼故障需要主动使用左水平尾翼（u_{HL}）和两个扰流板（u_{SPR}，u_{SPL}）。后两者在正常操作中不使用。

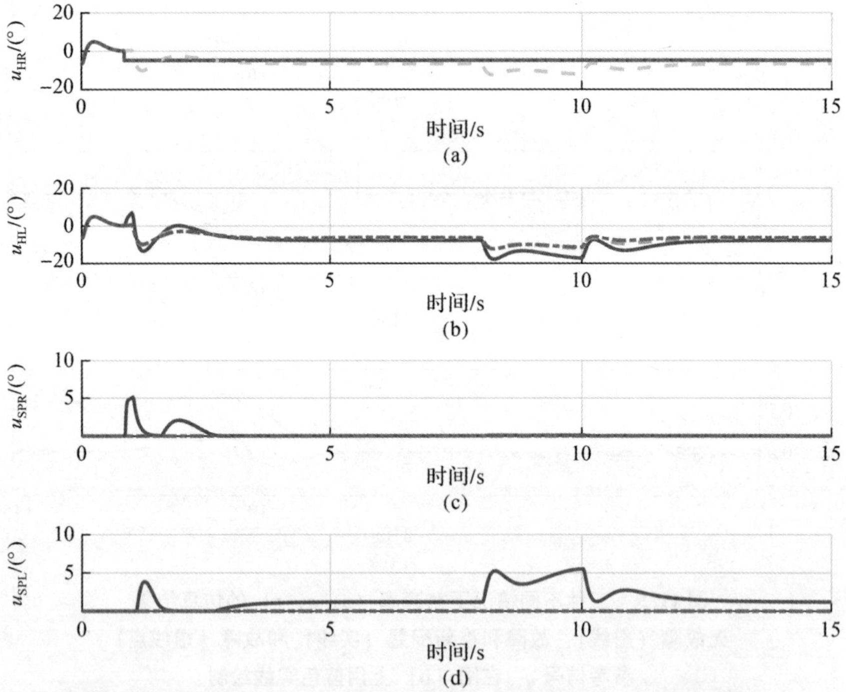

图 11.6　输入 u_{HR}，u_{HL}，u_{SPR}，u_{SPL} 在三种不同情况下的仿真结果：无故障（虚线）、故障和重新配置（实线）和故障（虚线点），故障发生在 1s

11.4.6　稳健性分析

由于可重构控制基于对被控对象动力学的完全抵销，因此只有知道精确的被控对象模型，才能完美地保持基线控制器的性能。由于在实际环境中情况并非如此，因此必须检查该方法对最关键参数不确定性的鲁棒性。为此，对飞机的不同惯性和质量参数值进行数值模拟。参数的实际值根据其标称值附近 ±30% 的均匀分布随机选择：$I_{xx}=950000$，$I_{xz}=-52700$，$I_{yy}=6400000$，$I_{zz}=7100000$，mass = 8944，其中惯性以（sl ft^2）为单位测量，质量以英制质量单位 slug 给出。这样可以生成和测试 500 个不同的场景。结果如图 11.7 所示，其中绘制了 7 个最具代表性的参数值的角速率。可以看出，所有情况下的结果都非常相似，从而得出结论：容错控制器对质量和惯性参数具有鲁棒性。

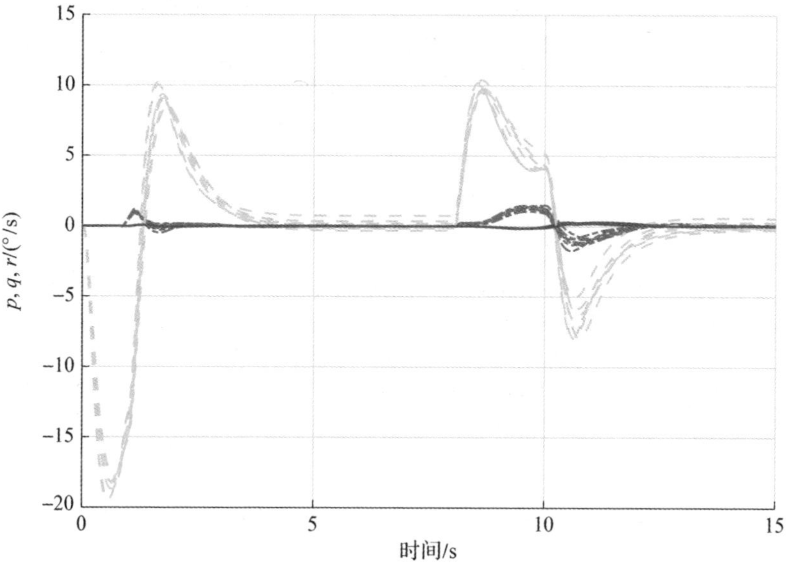

图 11.7　具有不同质量和惯性值的角速率 p（实线）、q（浅色虚线）、r（深色虚线）的鲁棒性分析

11.5　结论

本章表明，利用对象模型的动态零空间，可以为 LPV 系统开发一种有效的控制重构架构。虽然提出了完整的设计方法，但仍有几个方面需要进一步改

进：例如，寻找用于稳定零空间发生器的系统方法，扩展用于不确定对象动力学的方法是未来很好的研究方向。此外，重新配置架构为设计人员提供了很大的自由度，可以利用这些自由度来改进设计过程。例如，用于设计跟踪控制器的合成方法没有限制：可以应用不同的控制方法，如模型预测控制器、约束或鲁棒综合方法，以确保满足硬输入约束，并提高闭环系统的鲁棒性。这种自由为未来提供了有前景的研究方向。

致 谢

作者要感谢 Peter Seiler（明尼苏达大学）和 Arnar Hjartarson（前 MUSYN 公司）提供了与 B－1 模拟器模型相关的见解，该模型最初由 David Schmidt 开发。此外，作者还要感谢 GINOP－2. 3－2－15－2016－00002 匈牙利国民经济部和欧盟委员会通过 H2020 项目 EPIC 授予的第 739592 号赠款。这项工作还得到了匈牙利科学院 Jάnos Bolyai 研究奖学金的支持。

参 考 文 献

[1] Goupil P, Marcos A. Industrial benchmarking and evaluation of ADDSAFE FDD designs. In: Fault Detection, Supervision and Safety of Technical Processes (8th SAFEPROCESS); 2012. p. 1131–1136.

[2] Lombaerts TJJ, Chu QP, Mulder JA, et al. Modular flight control reconfiguration design and simulation. Control Engineering Practice. 2011;19(6): 540–554.

[3] Hwang I, Kim S, Kim Y, et al. A survey of fault detection, isolation, and reconfiguration methods. IEEE Transactions on Control Systems Technology. 2010;18(3):636–653.

[4] Goupil P, Boada-Bauxell J, Marcos A, et al. AIRBUS efforts towards advanced real-time fault diagnosis and fault tolerant control. In: 19th IFAC World Congress, Cape Town, South Africa; 2014. p. 3471–3476.

[5] Ganguli S, Marcos A, Balas G. Reconfigurable LPV control design for Boeing 747-100/200 longitudinal axis. In: American Control Conference. vol. 5; 2002. p. 3612–3617.

[6] Alwi H, Edwards C, Tan C. Fault Detection and Fault-Tolerant Control Using Sliding Modes. London: Springer-Verlag; 2011.

[7] Johansen TA, Fossen TI. Control allocation – A survey. Automatica. 2013;49(5):1087–1103.

[8] Zaccarian L. Dynamic allocation for input redundant control systems. Automatica. 2009;45:1431–1438.
[9] Enns D. Control allocation approaches. In: AIAA Guidance, Navigation and Control Conference and Exhibit. American Institute of Aeronautics and Astronautics, Boston, MA; 1998. p. 98–108.
[10] Cristofaro A, Galeani S. Output invisible control allocation with steady-state input optimization for weakly redundant plants. In: Conference on Decision and Control (CDC); 2014. p. 4246–4253.
[11] Galeani S, Serrani A, Varanoa G, et al. On input allocation-based regulation for linear over-actuated systems. Automatica. 2015;52:346–354.
[12] Wu F, Dong K. Gain-scheduling control of LFT systems using parameter-dependent Lyapunov functions. Automatica. 2006;42:39–50.
[13] Vanek B, Peni T, Szabó Z, et al. Fault tolerant LPV control of the GTM UAV with dynamic control allocation. In: AIAA GNC; 2014.
[14] Varga A. The nullspace method-a unifying paradigm to fault detection. In: IEEE Conference on Decision and Control; 2009. p. 6964–6969.
[15] Varga A. On computing nullspace bases – A fault detection perspective. In: 17th IFAC World Congress; 2008. p. 6295–6300.
[16] Magni JF. Linear Fractional Representation Toolbox for Use With Matlab; 2006. Available from: http://w3.onera.fr/smac/?q=lfrt.
[17] D'Andrea R, Khatri S. Kalman decomposition of linear fractional transformation representations and minimality. In: American Control Conference (ACC); 1997. p. 3557–3561.
[18] Beck C, D'Andrea R. Noncommuting multidimensional realization theory: Minimality, reachability and observability. IEEE Transactions on Automatic Control. 2004;49(10):1815–1820.
[19] Szabó Z, Péni T, Bokor J. Null-space computation for qLPV Systems. In: 1st IFAC Workshop on Linear Parameter Varying Systems. vol. 48(26); 2015. p. 170–175.
[20] Silverman LM. Inversion of multivariable linear systems. IEEE Transactions on Automatic Control. 1969;AC-14(3):270–276.
[21] Wonham M. Linear Multivariable Control: A Geometric Approach. New York: Springer Verlag; 1985.
[22] Basile GB, Marro G. Controlled and Conditioned Invariants in Linear System Theory. Prentice Hall, Englewood Cliffs, NJ; 1992.
[23] Isidori A. Nonlinear Control Systems. London: Springer-Verlag; 1989.
[24] De Persis C, Isidori A. On the observability codistributions of a nonlinear system. Systems and Control Letters. 2000;40(5):297–304.
[25] Balas G, Bokor J, Szabo Z. Invariant subspaces for LPV systems and their applications. IEEE Transactions on Automatic Control. 2003;48(11): 2065–2069.
[26] Szabo Z, Bokor J, Balas G. Inversion of LPV systems and its application to fault detection. In: Proceedings of the 5th IFAC Symposium on fault detection supervision and safety for technical processes (SAFEPROCESS'03). Washington, DC, USA; 2003. p. 235–240.

[27] Bokor J, Balas G. Detection filter design for LPV systems—A geometric approach. Automatica. 2004;40(3):511–518.
[28] Bokor J, Szabo Z. Fault detection and isolation in nonlinear systems. Annual Reviews in Control. 2009;33(2):1–11.
[29] Aling H, Schumacher JM. A nine-fold canonical decomposition for linear systems. International Journal of Control. 1984;39(4):779–805.
[30] Alwi H, Edwards C, Marcos A. Actuator and sensor fault reconstruction using an LPV sliding mode observer. In: AIAA GNC; 2010. p. 1–24.
[31] Pfifer H, Seiler P. Robustness analysis of linear parameter varying systems using integral quadratic constraints. International Journal of Robust and Nonlinear Control. 2015;25:2843–2864.
[32] Hanema J, Lazar M, Tóth R. Tube-based LPV constant output reference tracking MPC with error bound. IFAC-PapersOnline. 2017;50(1).
[33] Besselmann T, Löfberg J, Morari M. Explicit MPC for LPV systems: Stability and optimality. IEEE Transactions on Automatic Control. 2012;57(9):2322–2332.
[34] Schmidt D. A Nonlinear Simulink Simulation of a Large Flexible Aircraft. MUSYN Inc. and NASA Dryden Flight Research Center; 2013.
[35] Georgiou TT. On the computation of the gap metric. Systems Control Letters. 1988;11:253–257.
[36] Vinnicombe G. Measuring Robustness of Feedback Systems. Department of Engineering, University of Cambridge, Cambridge; 1993.
[37] Boyd S, Ghaoui LE, Feron E, et al. Linear Matrix Inequalities in System and Control Theory. vol. 15 of Studies in Applied Mathematics. SIAM; 1994.
[38] Wu F. Control of Linear Parameter Varying Systems. University of California, Berkeley; 1995.

第 12 章　工业机器人系统容错控制的数据驱动方法

现代工业中的机器人系统正在日益复杂的环境中工作。突发的外部干扰和工况的突变给此类系统的控制带来了巨大的挑战。对于一些安全关键的应用，需要在故障条件下（包括失灵和系统故障）持续稳定的系统。本章介绍了一种数据驱动的容错控制框架。强化学习（Reinforcement Learning，RL）作为一种半监督机器学习技术，可以从外部环境的奖励中学习，旨在通过维护代价函数等方式实现长期回报最大化。基于近似值函数，可以推导出最优控制规则。当使用 RL 时，虽然对于一些简单的系统，如线性时不变系统，已经证明了代价函数的收敛性，但闭环系统的内部稳定性仍然无法保证。为了解决这一问题，本章提出了一种新的基于 Youla 参数化的 FTC 系统设计框架。它可以以模块化和即插即用的方式实现。需要注意的是，在本章中，RL 作为一个监督模块，在设计阶段计算优化的 Youla 矩阵Q_c。在轮式机器人上的仿真结果表明了该方法在连续稳定框架下的性能。本章最后总结了一些开放问题和未来的工作。

12.1　背景

工业机器人系统是通过替代或协助工人来提高生产效率和减轻工作量的工程系统。机器人系统的发展依赖于机电一体化、计算机科学、制造、材料科学和控制科学的进步[1-4]。由于机器人旨在释放人力，因此科技成果转化意义重大，且有望顺利高效。为此，应填补学术成果与产业应用之间的差距。

简单和低成本是工业机器人系统应用中的两个有利方面[5]。一方面，简单的功能和结构设计有助于提高泛化能力，从而有助于提高稳定性和鲁棒性[6-7]。简单的设计还可以减少维护工作量和停机时间，从而有利于维护过程，最大限度地降低收益损失。另一方面，工业企业追求利润最大化。在许多情况下，制造商不愿意更换现有的工厂、设备和装置，除非有战略需要，生产线必须更新的情况。从经济学的角度来看，“成本”并不是指购买新设备要花多少钱，而是指放弃引进新设备的最大费用。这些行为实际上会降低预期成本。显然，与传统技术相比，新技术和不成熟技术所带来的隐性风险要多得多。结果，这将导致先进技术可用但由于实际问题而未被广泛采用的情况。每年都有成百上千的新方法被提出并证明其有效性，但距离实际应用还很远。

如今，工业应用的机器人控制器使用最多的仍然是 PID 控制器和模型预测控制器（Model Predictive Controller，MPC）[8-10]。众所周知，PID 参数难以调整，因此需要熟练的工人/专家和较长的配置时间。关于 MPC，如何有力地保证闭环稳定性，从理论角度尚不清楚。但现有的其他“高级”控制器，如具有自适应设计、神经网络建模和模糊规则的控制器，在实际应用中远不如 PID 和 MPC 流行。这些研究成果最终的渠道有高科技行业和颠覆性行业两个方向。机器人系统相关的高科技产业包括航天、国防、电子信息和高科技服务业，而颠覆性产业的例子包括自动驾驶汽车、智能工厂和智能电网[11]。

12.2 引言和动机

在过去的 30 年中，系统监控、故障诊断和 FTC 得到了广泛的研究[12-15]。在工业过程控制、飞机、机器人等领域都有成功的应用[16-18]。传统的系统监控和故障诊断方案通常基于第一原理的机制模型[19]。

然而，严重依赖此类模型导致机器人系统设计存在缺陷，主要由于以下原因：①模型不匹配问题。在实践中无法准确测量或很好地识别模型参数[20]。因此，基于这种模型来完成监测、控制和行为预测任务是有问题的。②相关控制回路和多层次结构导致的系统规模和复杂性增加导致建模极端困难[21-23]。③即使机制模型可用，由于模型与实际系统之间不可避免的差异，基于模型的方案性能也不是最优的[24]。从信息流的角度来看，由于模型无法捕获所有特征动态，因此在建模过程中存在信息丢失。在随后的设计和实施过程中，这种信息丢失是无法弥补的。另外，系统规范的多样性导致基于模型的设计和实现不一致，这也影响了维护和生命周期管理的整体效率[25]。因此，考虑外部需求的快速变化和内部改革与优化，机器人行业需要在设计阶段考虑系统的可扩展性，以数据驱动的实现方式在动态的、适应性的框架中发展[26-28]。鲁棒控制策略在引入更多保守性的同时，为受控对象提供了更多的稳定性裕度和控制性能裕度。最优控制方法旨在实现有时不可行或难以达到的最大性能指标。

近年来，人工智能和机器学习得到了多个研究领域的广泛关注[29-32]。对于自动控制任务，国际会议和研讨会上已经报道了智能学习辅助控制方案[33-38]。众所周知，RL 是一种半监督机器学习方法，它从外部环境获得的奖励中学习，以逼近状态代价函数或状态动作代价函数，或者直接逼近最优控制规则。智能学习辅助控制器的设计具有很强的适应性和鲁棒性，在机器人系统中具有很大的优势。然而，尽管对于一些简单系统（如线性时不变系统）证明了代价函数的收敛性，但闭环系统的内部稳定性仍然是一个很大的问题。

基于上述观察，本章提出在 Youla 参数化框架下设计智能学习辅助控制器，目标是设计具有容错能力和增强鲁棒性的最优控制器。

12.3 节介绍了一些重要的基础知识和初步知识。该节阐述了受控系统和基本假设，并总结了采用的系统表示技术和采用的观测器。12.4 节介绍了一种基于 Youla 参数化和 RL 辅助容错控制器设计方法的新型连续稳定框架。需要强调的是，奖励函数将通过评估系统的整体稳定性程度来设计。12.5 节提供了轮式机器人动态转向控制系统的简单仿真示例，以说明该方法的性能。在最后的结论部分，讨论了关于新框架的主要开放性问题，供将来参考。

12.3　基于 Youla 参数化的数据驱动控制框架

12.3.1　系统说明和预备

受控对象用以下离散时间状态空间模型表示：

$$x(k+1)=\boldsymbol{A}x(k)+\boldsymbol{B}u(k)+\boldsymbol{E}_d d(k)+\boldsymbol{E}_f f(k)+w(k) \tag{12.1}$$

$$y(k)=\boldsymbol{C}x(k)+\boldsymbol{D}u(k)+\boldsymbol{F}_d d(k)+\boldsymbol{E}_f f(k)+v(k) \tag{12.2}$$

式中：x 为状态变量；y 为观察输出；u 为控制输入信号；d 为扰动；f 为故障信号；w 和 v 为噪声项。系统矩阵（$\boldsymbol{A}$，$\boldsymbol{B}$，$\boldsymbol{C}$，$\boldsymbol{D}$）具有兼容的维度。矩阵 $\boldsymbol{E}_d$、$\boldsymbol{F}_d$、$\boldsymbol{E}_f$、$\boldsymbol{F}_f$ 分别表示与状态和输出相对应的扰动方向与故障方向。

评论 12.1　系统状态由控制输入 u、干扰 d 和故障 f 驱动。考虑现有的干扰抑制方法[39-40]和干扰识别/估计方法[41-42]，d 可视为已知输入。假设 d 和 f 与 x 不相关，即它们不影响闭环稳定性。因此，闭环极点的配置完全取决于 u 的设计。

评论 12.2　基本假设

（1）系统可以在工作点附近线性化，在工作点附近非线性不明显。对于本章框架内无法解决的强非线性系统，建议参考“基于非线性观测器的故障检测系统的参数化”[43]，其中稳定残差生成器通过进程内核的级联连接进行参数化表示和后置滤波器。

(2) 系统状态是可观测的或部分可观测的，系统状态是可控的或部分可控的。

(3) 外部干扰可以在线补偿。

(4) 控制输入信号是无界的，对系统状态没有特殊限制。

(5) 可以接受初始化阶段的大超调量。

本节对互质因子分解和 Bezout 恒等式做了一些初步的介绍。这些知识对于后续章节中标称控制器的设计非常有用。建议读者参考文献［44－45］，了解更多详情。

令 $\boldsymbol{G}(z)$ 为开环系统的传递函数矩阵。在 $\mathcal{RH}_\infty$ 上找到稳定系统 $\hat{\boldsymbol{M}}(z)$，$\hat{\boldsymbol{N}}(z)$，$\boldsymbol{M}(z)$ 和 $\boldsymbol{N}(z)$，使得

$$\boldsymbol{G}(z)=\hat{\boldsymbol{M}}^{-1}(z)\hat{\boldsymbol{N}}(z)=\boldsymbol{N}(z)\boldsymbol{M}(z)^{-1} \tag{12.3}$$

$$\begin{bmatrix} \boldsymbol{X}(z) & \boldsymbol{Y}(z) \\ -\hat{\boldsymbol{N}}(z) & \hat{\boldsymbol{M}}(z) \end{bmatrix}\begin{bmatrix} \boldsymbol{M}(z) & -\hat{\boldsymbol{Y}}(z) \\ \boldsymbol{N}(z) & \hat{\boldsymbol{X}}(z) \end{bmatrix}=\begin{bmatrix} \boldsymbol{I} & \boldsymbol{0} \\ \boldsymbol{0} & \boldsymbol{I} \end{bmatrix} \tag{12.4}$$

式中：$\hat{\boldsymbol{M}}$、$\hat{\boldsymbol{N}}$ 称为左互质转移矩阵；$\boldsymbol{N}$、$\boldsymbol{M}$ 为右互质转移矩阵。式（12.3）表示 $\boldsymbol{G}(z)$ 的左右互质因式分解。方程式（12.4）称为双 Bezout 恒等式，它是数学化简过程中得出一些紧凑结果的关键。以下互质传递矩阵的状态空间实现，为互质分解问题提供了一种简单解决方案。

$$\hat{\boldsymbol{M}}(z)=(\boldsymbol{A}-\boldsymbol{L}\boldsymbol{C},-\boldsymbol{L},\boldsymbol{C},\boldsymbol{I}),\hat{\boldsymbol{N}}(z)=(\boldsymbol{A}-\boldsymbol{L}\boldsymbol{C},\boldsymbol{B}-\boldsymbol{L}\boldsymbol{D},\boldsymbol{C},\boldsymbol{D}) \tag{12.5}$$

$$\hat{\boldsymbol{X}}(z)=(\boldsymbol{A}+\boldsymbol{B}\boldsymbol{F},\boldsymbol{L},\boldsymbol{C}+\boldsymbol{D}\boldsymbol{F},\boldsymbol{I}),\hat{\boldsymbol{Y}}(z)=(\boldsymbol{A}+\boldsymbol{B}\boldsymbol{F},-\boldsymbol{L},\boldsymbol{F},0) \tag{12.6}$$

$$\boldsymbol{M}(z)=(\boldsymbol{A}+\boldsymbol{B}\boldsymbol{F},\boldsymbol{B},\boldsymbol{F},\boldsymbol{I}),\boldsymbol{N}(z)=(\boldsymbol{A}+\boldsymbol{B}\boldsymbol{F},\boldsymbol{B},\boldsymbol{C}+\boldsymbol{D}\boldsymbol{F},\boldsymbol{D}) \tag{12.7}$$

$$\boldsymbol{X}(z)=(\boldsymbol{A}-\boldsymbol{L}\boldsymbol{C},-(\boldsymbol{B}-\boldsymbol{L}\boldsymbol{D}),\boldsymbol{F},\boldsymbol{I}),\boldsymbol{Y}(z)=(\boldsymbol{A}-\boldsymbol{L}\boldsymbol{C},-\boldsymbol{L},\boldsymbol{F},0) \tag{12.8}$$

式中：$\boldsymbol{F}$ 和 $\boldsymbol{L}$ 的选择应使 $\boldsymbol{A}+\boldsymbol{B}\boldsymbol{F}$ 和 $\boldsymbol{A}-\boldsymbol{L}\boldsymbol{C}$ 稳定。

两种类型的观测器，即全维状态观察器故障检测滤波器（Fault Detection Filter，FDF）和降阶输出观察器诊断观察器（Diagnostic Observer，DO），将使用数据驱动解决方案生成残差。矩阵和变量的含义与文献［44］一致。定理 12.2 和附录 A 证明了它们产生的残差信号在一定条件下是等价的。

FDF：

$$\hat{\boldsymbol{x}}(k)=\boldsymbol{A}\hat{\boldsymbol{x}}(k)+\boldsymbol{B}\boldsymbol{u}(k)+\boldsymbol{L}_{\mathrm{FDF}}\cdot\boldsymbol{r}(k) \tag{12.9}$$

$$\hat{\boldsymbol{y}}(k)=\boldsymbol{C}\hat{\boldsymbol{x}}(k)+\boldsymbol{D}\boldsymbol{u}(k) \tag{12.10}$$

$$\boldsymbol{r}(k)=\boldsymbol{y}(k)-\hat{\boldsymbol{y}}(k) \tag{12.11}$$

DO：

$$\boldsymbol{z}(k+1)=\boldsymbol{G}\boldsymbol{z}(k)+\boldsymbol{H}\boldsymbol{u}(k)+\boldsymbol{L}_{\mathrm{DO}}\cdot\boldsymbol{y}(k) \tag{12.12}$$

$$\boldsymbol{r}(k)=\boldsymbol{V}\boldsymbol{y}(k)-\boldsymbol{W}\boldsymbol{z}(k)-\boldsymbol{Q}\boldsymbol{u}(k) \tag{12.13}$$

受龙伯格条件（1）~(3）限制：

（1）$\boldsymbol{G}$ 是稳定的。

（2）$\boldsymbol{TA}-\boldsymbol{GT}=\boldsymbol{LC}$，$\boldsymbol{H}=\boldsymbol{TB}-\boldsymbol{LD}$。

（3）$\boldsymbol{VC}=\boldsymbol{WT}$，$\boldsymbol{Q}=\boldsymbol{VD}$。

定义 12.1　如果 $\boldsymbol{v}_s\boldsymbol{\Gamma}_s=0,\boldsymbol{\Gamma}_s=[\boldsymbol{C},\boldsymbol{CA},\boldsymbol{CA}^2,\cdots,\boldsymbol{CA}^{s-1}]$，则 $\boldsymbol{v}_s$ 称为奇偶向量。$\boldsymbol{P}=\{\boldsymbol{v}_s\mid\boldsymbol{v}_s\boldsymbol{\Gamma}_s=\boldsymbol{0}\}$ 称为奇偶校验空间，s 为奇偶校验空间的长度。

12.3.2　所有稳定控制器的 Youla 参数化

根据控制理论的对偶原理，系统的可观测性和可控性是对偶关系。虽然可以系统模型构建观测器，但也可以直接从系统构建控制器。Youla 参数化为仅基于系统信息的控制器设计提供了一种实现方法。

定理 12.1（Youla 参数化）　如果系统结构遵循图 12.1，其中受控对象定义为图 12.1 和图 12.2，那么所有内部稳定闭环系统的线性控制器都可以参数化。

$$\boldsymbol{K}(z)=[\boldsymbol{Y}(z)-\boldsymbol{M}(z)\boldsymbol{Q}(z)][\boldsymbol{X}(z)-\boldsymbol{N}(z)\boldsymbol{Q}(z)]^{-1} \tag{12.14}$$

$$=[\hat{\boldsymbol{X}}(z)-\boldsymbol{Q}(z)\hat{\boldsymbol{N}}(z)]^{-1}[\hat{\boldsymbol{Y}}(z)-\boldsymbol{Q}(z)\hat{\boldsymbol{M}}(z)] \tag{12.15}$$

图 12.1　系统结构

根据定理 12.1，如果系统模型可用，则可以直接使用任意 Youla 矩阵 $\boldsymbol{Q}$ 构建稳定控制器。但是，当系统模型难以获得时，使用仅基于输入和输出数据的数据驱动解决方案更有利。

以下推论均来自定理 12.1，但给出了不同角度的解释。

推理 12.1　对于任意的 $\boldsymbol{Q}(z)\in\mathcal{RH}_\infty$，式（12.14）或式（12.15）形式的 $\boldsymbol{K}(z)$ 使定理 12.1 中描述的闭环系统稳定。

推理 12.2　定理 12.1 中描述的稳定闭环系统的所有控制器都可以写成式（12.14）或式（12.15）的形式。定理 12.1 中描述的所有稳定闭环系统的控制器都可以找到相应的 $\boldsymbol{Q}(z)$。

推理 12.3　如果已知一个稳定控制器，则可以得到所有稳定控制器。给定两个稳定控制器，它们可以通过适当的 $\boldsymbol{Q}(z)$ 相互转换。

根据定理 12.1，可以获得不同形式的参数化（图 12.2 和下面的方框）。

读者可以参考文献［46］了解更多细节。前三种形式与模型相关，而第四种形式与模型无关。

$u(k)=K(z)e(k)$

$= [Y(z)-M(z)Q(z)][X(z)-N(z)Q(z)]^{-1} e(k)$
$= [\hat{X}(z)-Q(z)\hat{N}(z)]^{-1}[\hat{Y}(z)-Q(z)\hat{M}(z)] e(k)$

$u(k) = F\hat{x}(k) - Q_c(z)r(k)$

$u(k) = [Y(z)-M(z)Q_c(z)]r(k)$

$\Bigg\}$ 依赖模型

$u(k) = -K_0(z)e(k) + Q_c(z)r(k)$

$\}$ 数据驱动

□ 互质因式分解矩阵　　┆┆ 输出残差
□ 状态反馈　　　　　　┆┆ 反馈误差项

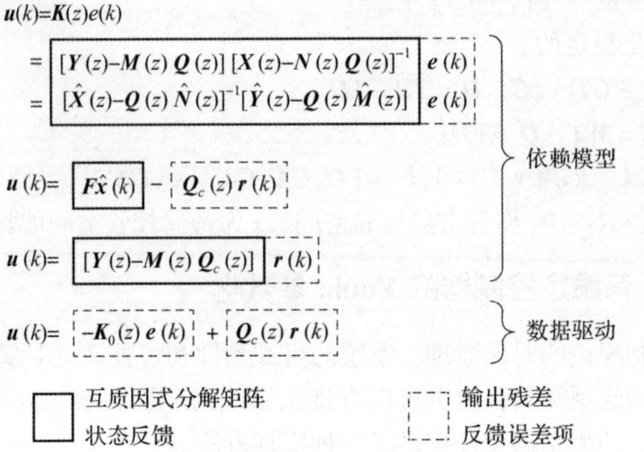

图 12.2　参数化的不同形式

控制器参数化不同形式有以下几种：

（1）Youla 参数化：$X(z)$、$Y(z)$、$\hat{X}(z)$、$\hat{Y}(z)$、$M(z)$、$N(z)$、$\hat{M}(z)$、$\hat{N}(z)$ 与系统的传递函数 $Q(z)$ 有关。控制器用 $Q(z)$ 参数化。

（2）基于状态观测器和残差发生器的控制规律：F 是稳定反馈增益，$\hat{x}(k)$ 由状态观测器产生，$r(k)$ 由残差发生器产生。控制律用 $Q_c(z)$ 参数化。

（3）基于残差发生器的控制规律：$Y(z)$ 和 $M(z)$ 与系统的传递函数 $G(z)$ 有关，$r(k)$ 由残差发生器产生。控制律用 $Q_c(z)$ 参数化。

（4）基于残差成器的控制规律：$K_{st}(z)$ 是一个稳定控制器，$r(k)$ 由残差生成器（如 FDF、DO 或基于奇偶校验空间的残差生成器）生成。控制律用 $Q_c(z)$ 参数化。

接下来，将在定理 12.2 和推理 3.1 中说明，FDF 和 DO 可用于生成保证闭环系统稳定性的残差信号。定理 12.3 揭示了当用于反馈控制时两个残差发生器的等价条件。附录 A 中提供了定理 12.2、定理 12.3 和推论 3.1 的证明。

定理 12.2　考虑图 12.1 中的系统结构，其中受控对象定义为式（12.1）和式（12.2），如果 $K_{st}(z)$ 是稳定控制器，并且残差 $r(k)$ 由 FDF 生成，如式（12.9）、式（12.10）和式（12.11），那么控制规律 $u(k) = -K_{st}(z)e(k) + Q_c(z)r(k)$ 使闭环系统稳定。

定理 12.3　如果观测器增益满足 $L_{DO} = T \cdot L_{FDF}$，则 FDF 和 DO 生成的残差具有以下关系：$r_{DO}(k) = V \cdot r_{FDF}(k)$。

推理 12.4　考虑图 12.1 中的系统结构，其中受控对象定义为式（12.1）

和式（12.2），如果 $\boldsymbol{K}_{st}(z)$ 是稳定控制器，并且残差 $\boldsymbol{r}(k)$ 由如 DO 中的式（12.12）和式（12.13）生成，那么控制规律 $\boldsymbol{u}(k) = -\boldsymbol{K}_{st}(z)\boldsymbol{e}(k) + \boldsymbol{Q}_c(z)\boldsymbol{r}(k)$ 使闭环系统稳定。

下一个定理为基于奇偶校验向量的 DO 系统矩阵提供了数据驱动的解决方案。

定理 12.4（MISO DO 的奇偶校验空间[44,47]） 给定 $\boldsymbol{\alpha}_s \in \Gamma_s^{\perp}$，那么龙伯格方程Ⅱ和Ⅲ的解可以计算为

$$\boldsymbol{G} = \begin{bmatrix} \boldsymbol{0} & & & \\ \boldsymbol{1} & \ddots & & \\ & \ddots & \ddots & \\ & & \boldsymbol{1} & \boldsymbol{0} \end{bmatrix}, \boldsymbol{L} = -\begin{bmatrix} \boldsymbol{\alpha}_{s,0} \\ \vdots \\ \vdots \\ \boldsymbol{\alpha}_{s,s-1} \end{bmatrix}$$

$$\begin{bmatrix} \boldsymbol{H} \\ \boldsymbol{Q} \end{bmatrix} = (\boldsymbol{\alpha}_s \boldsymbol{H}_{u,s})^{\mathrm{T}}, \boldsymbol{W} = [\boldsymbol{0} \quad \cdots \quad \boldsymbol{0} \quad \boldsymbol{1}], \boldsymbol{V} = \boldsymbol{\alpha}_{s,s} \tag{12.16}$$

$$\boldsymbol{T} = \begin{bmatrix} \boldsymbol{\alpha}_{s,1} & \cdots & \cdots & \boldsymbol{\alpha}_{s,s} \\ \vdots & & \cdot^{\cdot^{\cdot}} & \\ \vdots & \cdot^{\cdot^{\cdot}} & & \\ \boldsymbol{\alpha}_{s,s} & & & \end{bmatrix} \begin{bmatrix} \boldsymbol{C} \\ \boldsymbol{CA} \\ \vdots \\ \boldsymbol{CA}^{s-1} \end{bmatrix}$$

为了保留输出变量中的相关信息并降低在线实现的复杂性，文献［47］中引入了 MIMO DO 设计方法。基本思想是构建 η 独立的 MISO 残差生成器，它们由相同的控制输入信号 $\boldsymbol{u}(k)$ 和输出信号 $\boldsymbol{y}(k)$ 驱动。

$$\boldsymbol{z}_i(k+1) = \boldsymbol{A}_{z,i}\boldsymbol{z}_i(k) + \boldsymbol{B}_{z,i}\boldsymbol{u}(k) + \boldsymbol{L}_{z,i}\boldsymbol{y}(k) \tag{12.17}$$

$$\boldsymbol{r}_i(k) = \boldsymbol{g}_i\boldsymbol{y}(k) - \boldsymbol{c}_{z,i}\boldsymbol{z}_i(k) - \boldsymbol{d}_{z,i}\boldsymbol{u}(k), i = 1,2,\cdots,\eta \tag{12.18}$$

服从 η 组龙伯格条件。

12.3.3 即插即用的控制框架

本小节将介绍一个基于 Youla 参数化的稳定控制框架。如图 12.3 所示，标称被控对象 $\boldsymbol{P}_0$ 是一个广义系统，包括连接到实际控制对象的执行器和传感器，并且可以轻松收集 $\boldsymbol{P}_0$ 的输入/输出数据。控制需求 u 由三部分组成，分别为稳定控制器 $\boldsymbol{K}_{st}$、稳健性控制器 $\boldsymbol{K}_{rb}(\boldsymbol{Q}_c)$ 和跟踪控制器 $\boldsymbol{K}_{tr}$ 驱动。稳定控制器和鲁棒性控制器是反馈控制器，而跟踪控制器是前馈控制器。

$$\boldsymbol{u} = \boldsymbol{u}_{st} + \boldsymbol{u}_{rb} + \boldsymbol{u}_{tr} \tag{12.19}$$

$$= \boldsymbol{K}_{st}(z)\boldsymbol{e}(k) + \boldsymbol{Q}_c(z)\boldsymbol{r}(k) + \boldsymbol{K}_{tr}(z)\boldsymbol{w}(k) \tag{12.20}$$

根据推论 3.1，$\boldsymbol{K}_{st}(z)\boldsymbol{e}(k) + \boldsymbol{Q}_c(z)\boldsymbol{r}(k)$ 可以表示闭环系统的任意稳定控

制器。注意 $\boldsymbol{K}_{tr}(z)\boldsymbol{w}(k)$ 是前馈的，既不会改变闭环系统的极点，也不会影响系统的稳定性。

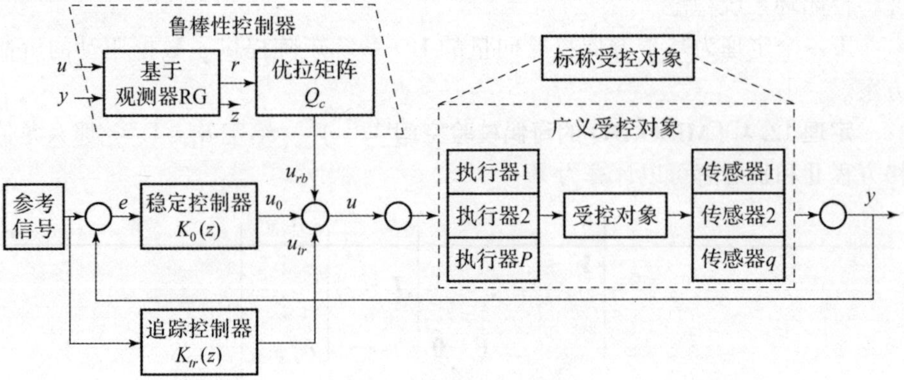

图 12.3　即插即用控制框架

对于一些现有的工业系统，在更新控制系统以获得更好的性能时，通常存在可靠性问题和经济问题[48]。最好不要对主要稳定控制器进行重大修改[49-50]。在所提出的控制框架中，$\boldsymbol{K}_{st}(z)$ 可以视为稳定闭环系统的现有控制器。鲁棒控制器扮演即插即用模块的角色，以提高性能。这种模块的主要优点是在配置阶段，闭环稳定性得到持续保证，如上述定理所示。

12.4　容错控制器设计的强化学习辅助方法

Kaelbling 等将 RL 定义为“通过奖励和惩罚对智能体进行编程的方式，而无须指定如何完成任务”[51]。在使用 RL 时，本章的目标是开发用于 FTC 系统优化设计的学习辅助方法。为此，奖励函数的选择、代价函数评估（估计）和控制器更新将是本节的重点（图 12.4）。

考虑 RL 解决方案更多地基于实际经验而不是模型假设，因此在学习阶段保证闭环控制系统的稳定性以避免状态发散很重要。需要注意的是，在 Youla 参数化框架中，策略上的 RL 控制方法（如 SARSA）和非策略上的 RL 控制方法（如深度 Q 学习）来离线优化 $\boldsymbol{Q}_c$[52-56]。

12.4.1　将 RL 应用于控制系统设计

为了将 RL 应用于控制问题，下面总结了 RL 和控制系统设计中的基本概念，并在表 12.1 中建立了它们之间的联系，并显示了对应关系。

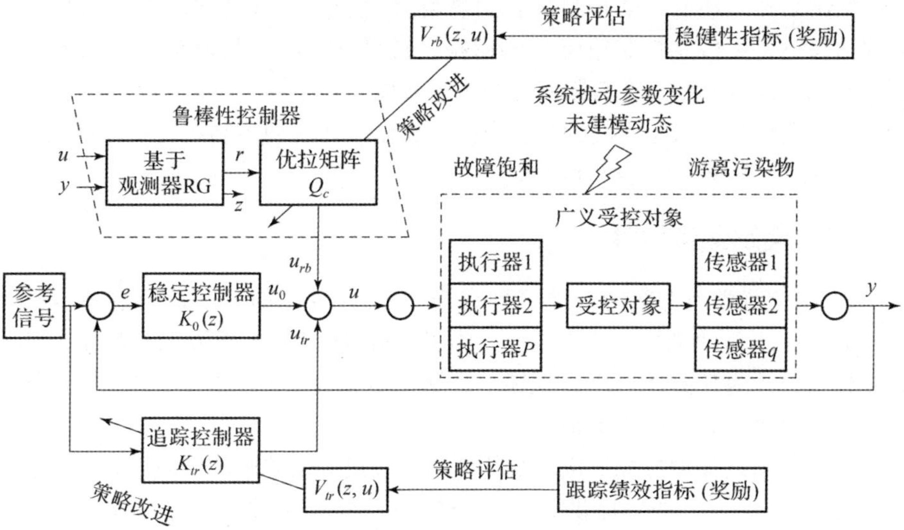

图 12.4 强化学习辅助的容错控制

表 12.1 强化学习和控制系统设计的对应关系

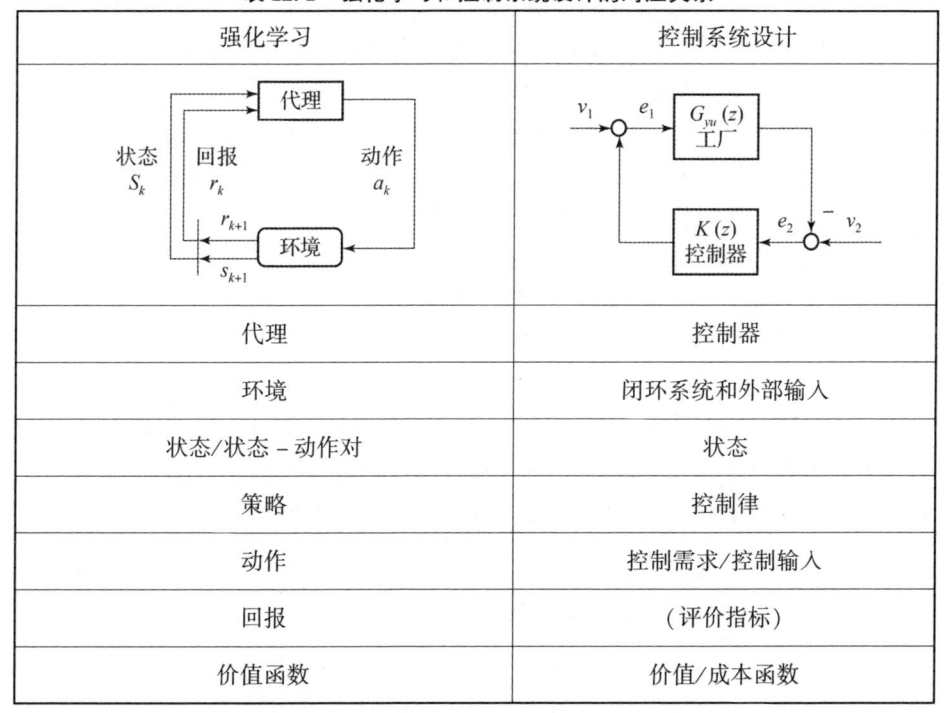

强化学习	控制系统设计
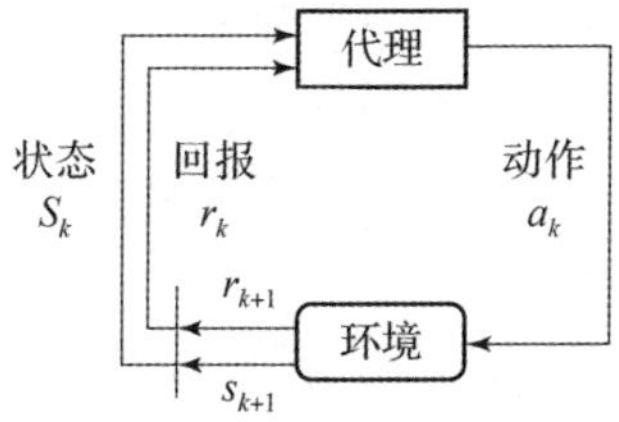	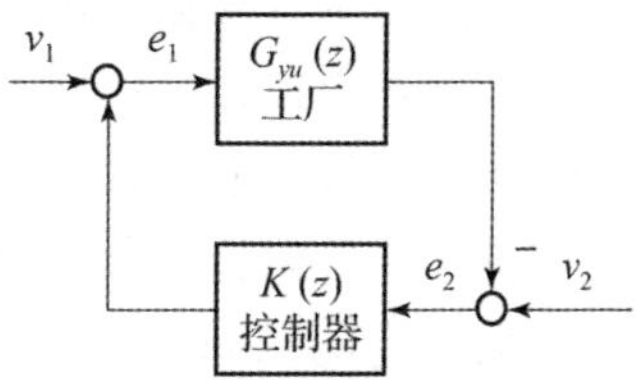
代理	控制器
环境	闭环系统和外部输入
状态/状态－动作对	状态
策略	控制律
动作	控制需求/控制输入
回报	(评价指标)
价值函数	价值/成本函数

奖励是外部环境（受控目标）对智能体（要学习或优化的控制器）的即时评估反馈。策略（控制策略）的回报是遵循该策略（控制策略）随时间累积的奖励。部分奖励是在有限的时间内累积的。策略的代价是遵循该策略的预期回报。策略是从状态空间到动作空间的投影。在自动控制系统中，定义为在状态 s 采取动作 $a \in A$ 的控制规律。

12.4.2 奖励函数设计

RL 与监督学习方案的主要区别在于，RL 设计者应该告诉智能体“要实现什么”而不是“如何实现它”[57]。为了完成 RL 任务，重要的是指定最终目标是什么，并为智能体提供点反馈，即适当的即时奖励。然后，RL 智能体将逐渐学会最大化它收到的奖励。

奖励必须以某种方式提供给智能体，即在最大化奖励的同时，智能体也将实现最终目标[57]。如果提供的奖励与最终目标不一致，学习结果将是错误的。例如，在设计基于机器视觉的物体拾取机器人手臂的任务中，智能体只应在成功拾取物体时获得奖励，而不是在实现子目标（如成功的物体识别或成功的轨迹规划等）时获得奖励。对于低级控制器设计任务，重要的是在学习过程之前指定控制性能评估标准，并提供等效的在线性能指标作为即时奖励。

在控制理论中，鲁棒性表示系统在扰动下保持一定性能的能力。鲁棒控制器设计任务旨在实现闭环稳定和鲁棒性能。鲁棒性能包括抗扰动的鲁棒性、抗故障的鲁棒性、鲁棒的跟踪性能、抗饱和性能等。需要注意的是，鲁棒性能问题可以等价于在鲁棒稳定问题中引入虚拟扰动。

大多数现有的鲁棒稳定控制器设计方法都基于显式系统模型，其中系统参数假定为先验知识。在基于 RL 的设计框架中，本章将指定一个评估标准来量化闭环稳定性的程度（确切的稳定程度），并将其作为训练控制器的奖励。

最近，稳定裕度的概念在文献［58］中得到强调。由于它与系统范数和奇异值分解有内在联系，因此它可以视为系统稳定性的度量。图 12.5 展示了矩阵放大效应的解释，图 12.6 展示了奇异值分解的解释。

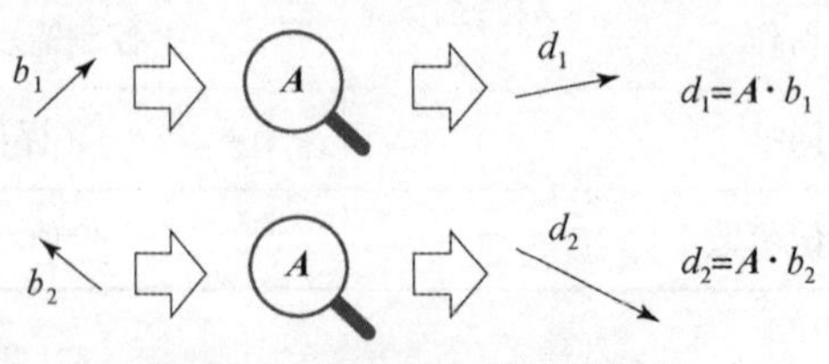

图 12.5 矩阵放大效应的解释

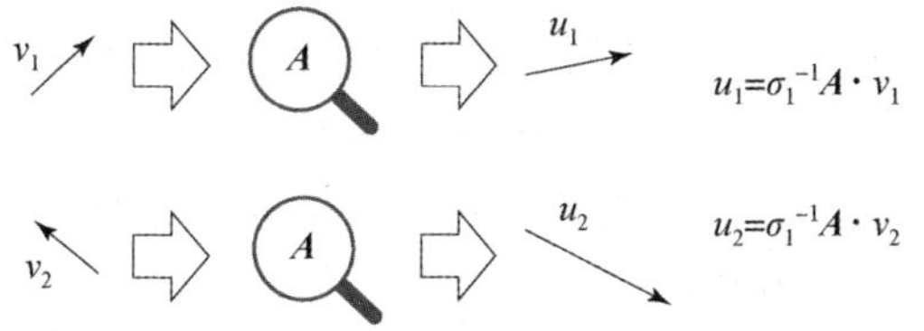

图 12.6　奇异值分解的解释

如图 12.5 所示，矩阵 **A** 可以看作输入向量的放大器。输出向量可以看作具有乘法矩阵输入的调制信号。考虑将矩阵与任意向量相乘。对于不同的向量，该向量的“放大”（在控制论中也称为“增益”）是不同的，并且与输入向量的方向有关。H_∞ 范数是放大的上限（最大增益）：

$$\| \boldsymbol{A} \|_\infty = \max \frac{\| \boldsymbol{d} \|}{\| \boldsymbol{b} \|} \tag{12.21}$$

图示也适用于传递函数矩阵，其中传递函数的动力学模型也在调制输入中发挥作用。信号范数和系统范数表征动态系统，而向量范数和矩阵范数表征恒定和静态系统：

$$\| \boldsymbol{A}(z) \|_\infty = \max \frac{\| \boldsymbol{d}(z) \|}{\| \boldsymbol{b}(z) \|} \tag{12.22}$$

式（12.21）和式（12.22）中矩阵范数的公式分别由向量范数和信号范数导出，不能直接在计算机算法中实现。通过奇异向量分解（SVD）得到数值可行解。SVD 可以准确判断矩阵对输入向量的放大程度：如果输入向量与左奇异向量的方向一致，则输出方向必须与对应的右奇异向量的方向一致，放大（增益）是对应的奇异值（图 12.6）。因此，可以用最大奇异值确定最大放大增益。

基于上述对矩阵范数和 SVD 的解释，根据图 12.7 中的逻辑，可以使用系统的 H_∞ 范数来设计闭环稳定性度量。在此，本章总结了一种基于稳定性裕度的闭环鲁棒性指标的数据驱动求解算法。

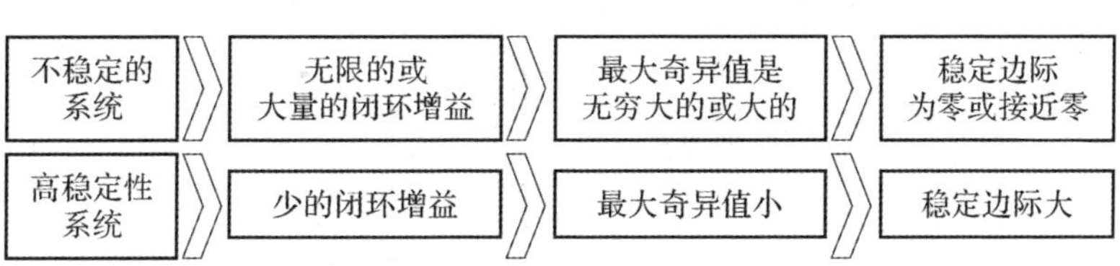

图 12.7　稳定性裕度评估

算法：闭环稳定性裕度的数据驱动解决方案[58-59]：

（1）确定堆叠数据的长度并构建 Hankel 矩阵。

（2）使用基于模型的方法或数据驱动的识别方法计算稳定的图像表示 $\mathscr{I}_G$。

（3）使用基于模型的方法或数据驱动的识别方法计算稳定的内核表示 $\mathscr{K}_k$。

（4）根据式（A.12）计算闭环鲁棒性指标。

闭环稳定性度量的基本公式参见附录 A 以及其中推荐的文献。对于实际应用，需要实时计算，最好采用稳定度递归计算[60]。

12.4.3 Youla 参数化矩阵的基于 RL 的解决方案

在机器人系统的控制回路级设计中，状态空间和动作空间都比决策级大得多。状态和控制信号的有效值是无限的。在这些情况下，不能使用表格求解方法。相反，应该使用函数逼近方法来维护代价函数。

在使用函数逼近时，RL 智能体的中心任务是从现有数据中学习，并提高其泛化能力，以处理未训练的情况（未满足的状态）。通常，未确定参数的数量（$\boldsymbol{\theta}$ 的维数）远小于系统状态的数量。这些参数的更新是微妙的，因为改变一个参数会改变许多状态的估计值。此外，在持续任务中（与情景性任务相比）[57]，学习过程应该以增量方式实施。当有新的训练数据可用时，可以在没有太大延迟的情况下更新策略。图 12.8 所示为 Youla 参数化矩阵的更新。

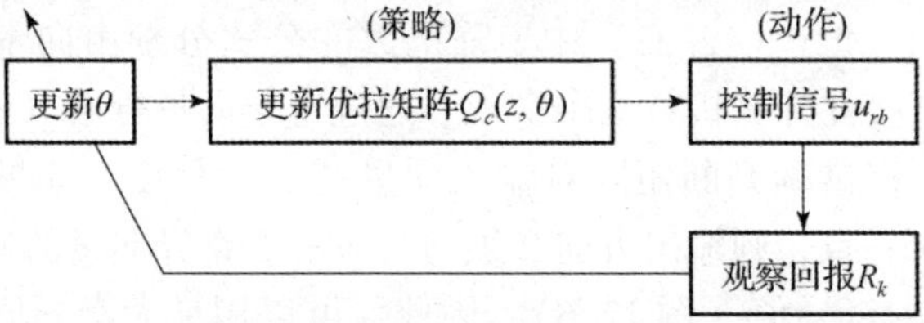

图 12.8 Youla 参数化矩阵的更新

RL 可用于学习 Youla 转移矩阵（图 12.8）。首先，用“零极点增益”（ZPK）形式表示的稳定系统对 Youla 传递矩阵 $\boldsymbol{Q}_c$ 进行参数化，其中增益、分子和分母的参数很容易找到并用于构造 $\boldsymbol{\theta}$。z 是 Z 变换运算符：

$$\boldsymbol{Q}_c(z,\boldsymbol{\theta}) = k \cdot \frac{\prod_{j=1}^{j_{\max}}(z-n_j)}{\prod_{p=1}^{p_{\max}}(z-d_p)} \tag{12.23}$$

$$\boldsymbol{\theta} = [k \quad n_1 \quad \cdots \quad n_{j\max} \quad d_1 \quad \cdots \quad d_{p\max}] \tag{12.24}$$

使用 k 时刻的闭环稳定性度量作为对 RL 智能体的即时奖励：$\boldsymbol{R}_k = \boldsymbol{\delta}_{cl}(\boldsymbol{z}_k)$。目标函数 $\boldsymbol{J}(\theta)$ 评估估计值与期望值的偏离程度为

$$J(\boldsymbol{\theta}) = \sum_{z\in S}\mu(z)[\boldsymbol{U}_k - \hat{\boldsymbol{q}}(z,\boldsymbol{\theta})]^2 \tag{12.25}$$

式中：$\boldsymbol{\mu}(z)$为状态的权重因子，用于平衡观测的影响。它可以定义为在状态 z 中花费的时间百分比。$\hat{\boldsymbol{q}}(z,\boldsymbol{\theta})$为估计的状态动作值函数。这里 $\boldsymbol{\theta}$ 扮演动作和权重的角色。$\boldsymbol{U}_k$ 为给定控制策略后的预期收益。在持续任务设置中，$\boldsymbol{U}_k$ 用微分形式实现：

$$\boldsymbol{U}_k = (\boldsymbol{R}_{k+1} - \bar{\boldsymbol{R}}) + (\boldsymbol{R}_{k+2} - \bar{\boldsymbol{R}}) + (\boldsymbol{R}_{k+3} - \bar{\boldsymbol{R}}) + \cdots \tag{12.26}$$

式中：$\bar{\boldsymbol{R}}$ 为平均奖励，$\bar{\boldsymbol{R}} = \log_{h\to\infty}\left(\frac{1}{h}\right)\mathbb{E}[\boldsymbol{R}_k \mid \boldsymbol{u}^{\theta}_{0:k-1}] = \log_{h\to\infty}\mathbb{E}[\boldsymbol{R}_k \mid \boldsymbol{u}^{\theta}_{0:k-1}]$，$u^{\theta}_{0:k-1}$表示$\{u_0,u_1,\cdots,u_{k-1}\}$由一个固定的 $\boldsymbol{\theta}$ 驱动。通过差分半梯度 SARSA，有如下更新规则：

$$\boldsymbol{\theta}_{k+1} = \boldsymbol{\theta}_k + \alpha[\boldsymbol{R}_{k+1} + \gamma\hat{\boldsymbol{q}}(z_{k+1},\boldsymbol{\theta}_{k+1}) - \hat{\boldsymbol{q}}(z_k,\boldsymbol{\theta}_k)]\cdot\nabla\hat{\boldsymbol{q}}(z_k,\boldsymbol{\theta}_k) \tag{12.27}$$

式中：$\alpha > 0$ 为步长参数；$\gamma\in(0,1)$为贴现率；∇为 Hamilton 算子：

$$\hat{\boldsymbol{q}}(z,\boldsymbol{\theta}) = \boldsymbol{\theta}^{\mathrm{T}}\cdot\boldsymbol{\xi}(z) \tag{12.28}$$

线性函数逼近应用于$\hat{\boldsymbol{q}}(z,\boldsymbol{\theta})$。$\boldsymbol{\xi}(\cdot)$称为线性模型的特征向量或基函数，用于构造特征，可以通过多种不同方式定义[57]。然后，基于差分半梯度 SARSA 的更新规则可以推导为

$$\boldsymbol{\theta}_{k+1} = \boldsymbol{\theta}_k + \alpha[\boldsymbol{R}_{K+1} + \gamma\boldsymbol{\theta}_k^{\mathrm{T}}\xi(z_{k+1}) - \boldsymbol{\theta}_k^{\mathrm{T}}\xi(z_k)]\boldsymbol{\xi}(z_k) \tag{12.29}$$

12.5　仿真研究

12.5.1　仿真设置

本章采用轮式机器人的动态转向控制系统。运动学用单轨模型来描述，这是一种简单但最常用的形式，用于实际车辆。仿真模型是离散时间的，基于 MATLAB ®/Simulink ®，并在配备 2.3GHz Core i5 处理器的 PC 上运行。采样率为 10Hz，总仿真时间为 100s。

工作点周围线性化受控对象的系统矩阵如下：

$$\boldsymbol{A} = \begin{bmatrix} 0.6333 & -0.0672 \\ 2.0570 & 0.6082 \end{bmatrix},\quad \boldsymbol{B} = \begin{bmatrix} -0.0653 \\ 3.4462 \end{bmatrix} \tag{12.30}$$

$$\boldsymbol{C} = \begin{bmatrix} -152.7568 & 1.2493 \\ 0 & 1 \end{bmatrix},\quad \boldsymbol{D} = \begin{bmatrix} 56 \\ 0 \end{bmatrix} \tag{12.31}$$

系统状态是滑移角（x_1）和偏航率（x_2）。控制输入是转向角（u），输出是横向加速度传感器输出（y_1）和横摆率传感器输出（y_2）。状态和输出都被小方差的正态（高斯）分布白噪声破坏。参考信号 $w(k)$ 如图 12.9 所示。

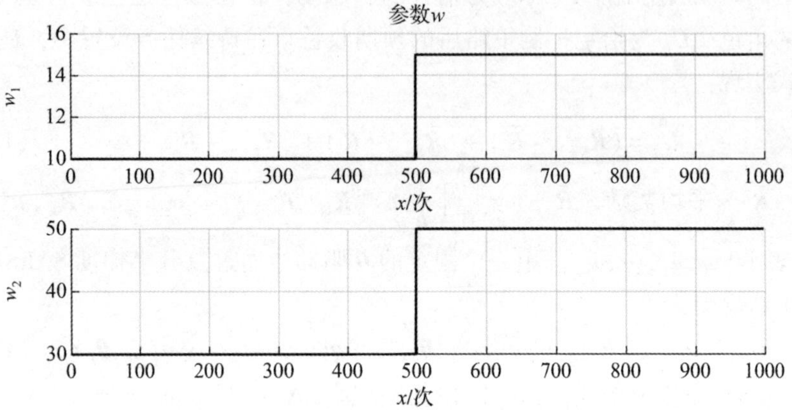

图 12.9　参考信号

内部故障引入受控对象。与系统描述一致，故障信号由式（12.1）中的项 $\boldsymbol{E}_f\boldsymbol{f}(k)$ 驱动，其中

$$\boldsymbol{E}_f=\begin{bmatrix}\mathbf{1} & \mathbf{0} & \mathbf{0}\\ \mathbf{0} & \mathbf{1} & \mathbf{0}\end{bmatrix},\quad \boldsymbol{f}=[\mathbf{0}\quad \boldsymbol{f}_2\quad \mathbf{0}]^{\mathrm{T}} \tag{12.32}$$

如图 12.10 所示，f_2 由两个阶跃信号组成，分别位于第 30s 和第 75s。

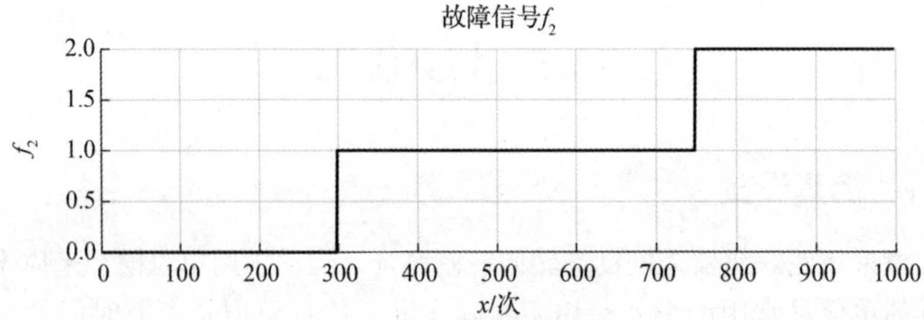

图 12.10　引入的故障

实现了 FDF 生成的残差信号，其中

$$\boldsymbol{L}_{\mathbf{FDF}}=\begin{bmatrix}-0.0022 & -0.0135\\ -0.0645 & 0.8250\end{bmatrix} \tag{12.33}$$

可以验证 $\boldsymbol{L}_{\mathrm{FDF}}$ 可以稳定状态跟踪误差动态。跟踪控制器 $\boldsymbol{u}_{tr}$ 是用静态前馈增益 $\boldsymbol{K}_{tr}=[0.0007\ 0.007]$ 实现。稳定控制器 $\boldsymbol{u}_{st}$ 是用稳定的动态系统实现的：

$$\mathcal{P}_{st} = \left[\begin{array}{c|c} \boldsymbol{A}_{st} & \boldsymbol{B}_{st} \\ \hline \boldsymbol{C}_{st} & \boldsymbol{0} \end{array}\right] \tag{12.34}$$

其中

$$\boldsymbol{A}_{st} = \begin{bmatrix} -0.2916 & 0.0657 \\ 0.752 & 0.1027 \end{bmatrix},\ \boldsymbol{B}_{st} = \begin{bmatrix} 0.0135 & -0.1659 \\ -0.014 & 0.438 \end{bmatrix}$$
$$\boldsymbol{C}_{st} = [\,-0.1601 \quad 0.034\,] \tag{12.35}$$

12.5.2　结果和讨论

为了说明引入的框架和方法的性能，设计了三种配置进行比较。

（1）无故障条件：在无故障状态下，系统在正常操作状态下运行，该条件下的系统状态作为评估故障条件下容错能力的参考。

（2）没有鲁棒性和/或跟踪控制器的故障条件：引入内部故障，未插入鲁棒性/跟踪控制器。

（3）鲁棒性和跟踪控制器的故障条件：引入内部故障，鲁棒性和跟踪控制器在线。

图 12.11 显示了 FDF 生成的残差信号。

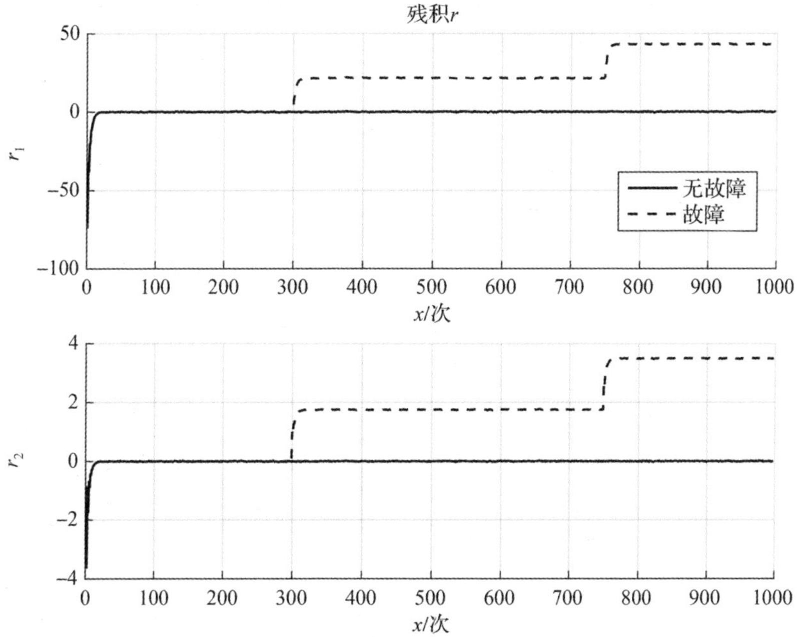

图 12.11　残差信号

可以看出，FDF 成功地检测到故障的发生，因为在第 300 次采样后，两个残差都偏离零。断层的强度也体现在偏离零的程度。第 750 次取样后，与 300 ~750 次取样相比，残差增加了一倍，这与断层强度一致（图 12.10）。

图 12.12 比较了使用不同控制器组合的故障前后状态变量的控制性能。在无故障情况下，随着参考值的变化，状态变量在两个阶段中的每一阶段分别稳定在一个值（x_1 稳定在 -1.1 ~ -1.8rad，而 x_2 稳定在 4.9 ~8 rad /s）。在故障情况下，两种状态也稳定下来，但处于不同的平衡点。此外，如第 300 次和第 750 次采样时的突然变化所示，如果故障强度增加，则状态偏差更严重。

本章应用 FTC 方案的目标是减弱状态偏差，并恢复无故障状态下的正常状态。在图 12.12（a）、(b）中，虚线分别表示带稳定控制器、不带和带鲁棒性指示器的受控状态。可以看出，图 12.12（b）中的受控性能优越：两种状态与无故障条件下的状态几乎一致。

图 12.13 说明了所提出方法的跟踪性能。故障发生后，第一个输出变量的跟踪误差恶化，这种情况与状态变量发生的情况相似。图 12.13（a）中的虚线是跟踪控制器补偿后获得的结果。跟踪误差 e_1 明显受到抑制。但是，当故障发生在第 300 次和第 750 次样本时，仍然存在严重的性能下降。为了改善容错性能，测试了跟踪和鲁棒控制器的组合，相应的结果如图 12.13（b）所示。可以看出，跟踪性能受故障的影响较小。

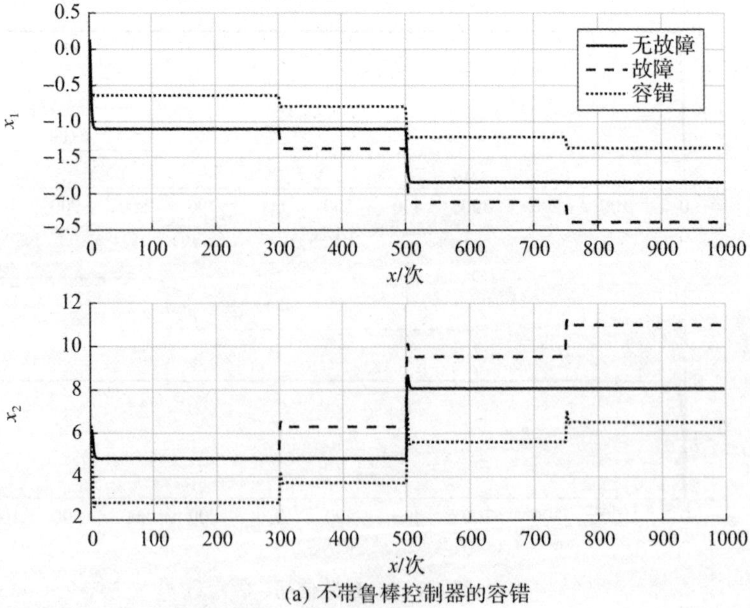

(a) 不带鲁棒控制器的容错

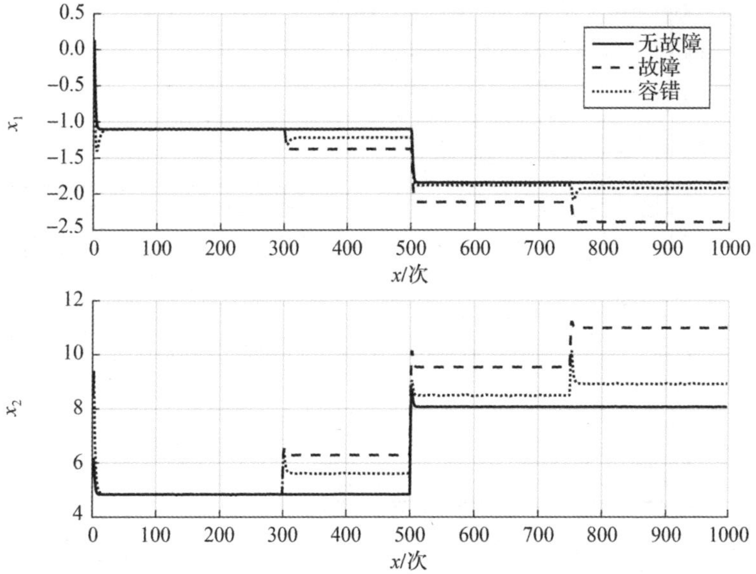

(b) 带鲁棒控制器的容错

图 12.12　状态轨迹对比

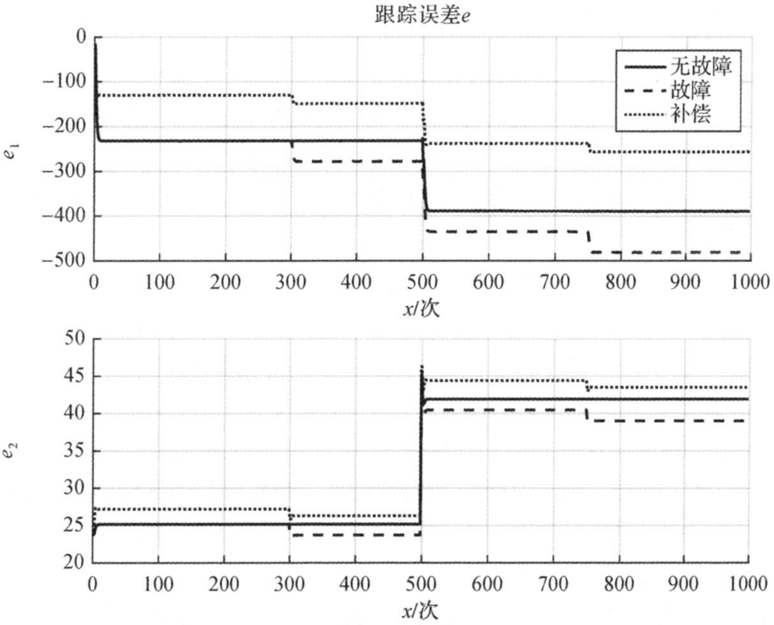

(a) 补偿跟踪控制器

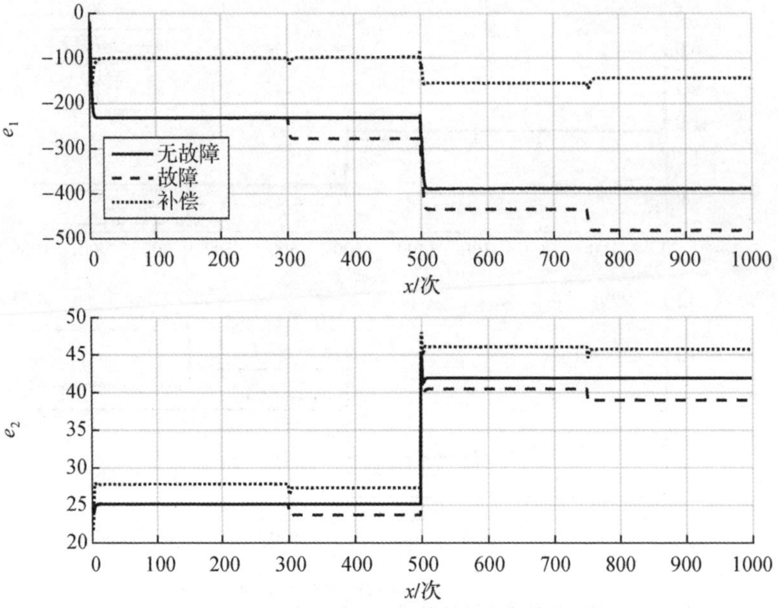

(b) 带有跟踪控制器的补偿和鲁棒控制器

图 12.13 跟踪性能比较

12.6 关于框架和未来工作的开放性问题

本章总结了在数据驱动的持续稳定 FTC 框架下设计 RL 辅助控制器的挑战。

(1) 传统的 Youla 参数化适用于线性系统。一些机器人系统控制问题涉及固有或强非线性。对于此类系统，一方面建议读者使用文献 [43] 中的非线性参数化形式，另一方面设计神经网络系统来构建非线性 Youla 增益（Youla 增益的学习方法需要重新设计）。

(2) 在这项工作中，RL 作为一个监督模块，在设计阶段计算优化的 Youla 矩阵 $\boldsymbol{Q}_c$。基于在线学习的 FTC 需要进一步努力，借助模式识别技术来获得对工作条件和外部环境的认识。如果可以正确定义和处理正常工况变化和故障/失效，则适应性将大大增强。

(3) 对于移动机器人，尤其是自主轮式机器人的应用，算法实现和硬件实现/部署都应满足实时性要求。为此，需要使用快速逼近方法和降维技术来设计（在线）学习辅助控制器块。硬件加速可以通过优化集成设计及专用的片上系统设计来实现。神经网络引擎可用来加速计算。

（4）来自多个传感器的可用数据可能具有不同的采样率和不同的尺度。它们在变形程度、污染等方面也呈现出不同的特征。如何同步测量并实现有效的数据关联是数字化和基于计算机的控制器设计任务中的基本问题。一些潜在的解决方案包括时间戳技术和下采样方法。

（5）在 Youla 参数化框架下设计的反馈控制器仅通过重新分配闭环极点的位置来改善系统动力学。在这项工作中应用的跟踪控制器是传统的，不令人满意。为了提高故障条件下的跟踪性能，可以设计一个独立的学习辅助前馈控制器。

附录 A

定理 12.2 的证明：

根据式（12.9）~式(12.11）中的 FDF，有

$$\hat{\boldsymbol{x}}(k)=(z\boldsymbol{I}-\boldsymbol{A}+\boldsymbol{LC})^{-1}[(\boldsymbol{B}-\boldsymbol{LD})\boldsymbol{u}(k)+\boldsymbol{Ly}(k)]$$

$$\begin{aligned}\boldsymbol{r}(k)&=\boldsymbol{y}(k)-\boldsymbol{C}\hat{\boldsymbol{x}}(k)-\boldsymbol{Du}(k)\\&=\boldsymbol{y}(k)-\boldsymbol{C}(z\boldsymbol{I}-\boldsymbol{A}+\boldsymbol{LC})^{-1}[(\boldsymbol{B}-\boldsymbol{LD})\boldsymbol{u}(k)+\boldsymbol{Ly}(k)]-\boldsymbol{Du}(k)\\&=[\boldsymbol{I}-\boldsymbol{C}(z\boldsymbol{I}-\boldsymbol{A}+\boldsymbol{LC})^{-1}\boldsymbol{L}]\boldsymbol{y}(k)-[\boldsymbol{C}(z\boldsymbol{I}-\boldsymbol{A}+\boldsymbol{LC})^{-1}(\boldsymbol{B}-\boldsymbol{LD})+\boldsymbol{D}]\boldsymbol{u}(k)\\&=\hat{\boldsymbol{M}}(z)\boldsymbol{y}(k)-\hat{\boldsymbol{N}}(z)\boldsymbol{u}(k)\end{aligned}$$

令 $\boldsymbol{K}_{st}(z)=\hat{\boldsymbol{X}}_0^{-1}(z)\hat{\boldsymbol{Y}}_0(z)$

根据定理 12.1，以下控制规律使闭环系统稳定：

$$\begin{aligned}\boldsymbol{u}(k)&=-\boldsymbol{K}(z)\boldsymbol{e}(k)\\&=-[\hat{\boldsymbol{X}}_0(z)-\boldsymbol{Q}(z)\hat{\boldsymbol{N}}(z)]^{-1}[\hat{\boldsymbol{Y}}_0(z)-\boldsymbol{Q}(z)\hat{\boldsymbol{M}}(z)]\boldsymbol{e}(k)\\&\Rightarrow[\hat{\boldsymbol{X}}_0(z)-\boldsymbol{Q}(z)\hat{\boldsymbol{N}}(z)]\boldsymbol{u}(k)=-[\hat{\boldsymbol{Y}}_0(z)-\boldsymbol{Q}(z)\hat{\boldsymbol{M}}(z)]\boldsymbol{e}(k)\\&\Rightarrow\hat{\boldsymbol{X}}_0(z)\boldsymbol{u}(k)=\boldsymbol{Q}(z)\hat{\boldsymbol{N}}(z)\boldsymbol{u}(k)-\hat{\boldsymbol{Y}}_0(z)\boldsymbol{e}(k)-\boldsymbol{Q}(z)\hat{\boldsymbol{M}}(z)\boldsymbol{e}(k)\end{aligned}$$

$$\begin{aligned}\boldsymbol{u}(k)&=\hat{\boldsymbol{X}}_0^{-1}(z)[\boldsymbol{Q}(z)(\hat{\boldsymbol{N}}(z)\boldsymbol{u}(k)-\hat{\boldsymbol{M}}(z)\boldsymbol{e}(k))-\hat{\boldsymbol{Y}}_0(z)\boldsymbol{e}(k)]\\&=\hat{\boldsymbol{X}}_0^{-1}(z)[\boldsymbol{Q}(z)(\hat{\boldsymbol{M}}(z)\boldsymbol{y}(k)-\boldsymbol{r}(k)-\hat{\boldsymbol{M}}(z)(\boldsymbol{y}(k)\\&\quad-\boldsymbol{w}(k)))-\hat{\boldsymbol{Y}}_0(z)\boldsymbol{e}(k)]\\&=\hat{\boldsymbol{X}}_0^{-1}(z)[\boldsymbol{Q}(z)(-\boldsymbol{r}(k)+\hat{\boldsymbol{M}}(z)\boldsymbol{w}(k))-\hat{\boldsymbol{Y}}_0(z)\boldsymbol{e}(k)]\\&=-\hat{\boldsymbol{X}}_0^{-1}(z)\boldsymbol{Q}(z)\boldsymbol{r}(k)-\hat{\boldsymbol{X}}_0^{-1}(z)\hat{\boldsymbol{Y}}_0(z)\boldsymbol{e}(k)+\hat{\boldsymbol{X}}_0^{-1}(z)\hat{\boldsymbol{M}}(z)\boldsymbol{w}(k)\end{aligned}$$

令

$$Q_c(z) = -\hat{X}_0^{-1}(z)Q(z)$$

$$u(k) = Q_c(z)r(k) - K_{st}(z)e(k) + \ddot{X}_0^{-1}(z)\ddot{M}(z)w(k)$$

由于 $w(k)$ 对闭环稳定性没有影响，$u(k) = -K_{st}(z)e(k) + Q_c(z)r(k)$ 也能够稳定系统。

定理 12.3 的证明：

根据式（12.12）~式(12.13）中的 DO，有

$$z(k) = (zI - G)^{-1}(Hu(k) + Ly(k))$$

$$\begin{aligned} r_{DO}(k) &= Vy(k) - Wz(k) - Qu(k) \\ &= [V - W(zI - G)^{-1}L]y(k) - [W(zI - G)^{-1}H + Q]u(k) \\ &= \hat{M}_{DO}(z)y(k) - \hat{N}_{DO}(z)u(k) \end{aligned}$$

其中

$$\hat{M}_{DO}(z) = V - W(zI - G)^{-1}L$$

$$\hat{N}_{DO}(z) = W(zI - G)^{-1}H + Q$$

根据式（12.9）~式(12.11）中的 FDF：

$$\hat{x}(k) = (zI - A + LC)^{-1}[(B - LD)u(k) + Ly(k)]$$

$$\begin{aligned} r_{FDF}(k) &= y(k) - C\hat{x}(k) - Du(k) \\ &= y(k) - C(zI - A + LC)^{-1}[(B - LD)u(k) + Ly(k)] - Du(k) \\ &= [I - C(zI - A + LC)^{-1}L]y(k) - \\ &\quad [C(zI - A + LC)^{-1}(B - LD) + D]u(k) \\ &= \hat{M}_{FDF}(z)y(k) - \hat{N}_{FDF}(z)u(k) \end{aligned}$$

其中

$$\hat{M}_{FDF}(z) = I - C(zI - A + LC)^{-1}L$$

$$\hat{N}_{FDF}(z) = C(zI - A + LC)^{-1}(B - LD) + D$$

使用变换矩阵 T 对 FDF 执行等效变换，$\bar{x} = Tx, x = T^{-1}\bar{x}$，则

$$\bar{x}(k+1) = TAT^{-1}\bar{x}(k) + TBu(k) + TL_{FDF}r(k)$$

$$\hat{y}(k) = CT^{-1}\bar{x}(k) + Du(k)$$

$$\hat{M}_{FDF}(z) = I - CT^{-1}(zI - TAT^{-1} + TL_{FDF}CT^{-1})^{-1}TL_{FDF}$$

$$\begin{aligned} &\Rightarrow V \cdot \hat{M}_{FDF}(z) \\ &= V - VCT^{-1}(zI - TAT^{-1} + TL_{FDF}CT^{-1})^{-1}TL_{FDF} \\ &= V - W(zI - TAT^{-1} + TL_{FDF}CT^{-1})^{-1}TL_{FDF} \end{aligned}$$

$$\begin{aligned}\hat{\boldsymbol{M}}_{\mathrm{DO}}(z) &= \boldsymbol{V}-\boldsymbol{W}(z\boldsymbol{I}-\boldsymbol{G})^{-1}\boldsymbol{L}_{\mathrm{DO}}\\ &= \boldsymbol{V}-\boldsymbol{W}(z\boldsymbol{I}-(\boldsymbol{TA}-\boldsymbol{L}_{\mathrm{DO}}\boldsymbol{C})\boldsymbol{T}^{-1})^{-1}\boldsymbol{L}_{\mathrm{DO}}\\ &= \boldsymbol{V}-\boldsymbol{W}(z\boldsymbol{I}-\boldsymbol{TAT}^{-1}+\boldsymbol{L}_{\mathrm{DO}}\boldsymbol{CT}^{-1})^{-1}\boldsymbol{L}_{\mathrm{DO}}\end{aligned}$$

令

$$\boldsymbol{L}_{\mathrm{DO}} = \boldsymbol{TL}_{\mathrm{FDF}}$$

则

$$\hat{\boldsymbol{M}}_{\mathrm{FDF}}(z) = \hat{\boldsymbol{M}}_{\mathrm{DO}}(z)$$

相似地，有

$$\hat{\boldsymbol{N}}_{\mathrm{FDF}}(z) = \boldsymbol{CT}^{-1}(z\boldsymbol{I}-\boldsymbol{TAT}^{-1}+\boldsymbol{TL}_{\mathrm{FDF}}\boldsymbol{CT}^{-1})^{-1}(\boldsymbol{TB}-\boldsymbol{TL}_{\mathrm{FDF}}\boldsymbol{D})+\boldsymbol{D}$$

$$\begin{aligned}&\Rightarrow \boldsymbol{V}\cdot\hat{\boldsymbol{N}}_{\mathrm{FDF}}(z)\\ &= \boldsymbol{W}(z\boldsymbol{I}-\boldsymbol{TAT}^{-1}+\boldsymbol{TL}_{\mathrm{FDF}}\boldsymbol{CT}^{-1})^{-1}(\boldsymbol{TB}-\boldsymbol{TL}_{\mathrm{FDF}}\boldsymbol{D})+\boldsymbol{VD}\end{aligned}$$

$$\begin{aligned}\hat{\boldsymbol{N}}_{\mathrm{DO}}(z) &= \boldsymbol{W}(z\boldsymbol{I}-\boldsymbol{G})^{-1}\boldsymbol{H}+\boldsymbol{Q}\\ &= \boldsymbol{W}(z\boldsymbol{I}-(\boldsymbol{TA}-\boldsymbol{L}_{\mathrm{DO}}\boldsymbol{C})\boldsymbol{T}^{-1})^{-1}(\boldsymbol{TB}-\boldsymbol{L}_{\mathrm{DO}}\boldsymbol{D})+\boldsymbol{VD}\\ &= \boldsymbol{W}(z\boldsymbol{I}-\boldsymbol{TAT}^{-1}+\boldsymbol{L}_{\mathrm{DO}}\boldsymbol{CT}^{-1})^{-1}(\boldsymbol{TB}-\boldsymbol{L}_{\mathrm{DO}}\boldsymbol{D})+\boldsymbol{VD},\end{aligned}$$

$$\boldsymbol{L}_{\mathrm{DO}} = \boldsymbol{TL}_{\mathrm{FDF}},$$

$$\boldsymbol{V}\cdot\hat{\boldsymbol{N}}_{\mathrm{FDF}}(z) = \hat{\boldsymbol{N}}_{\mathrm{DO}}(z)$$

$$\begin{aligned}\boldsymbol{r}_{\mathrm{DO}}(k) &= \hat{\boldsymbol{M}}_{\mathrm{DO}}(z)\boldsymbol{y}(k)-\hat{\boldsymbol{N}}_{\mathrm{DO}}(z)\boldsymbol{u}(k)\\ &= \boldsymbol{V}(\hat{\boldsymbol{M}}_{\mathrm{FDF}}(z)\boldsymbol{y}(k)-\hat{\boldsymbol{N}}_{\mathrm{FDF}}(z)\boldsymbol{u}(k))\\ &= \boldsymbol{V}\cdot\boldsymbol{r}_{\mathrm{FDF}}(k)\end{aligned}$$

推论 3.1 的证明：

根据定理 12.2 的证明，以下控制规律使闭环系统稳定：

$$\boldsymbol{u}(k) = -\boldsymbol{K}_{st}(z)\boldsymbol{e}(k)+\bar{\boldsymbol{Q}}_{c}(z)\boldsymbol{r}_{\mathrm{FDF}}(k)$$

根据定理 12.3，如果 $\boldsymbol{L}_{\mathrm{DO}} = \boldsymbol{TL}_{\mathrm{FDF}}$，有

$$\boldsymbol{r}_{\mathrm{DO}}(k) = \boldsymbol{V}\cdot\boldsymbol{r}_{\mathrm{FDF}}(k)$$

则

$$\boldsymbol{u}(k) = -\boldsymbol{K}_{sl}(z)\boldsymbol{e}(k)+\bar{\boldsymbol{Q}}_{c}(z)\boldsymbol{V}^{\dagger}\boldsymbol{r}_{\mathrm{DO}}(k)$$

令

$$\boldsymbol{Q}_{c}(z) = \bar{\boldsymbol{Q}}_{c}(z)\boldsymbol{V}^{\dagger}$$

则

$$\boldsymbol{u}(k) = -\boldsymbol{K}_{st}(z)\boldsymbol{e}(k)+\boldsymbol{Q}_{c}(z)\boldsymbol{r}_{\mathrm{DO}}(k)$$

使闭环系统稳定。

闭环稳定性机制基础如图 A.1 所示。

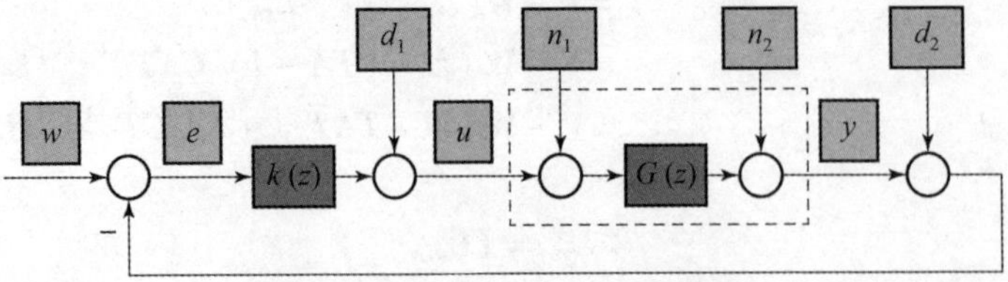

图 A.1 闭环系统的控制示意图

有关更多详细信息，建议参考文献［58-59］。

$$G_{ud_1}=(I+KG)^{-1}, G_{ud_2}=-K(I+GK)^{-1} \tag{A.1}$$

$$G_{tnn_1}=-KG(I+KG)^{-1}, G_{twn_2}=-K(I+GK)^{-1} \tag{A.2}$$

$$G_{yd_1}=G(I+KG)^{-1}, G_{yd_2}=-GK(I+GK)^{-1} \tag{A.3}$$

$$G_{ym_1}=G(I+KG)^{-1}, G_{ym_2}=(I+GK)^{-1} \tag{A.4}$$

$$u=G_{ud_1}(z)d_1+G_{ud_2}d_2(z)+G_{uv_1}(z)n_1+G_{uv_2}(z)n_2 \tag{A.5}$$

$$y=G_{yd_1}(z)d_1+G_{yd_2}d_2(z)+G_{yv_1}(z)n_1+G_{yv_2}(z)n_2 \tag{A.6}$$

$$\begin{bmatrix} u \\ y \end{bmatrix}=\begin{bmatrix} G_{udd_1} & G_{udd_2} & G_{un_1} & G_{um_2} \\ G_{yd_1} & G_{yd_2} & G_{yn_1} & G_{yw_2} \end{bmatrix}\begin{bmatrix} d_1 \\ d_2 \\ n_1 \\ n_2 \end{bmatrix}:=G_{cl}(z)\begin{bmatrix} d_1 \\ d_2 \\ n_1 \\ n_2 \end{bmatrix} \tag{A.7}$$

$$G(z)=N(z)M^{-1}(z), K(z)=\hat{V}^{-1}(z)\hat{U}(z) \tag{A.8}$$

$$\delta_c=\| G_d(z) \|_{\infty}^{-1} \tag{A.9}$$

$$=\left\| \begin{bmatrix} G \\ I \end{bmatrix}(I+KG)^{-1}[K \quad I] \right\|_{\infty}^{-1} \tag{A.10}$$

$$=\left\| \begin{bmatrix} N \\ M \end{bmatrix}(\hat{V}M+\hat{U}N)^{-1}[\hat{U} \quad \hat{V}] \right\|_{\infty}^{-1} \tag{A.11}$$

$$=\| \mathscr{T}_G \mathscr{K}_K \|_{\infty}^{-1} \tag{A.12}$$

参 考 文 献

[1] Luo Z. Robotics, Automation, and Control in Industrial and Service Settings. Hershey, PA: IGI Global; 2015.

[2] Robla-Gomez S, Becerra VM, Llata JR, et al. Working together: a review on safe human-robot collaboration in industrial environments. IEEE Access. 2017;5:26754–26773.

[3] Pettersson M, Olvander J. Drive train optimization for industrial robots. IEEE Transactions on Robotics. 2009;25(6):1419–1424.

[4] Jatta F, Legnani G, Visioli A. Friction compensation in hybrid force velocity control of industrial manipulators. IEEE Transactions on Industrial Electronics. 2006;53(2):604–613.

[5] Kuljaca O, Swamy N, Lewis FL, et al. Design and implementation of industrial neural network controller using backstepping. IEEE Transactions on Industrial Electronics. 2003;50(1):193–201.

[6] Xie X, Lam J. Guaranteed cost control of periodic piecewise linear time-delay systems. Automatica. 2018;94:274–282.

[7] Xie X, Lam J, Li P. Robust time-weighted guaranteed cost control of uncertain periodic piecewise linear systems. Information Sciences. 2019;460–461:238–253.

[8] Xie W, Bonis I, Theodoropoulos C. Data-driven model reduction-based nonlinear MPC for large-scale distributed parameter systems. Journal of Process Control. 2015;35:50–58.

[9] Lauri D, Rossiter J, Sanchis J, et al. Data-driven latent-variable model-based predictive control for continuous processes. Journal of Process Control. 2010;20(10):1207–1219.

[10] Kouro S, Cortes P, Vargas R, et al. Model predictive control – a simple and powerful method to control power converters. IEEE Transactions on Industrial Electronics. 2009;56(6):1826–1838.

[11] Jiang Y, Yin S, Kaynak O. Data-driven monitoring and safety control of industrial cyber-physical systems: basics and beyond. IEEE Access. 2018;6(1):47374–47384.

[12] Gao Z, Liu X, Chen MZQ. Unknown input observer-based robust fault estimation for systems corrupted by partially decoupled disturbances. IEEE Transactions on Industrial Electronics. 2016;63(4):2537–2547.

[13] Gao Z. Fault estimation and fault-tolerant control for discrete-time dynamic systems. IEEE Transactions on Industrial Electronics. 2015;62(6):3874–3884.

[14] Hwang I, Kim S, Kim Y, et al. A survey of fault detection, isolation and reconfiguration methods. IEEE Transactions on Control Systems Technology. 2010;18(3):636–653.

[15] Chen H, Jiang B, Ding SX, et al. Probability-relevant incipient fault detection and diagnosis methodology with applications to electric drive systems. IEEE Transactions on Control Systems Technology. 2018:1–8. Available from: 10.1109/TCST.2018.2866976.

[16] Naik AS, Yin S, Ding SX, et al. Recursive identification algorithms to design fault detection systems. Journal of Process Control. 2010;20(8):957–965.

[17] Park J, Hur J. Detection of inter-turn and dynamic eccentricity faults using stator current frequency pattern in IPM-type BLDC motors. IEEE Transactions on Industrial Electronics. 2016;63(3):1771–1780.

[18] Yin S, Rodriguez J, Jiang Y. Real-time monitoring and control of industrial cyberphysical systems with integrated plant-wide monitoring and control framework. IEEE Industrial Electronics Magazine. 2019;13(4):38–47.

[19] Henao H, Capolino G, Fernandez-Cabanas M, et al. Trends in fault diagnosis for electrical machines: a review of diagnostic techniques. IEEE Industrial Electronics Magazine. 2017;8(2):31–42.
[20] Wang J, Qin SJ. Closed-loop subspace identification using the parity space. Automatica. 2006;42(2):315–320.
[21] Luo H, Zhao H, Yin S. Data-driven design of fog computing aided process monitoring system for large-scale industrial processes. IEEE Transactions on Industrial Informatics. 2018;14(10):4631–4641.
[22] Stankovic M, Stankovic S, Stipannovic D. Consensus-based decentralized real-time identification of large-scale systems. Automatica. 2015;60:219–226.
[23] Jiang Y, Yin S. Recent advances in key-performance-indicator oriented prognosis and diagnosis with a MATLAB toolbox: DB-KIT. IEEE Transactions on Industrial Informatics. 2018. Available from: 10.1109/TII.2018.2875067.
[24] Chen H, Jiang B, Lu N. A newly robust fault detection and diagnosis method for high-speed trains. IEEE Transactions on Intelligent Transportation Systems. 2018:1–11. Available from: https://doi.org/10.1109/TITS.2018.2865410.
[25] Muradore R, Fiorini P. A PLS-based statistical approach for fault detection and isolation of robotic manipulators. IEEE Transactions on Industrial Electronics. 2012;59(8):3167–3175.
[26] Ferdowsi M, Benigni A, Lowen A, et al. A scalable data-driven monitoring approach for distribution systems. IEEE Transactions on Instrumentation and Measurement. 2015;64(5):1292–1305.
[27] Hirzinger G, Bals J, Otter M, et al. The DLR-KUKA success story: robotics research improves industrial robots. IEEE Robotics & Automation Magazine. 2005;12(3):16–23.
[28] Garcia E, Jimenez MA, Santos PGD, et al. The evolution of robotics research. IEEE Robotics & Automation Magazine. 2007;14(1):90–103.
[29] Sant I, Pedret C, Vilanova R, et al. Advanced decision control system for effluent violations removal in wastewater treatment plants. Control Engineering Practice. 2017;49(1):60–75.
[30] Ding J, Modares H, Chai T, et al. Data-based multiobjective plant-wide performance optimization of industrial processes under dynamic environments. IEEE Transactions on Industrial Informatics. 2016;12(2):454–465.
[31] Vijaykumar S, Dsouza A, Schaal S. Incremental online learning in high dimensions. Neural Computing. 2005;17(12):2602–2634.
[32] Klanke S, Vijaykumar S, Schaal S. A library for locally weighted projection regression. The Journal of Machine Learning Research. 2008;9:623–626.
[33] Kohn W, Zabinsky Z, Nerode A. A micro-grid distributed intelligent control and management system. IEEE Transactions on Smart Grid. 2015;6(6):2964–2974.
[34] Zhang B, Du H, Lam J, Zhang N, Li W. A novel observer design for simultaneous estimation of vehicle steering angle and sideslip angle. IEEE Transactions on Industrial Electronics. 2016;63(7):4357–4366.

[35] Palanisamy M, Modares H, Lewis FL, et al. Continuous-time Q-learning for infinite-horizon discounted cost linear quadratic regulator problems. IEEE Transactions on Cybernetics. 2015;45(2):165–176.

[36] Hwang KS, Lin JL, Yeh KH. Learning to adjust and refine gait patterns for a biped robot. IEEE Transactions on Systems, Man, and Cybernetics: Systems. 2015;45(12):1481–1490.

[37] Lee JY, Park JB, Choi YH. Integral reinforcement learning for continuous-time input-affine nonlinear systems with simultaneous invariant explorations. IEEE Transactions on Neural Networks and Learning Systems. 2015;26(5): 916–932.

[38] Luo B, Liu D, Huang T, et al. Model-free optimal tracking control via critic-only Q-learning. IEEE Transactions on Neural Networks and Learning Systems. 2016;27(10):2134–2144.

[39] Sira-Ramirez H, Linares-Flores J, Garcia-Rodriguez C, et al. On the control of the permanent magnet synchronous motor: an active disturbance rejection control approach. IEEE Transactions on Control Systems Technology. 2014;22(5):2056–2063.

[40] Castaneda LA, Luviano-Juarez A, Chairez I. Robust trajectory tracking of a delta robot through adaptive active disturbance rejection control. IEEE Transactions on Control Systems Technology. 2015;23(4):1387–1398.

[41] Zhang P, Ding SX. Disturbance decoupling in fault detection of linear periodic systems. Automatica. 2007;43(8):1410–1417.

[42] Huang B, Kadali R. Dynamic Modeling, Predictive Control and Performance Monitoring: A Data-driven Subspace Approach. Springer-Verlag, London; 2008.

[43] Yang Y, Ding S, Li L. Parameterization of nonlinear observer-based fault detection systems. IEEE Transactions on Automatic Control. 2016;61(11):3687–3692.

[44] Ding SX. Data-Driven Design of Fault Diagnosis and Fault-Tolerant Control Systems. Springer-Verlag, London; 2014.

[45] Luo H, Yin S, Liu T, et al. A data-driven realization of the control-performance-oriented process monitoring system. IEEE Transactions on Industrial Electronics. 2019. Available from: DOI: 10.1109/TIE.2019.2892705.

[46] Ding S, Yang G, Zhang P, et al. Feedback control structures, embedded residual signals, and feedback control schemes with an integrated residual access. IEEE Transactions on Control Systems Technology. 2010;18(2):352–367.

[47] Jiang Y, Yin S. Design approach to MIMO diagnostic observer and its application to fault detection. IEEE Annual Conference of Industrial Electronics Society. 2018.

[48] Stefano R, Marcello F, Giancarlo F. Plug-and-play decentralized model predictive control for linear systems. IEEE Transaction on Automatic Control. 2013;58(10):2608–2614.

[49] Bendtsen J, Trangbaek K, Stoustrup J. Plug-and-play control—modifying control systems online. IEEE Transaction on Control Systems Technology. 2013;21(1):79–93.

[50] Stoustrup J. Plug-and-play control: control technology towards new challenges. European Journal of Control. 2009;15(3):311–330.
[51] Kaelbling LP, Littman ML, Moore AW. Reinforcement learning: a survey. Journal of Artificial Intelligence Research. 1996;4:237–285.
[52] Lillicrap TP, Hunt JJ, Pritzel A, et al. Continuous control with deep reinforcement learning. 33rd International Conference on Machine Learning. 2016.
[53] Rottger M, Liehr A. Control task for reinforcement learning with known optimal solution for discrete and continuous actions. Journal of Intelligent Learning Systems and Applications. 2009;1:28–41.
[54] Williams RJ. Simple statistical gradient-following algorithms for connectionist reinforcement learning. Machine Learning. 1992;8(3–4):229–256.
[55] Duan Y, Chen X, Houthooft R, et al. Benchmarking deep reinforcement learning for continuous control. 33rd International Conference on Machine Learning. 2016;48.
[56] Huang B, Wu H, Huang T. Off-policy reinforcement learning for H_∞ control design. IEEE Transactions on Cybernetics. 2015;45(1):65–76.
[57] Sutton RS, Barto AG. Reinforcement Learning: An Introduction. The MIT Press, Cambridge, Massachusetts, London, England; 2018.
[58] Koenings T, Krueger M, Luo H, et al. A data-driven computation method for the gap metric and the optimal stability margin. IEEE Transactions on Automatic Control. 2018;63(3):805–810.
[59] Liu T, Luo H, Li K, et al. A data-driven method for SKR identification and application to stability margin estimation. 44th Annual Conference of the IEEE Industrial Electronics Society. 2018;p. 6223–6228.
[60] Gao Z, Ding SX, Cecati C. Real-time fault diagnosis and fault-tolerant control. IEEE Transactions on Industrial Electronics. 2015;62(6):3752–3756.

第 13 章　总　　结

本书是为机器人和自主系统的故障诊断与容错控制（FTC）问题提供可能的解决方案。共有 44 位国际作者以 12 章的形式为本书做出了贡献，描述了理论发现和具有挑战性的应用。

第 1～5 章详细介绍了应用于无人驾驶车辆的故障诊断和 FTC 主题，主要关注航空和海上应用，从诊断和控制的角度来看，它们代表了最具挑战性的应用。在第 1 章中，提出了一种主动 FTC 策略，以适应无人四旋翼直升机的执行器故障和模型不确定性。仿真结果表明，所提出的方案可以有效地估计和适应各种执行器故障。第 2 章提供了解决双旋翼无人机（UAV）跟踪控制问题的教程解决方案：这种双旋翼配置可用于四旋翼无人机出现故障的情况。仿真结果表明，双旋翼可以到达笛卡儿空间中的任何位置，因此它可以遵循安全的紧急轨迹。第 3 章介绍了旋翼倾转轴卡滞故障下四旋翼无人机在过渡过程中的控制方法。数值计算结果显示了无人机在故障情况下的稳定性。第 4 章介绍了一种用于故障和结冰诊断的未知输入观测器方法，以及配备了冗余效应器和执行器的 UAV 的调节程序。故障诊断算法在航空探空仪无人机模型上进行了仿真验证。第 5 章提出了波浪自适应模块化双体船的容错控制方案。仿真结果表明，即使在执行器出现严重故障和失效（如方位角锁定或推力驱动器效率损失）的情况下，该系统也能完成复杂的航迹。

第 6～8 章将注意力从无人驾驶车辆转移到具有操纵能力的成熟移动机器人上。第 6 章提出了一种基于容错模型的 TIAGo 仿人机器人头部子系统控制方法。仿真结果表明，虽然问题没有得到完全解决，但所提出的方法为最终实现解决方案提供了一条行动路线，在此基础上可以进行改进。第 7 章提出了一个分布式框架，用于检测和隔离多机械手机器人系统中的故障：在这种情况下，理论结果与由三个异构机器人组成的设置的实验结果得到了证实。第 8 章提出了一种柔性关节空中机器人机械手的非线性优化控制方法：该控制器实现了模型不确定性和外部扰动下空中机器人系统的最优控制问题的求解，并得到了仿真验证。

第 9 章和第 10 章描述了故障检测和隔离以及 FTC 如何应对现代交通系统的安全性和自主性的两个典型场景，从而对自主交通系统的未来提出了设想。

第 9 章提出了一种应用于飞机模型的非线性有源 FTC 系统：将故障与气动扰动（如垂直阵风）解耦，并在高保真飞机模型上进行了仿真，结果表明了有源容错方案的可靠性。第 10 章提出了一种自主轮式电动汽车可重构轨迹跟踪控制设计方法。在真实数据 CarSim 仿真中验证了该方法的有效性，显示了显著的节能效果。

第 11 章和第 12 章提出了现代机器人和自主系统中两种常见的故障诊断与容错理论方法。第 11 章说明了利用对象模型的动态零空间为 LPV 系统开发有效地控制重构架构，并以飞机模型为例进行了测试。第 12 章从不同的角度来解决 FTC 问题，即数据驱动方法的问题。本章提出了一种在 Youla 参数化框架下设计智能学习辅助控制器的方法，以便以模块化和即插即用的方式设计和实现鲁棒性与容错性的控制器。该方法以模拟轮式机器人为例进行了应用。

书中考虑的技术和应用无法清楚地涵盖机器人和自主系统领域中与故障相关的所有问题；尽管如此，通过分析每章的结果和结论，可以得出一些一般性的考虑。

首先，基于模型的技术被证明对于解决机器人和自主系统中的若干故障相关的问题非常有效，如故障估计、存在故障和不确定性时的轨迹跟踪或在存在制动故障时保持稳定性。此外，这些方法可以适用于不同的系统，只要它们共享相似的模型。然而，调整观测器和控制器参数的复杂性使得很难将此类技术快速部署到实际系统中：这是在不久的将来应该考虑的一个重要方面，以促进故障检测和诊断（FDD）与 FTC 技术应用于日常。

其次，随着待诊断系统复杂度的增加，可能出现的故障数量也随之增加，FTC 策略的定义变得更加困难。当问题从单个机器人转移到一组机器人时尤其困难，在这种情况下，诊断和容错不仅要在智能体级别考虑，还要在协同级别考虑。FDD 和 FTC 技术的发展考虑单个智能体和机器人车队，这是一个非常有趣（和开放）的研究领域，可以在不久的将来考虑。

最后，将数据驱动方法与基于模型的方法相结合是处理模型不匹配和不确定性的一种非常有前景的方法：“从数据中学习”是适应 FDD 和 FTC 技术并提高机器人系统的安全性和自主性的必要步骤。然而，如何集成这些技术仍然是一个有待解决的开放性问题。